全国高等学校计算机教育研究会"十四五"规划教材

山西省一流本科课程配套教材

U0655793

数字图像处理

基本理论与MATLAB实现

（微课版）

韩燕丽　杨慧炯　孔令德　编著

清华大学出版社
北　京

内 容 简 介

本书以"激发学习兴趣，强化学习效果，突出实际应用及工程实践"为导向，详细讲解数字图像处理的基本运算、几何变换、空间域增强、频域增强、色彩增强、图像分割、数学形态学等核心技术从理论模型、物理意义、算法实现、应用实践等内容，以切合相关知识点的身边事、关心事、社会热点、中华优秀传统文化的工程应用实例，如 Photoshop 图层混合、证件照生成器、图片美化、滤镜特效库、人像美颜、近景人物虚化、2D 发型试戴、文档扫描仪、虚拟直播间等作为切入点，从"以实践应用为目的的理论学习"视角，帮助读者学习和理解数字图像处理相关算法的物理意义及其在真实场景或工程实践中的具体应用。

本书所有算法和项目案例均配有完整的 MATLAB 实现源代码，并提供丰富的在线素材和资源，方便读者学习。

本书适合作为高等学校相关专业的本科教材，也可供从事视觉感知、模式识别等领域研究的相关人员参考。

图书在版编目（CIP）数据

数字图像处理基本理论与 MATLAB 实现：微课版/韩燕丽，杨慧炯，孔令德编著. -- 北京：清华大学出版社，2025.9. -- ISBN 978-7-302-70292-4

Ⅰ. TN911.73

中国国家版本馆 CIP 数据核字第 20251HG862 号

责任编辑：汪汉友
封面设计：常雪影
责任校对：李建庄
责任印制：刘海龙

出版发行：清华大学出版社
　　　网　　　址：https://www.tup.com.cn，https://www.wqxuetang.com
　　　地　　　址：北京清华大学学研大厦 A 座　　　　　邮　　编：100084
　　　社 总 机：010-83470000　　　　　　　　　　　　邮　　购：010-62786544
　　　投稿与读者服务：010-62776969，c-service@tup.tsinghua.edu.cn
　　　质量反馈：010-62772015，zhiliang@tup.tsinghua.edu.cn
　　　课件下载：https://www.tup.com.cn，010-83470236
印 装 者：三河市铭诚印务有限公司
经　　销：全国新华书店
开　　本：203mm×260mm　　　印　　张：21.5　　　字　　数：604 千字
版　　次：2025 年 9 月第 1 版　　　　　　　　　　　印　　次：2025 年 9 月第 1 次印刷
定　　价：79.00 元

产品编号：109094-01

序
FOREWORD

　　本书是太原工业学院图形图像与虚拟现实教学团队继孔令德教授编写的计算机图形学系列教材之后，经过多年努力，精心打造的又一成果。本书继承了计算机图形学系列教材"强化工程实践""项目化""开放源码"的特点，通过86个工程实践案例帮助读者建立数字图像处理相关算法与其物理意义、应用实践的联系，使其真正理解相关算法、理论在真实场景或工程实践中的具体应用。

　　本书同时也是山西省一流课程"数字图像处理"、山西省高等学校教学改革项目"基于O-AMAS有效教学模型的'数字图像处理'课程优化建设"的成果。基于南开大学O-AMAS有效教学模型在数字图像处理教学改革中的实践经验，全书以"激发学习兴趣，强化学习效果，突出实际应用及工程实践"为导向，从"以实践应用为目的的理论学习"视角进行内容编排和精品案例遴选，将精选的数字图像处理应用实例与日常生活中的实际使用感受相结合，与工程应用实践相结合，在激发读者的学习内驱力、学习热情的同时达到理论知识学习和实践应用能力提升的有效融合。

　　本书涵盖了数字图像处理的基础理论和经典算法，对每个数字图像处理的知识点都提供了丰富、生动的案例素材和MATLAB实现源代码。此后将会根据数字图像处理技术的发展动态以及各位专家和读者的宝贵意见进行修订和补充，使之不断完善。

　　本书案例的灵感和设计来源于Photoshop、美图秀秀、扫描全能王、轻颜相机、醒图等优秀的软件，在此一并予以致谢。

前 言
PREFACE

随着无人机、无人驾驶、机器人、人工智能等新一代信息技术的应用和发展,人类社会进入数字化、网络化和智能化时代。机器视觉已经成为各行业智能化转型升级中极其重要、研究和应用最为广泛的领域,而作为机器视觉的基础,数字图像处理技术也已然成为遥感、通信、工业、军事、气象、交通、航空航天、生物医学、公共安全等众多领域的核心技术之一。由于数字图像处理技术涉及高等数学、线性代数、概率论、数字信号处理等多门先导课程,理论复杂晦涩且难以与实践应用结合,因此初学者常产生畏难情绪,望而却步。将算法理论融入实际生活应用和具体的工程实践项目中,再通过项目实践理解相关算法的物理意义及其在真实场景或工程实践中的具体应用是一种行之有效的学习方法。

本书以"激发学习兴趣,强化学习效果,突出实际应用及工程实践"为导向,在突出实践的特色基础上兼有深入浅出、浅显明了的优点,主要面向广大高校相关专业学生。

作者经过多年的探索,对全书进行了内容的梳理编排和精品案例的遴选工作。

1. 内容梳理编排

本书没有沿袭传统教材"面面俱到"的编排方式,而是更强调从实际应用出发,由点带面,融会贯通。针对应用型本科院校的人才培养要求和学生特点,将让学生望而却步的过于复杂晦涩的数学理论和数字信号处理先导课程等相关内容进行了精简或删减,适度弱化理论推导,强调理论公式背后体现的物理意义和应用场景,强化知识的理解与运用。需要特别指出的是,对于彩色图像处理部分,本书并没有独立成章,而将其处理方法渗透在相关章节中,以避免读者产生无法将灰度图像处理方法移植到彩色图像处理的困惑。

2. 精品案例遴选

本书摒弃了缺乏应用背景的单纯理论模型和算法讲解,以 MATLAB 图像库比对图像处理前后效果,结合日常生活与工程实践,从当前流行的图像处理软件、App、小程序的应用实例出发,将相关算法理论在真实的应用场景中通过"案例讲解→小试身手→知识拓展→拓展训练→综合应用"递进式进行项目化设计与实现。通过近 86 个工程实践案例,在充分激发读者学习兴趣的同时帮助读者建立数字图像处理相关算法与其物理意义、应用实践的联系,达到理论与实践的高度统一,取得满意的学习效果。

所有项目案例均在 MATLAB R2014a 版本上测试通过,不同版本的程序在执行代码过程中可能存在差异,这一点请读者留意。MATLAB 具有入门简单、使用方便、代码高效而简洁的特点,借助它所提供的各种功能强大的工具箱,读者可以将更多的精力专注于图像处理算法本身,而不需要考虑数值分析、图像格式、数据可视化、内存分配与回收等基础代码。本书涉及的全部项目案例及习题的源程序、相关素材资源，读者可扫描下方的二维码获取。

学习资源

由于时间和能力有限，书中疏漏在所难免，真诚地希望各位专家和读者不吝批评斧正。

作　者

2025 年 8 月

目 录
CONTENTS

第 1 章 绪论 /1

1.1 数字图像处理技术的应用领域 1

1.2 数字图像处理技术的前景展望 3

1.3 数字图像处理基础 3

    1.3.1 什么是数字图像 3

    1.3.2 数字图像的类型 3

    1.3.3 数字图像类型之间的转换 5

    1.3.4 色彩空间及其相互转换 8

1.4 MATLAB 概述 14

    1.4.1 MATLAB 的发行 14

    1.4.2 MATLAB 的特点 14

    1.4.3 MATLAB 编程基础 15

本章小结 30

习题 1 30

第 2 章 图像的基本运算 /31

2.1 图像的代数运算 31

    2.1.1 加法运算 31

    2.1.2 减法运算 48

    2.1.3 乘法运算 55

    2.1.4 除法运算 64

2.2 图像的逻辑运算 67

    2.2.1 逻辑非运算 67

    2.2.2 逻辑与运算 68

    2.2.3 逻辑或运算 69

    2.2.4 逻辑异或运算 72

本章小结 73

习题2 ……………………………………………………………………………… 73

第3章　图像的几何变换　　/75

3.1　图像几何变换的理论基础 ……………………………………………… 75
  3.1.1　坐标系统 ……………………………………………………… 75
  3.1.2　图像几何变换概述 …………………………………………… 76
  3.1.3　图像插值算法 ………………………………………………… 78
3.2　仿射变换 ………………………………………………………………… 81
  3.2.1　齐次坐标 ……………………………………………………… 81
  3.2.2　图像几何变换的数学描述 …………………………………… 81
  3.2.3　基本仿射变换 ………………………………………………… 82
  3.2.4　复合仿射变换 ……………………………………………… 103
3.3　透视变换 ……………………………………………………………… 105
  3.3.1　透视变换的定义 …………………………………………… 105
  3.3.2　透视变换的数学描述及实现方法 ………………………… 106
本章小结 …………………………………………………………………… 109
习题3 ……………………………………………………………………… 109

第4章　图像空间域增强　　/112

4.1　点运算 ………………………………………………………………… 113
  4.1.1　灰度直方图 ………………………………………………… 114
  4.1.2　基于点运算的图像增强技术 ……………………………… 116
4.2　邻域运算 ……………………………………………………………… 139
  4.2.1　邻域 ………………………………………………………… 139
  4.2.2　邻域运算 …………………………………………………… 140
  4.2.3　边界处理 …………………………………………………… 141
  4.2.4　邻域运算的实现方法 ……………………………………… 143
4.3　图像平滑 ……………………………………………………………… 144
  4.3.1　线性滤波 …………………………………………………… 144
  4.3.2　非线性滤波 ………………………………………………… 151
4.4　图像锐化 ……………………………………………………………… 159
  4.4.1　微分算法 …………………………………………………… 159
  4.4.2　钝化掩蔽 …………………………………………………… 170
本章小结 …………………………………………………………………… 174
习题4 ……………………………………………………………………… 174

第5章　图像频域增强　　/178

5.1　离散傅里叶变换基础 ………………………………………………… 178
5.2　频域增强原理 ………………………………………………………… 182
5.3　低通滤波 ……………………………………………………………… 183

　　　　5.3.1　理想低通滤波器 ⋯⋯⋯⋯⋯⋯⋯⋯⋯⋯⋯⋯⋯⋯⋯⋯⋯⋯⋯⋯⋯ 183
　　　　5.3.2　巴特沃斯低通滤波器 ⋯⋯⋯⋯⋯⋯⋯⋯⋯⋯⋯⋯⋯⋯⋯⋯⋯⋯⋯ 186
　　　　5.3.3　高斯低通滤波器 ⋯⋯⋯⋯⋯⋯⋯⋯⋯⋯⋯⋯⋯⋯⋯⋯⋯⋯⋯⋯⋯ 188
　　5.4　高通滤波器 ⋯⋯⋯⋯⋯⋯⋯⋯⋯⋯⋯⋯⋯⋯⋯⋯⋯⋯⋯⋯⋯⋯⋯⋯⋯⋯ 192
　　　　5.4.1　理想高通滤波器 ⋯⋯⋯⋯⋯⋯⋯⋯⋯⋯⋯⋯⋯⋯⋯⋯⋯⋯⋯⋯⋯ 192
　　　　5.4.2　巴特沃斯高通滤波器 ⋯⋯⋯⋯⋯⋯⋯⋯⋯⋯⋯⋯⋯⋯⋯⋯⋯⋯⋯ 194
　　　　5.4.3　高斯高通滤波器 ⋯⋯⋯⋯⋯⋯⋯⋯⋯⋯⋯⋯⋯⋯⋯⋯⋯⋯⋯⋯⋯ 196
　　5.5　同态滤波器 ⋯⋯⋯⋯⋯⋯⋯⋯⋯⋯⋯⋯⋯⋯⋯⋯⋯⋯⋯⋯⋯⋯⋯⋯⋯⋯ 204
　　本章小结 ⋯⋯⋯⋯⋯⋯⋯⋯⋯⋯⋯⋯⋯⋯⋯⋯⋯⋯⋯⋯⋯⋯⋯⋯⋯⋯⋯⋯⋯ 209
　　习题 5 ⋯⋯⋯⋯⋯⋯⋯⋯⋯⋯⋯⋯⋯⋯⋯⋯⋯⋯⋯⋯⋯⋯⋯⋯⋯⋯⋯⋯⋯⋯ 209

第 6 章　色彩增强技术　　/211

　　6.1　真彩色增强 ⋯⋯⋯⋯⋯⋯⋯⋯⋯⋯⋯⋯⋯⋯⋯⋯⋯⋯⋯⋯⋯⋯⋯⋯⋯⋯ 211
　　　　6.1.1　色调增强 ⋯⋯⋯⋯⋯⋯⋯⋯⋯⋯⋯⋯⋯⋯⋯⋯⋯⋯⋯⋯⋯⋯⋯⋯ 212
　　　　6.1.2　饱和度增强 ⋯⋯⋯⋯⋯⋯⋯⋯⋯⋯⋯⋯⋯⋯⋯⋯⋯⋯⋯⋯⋯⋯⋯ 213
　　6.2　假彩色增强 ⋯⋯⋯⋯⋯⋯⋯⋯⋯⋯⋯⋯⋯⋯⋯⋯⋯⋯⋯⋯⋯⋯⋯⋯⋯⋯ 218
　　6.3　伪彩色增强 ⋯⋯⋯⋯⋯⋯⋯⋯⋯⋯⋯⋯⋯⋯⋯⋯⋯⋯⋯⋯⋯⋯⋯⋯⋯⋯ 223
　　　　6.3.1　密度分割法 ⋯⋯⋯⋯⋯⋯⋯⋯⋯⋯⋯⋯⋯⋯⋯⋯⋯⋯⋯⋯⋯⋯⋯ 223
　　　　6.3.2　灰度级-彩色变换法 ⋯⋯⋯⋯⋯⋯⋯⋯⋯⋯⋯⋯⋯⋯⋯⋯⋯⋯⋯⋯ 225
　　本章小结 ⋯⋯⋯⋯⋯⋯⋯⋯⋯⋯⋯⋯⋯⋯⋯⋯⋯⋯⋯⋯⋯⋯⋯⋯⋯⋯⋯⋯⋯ 228
　　习题 6 ⋯⋯⋯⋯⋯⋯⋯⋯⋯⋯⋯⋯⋯⋯⋯⋯⋯⋯⋯⋯⋯⋯⋯⋯⋯⋯⋯⋯⋯⋯ 228

第 7 章　数学形态学　　/230

　　7.1　数学形态学的基本运算 ⋯⋯⋯⋯⋯⋯⋯⋯⋯⋯⋯⋯⋯⋯⋯⋯⋯⋯⋯⋯⋯ 230
　　　　7.1.1　结构元素 ⋯⋯⋯⋯⋯⋯⋯⋯⋯⋯⋯⋯⋯⋯⋯⋯⋯⋯⋯⋯⋯⋯⋯⋯ 230
　　　　7.1.2　腐蚀运算 ⋯⋯⋯⋯⋯⋯⋯⋯⋯⋯⋯⋯⋯⋯⋯⋯⋯⋯⋯⋯⋯⋯⋯⋯ 232
　　　　7.1.3　膨胀运算 ⋯⋯⋯⋯⋯⋯⋯⋯⋯⋯⋯⋯⋯⋯⋯⋯⋯⋯⋯⋯⋯⋯⋯⋯ 238
　　　　7.1.4　开运算与闭运算 ⋯⋯⋯⋯⋯⋯⋯⋯⋯⋯⋯⋯⋯⋯⋯⋯⋯⋯⋯⋯⋯ 241
　　7.2　数学形态学的应用 ⋯⋯⋯⋯⋯⋯⋯⋯⋯⋯⋯⋯⋯⋯⋯⋯⋯⋯⋯⋯⋯⋯⋯ 248
　　　　7.2.1　细化与骨骼化 ⋯⋯⋯⋯⋯⋯⋯⋯⋯⋯⋯⋯⋯⋯⋯⋯⋯⋯⋯⋯⋯⋯ 248
　　　　7.2.2　边界提取 ⋯⋯⋯⋯⋯⋯⋯⋯⋯⋯⋯⋯⋯⋯⋯⋯⋯⋯⋯⋯⋯⋯⋯⋯ 252
　　　　7.2.3　区域填充 ⋯⋯⋯⋯⋯⋯⋯⋯⋯⋯⋯⋯⋯⋯⋯⋯⋯⋯⋯⋯⋯⋯⋯⋯ 257
　　　　7.2.4　顶帽与底帽 ⋯⋯⋯⋯⋯⋯⋯⋯⋯⋯⋯⋯⋯⋯⋯⋯⋯⋯⋯⋯⋯⋯⋯ 260
　　　　7.2.5　形态学重构 ⋯⋯⋯⋯⋯⋯⋯⋯⋯⋯⋯⋯⋯⋯⋯⋯⋯⋯⋯⋯⋯⋯⋯ 263
　　本章小结 ⋯⋯⋯⋯⋯⋯⋯⋯⋯⋯⋯⋯⋯⋯⋯⋯⋯⋯⋯⋯⋯⋯⋯⋯⋯⋯⋯⋯⋯ 266
　　习题 7 ⋯⋯⋯⋯⋯⋯⋯⋯⋯⋯⋯⋯⋯⋯⋯⋯⋯⋯⋯⋯⋯⋯⋯⋯⋯⋯⋯⋯⋯⋯ 266

第 8 章　图像分割　　/268

　　8.1　概述 ⋯⋯⋯⋯⋯⋯⋯⋯⋯⋯⋯⋯⋯⋯⋯⋯⋯⋯⋯⋯⋯⋯⋯⋯⋯⋯⋯⋯⋯ 268
　　8.2　阈值分割法 ⋯⋯⋯⋯⋯⋯⋯⋯⋯⋯⋯⋯⋯⋯⋯⋯⋯⋯⋯⋯⋯⋯⋯⋯⋯⋯ 270

    8.2.1   阈值类型 ··· 270

    8.2.2   基于灰度特征的阈值选取方法 ················· 271

    8.2.3   基于色彩特征的阈值选取方法 ················· 281

8.3   边缘检测法 ··· 283

    8.3.1   前情回顾 ··· 283

    8.3.2   基于灰度特征的边缘检测方法 ················· 283

    8.3.3   基于色彩特征的边缘检测方法 ················· 302

8.4   区域分割法 ··· 304

    8.4.1   基于灰度特征的区域分割方法 ················· 304

    8.4.2   基于色彩特征的区域分割方法 ················· 323

本章小结 ··· 329

习题 8 ·· 329

第1章 绪 论

本章学习目标：

（1）了解数字图像处理技术的应用领域及发展前景。

（2）掌握灰度图像、RGB图像、二值图像和索引图像4类数字图像类型在计算机中的存储形式以及它们之间的相互转换方法。

（3）掌握不同色彩空间的特点以及它们之间的相互转换方法。

（4）掌握MATLAB的矩阵运算和编程基础。

视觉、听觉、嗅觉、味觉和触觉是人类感知世界的5种方式，其中大约有75%的信息是通过视觉获取到的，人们常说的"百闻不如一见""一目了然"都反映了图像在传递信息中的重要性。数字图像处理就是利用计算机处理所获视觉信息的技术，主要完成以下任务：提高图像的视感质量，提取图像中所包含的某些特征便于计算机分析，有效地压缩庞大的图像和视频信息以便存储和传输，实现信息的可视化更便于观察、分析、研究、理解大规模数据和许多复杂现象，保障信息安全等。

本章从数字图像处理的应用入手，读者可以首先从全局纵观数字图像处理技术在不同领域的应用现状及前景，建立对数字图像处理技术的感性认识。在读者的学习之旅开启之前，了解一些较为基础的预备知识，包括数字图像的定义、数字图像的类型、数字图像在计算机中的表示形式、色彩空间及其相互转换，以及MATLAB开发环境及编程基础。

1.1 数字图像处理技术的应用领域

目前，数字图像处理技术广泛应用于航天航空、生物医学工程、通信工程、工业和工程、军事和公安、文化艺术、电子商务等领域，并且各应用领域对数字图像处理技术提出了更高的需求，促进了这一学科体系向更高的技术方向发展，如图1-1所示。

1. 航天航空领域

除了空间探索外，数字图像处理技术在航天航空领域的另一主要应用是在卫星遥感。借助数字图像处理技术，可针对卫星所获取的遥感图像开展地球资源勘探、自然灾害监测预报、环境污染监测、农林业资源调查、农作物长势监测、地势地貌测绘、地质结构勘探等工作。

2. 生物医学工程领域

随着社会的发展，人们越来越重视自身健康和生活质量。医疗领域对于数字图像处理有着巨大的需求。在临床医学中，常见的CT（computed tomography，计算机断层扫描）、MRI（magnetic resonance imaging，磁共振成像）、PET（positron emission tomography，正电子发射计算机体层扫描术）、超声波、X射线、生物光学显微镜、数字减影血管造影等影像设备所获取的数字图像数据可以将患者的病症呈现出来。借助数字图像处理技术对这些影像数据进行分析处理，可以大幅提升相关病症的确诊率，实现更为精准的疗效。

3. 通信工程领域

通信工程的快速发展和广泛应用，使人们的信息获取和传递变得前所未有的便捷。通信工程将声

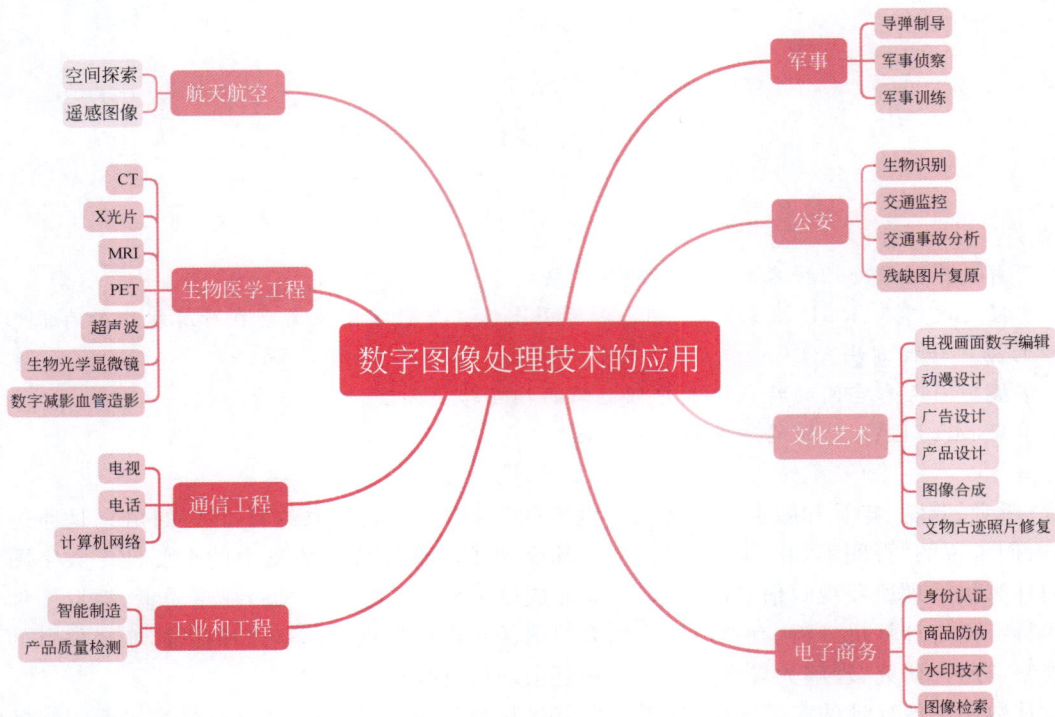

图 1-1 数字图像处理技术的应用领域

音、文字、图像与视频相结合，使电话、电视、计算机网络三位一体，大幅增加了图像传输的复杂程度和困难度。为了满足数据信息的高速优质传输需求，人们需借助数字图像和视频压缩技术，以尽可能少的符号表示尽可能多的数据信息。

4. 工业和工程领域

随着现代传感技术、网络技术、自动化技术、拟人化智能技术等先进技术的飞速发展，全球先进制造技术正在向信息化、自动化、智能化方向发展，智能制造日益成为未来制造业发展的核心内容。

在智能制造的信息感知和决策过程中，通常运用计算机视觉系统代替传统的人眼进行判断和决策。在一些不适于人工作业的危险工作环境或大批量、重复性、高精度要求的工业生产过程中，计算机视觉和数字图像处理技术的应用可以在保障产品质量的同时，极大地提高生产效率。

5. 军事和公安领域

在军事方面，数字图像处理技术主要用于导弹的精确制导、高空侦察照片的测绘和判读、雷达图像的分析、军事指挥的自动化、军事训练的模拟等。

在公安工作的很多方面也需要对图像进行判读分析，从中获取有用的信息。这些图像可以是来自犯罪现场拍摄采集到的图像，也可以是来自摄像头所拍视频中截取的图像或者案后采集的图像。借助数字图像处理技术，可以对这些图像进行指纹识别比对、人脸识别、残缺图片复原、交通事故分析、交通监控，减少对人力、物力、财力的大量投入，提高办事效率，维护社会的稳定与和谐。

6. 文化艺术领域

数字图像处理技术在艺术领域主要应用于视频编辑、动漫设计、产品设计、广告设计、图像合成、文物古籍照片修复等工作，目前已逐渐发展成了一种新的计算机视觉艺术。

7. 电子商务领域

随着因特网的飞速发展,电子商务以迅雷不及掩耳之势迅速发展。在这个如火如荼的发展环境下,数字图像处理技术的作用不可小觑。例如,基于视觉内容的图视信息检索可以方便客户查询商品,基于指纹、人脸等多种身份认证的在线支付方式使消费者的安全交易得到保证,数字水印嵌入技术使数字作品的版权得到保障,商品的防伪查询技术让消费者放心购买,使品牌得到保护,等等。

综上所述,数字图像处理技术发展至今,许多技术已日趋成熟,在各个领域的应用也取得了重大的开拓性成就和显著的经济效益,在国家安全、经济发展、日常生活中充当越来越重要的角色,对国计民生的作用不可低估。

1.2 数字图像处理技术的前景展望

20 世纪 60 年代初以来,数字图像处理技术经过了初创期、发展期、普及期及广泛应用期,随着理论和方法的进一步完善,应用范围也更加广阔,已经成为一门新兴的交叉学科。近年来,随着科学技术的不断发展和人类多样化需求的不断增长,数字图像处理技术的应用领域及发挥的作用也将随之扩大。在未来,数字图像处理技术的发展大致可归纳为以下 3 点。

(1)数字图像处理技术向着超高速、高分辨率、立体化、多媒体、智能化和标准化方向发展。

(2)图像与图形相融合朝着三维成像或多维成像的方向发展。

(3)新理论与新算法研究正在向处理算法更优化、处理速度更快、处理后的图像清晰度更高的方向发展,实现图像的智能生成、处理、识别和理解是数字图像处理的最终目标。

1.3 数字图像处理基础

1.3.1 什么是数字图像

数字图像,又称数字化图像,是指模拟图像的连续信号值被离散化处理后,由被称作像素的小块区域组成的二维数组,也称为矩阵。从图 1-2 中可以看到,数字图像中每个像素都有一个明确的位置和被分配的色彩数值,这些像素的位置和颜色信息决定了该图像所呈现出来的样子。

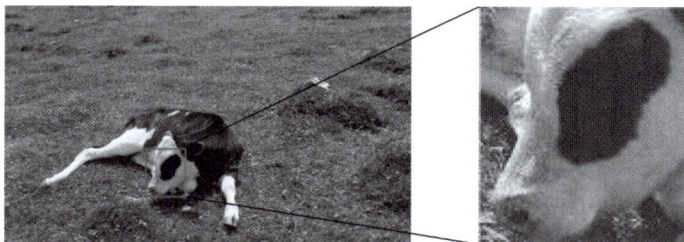

图 1-2 数字图像

作为衡量图像质量好坏的重要指标,图像的分辨率是指一幅数字图像中存储的信息量,它与图像的像素有直接的关系。例如,一幅 640×480 像素的图像,其分辨率可达 307200 像素,即 30 万像素。也就是说,图像的分辨率实质上就是图像中水平像素数与垂直像素数的乘积。通常情况下,图像分辨率越高,所包含的像素就越多,图像就越清晰,但同时也会占用越多的存储空间,处理和输出也需花费越多的时间。

1.3.2 数字图像的类型

在计算机中,按照数字图像中所包含的信息和存储方式的不同,可分为 RGB 图像、灰度图像、二值图像和索引图像。

1. RGB 图像

在计算机中，RGB 图像又称真彩色图像，由红、绿、蓝三通道的灰度图像"堆叠"而成。例如，一幅尺寸为 $M \times N$ 的 RGB 图像，在 MATLAB 中以一个 $M \times N \times 3$ 的多维数组存储，该数组中的元素（像素）是一个三元组，分别定义了其红色、绿色和蓝色的分量值，如图 1-3 所示。

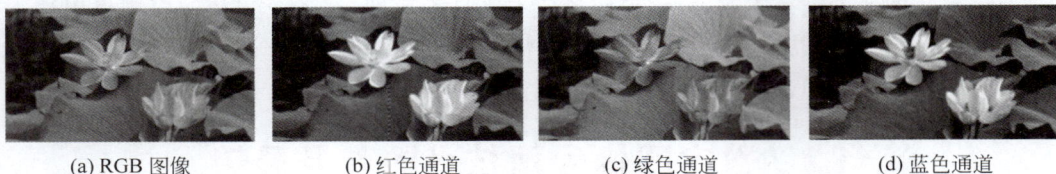

(a) RGB 图像　　　(b) 红色通道　　　(c) 绿色通道　　　(d) 蓝色通道

图 1-3　RGB 图像及其各通道

2. 灰度图像

与 RGB 图像不同，灰度图像在每个像素上只有一个分量，即该像素的亮度值，且亮度的强度即色阶使用 8 位（bit,b）表示，换算成十进制即 0～255，在视觉上看 0 表示最暗的黑色，255 表示最亮的白色，图像中每个像素的亮度是处于最暗黑色到最亮白色之间的过渡，如图 1-4 所示。

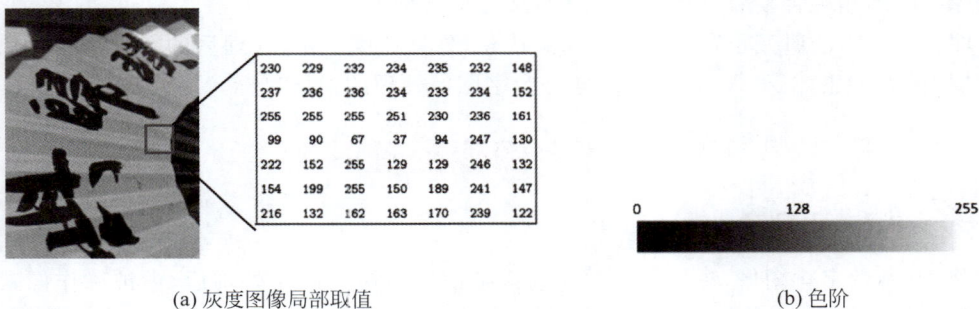

(a) 灰度图像局部取值　　　　　　　　　　　　　　(b) 色阶

图 1-4　灰度图像示意图

3. 二值图像

二值图像是指图像上的每个像素只有 0 和 1 两种可能的取值，分别表示黑色和白色，没有其他任何中间过渡的灰度值，整幅图像呈现出"非黑即白"的效果，如图 1-5 所示。

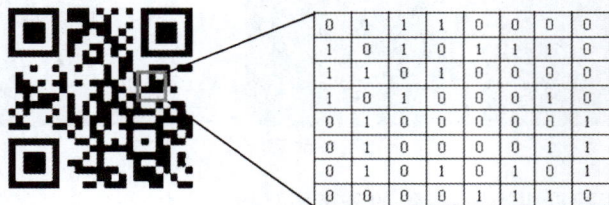

图 1-5　二值图像示意图

二值图像常常用作掩膜（又称遮罩、蒙版），它就像一张镂空的纸将不感兴趣的区域遮掉；另外，在图像分割中，通过二值图像能更好地分析物体的形状和轮廓，便于感兴趣区域的提取。

4. 索引图像

一幅索引图像包含一个数据矩阵和一个调色板矩阵，对应于图像中的每个像素，数据矩阵都包含一个指向调色板矩阵的颜色编号,如图 1-6 所示。

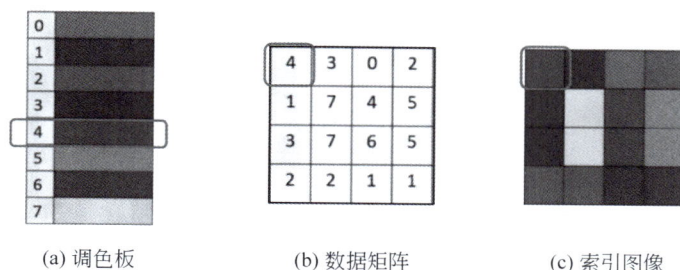

(a) 调色板　　　　(b) 数据矩阵　　　　(c) 索引图像

图 1-6　索引图像

　　索引图像的调色板中最多可以包含 256 种颜色,因而存储所需空间较少,一般用于存储色彩要求简单的图像。鉴于具有文件所占空间较小和颜色失真较小的优势,索引图像常常用于网络图片的快速传输,可实现更为流畅的浏览速度和良好的视觉效果。

1.3.3　数字图像类型之间的转换

　　下面介绍如何使用 MATLAB 进行数字图像类型之间的转换。

　　MATLAB 提供了用于数字图像类型转换的内置函数,如表 1-1 所示。在命令行窗口中输入"help 函数名",可以获得关于该函数的帮助信息。

表 1-1　数字图像类型转换函数

函 数 名	描　述
rgb2gray	RGB 图像转换为灰度图像
rgb2ind	RGB 图像转换为索引图像
ind2rgb	索引图像转换为 RGB 图像
gray2ind	灰度图像转换为索引图像
ind2gray	索引图像转换为灰度图像
im2bw	RGB 图像、灰度图像、索引图像转换为二值图像

1. RGB 图像转换为灰度图像

　　将含有亮度和色彩的彩色图像转换为灰度图像的过程称为灰度化处理。假设 f 为一幅彩色图像,R、G、B 分别为 f 的红色、绿色和蓝色分量,采用以下公式对图像 f 逐像素计算即可实现转换。

　　(1) 平均值法:

$$f(i,j) = \frac{R(i,j) + G(i,j) + B(i,j)}{3} \tag{1-1}$$

　　(2) 最大值法:

$$f(i,j) = \max(R(i,j), G(i,j), B(i,j)) \tag{1-2}$$

　　(3) 加权平均值法:

$$f(i,j) = 0.299R(i,j) + 0.587G(i,j) + 0.114B(i,j) \tag{1-3}$$

　　MATLAB 中灰度化处理对应的内置函数 rgb2gray(),该函数采用的是加权平均值法,用此算法转换的灰度图像与原图像的明暗变化最为一致,也是彩色图像转换为灰度图像的标准模式。该函数的语法格式如下:

```
gray_image=rgb2gray(rgb_image);
```

其中参数含义如下。

rgb_image 表示 RGB 图像。

gray_image 表示转换后的灰度图像。

2. RGB 图像与索引图像的相互转换

1）RGB 图像转换为索引图像

通常采用均匀量化法、最小方差量化法和颜色表近似法将 RGB 图像转换为索引图像，在 MATLAB 中均对应内置函数 rgb2ind()。其语法格式如下。

（1）最小方差量化法：

```
[X,map]=rgb2ind(rgb_image,n);
```

其中参数含义如下。

X 和 map 表示转换后索引图像的数据矩阵和调色板矩阵。

rgb_image 表示 RGB 图像。

n 表示颜色数目，最大值为 65536。

（2）均匀量化法：

```
[X,map]=rgb2ind(rgb_image,tol);
```

其中参数含义如下。

X 和 map 表示转换后索引图像的数据矩阵和调色板矩阵。

rgb_image 表示 RGB 图像。

tol 表示等分间隔，取值范围为[0,1]。

（3）颜色表近似法：

```
map=jet(n);
X=rgb2ind(rgb_image,map);
```

其中参数含义如下。

map 表示指定的颜色映射表。

n 表示颜色数目，最大值为 65536。

X 表示转换后索引图像的数据矩阵。

rgb_image 表示 RGB 图像。

【贴士】 上述语法格式中的 jet 是 MATLAB 所提供的颜色映射函数之一，其他颜色映射函数详见 6.3.1 节。

2）索引图像转换为 RGB 图像

在 MATLAB 中对应于内置函数 ind2rgb()，其语法格式如下：

```
rgb_image=ind2rgb(X,map);
```

其中参数含义如下。

rgb_image 表示转换后的 RGB 图像。

X 和 map 表示索引图像的数据矩阵和调色板矩阵。

3. 灰度图像与索引图像的相互转换

1）灰度图像转换为索引图像

在 MATLAB 中对应于内置函数 gray2ind()，其语法格式如下：

```
[X,map]=gray2ind(gray_image,n);
```

其中参数含义如下。

X 和 map 表示转换后索引图像的数据矩阵和调色板矩阵。

gray_image 表示灰度图像。

n 表示指定的颜色数目，最大值为 65536。

2）索引图像转换为灰度图像

在 MATLAB 中对应于内置函数 ind2gray()，其语法格式如下：

```
gray_image=ind2gray(X,map);
```

其中参数含义如下。

gray_image 表示转换后的灰度图像。

X 和 map 表示索引图像的数据矩阵和调色板矩阵。

4. 灰度图像、索引图像和 RGB 图像转换为二值图像

MATLAB 提供了用于灰度图像、索引图像和 RGB 图像转换为二值图像的内置函数 im2bw()，其语法格式如下。

（1）灰度图像转换为二值图像：

```
BW=im2bw(gray_image,threshold);
```

其中参数含义如下。

BW 表示转换后的二值图像。

gray_image 表示灰度图像。

threshold 是用于控制二值化结果的阈值，取值范围为[0,1]，表示灰度图像中亮度值小于或等于阈值的像素将被置为 0，亮度值大于阈值的像素将被置为 1。

（2）索引图像转换为二值图像：

```
BW=im2bw(X,map,threshold);
```

其中参数含义如下。

BW 表示转换后的二值图像。

X 和 map 表示索引图像的数据矩阵和调色板矩阵。

threshold 表示阈值，取值范围为[0,1]。

（3）RGB 图像转换为二值图像：

```
BW=im2bw(rgb_image,threshold);
```

其中参数含义如下。

BW 表示转换后的二值图像。

rgb_image 表示 RGB 图像。

threshold 表示阈值,取值范围为[0,1]。

【贴士】 如果输入图像不是灰度图像,函数 im2bw 会自动地将图像先转换为灰度图像,再转换为二值图像。

1.3.4 色彩空间及其相互转换

色彩空间是用来精确标定和生成各种颜色的一套规则和定义,用于在某些标准下用可接受的方式简化色彩规范。目前广泛使用的色彩空间有 RGB 色彩空间、CMY 色彩空间、CMYK 色彩空间、HSV 色彩空间、YUV 色彩空间、YIQ 色彩空间、YC_bC_r 色彩空间等。下面分别介绍这些色彩空间及其与最为常用的 RGB 色彩空间之间的转换方法。

1. 色彩空间

1) RGB 色彩空间

色彩混合的基本定律表明,自然界中任何一种色彩均可用红、绿、蓝三原色混合产生,这在几何上能够以 3 个相互垂直的轴 R、G、B 构成的空间坐标系统表示,称为 RGB 色彩空间,常用于显示器等发光体的显示,如图 1-7 所示。

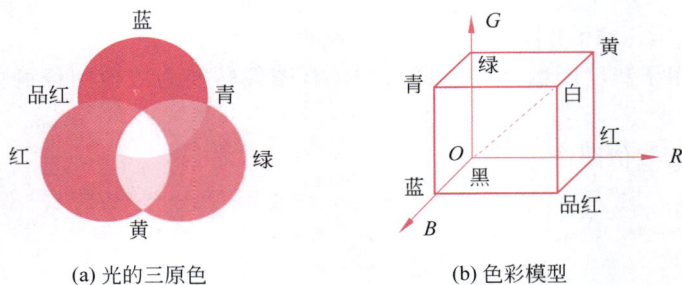

(a) 光的三原色   (b) 色彩模型

图 1-7　RGB 色彩空间

RGB 色彩空间具有如下特点。

(1) 光的三原色(红(R)、绿(G)、蓝(B))合成的颜色范围最为广泛。

(2) 表示红、绿、蓝的 3 个颜色分量 R、G、B 是与亮度密切相关的,即只要亮度改变,R、G、B 分量的值都会随之改变,会导致图像的"偏色"现象。

(3) RGB 色彩空间是一种均匀性较差的色彩空间,人眼对于三原色的敏感程度是不一样的,对绿光最敏感,红光次之,对蓝光最不敏感。

(4) RGB 色彩空间是一种面向硬件设备的色彩空间,常用于显示器系统、扫描仪等。

2) CMY 与 CMYK 色彩空间

CMY 色彩空间采用的是颜料三原色:青(C)、品红(M)、黄(Y),以吸收三原色比例不同而形成不同的颜色,广泛应用于工业印刷行业,如图 1-8 所示。

CMYK 色彩空间是 CMY 色彩空间的变体,在青、品红、黄的基础

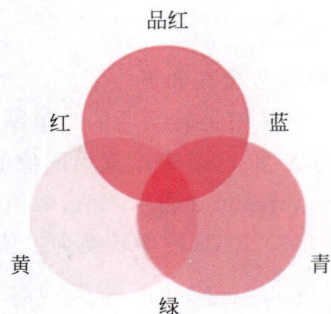

图 1-8　CMY 色彩空间

上增加了黑色。虽然从理论上讲,不需要额外的黑色成分,然而在实际应用中由于目前的生产工艺还不能生产出高纯度的油墨,等量的青、品红和黄很难叠加形成真正的黑色,而是褐色。与 RGB 色彩空间一样,CMYK 空间也是面向硬件设备的色彩空间,常用于彩色打印机、复印机等。

3)HSV 色彩空间

相对于 RGB 色彩空间,HSV 色彩空间能够非常直观地表达色彩的明暗、色调以及鲜艳程度,反映了人类视觉系统感知色彩的方式。从图 1-9 中可以看到,H(hue)表示色彩的相位角,取值范围是 $[0°,360°)$;S(saturation)表示色彩的饱和度,即"纯度",取值范围是 $[0,1]$;V(value)表示色彩的明亮程度,取值范围是 $[0,1]$,V 为 0 表示圆锥的底部顶点,也就是黑色,V 为 1 表示圆锥的顶面,且 S 为 0 时是白色。

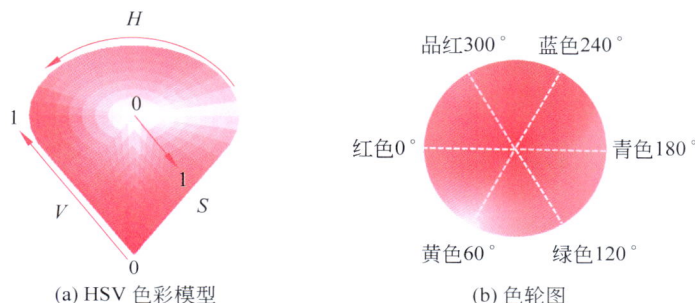

(a) HSV 色彩模型　(b) 色轮图

图 1-9　HSV 色彩空间

4)YUV 家族

(1) YUV 色彩空间。YUV 色彩空间是欧洲 PAL 制式电视系统采用的一种色彩空间,其中,Y 表示亮度,U、V 表示色度。采用 YUV 色彩空间的重要性在于它的亮度分量 Y 和色度分量 U、V 是分离的,既可以兼容黑白电视机(只有 Y 分量),又可以兼容彩色电视机(Y、U、V 分量协同工作)。

(2) YIQ 色彩空间。YIQ 色彩空间是北美 NTSC 制式电视系统采用的一种色彩空间,其中,Y 分量表示亮度,I、Q 分量表示色度。与 YUV 色彩空间类似,YIQ 色彩空间中的色度信息与亮度信息也是分离的,只是用色度分量 I、Q 来代替 U、V,压缩了色度带宽。

(3) YC_bC_r 色彩空间。YC_bC_r 色彩空间是由 YUV 派生的一种色彩空间,其中,Y 分量表示亮度,C_b 和 C_r 由 U 和 V 调整得到用于表示色度。它是很多视频压缩编码采用的色彩空间,在摄像机、数字电视等视频产品中广泛使用,如 MPEG、JPEG 等标准中普遍采用的就是 YC_bC_r 色彩空间。

5)Lab 色彩空间

Lab 色彩空间是在 1931 年国际照明委员会(CIE)制定的颜色度量国际标准的基础上建立起来的。1976 年,经修改后被正式命名为 CIE Lab。Lab 色彩空间弥补了 RGB 和 CMYK 两种色彩空间必须依赖于设备色彩特性的不足,是一种设备无关的均匀色彩空间。另外,Lab 空间的色域比 RGB 和 CMYK 空间的色域大得多,这就意味着 RGB 和 CMYK 空间所能描述的色彩信息在 Lab 空间中都能得以映射。

2. 色彩空间之间的相互转换

1)CMY 转换为 CMYK

$$\begin{cases} K = \min(C, M, Y) \\ C = C - K \\ M = M - K \\ Y = Y - K \end{cases}$$

(1-4)

2）RGB 转换为 CMY

$$\begin{cases} C = 1 - R \\ M = 1 - G \\ Y = 1 - B \end{cases}$$ (1-5)

其中，C、M、Y、R、G、B 的取值范围均为 $[0,1]$。

知识拓展

在 MATLAB 中除了可以利用上述公式进行计算，还可以调用内置函数 imcomplement() 加以实现，其语法格式如下：

```
cmy_image=imcomplement(rgb_image);
rgb_image=imcomplement(cmy_image);
```

3）RGB 与 HSV 之间的相互转换

（1）RGB 转换为 HSV：

$$\begin{cases} R = R/255, G = G/255, B = B/255 \\ V = \max(R,G,B) \\ S = \begin{cases} \dfrac{V - \min(R,G,B)}{V}, & V \neq 0 \\ 0, & V = 0 \end{cases} \\ H = \begin{cases} \dfrac{60(G - B)}{V - \min(R,G,B)}, & V = R \\ 120 + \dfrac{60(B - R)}{V - \min(R,G,B)}, & V = G \\ 240 + \dfrac{60(R - G)}{V - \min(R,G,B)}, & V = B \end{cases} \end{cases}$$ (1-6)

（2）HSV 转换为 RGB：

$$\begin{cases} H = H \times 2, S = S/255, V = V/255 \\ h_i = \left\lfloor \dfrac{H}{60} \right\rfloor, f = \dfrac{H}{60} - h_i \\ p = V(1 - S), q = V(1 - fS), t = V(1 - (1 - f)S) \\ (R,G,B) = \begin{cases} (V,t,p), & h_i = 0 \\ (q,V,p), & h_i = 1 \\ (p,V,t), & h_i = 2 \\ (p,q,V), & h_i = 3 \\ (t,p,V), & h_i = 4 \\ (V,p,1), & h_i = 5 \end{cases} \end{cases}$$ (1-7)

知识拓展

在 MATLAB 中除利用上述公式进行计算外，还可以调用内置函数 rgb2hsv() 和 hsv2rgb()

加以实现,其语法格式如下:

```
hsv_image=rgb2hsv(rgb_image);
rgb_image=hsv2rgb(hsv_image);
```

4) RGB 与 YIQ 之间的相互转换

(1) RGB 转换为 YIQ:

$$\begin{cases} Y = 0.299R + 0.587G + 0.114B \\ I = 0.596R - 0.275G - 0.321B \\ Q = 0.212R - 0.523G + 0.311B \end{cases} \tag{1-8}$$

(2) YIQ 转换为 RGB:

$$\begin{cases} R = Y + 0.956I + 0.621Q \\ G = Y - 0.272I + 0.647Q \\ B = Y - 1.107I + 1.704Q \end{cases} \tag{1-9}$$

知识拓展

在 MATLAB 中除利用上述公式进行计算外,还可以调用内置函数 rgb2ntsc( )和 ntsc2rgb( )加以实现,其语法格式如下:

```
yiq_image=rgb2ntsc(rgb_image);
rgb_image=ntsc2rgb(yiq_image);
```

5) RGB 与 YUV 之间的相互转换

(1) RGB 转换为 YUV:

$$\begin{cases} Y = 0.299R + 0.587G + 0.114B \\ U = -0.14713R - 0.28886G + 0.436B \\ V = 0.615R - 0.51499G - 0.10001B \end{cases} \tag{1-10}$$

(2) YUV 转换为 RGB:

$$\begin{cases} R = Y + 2.03211U \\ G = Y - 0.39465U - 0.58060V \\ B = Y + 1.13983V \end{cases} \tag{1-11}$$

知识拓展

在 MATLAB 中并没有提供相应的内置函数,需要自定义函数 m 文件 rgb2yuv.m 和 yuv2rgb.m 加以实现,完整代码如下:

```
function yuv=rgb2yuv(rgb)
    rgb=im2double(rgb);
    r=rgb(:, :, 1);
    g=rgb(:, :, 2);
    b=rgb(:, :, 3);
```

```
    y=0.299 * r+0.587 * g+0.114 * b;
    u=-0.14713 * r-0.28886 * g+0.436 * b;
    v=0.615 * r-0.51499 * g-0.10001 * b;
    yuv=cat(3, y, u, v);
end

function rgb=yuv2rgb(yuv)
    y=yuv(:,:,1);
    u=yuv(:,:,2);
    v=yuv(:,:,3);
    r=y+1.13983 * v;
    g=y-0.39465 * u-0.58060 * v;
    b=y+2.03211 * u;
    rgb=cat(3,r,g,b);
end
```

6）RGB 与 YC_bC_r 之间的相互转换

（1）RGB 转换为 YC_bC_r：

$$\begin{cases} Y = 0.299R + 0.587G + 0.114B \\ C_b = -0.1687R - 0.3313G + 0.5B + 128 \\ C_r = 0.5R - 0.4187G - 0.0813B + 128 \end{cases} \tag{1-12}$$

（2）YC_bC_r 转换为 RGB：

$$\begin{cases} R = Y + 1.402(C_r - 128) \\ G = Y - 0.34414(C_b - 128) - 0.71414(C_r - 128) \\ B = Y + 1.772(C_b - 128) \end{cases} \tag{1-13}$$

知识拓展

　　在 MATLAB 中除利用上述公式进行计算外，还可以调用内置函数 rgb2ycbcr（）和 ycbcr2rgb（）加以实现，其语法格式如下：

```
ycbcr_image=rgb2ycbcr(rgb_image);
rgb_image=ycbcr2rgb(ycbcr_image);
```

7）RGB 与 Lab 之间的相互转换

由于 RGB 是设备相关的色彩空间，而 Lab 是设备无关的色彩空间，无法直接进行相互转换，需要借助 XYZ 色彩空间进行二次转换，即 RGB↔XYZ↔Lab。

（1）RGB 转换为 Lab：

$$\begin{cases} X = 0.412453R + 0.357580G + 0.180423B \\ Y = 0.212671R + 0.715160G + 0.072169B \\ Z = 0.019334R + 0.119193G + 0.950227B \end{cases} \tag{1-14}$$

$$\begin{cases} L = 116 f\left(\dfrac{Y}{Y_n}\right) - 16 \\[2mm] a = 500\left[f\left(\dfrac{X}{X_n}\right) - f\left(\dfrac{Y}{Y_n}\right) \right] \\[2mm] b = 200\left[f\left(\dfrac{Y}{Y_n}\right) - f\left(\dfrac{Z}{Z_n}\right) \right] \\[2mm] X_n = 0.95047, Y_n = 1.0, Z_n = 1.08883 \\[2mm] f(t) = \begin{cases} t^{\frac{1}{3}}, & t > \left(\dfrac{6}{29}\right)^3 \\[2mm] \dfrac{1}{3}\times\left(\dfrac{29}{6}\right)^2 t + \dfrac{4}{29}, & \text{其他} \end{cases} \end{cases} \tag{1-15}$$

（2）Lab 转换为 RGB：

$$\begin{cases} Y = Y_n f^{-1}\left(\dfrac{L+16}{116}\right) \\[2mm] X = X_n f^{-1}\left(\dfrac{L+16}{116} + \dfrac{a}{500}\right) \\[2mm] Z = Z_n f^{-1}\left(\dfrac{L+16}{116} - \dfrac{b}{200}\right) \\[2mm] X_n = 0.95047, Y_n = 1.0, Z_n = 1.08883 \\[2mm] f^{-1}(t) = \begin{cases} t^3, & t > \dfrac{6}{29} \\[2mm] 3\times\left(\dfrac{6}{29}\right)^2\left(t - \dfrac{4}{29}\right), & \text{其他} \end{cases} \end{cases} \tag{1-16}$$

$$\begin{cases} R = 3.240481X - 1.537152Y - 0.498536Z \\ G = -0.969255X + 1.875990Y + 0.041556Z \\ B = 0.055647X - 0.204041Y + 1.057311Z \end{cases} \tag{1-17}$$

知识拓展

　　在 MATLAB 中除利用上述公式进行计算外，还可以调用内置函数 makecform（）和 applycform（）加以实现，其语法格式如下。

　　• RGB 转换为 Lab：

```
cform=makecform('srgb2lab');
lab_image=applycform(rgb_image,cform);
```

　　• Lab 转换为 RGB：

```
cform=makecform('lab2srgb');
rgb_image=applycform(lab_image,cform);
```

1.4　MATLAB 概述

MATLAB 是 Matrix 和 Laboratory 两个词的组合，意为矩阵实验室，是由美国 Mathworks 公司发布的面向科学计算、可视化以及交互式程序设计的商业数学软件，用于数据分析、无线通信、深度学习、图像处理与计算机视觉、信号处理、量化金融与风险管理、机器人、控制系统等领域。

MATLAB 将数值分析、矩阵计算、科学数据可视化以及非线性动态系统和仿真等诸多强大功能集成在一个易于使用的视窗环境中，为科学研究、工程设计以及必须进行有效数值计算的众多科学领域提供了一种全面的解决方案，并在很大程度上摆脱了传统非交互式程序设计语言的编辑模式。

1.4.1　MATLAB 的发行

自 1984 年首次亮相、推向市场以来，MATLAB 凭借其卓越的性能与广泛的适用性，获得全球众多科研工作者、工程师以及技术爱好者的青睐。截至当下，MATLAB 已发行超过 50 个版本，而版本 MATLAB R2024b 推出了几项重要更新，帮助从事无线通信系统、控制系统和数字信号处理应用的工程师和研究人员简化工作流。

（1）5G Toolbox 为新无线电（NR）和 5G-Advanced 系统提供建模、仿真和验证函数，现在它支持探索 6G 波形生成和 5G 波形的信号质量评估。

（2）DSP HDL Toolbox 为开发信号处理应用提供硬件就绪的 Simulink 模块和子系统。该工具箱现在包括新的交互式 DSP HDL IP 设计器，用于配置 DSP 算法并生成 HDL 代码和验证组件。

（3）Simulink Control Design 用于设计和分析在 Simulink 中建模的控制系统。现在它能够设计与实现非线性和数据驱动控制方法，如滑动模式和迭代学习控制。

（4）System Composer 支持通过架构设定和分析来实现基于模型的系统工程和软件架构建模。该工具现已允许客户编辑子集视图，并用活动和序列图描述系统行为。

此外，针对 Qualcomm Hexagon 神经处理单元（NPU）（该技术嵌入在 Snapdragon 处理器家族中）提供了新的硬件支持包。该包利用 Simulink 和基于模型的设计，在各种用于 DSP 应用的 Snapdragon 处理器之间无缝部署产品级 C 代码。

1.4.2　MATLAB 的特点

MATLAB 的特点如下。

（1）高效的数值计算及符号计算功能，能使用户从繁杂的数学运算分析中解脱出来。

MATLAB 拥有多项式计算、插值与拟合、方程求解、线性方程组求解、非线性方程问题求解、常微分方程的数值求解、数值微分与积分、函数极值、矩阵运算等六百多个数值计算函数，可以方便地实现用户所需的各种计算功能。

（2）具有完备的图形处理功能，实现计算结果和编程的可视化，如图 1-10 所示。

（3）友好的用户界面以及接近数学表达式的自然化语言，易于学习和掌握。

随着 MATLAB 版本的不断升级，其用户界面越来越接近 Windows 的标准界面，人机交互性更强，操作更简单。此外，相较其他编程语言，MATLAB 自带的语言体系更为简便，一切皆为矩阵的数据类型设计，语言抽象能力大幅跨越，大幅提升了代码的简洁性和可读性，同时语法限制少，程序设计自由度大，更易于学习和掌握。

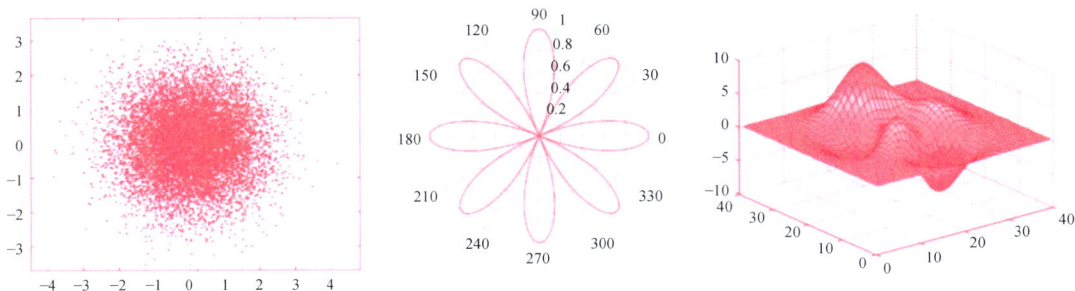

图 1-10 MATLAB 的数据可视化功能

（4）功能丰富的应用工具箱，为用户提供了大量方便实用的处理工具。常用工具箱如图 1-11 所示。

常用工具箱	
MATLAB Main Toolbox——MATLAB 主工具箱	Control System Toolbox——控制系统工具箱
Communication Toolbox——通信工具箱	Financial Toolbox——财政金融工具箱
System Identification Toolbox——系统识别工具箱	Fuzzy Logic Toolbox——模糊逻辑工具箱
Higher-Order Spectral Analysis Toolbox——高阶谱分析工具箱	Image Processing Toolbox——图像处理工具箱
Computer Vision System Toolbox——计算机视觉工具箱	LMI Control Toolbox——线性矩阵不等式工具箱
Model predictive Control Toolbox——模型预测控制工具箱	μ-Analysis and Synthesis Toolbox——μ分析工具箱
Neural Network Toolbox——神经网络工具箱	Optimization Toolbox——优化工具箱
Partial Differential Toolbox——偏微分方程工具箱	Robust Control Toolbox——稳健性控制工具箱
Signal Processing Toolbox——信号处理工具箱	Spline Toolbox——样条工具箱
Statistics Toolbox——统计工具箱	Symbolic Math Toolbox——符号数学工具箱
Simulink Toolbox——动态仿真工具箱	Wavelet Toolbox——小波工具箱
DSP system toolbox——DSP处理工具箱	

图 1-11 MATLAB 中常用的工具箱

1.4.3 MATLAB 编程基础

1. 变量

在 MATLAB 中不需要事先进行变量声明，也不需要指定变量的类型，可根据所赋予变量的值或对变量所进行的操作自动确定。

（1）变量的命名规则。

① 必须以字母开头，且只能由字母、数字和下画线组合而成。

② 区分字母大小写。

③ 不能使用 MATLAB 中的关键字（代码中呈蓝色）作为变量名。

④ 变量名最多包括 63 个字符，超过的字符系统将忽略不计。

（2）MATLAB 系统变量。MATLAB 中存在已经被预定义某个特定值的变量，这些变量被称为系统变量，并且在 MATLAB 启动时自动产生，如表 1-2 所示。

表 1-2　MATLAB 中的系统变量

变　量	描　述
ans	系统默认用作保存运算结果的变量
pi	圆周率
eps	计算机的最小数，eps＝2.2204×10^{-16}
inf	无穷大
NaN 或 nan	不定数
i 或 j	虚数
nargin	函数的输入参数个数
nargout	函数的输出参数个数
realmin	最小正实数
realmax	最大正实数
flops	浮点运算次数

（3）数值变量。MATLAB 中所有的数值变量都是矩阵，赋值时以"["作为开头，以"]"作为结尾，以","或空格分隔同一行的元素，以";"分隔不同行的元素。例如，在命令行窗口中输入：

```
>> a=[1 2;3 4]
a=

    1    2
    3    4
```

【贴士】　向量和标量可以视为特殊的矩阵。例如：$a=[1\ 2]$，$a=[1;2]$，$a=10$。

（4）字符串变量。MATLAB 中字符串变量以"''"开头和结尾。例如，在命令行窗口中输入

```
>> a='数字图像处理'
a=
数字图像处理
```

2. 程序控制结构

（1）顺序结构。顺序结构由程序模块串联而成。程序模块是指完成一项独立功能的逻辑单元，可以是一条语句或一个函数。其特点是按照排列顺序依次执行，直到程序的最后一条语句为止。

（2）选择结构。在 MATLAB 中，选择结构的表达形式有 if 语句和 switch 语句。其中，if 语句具有单分支、双分支和多分支 3 种形式，switch 语句通常用于表达多分支的情形。具体语法格式如图 1-12 所示。

（3）循环结构。在 MATLAB 中，循环结构有两种形式：for 循环结构和 while 循环结构。具体语法格式如图 1-13 所示。此外，与循环结构相关的语句还有 break 语句和 continue 语句，它们一般与 if 语句配合使用，用于表达在某个条件成立时提前跳出或跳过本次循环的情形。

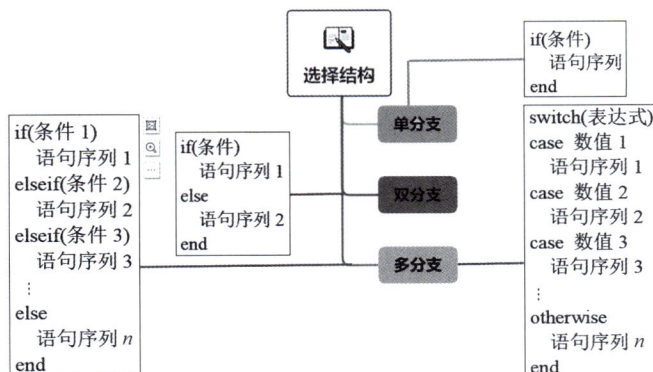

图 1-12 选择结构的形式

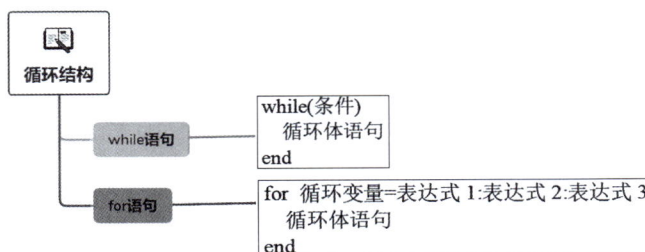

图 1-13 循环结构的形式

3. 矩阵及其运算

1）矩阵的创建

（1）直接输入。在"［ ］"内输入矩阵元素，同一行的元素之间用"，"或空格隔开，不同行之间的元素用"；"隔开，且矩阵的大小不必预先定义，MATLAB 会根据给定的元素自动确定。例如：

```
c=[1 2 3;4 5 6];
```

此时矩阵 c 的大小是 2×3。

（2）调用基本矩阵生成函数。MATLAB 提供了 9 种基本矩阵生成函数，如表 1-3 所示。

表 1-3　MATLAB 中的基本矩阵生成函数

函　　数	描　　　述
$ones(n)$ 或 $ones(m, n)$	所有元素均为 1 的矩阵
$zeros(n)$ 或 $zeros(m, n)$	所有元素均为 0 的矩阵
$eye(n)$	对角线元素为 1、其余为 0 的 n 阶方阵
$eye(m, n)$	对角线元素为 1、其余为 0 的 $m \times n$ 矩阵
$rand(n)$ 或 $rand(m, n)$	随机矩阵，其元素均为 $(0,1)$ 内的随机数
$diag(\boldsymbol{x})$	以 $\boldsymbol{x}$ 向量为对角线元素的方阵
$triu(\boldsymbol{A})$	矩阵 $\boldsymbol{A}$ 的上三角矩阵
$tril(\boldsymbol{A})$	矩阵 $\boldsymbol{A}$ 的下三角矩阵
空矩阵［］	［］

① ones(m,n)函数。例如：

```
>>ones(2,3)
ans=
    1   1   1
    1   1   1
```

② zeros(m,n)函数。例如：

```
>>zeros(2,3)
ans=
    0   0   0
    0   0   0
```

③ eye(n)函数。例如：

```
>>eye(3)
ans=
    1   0   0
    0   1   0
    0   0   1
>>eye(3,4)
ans=
    1   0   0   0
    0   1   0   0
    0   0   1   0
```

④ rand(m,n)函数。例如：

```
>> rand(2,3)
ans=
    0.9649   0.9706   0.4854
    0.1576   0.9572   0.8003
```

⑤ diag(x)函数。例如：

```
>> x=[1,2,3];
>> diag(x)
ans=
    1   0   0
    0   2   0
    0   0   3
```

⑥ triu(A)函数。例如：

```
>> A=[1 2 3;4 5 6;7 8 9];
>> triu(A)
ans=
    1   2   3
    0   5   6
    0   0   9
```

⑦ tril(**A**)函数。例如：

```
>> A=[1 2 3;4 5 6;7 8 9];
>> tril(A)
ans=
    1    0    0
    4    5    0
    7    8    9
```

⑧ 空矩阵[]。例如：

```
>> A=[]
A=
    []
```

2）矩阵元素的引用

MATLAB 支持其他编程语言中所用的引用方法，即矩阵名（行下标，列下标）。当然，不同的编程语言对应的语法格式不尽相同。除此之外，它还可以采用 ":" 运算符引用由矩阵的某些局部数据所构成的子矩阵，简化矩阵操作，如表 1-4 所示。

表 1-4   MATLAB 中矩阵元素的引用方法

表 达 式	描 述
$A(i,j)$	二维矩阵 **A** 中第 i 行第 j 列的元素
$A(i,:)$	二维矩阵 **A** 中第 i 行
$A(:,j)$	二维矩阵 **A** 中第 j 列
$A(i:k,:)$	二维矩阵 **A** 中第 i 行到第 k 行组成的子矩阵
$A(:,j:l)$	二维矩阵 **A** 中第 j 列到第 l 列组成的子矩阵
$A(i:k,j:l)$	二维矩阵 **A** 中第 i 行到第 k 行和第 j 列到第 l 列组成的子矩阵

3）矩阵运算

MATLAB 与其他数学软件的不同之处是具有强大的矩阵运算功能。矩阵的基本运算包括加、减、乘、左除、右除、幂、点乘、点除、点幂等，如表 1-5 所示。

表 1-5   MATLAB 中的矩阵运算符

运 算 符	描 述
+	$A+B$ 表示矩阵 **A** 和矩阵 **B** 中对应位置的元素相加
—	$A-B$ 表示矩阵 **A** 和矩阵 **B** 中对应位置的元素相减
*	$A*B$ 表示矩阵 **A** 和矩阵 **B** 相乘
/	A/B 表示矩阵 **A** 左除矩阵 **B**
\	$A\backslash B$ 表示矩阵 **A** 右除矩阵 **B**
^	$A\text{^}B$ 表示矩阵 **A** 的 **B** 次幂
.*	$A.*B$ 表示矩阵 **A** 和矩阵 **B** 中对应位置的元素相乘

运 算 符	描 述
./	$A./B$ 表示矩阵 A 和矩阵 B 中对应位置的元素相除
.^	$A.\string^B$ 表示矩阵 A 的每个元素的 B 次幂

表中，加法、减法、乘法运算符与线性代数中所定义的一致，下面主要介绍其他运算符的基本用法。

① 左除与右除。MATLAB 中矩阵的除法分为左除和右除，它们的运算规则如下：

$$A/B = A * B^{-1}$$
$$A \backslash B = A^{-1} * B$$

其中，A、B 均为方阵，A^{-1} 和 B^{-1} 分别表示矩阵 A 和矩阵 B 的逆矩阵。例如：

```
>> A=[1 2 3;4 5 6;7 8 9]
A=
    1    2    3
    4    5    6
    7    8    9
>> B=[3 1 5;2 4 9;5 2 6]
B=
    3    1    5
    2    4    9
    5    2    6
>> A/B
ans=
  -0.8276    0.4483    0.5172
  -3.2069    0.8621    2.3793
  -5.5862    1.2759    4.2414
>> A\B
ans=
   1.0e+16 *
  -1.8014    2.2518    3.1525
   3.6029   -4.5036   -6.3050
  -1.8014    2.2518    3.1525
```

② 幂运算。由于幂运算的本质是乘法运算的重复。对于矩阵，能够参与多次乘法运算的矩阵一定是方阵。对于幂运算公式 $C = A\string^B$，要分为以下 3 种情况进行讨论。

情况 1：当 A 为方阵，B 为标量时，方阵 C 就是方阵 A 自乘 B 次的结果。例如：

```
>> A=[1 2 3;4 5 6;7 8 9]
A=
    1    2    3
    4    5    6
    7    8    9
>> B=2
B=
    2
>> C=A^B
```

```
C=
    30    36    42
    66    81    96
   102   126   150
```

情况 2：当 A 为标量，B 为方阵时，先对 B 对角化，然后对其对角线的每个元素做幂运算，最后通过逆变换将其变换回来。例如：

```
>> A=2
A=
     2
>> B=[1 2;3 4]
B=
     1     2
     3     4
>>C= A^B
C=
   10.4827   14.1519
   21.2278   31.7106
```

情况 3：当 A、B 均为方阵时，系统报错。

③ 点乘。矩阵乘法的运算规则如下：

$$C = A * B = \begin{bmatrix} a_{11} & a_{12} & a_{13} \\ a_{21} & a_{22} & a_{23} \end{bmatrix} \begin{bmatrix} b_{11} & b_{12} \\ b_{21} & b_{22} \\ b_{31} & b_{32} \end{bmatrix} = \begin{bmatrix} c_{11} & c_{12} \\ c_{21} & c_{22} \end{bmatrix}$$

其中

$$c_{11} = a_{11}b_{11} + a_{12}b_{21} + a_{13}b_{31}$$
$$c_{12} = a_{11}b_{12} + a_{12}b_{22} + a_{13}b_{32}$$
$$c_{21} = a_{21}b_{11} + a_{22}b_{21} + a_{23}b_{31}$$
$$c_{22} = a_{21}b_{12} + a_{22}b_{22} + a_{23}b_{32}$$

可见，矩阵乘法运算的前提是矩阵 A 的列数与矩阵 B 的行数相等，且要按照其乘法规则进行计算。

那么点乘运算是如何进行的？两矩阵的点乘运算是在两矩阵大小相等的前提下，将两矩阵中相同位置的元素进行相乘，并将积保存在原位置组成新矩阵，即

$$C = A .* B = \begin{bmatrix} a_{11} & a_{12} & a_{13} \\ a_{21} & a_{22} & a_{23} \end{bmatrix} .* \begin{bmatrix} b_{11} & b_{12} & b_{13} \\ b_{21} & b_{22} & b_{23} \end{bmatrix} = \begin{bmatrix} c_{11} & c_{12} & c_{13} \\ c_{21} & c_{22} & c_{23} \end{bmatrix}$$

其中

$$c_{11} = a_{11}b_{11}$$
$$c_{12} = a_{12}b_{12}$$
$$c_{13} = a_{13}b_{13}$$
$$c_{21} = a_{21}b_{21}$$
$$c_{22} = a_{22}b_{22}$$
$$c_{23} = a_{23}b_{23}$$

例如：

```
A=[1 2 3;4 5 6;7 8 9]
A=
     1     2     3
     4     5     6
     7     8     9
>> B=[3 1 5;2 4 9;5 2 6]
B=
     3     1     5
     2     4     9
     5     2     6
>> A.*B
ans=
     3     2    15
     8    20    54
    35    16    54
```

④ 点除。与点乘运算类似，两个矩阵的点除运算是在两个矩阵大小相等的前提下，将两个矩阵中相同位置的元素进行相除，并将商保存在原位置组成新矩阵，即

$$C = A./B = \begin{bmatrix} a_{11} & a_{12} & a_{13} \\ a_{21} & a_{22} & a_{23} \end{bmatrix} ./ \begin{bmatrix} b_{11} & b_{12} & b_{13} \\ b_{21} & b_{22} & b_{23} \end{bmatrix} = \begin{bmatrix} c_{11} & c_{12} & c_{13} \\ c_{21} & c_{22} & c_{23} \end{bmatrix}$$

其中

$$c_{11} = a_{11}/b_{11}$$
$$c_{12} = a_{12}/b_{12}$$
$$c_{13} = a_{13}/b_{13}$$
$$c_{21} = a_{21}/b_{21}$$
$$c_{22} = a_{22}/b_{22}$$
$$c_{23} = a_{23}/b_{23}$$

例如：

```
A=[1 2 3;4 5 6;7 8 9]
A=
     1     2     3
     4     5     6
     7     8     9
>> B=[3 1 5;2 4 9;5 2 6]
B=
     3     1     5
     2     4     9
     5     2     6
>> A./B
ans=
    0.3333    2.0000    0.6000
    2.0000    1.2500    0.6667
    1.4000    4.0000    1.5000
```

⑤ 点幂。与点乘、点除运算类似，两个矩阵的点幂运算是在两个矩阵大小相等的前提下，将两个矩阵中相同位置的元素进行幂运算（左矩阵元素为底，右矩阵元素为指数），并将计算结果保存在原位置组成新矩阵，即

$$C = A.^\wedge B = \begin{bmatrix} a_{11} & a_{12} & a_{13} \\ a_{21} & a_{22} & a_{23} \end{bmatrix} .^\wedge \begin{bmatrix} b_{11} & b_{12} & b_{13} \\ b_{21} & b_{22} & b_{23} \end{bmatrix} = \begin{bmatrix} c_{11} & c_{12} & c_{13} \\ c_{21} & c_{22} & c_{23} \end{bmatrix}$$

其中

$$c_{11} = a_{11}^{\wedge} b_{11}$$
$$c_{12} = a_{12}^{\wedge} b_{12}$$
$$c_{13} = a_{13}^{\wedge} b_{13}$$
$$c_{21} = a_{21}^{\wedge} b_{21}$$
$$c_{22} = a_{22}^{\wedge} b_{22}$$
$$c_{23} = a_{23}^{\wedge} b_{23}$$

例如：

```
>> A=[1 2 3;4 5 6;7 8 9]
A=
    1    2    3
    4    5    6
    7    8    9
>> B=[3 1 5;2 4 9;5 2 6]
B=
    3    1    5
    2    4    9
    5    2    6
>> A.^B
ans=
        1      2         243
       16    625    10077696
    16807     64      531441
```

4. m 文件编程

对于简单的命令,可以在 MATLAB 的命令行窗口中直接输入。随着命令数量和复杂度的增加,这种方式就显得很不方便,易出错且不便修改。为了解决这个问题,可以先将这些命令集合写入一个 m 文件,然后在命令行窗口直接执行,这样就可以极大地提高编程效率。

根据 m 文件的特点和适用场景的不同,可以分为脚本 m 文件和函数 m 文件两大类。

1) 脚本 m 文件

定义脚本 m 文件,将命令集合封装在内,MATLAB 会自动按顺序执行该文件中的命令。脚本 m 文件运行过程中所产生的变量保留在 MATLAB 的工作区中,常用于主程序的设计。

【案例 1-1】 编写脚本 m 文件,对数据 a、b、c 进行排序并按从大到小的顺序输出。

操作步骤如下。

步骤 1：单击工具栏中的"浏览"按钮,在打开的"选择文件夹"对话框中选择脚本 m 文件所在的工作目录,如图 1-14 所示。

步骤 2：新建一个脚本 m 文件,命名为 mysort.m。选中"主页"|"新建"|"脚本"选项,在打开的编辑器窗口中自动创建了一个脚本 m 文件(如果是第一次创建,文件名称为 Untitled.m,第二次创建为 Untitled2.m,以此类推);将此脚本 m 文件存储在本地磁盘上(可采用默认名称 Untitled.m,也可重命名,在这里重命名为 mysort.m)。

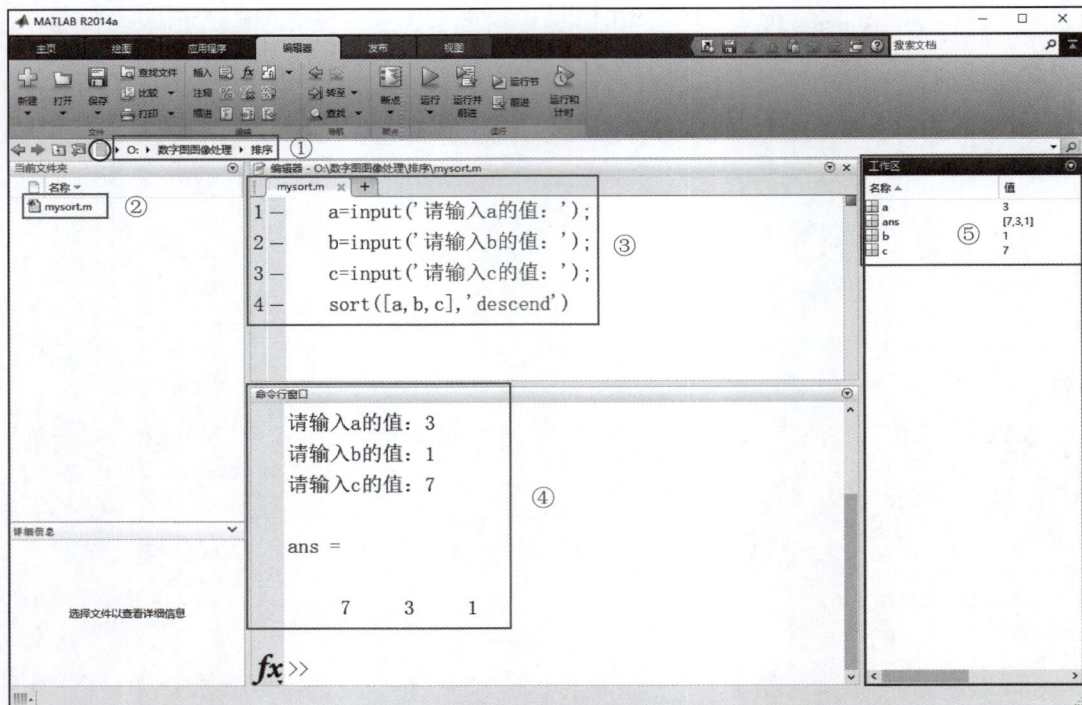

图 1-14 脚本 m 文件的创建方法

步骤 3：在脚本 m 文件 mysort.m 中编写代码。

步骤 4：选中"编辑器"|"运行"选项，运行程序，在命令行窗口中查看排序结果。

步骤 5：在工作区窗口中查看代码中所使用的变量情况。

2）函数 m 文件

函数 m 文件是 m 文件的另一种类型，必须以关键字 function 引导，类似于其他编程语言中的自定义函数，其基本结构如下：

```
function [返回值1,返回值2,…]=函数名(参数1,参数2,…)
    函数体语句
end
```

【案例 1-2】 编写函数 m 文件，计算如下分段函数的值：

$$y = \begin{cases} \sin x, & x \leqslant 0 \\ x, & 0 < x \leqslant 3 \\ -x+6, & x > 3 \end{cases}$$

给出 x 的值，通过调用函数 m 文件计算得到 y 的值。

操作步骤如下。

步骤 1：单击工具栏中的"浏览"按钮，在弹出的对话框中选择工作目录。

步骤 2：新建一个函数 m 文件，将其命名为 pieceviseFunction.m。选中"主页"|"新建"|"函数"选项，在打开的编辑器窗口中自动创建了一个函数 m 文件。此时 MATLAB 会自动生成函数 m 文件的基本结构，如图 1-15 所示。将基本结构中的默认函数名 Untitled 重命名为 pieceviseFunction，并将其存储在本地磁盘上，这时存储的文件名会自动与该函数名同名，即 pieceviseFunction.m。注意，函数名和文

件名要保持一致性。

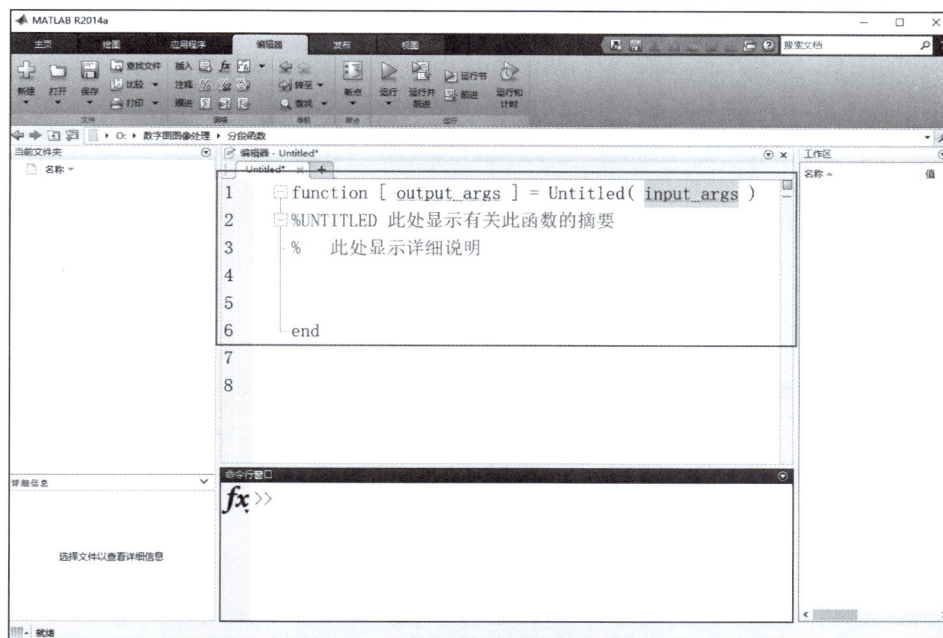

图 1-15 函数 m 文件的基本结构

步骤 3：在函数 m 文件 pieceviseFunction.m 的基本结构中编写代码。

步骤 4：在命令行窗口中输入函数调用语句，例如：y＝pieceviseFunction(5)。

步骤 5：在工作区窗口中查看代码中所使用的变量情况。

完整的创建流程如图 1-16 所示。

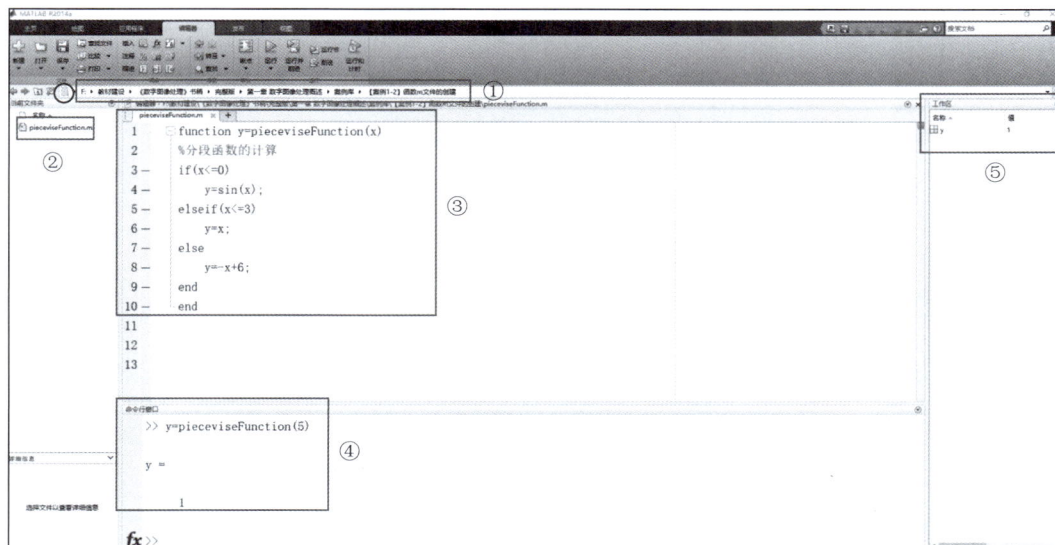

图 1-16 函数 m 文件的创建方法

【贴士】 与脚本 m 文件不同，函数 m 文件的运行是通过在命令行窗口中输入调用语句完成的。

5. MATLAB 中图像的基本操作

MATLAB 对图像的处理功能主要集中在它的图像处理工具箱（image processing toolbox）中。图像处理工具箱功能完善，使用方便，提供了一套全方位的标准算法、函数和程序，用于图像处理、分析、可视化和算法设计，可进行图像基本运算、几何变换、图像空域增强、图像频域增强、色彩增强、图像分割、数学形态学等处理。下面介绍 MATLAB 中图像处理的一些基本操作，这些操作在后续章节案例中都将被频繁地用到。

1）图像的读取

内置函数 imread('filename')可将图像读入 MATLAB 环境中。其中，filename 是一个包含文件名和扩展名的字符串，例如'flowers.jpg'。如果要读取指定路径的图像，可以在 filename 中添加绝对路径或相对路径。

（1）绝对路径与相对路径。绝对路径是指从当前计算机的盘符开始，一直到该图像文件所在文件夹为止。例如，图 1-17 中 flowers.jpg 的绝对路径为 O:\imageRead\pic\；而相对路径是指相对于当前脚本 m 文件 test.m，图像文件 flowers.jpg 所在的路径，即 pic\。

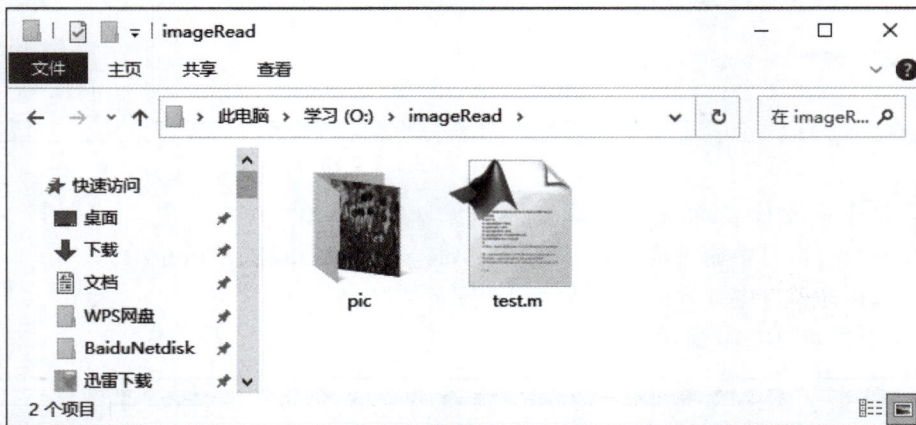

图 1-17　图像文件 flowers.jpg 所在路径

因此，在 MATLAB 中，可以采用以下两种表达方式读取图像：

```
src=imread('o:\imageRead\pic\flowers.jpg');
```

或

```
src=imread('pic\flowers.jpg');
```

当读入一幅图像到 MATLAB 环境后，可以通过工作区窗口查看变量 src 的名称、值、存储类型等基本信息，如图 1-18 所示。

工作区			
名称 ▲	值	最小值	最大值
abc filename	'flowers.jpg'		
abc pathname	'O:\imageRead\pic\'		
src	600x900x3 uint8	<元素太多>	<元素太多>
abc str	'O:\imageRead\pic\flowers.jpg'		

图 1-18　MATLAB 工作区窗口

（2）读取在"选取一幅待处理图像"对话框中选中的待处理图像。除了在代码中指定读取某幅图像外，还可以读取"选取一幅待处理图像"对话框中用户交互式选取的图像，如图 1-19 所示。

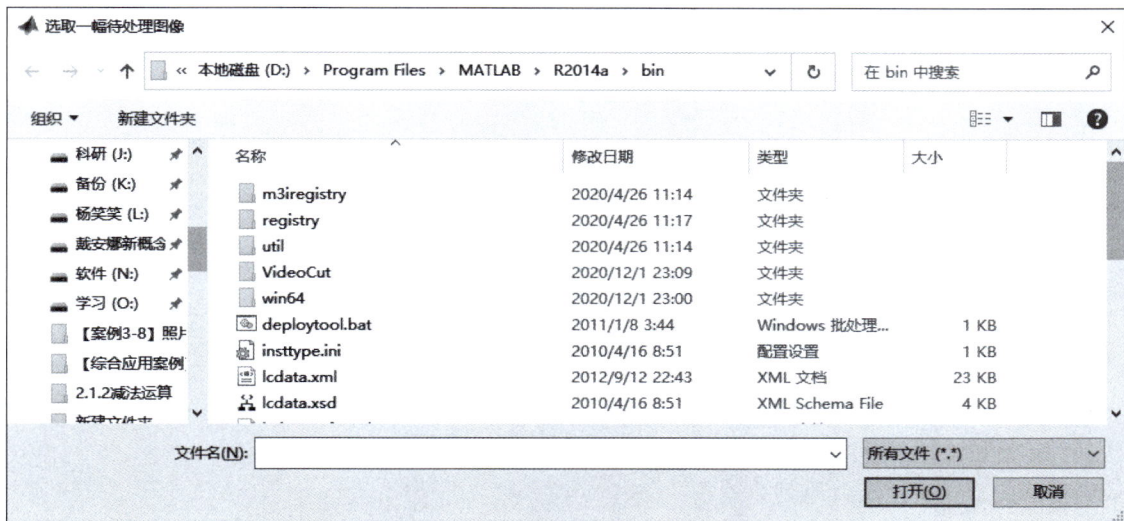

图 1-19　"选取一幅待处理图像"对话框

实现代码如下：

```
clear all                                    %清除内存中的所有变量
[filename,pathname]=uigetfile('*.*','选取一幅待处理图像');  %调用"选取一幅待处理图像"对话框
str=[pathname filename];                      %将获取的路径和文件名连接成一个字符串
src=imread(str);                              %读入图像文件并存储于变量 src 中
```

【代码说明】

调用"选取一幅待处理图像"对话框的内置函数 uigetfile() 的常用语法格式如下：

```
[filename,pathname] = uigetfile(filter,title);
```

其中参数说明如下。

filename：返回用户选择的文件名。

pathname：返回用户所选择文件的路径。

filter：文件扩展名过滤器，用于指定对话框中显示的文件类型。

title：指定对话框的标题。

（3）索引图像的读取方法。由于索引图像是由数据矩阵和调色板矩阵两部分所组成的，其读取方式与其他类型的图像是有所不同的。具体语法格式如下：

```
[X,map]=imread('filename');
```

其中，X 表示数据矩阵，map 表示调色板矩阵。

（4）MATLAB 支持的图像文件格式。MATLAB 所支持的图像文件格式非常广泛，几乎涵盖了所有常见的文件格式，如表 1-6 所示。

表 1-6　MATLAB 支持的图像文件格式

格　　式	扩　展　名	格　　式	扩　展　名
BMP	.bmp	XWD	.xwd
CUR	.cur	PBM	.pbm
GIF	.gif	RAS	.ras
HDF4	.hdf	PCX	.pcx
ICO	.ico	TIFF	.tif、.tiff
JPEG	.jpg、.jpeg	JPEG2000	.jp2、.jpx
PNG	.png	PPM	.ppm
PGM	.pgm		

2）图像的显示

内置函数 imshow() 可将图像显示在 MATLAB 的图形窗口中，并根据该函数在同一段代码中被调用的次数，为所生成的图形窗口依次命名为 figure1，figure2，……

（1）常用的 imshow 函数原型。

- imshow(I)。在图形窗口中显示图像 I，图像 I 可以是灰度图像、RGB 图像或二值图像。
- imshow(X,map)。在图形窗口中显示由数据矩阵 X 和调色板矩阵 map 组成的索引图像。

（2）同一个图形窗口显示多幅图像。在实际应用中，经常需要在同一个图形窗口中显示若干幅独立的图像，这就需要对图形窗口进行区域划分。使用 MATLAB 提供的 subplot() 函数可以将当前图形窗口分成 m 行 n 列的绘图区，区号按行优先编号，p 代表当前活动区的编号。其语法格式如下：

```
subplot(m,n,p);
```

或

```
subplot(m n p);
```

【案例 1-3】若在同一个图形窗口中显示 3 幅图像，则需要划分为 1×3 或 3×1 个绘图区，同时还需在不同的绘图区上方通过调用函数 title() 为每幅图像添加标题以便区分。

① 实现代码：

```
clear all
img1=imread('autumn1.jpg');
img2=imread('autumn2.jpg');
img3=imread('autumn3.jpg');
subplot(1,3,1),imshow(img1),title('第一幅图像');
subplot(1,3,2),imshow(img2),title('第二幅图像');
subplot(1,3,3),imshow(img3),title('第三幅图像');
```

② 实现效果。分区显示效果如图 1-20 所示。

3）图像的写入

在 MATLAB 中，使用函数 imwrite() 写入图像文件，该函数常见的原型如下。

（1）imwrite(I,filename)。适用于灰度图像、RGB 图像和二值图像的存储。其中，I 表示待存储的图像，filename 表示要存储的绝对路径或相对路径以及文件名。

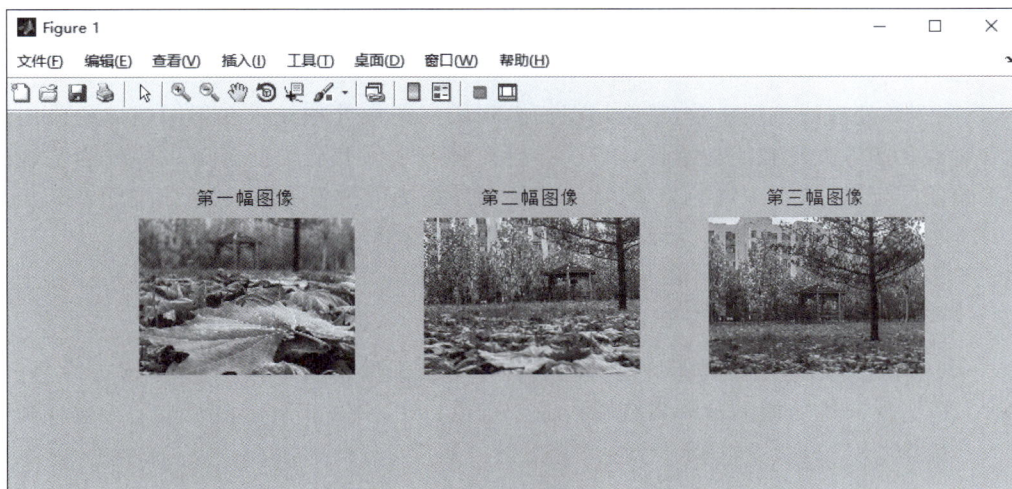

图 1-20　分区显示多幅图像

（2）imwrite(X,map,filename)。适用于索引图像的存储。其中，X 和 **map** 是索引图像的数据矩阵和调色板矩阵，filename 表示要存储的绝对路径或相对路径以及文件名。

【贴士】
- 若 filename 中不含路径信息，则函数 imwrite 就将图像文件自动存储于当前文件夹中。
- MATLAB 支持的图像存储文件格式与图像读取文件格式相同，如表 1-6 所示。

【案例 1-4】 将读入的一幅 RGB 图像转换为灰度图像后以文件名 finalImage.jpg 存储在当前文件夹下。

① 实现代码：

```
clear all                                              %清除内存中的所有变量
[filename,pathname]=uigetfile('*.*','选取一幅待处理图像');
str=[pathname filename];                                %字符串连接
src=imread(str);
result=rgb2gray(src);
imwrite(result,'finalImage.jpg');
```

② 实现效果。运行程序后，可看到当前文件夹中新生成了一个 finalImage.jpg 文件，如图 1-21 所示。

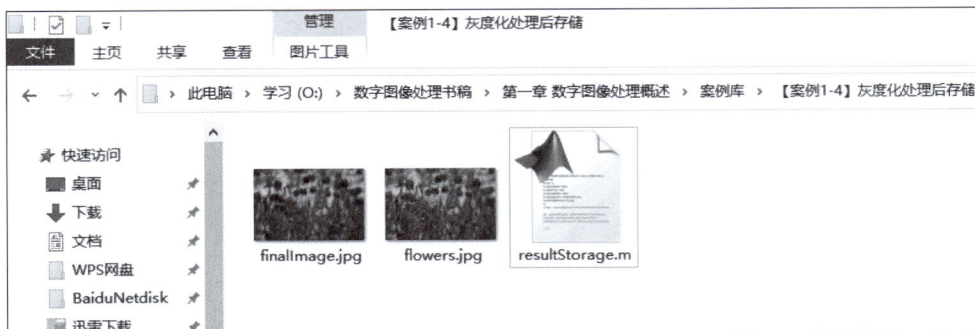

图 1-21　图像的写入结果

本 章 小 结

本章从数字图像处理的应用入手，从全局层面纵观数字图像处理技术在不同领域的应用现状及前景展望，建立对数字图像处理技术的感性认识。并且在学习之旅开启之前了解一些较为基础的预备知识，包括数字图像的定义、数字图像的类型、数字图像在计算机中的表示形式、色彩空间及其相互转换以及 MATLAB 开发环境及编程基础，为后续章节的深入研究做准备。

习 题 1

1. 读入一幅彩色图像，运用矩阵运算将其等分为 4 个子图像，并在同一个图形窗口中分区显示，如图 1-22 所示。将实现上述功能的命令集合输入命令行窗口中，并按 Enter 键观察运行效果与预期是否相符。

(a) 输入图像　　　　　　　　(b) 分区显示结果

图 1-22　第 1 题图

2. 将第 1 题中的命令集合封装在脚本 m 文件中，简化程序运行。

3. 创建一个函数 m 文件，使用运算符"＋"实现两幅尺寸相同的彩色图像的相加并返回结果图像。与此同时创建一个脚本 m 文件作为主程序，读入待处理图像并通过调用上述函数 m 文件实现图像相加并显示其结果图像。

第 2 章　图像的基本运算

本章学习目标:

(1) 了解图像的代数运算原理,并体会代数运算处理的过程和处理前后图像的变化。

(2) 熟练掌握代数运算在图像处理中的各类应用场景,并能够灵活运用解决实际图像处理问题。

(3) 在了解图像的逻辑运算原理基础上自制蒙版素材,为个性化抠图提供便利。

2.1　图像的代数运算

图像的代数运算是指对两幅或多幅输入图像进行点对点的加减乘除计算后得到输出图像的过程,有时涉及通过代数运算的简单组合,得到更为复杂的代数运算结果。

假设 $A(x,y)$ 和 $B(x,y)$ 分别为两幅输入图像中坐标为 (x,y) 像素的灰度值或色彩值,对二者进行加减乘除运算所得到输出图像中对应像素的灰度值或色彩值为 $C(x,y)$,则可表示为

$$\begin{cases} C(x,y) = A(x,y) + B(x,y) \\ C(x,y) = A(x,y) - B(x,y) \\ C(x,y) = A(x,y) \times B(x,y) \\ C(x,y) = A(x,y) \div B(x,y) \end{cases} \tag{2-1}$$

> 【贴士】　代数运算必须保证两幅或多幅输入图像的大小及存储类型相同。

2.1.1　加法运算

1. 运算规则

下面以 uint8 存储类型的灰度图像为例,将输入图像 1 与输入图像 2 中对应像素的灰度值进行相加,如图 2-1 所示。所得到的新值若超出图像灰度值的上限 255,会自动将其置为上限 255,如图 2-2 所示。

输入图像1

56	129	67	38	12	50
77	45	90	14	23	76
119	56	25	11	34	78
28	30	136	72	67	100

+

输入图像2

50	16	77	90	120	20
71	59	29	5	67	90
135	66	13	92	212	56
78	130	235	67	100	255

=

输出图像

106	145	144	128	132	70
148	104	119	198	90	166
254	122	38	103	246	134
106	160	371	139	167	355

图 2-1　加法运算规则

输出图像

106	145	144	128	132	70
148	104	119	19	90	168
254	122	38	103	246	134
106	160	371	139	167	355

→

输出图像

106	145	144	128	132	70
148	104	119	19	90	166
254	122	38	103	246	134
106	160	255	139	167	255

图 2-2　溢出的处理方法

【贴士】　多通道的彩色图像的加法运算是分通道进行的，即将每个通道分别看作一幅灰度图像，并遵循上述灰度图像的运算规则进行计算，最后将计算得到的多幅灰度图像重新合成为一幅彩色图像。

2. 应用场景

1）应用场景1

【案例 2-1】 图像融合。

解决方案1：直接相加法。

（1）实现方法。可使用运算符"＋"或 MATLAB 内置函数 imadd() 实现。

（2）实现代码。用直接相加法进行图像融合的实现代码如下：

```
clear all
%读入第一幅图像
A=imread('firstImage.jpg');
subplot(1,3,1),imshow(A),title('第一幅输入图像');
%读入第二幅图像
B=imread('secondImage.jpg');
subplot(1,3,2),imshow(B),title('第二幅输入图像');
%使用运算符"＋"或 MATLAB 内置函数 imadd()
blendingResult=A+B;    %blendingResult=imadd(A,B);
subplot(1,3,3),imshow(blendingResult),title('直接相加法的融合效果');
```

（3）实现效果。图像融合效果如图 2-3 所示。

(a) 第一幅输入图像　　　　　(b) 第二幅输入图像　　　　　(c) 融合效果

图 2-3　直接相加法的融合效果

【思考】 从图 2-3 的融合效果可以看出，与输入图像相比，输出图像整体亮度偏高。思考这种现象产生的原因。

解决方案2：α 融合法（两幅图像按照不同权重相加）。公式如下：

$$C = (1-\alpha)A + \alpha B, \quad \alpha \in [0,1] \tag{2-2}$$

（1）实现方法。同样可使用运算符"＋"或 MATLAB 内置函数 imadd() 实现。

（2）实现代码。用 α 融合法进行图像融合的实现代码如下：

```
clear all
%读入第一幅图像
A=imread('firstImage.jpg');
subplot(1,3,1),imshow(A),title('第一幅输入图像');
%读入第二幅图像
```

```
B=imread('secondImage.jpg');
subplot(1,3,2),imshow(B),title('第二幅输入图像');
%调用输入对话框用于接收用户输入的 alpha 值
alpha=str2double(inputdlg('请输入 alpha 值:'));
%两幅图像的融合
blendingResult=(1-alpha)*A+alpha*B;
%也可表示为 blendingResult=imadd((1-alpha)*A,alpha*B);
subplot(1,3,3),imshow(blendingResult),title('alpha 融合法的融合效果');
```

【代码说明】
- inputdlg()函数用于调用"输入对话框"以便用户输入数据,且返回字符串类型的数据。
- str2double()函数用于将字符串类型的数据转换为数值型。

(3)实现效果。从图 2-4 可以看出,当 $\alpha=0.7$ 时,融合以第二幅为主,第一幅为辅;当 $\alpha=0.3$ 时,融合以第一幅为主,第二幅为辅。通过设置不同的 α 值,就可以得到不同的半透明的融合效果。

(a) 第一幅输入图像	(b) 第二幅输入图像	(c) α=0.7时融合效果	(d) α=0.3时融合效果

图 2-4 α 融合法的融合效果

【贴士】 在公式 $C=(1-\alpha)A+\alpha B$ 中,一般 A 称为背景图像,B 称为前景图像。若 $\alpha=1$,则只显示前景图像;若 $\alpha=0$,则只显示背景图像;若 $0<\alpha<1$,则产生一种前景与背景的半透明融合效果。其中,α 又称前景图像的不透明度。

小试身手

用 α 融合法实现两幅图像的渐变融合效果,具体要求详见习题 2 第 1 题。

知识拓展

【案例 2-2】 Photoshop 图层混合模式的模拟。

图层混合模式是 Photoshop 中非常强大、非常实用、比较高级的工具,利用图层混合模式可以创建各种意想不到的合成效果。在 Photoshop 中共有 27 种图层混合模式,分为组合、变暗、变亮、饱和度、差集和颜色模式 6 类,如图 2-5 所示。

事实上,图层混合模式就是一种简单的数学计算,具体计算公式如表 2-1 所示。由于篇幅有限,在本案例中仅选取了每类中具有代表性的正常、溶解、正片叠底、滤色、叠加、差值和色相模式展开阐述,其他图层混合模式可根据对应计算公式自行实现。

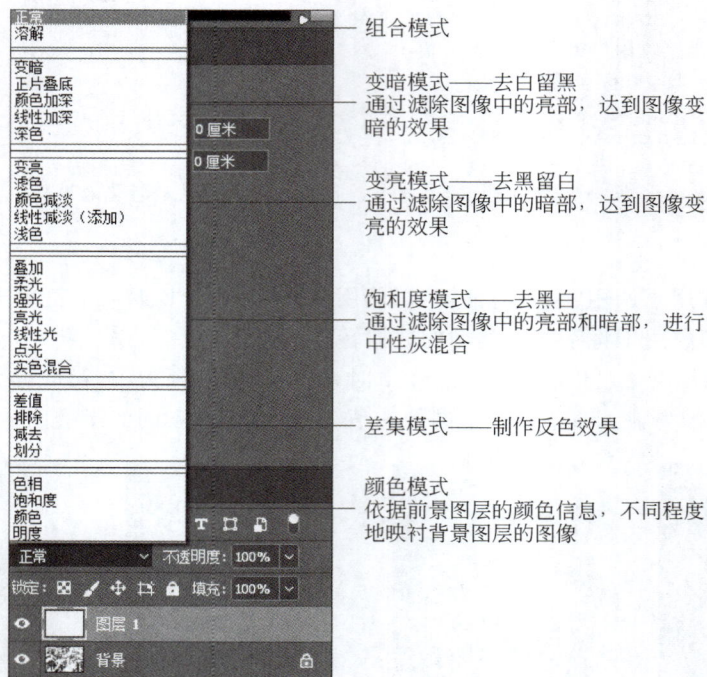

组合模式

变暗模式——去白留黑
通过滤除图像中的亮部，达到图像变
暗的效果

变亮模式——去黑留白
通过滤除图像中的暗部，达到图像变
亮的效果

饱和度模式——去黑白
通过滤除图像中的亮部和暗部，进行
中性灰混合

差集模式——制作反色效果

颜色模式
依据前景图层的颜色信息，不同程度
地映衬背景图层的图像

图 2-5　Photoshop 图层混合模式

表 2-1　图层混合模式计算公式

分组	混合模式名称	计 算 公 式
组合	正常	$C=(1-\alpha)A+\alpha B$
	溶解	无
变暗	变暗	$C=\min(A,B)$
	正片叠底	$C=\dfrac{A\times B}{255}$
	颜色加深	$C=A-\dfrac{(255-A)\times(255-B)}{B}$
	线性加深	$C=A+B-255$
	深色	$C=\begin{cases}A, & A_R+A_G+A_B<B_R+B_G+B_B\\ B, & A_R+A_G+A_B\geqslant B_R+B_G+B_B\end{cases}$
变亮	变亮	$C=\max(A,B)$
	滤色	$C=255-\dfrac{(255-A)\times(255-B)}{255}$
	颜色减淡	$C=A+\dfrac{A\times B}{255-B}$
	线性减淡	$C=A+B$
	浅色	$C=\begin{cases}A, & A_R+A_G+A_B>B_R+B_G+B_B\\ B, & A_R+A_G+A_B\leqslant B_R+B_G+B_B\end{cases}$

分组	混合模式名称	计 算 公 式
饱和度	叠加	$C = \begin{cases} \dfrac{A \times B}{128}, & A \leqslant 128 \\ 255 - \dfrac{(255-A) \times (255-B)}{128}, & A > 128 \end{cases}$
	柔光	$C = \begin{cases} \dfrac{A \times B}{128} + \left(\dfrac{A}{255}\right)^2 \times (255-2B), & B \leqslant 128 \\ \dfrac{A \times (255-B)}{128} + \sqrt{\dfrac{A}{255}} \times (2B-255), & B > 128 \end{cases}$
	强光	$C = \begin{cases} \dfrac{A \times B}{128}, & B \leqslant 128 \\ 255 - \dfrac{(255-A) \times (255-B)}{128}, & B > 128 \end{cases}$
	亮光	$C = \begin{cases} A - \dfrac{(255-A) \times (255-2B)}{2B}, & B \leqslant 128 \\ A + \dfrac{A \times (2B-255)}{2 \times (255-B)}, & B > 128 \end{cases}$
	线性光	$C = A + 2B - 255$
	点光	$C = \begin{cases} \min(A, 2B), & B \leqslant 128 \\ \max(A, 2B-255), & B > 128 \end{cases}$
	实色混合	$C = \begin{cases} 255, & A+B \geqslant 255 \\ 0, & 其他 \end{cases}$
差集	差值	$C = |A - B|$
	排除	$C = A + B - \dfrac{A \times B}{128}$
	减去	$C = A - B$
	划分	$C = \dfrac{A}{B} \times 255$
颜色	色相	$C_H = B_H, C_S = A_S, C_V = A_V$
	饱和度	$C_H = A_H, C_S = B_S, C_V = A_V$
	颜色	$C_H = B_H, C_S = B_S, C_V = A_V$
	明度	$C_H = A_H, C_S = A_S, C_V = B_V$

（1）正常模式。Photoshop 的正常模式实际上就是案例 2-1 中所讨论的 α 融合法。"图层"选项卡中的不透明度就是 α 值，如图 2-6(a)所示。

① 实现方法。详见 α 融合法，在此不再赘述。

② 实现代码。详见 α 融合法，在此不再赘述。

③ 实现效果。当 $\alpha = 0.7$ 时，融合效果如图 2-6(b)所示。

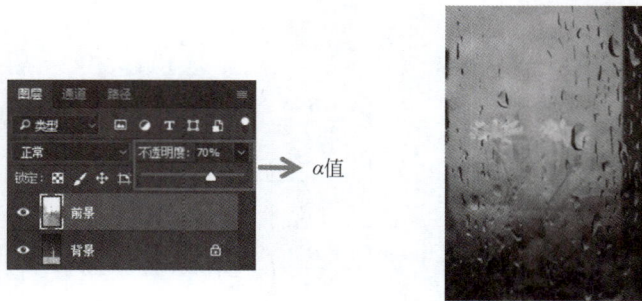

(a)"图层"选项卡

(b) α=0.7时的混合效果

图 2-6　正常模式的融合效果

（2）溶解模式。

① 实现方法。溶解模式没有具体的计算公式，其混合原理是，对每个像素而言，其混合色是背景色或前景色的随机值。这个随机值取决于其不透明度，即不透明度高时，取自前景图层；不透明度低时，取自背景图层。

② 实现代码。溶解模式的实现代码如下：

```
clear all
%读入背景图层
background=im2double(imread('dissolve1.jpg'));
subplot(1,3,1),imshow(background),title('背景图层');
%读入前景图层
foreground=im2double(imread('dissolve2.jpg'));
subplot(1,3,2),imshow(foreground),title('前景图层');
%分别提取背景图层、前景图层的 R、G、B 分量
R_background=background(:,:,1);
G_background=background(:,:,2);
B_background=background(:,:,3);
R_foreground=foreground(:,:,1);
G_foreground=foreground(:,:,2);
B_foreground=foreground(:,:,3);
%初始化输出图像的 R、G、B 分量为零矩阵
[height,width]=size(R_background);
R=zeros(height,width);
G=zeros(height,width);
B=zeros(height,width);
%调用输入对话框接收用户输入的 alpha 值(不透明度)
alpha=str2double(inputdlg('请输入不透明度:','设置不透明度'));
%遍历前景图层和背景图层中的每个像素，并根据不透明度的大小生成溶解效果
for i=1:height
    for j=1:width
        r=rand();                              %生成(0,1)范围内的随机数
        if (r<alpha)
            %若随机数小于不透明度,则将前景图层的像素值作为融合结果
            R(i,j)=R_foreground(i,j);
```

```
            G(i,j)=G_foreground(i,j);
            B(i,j)=B_foreground(i,j);
        else
            %若随机数大于不透明度,则将背景图层的像素值作为融合结果
            R(i,j)=R_background(i,j);
            G(i,j)=G_background(i,j);
            B(i,j)=B_background(i,j);
        end
    end
end
blendingResult=cat(3,R,G,B);       %将 R、G、B 三通道合成为一幅彩色图像
subplot(1,3,3),imshow(blendingResult),title('溶解模式的融合效果');
```

【代码说明】　虽然 MATLAB 中读入图像的数据类型是 uint8,但在图像矩阵运算时,为了提高计算精度和避免计算结果溢出的问题,一般采用 double 类型。在 MATLAB 中提供了 double() 和 im2double() 两种转换函数,但是二者有着本质区别。

- double() 函数。该函数只是简单地将 uint8 类型转换为 double 类型,但是数据大小并没有变化。例如,原来像素值为 128,经转换后为 128.0,具体小数位个数由 double 数据长度而定。也就是说,double() 函数转换后的数据范围仍然是[0,255]。
- im2double() 函数。该函数不仅将 uint8 转换为 double 类型,还将数据范围从[0,255]映射到了[0,1],即归一化处理。

二者有着本质区别,在编写程序时推荐使用 im2double() 函数。

【贴士】　对于 double 类型的图像,imshow() 函数在显示图像时,会认为范围是[0,1];而对于 uint8 类型的图像,则认为范围是[0,255]。因此,在显示图像时需要确保图像类型的合法范围。

③ 实现效果。溶解模式的融合效果如图 2-7 所示。

(a) 背景图层　　　　　　　(b) 前景图层　　　　　　　(c) α=0.7时的融合效果

图 2-7　溶解模式的融合效果

(3) 正片叠底模式。正片叠底模式是 Photoshop 中用户使用频率较高的一种变暗模式。
① 实现方法。计算公式如下:

$$C = \frac{A \times B}{255} \tag{2-3}$$

其中,C 为"正片叠底"图层融合效果图像的矩阵,A 为背景图层的矩阵,B 为前景图层的矩阵。

② 实现代码。正片叠底模式的实现代码如下：

```
clear all
%读入背景图层
background=im2double(imread('multiply1.jpg'));
subplot(1,3,1),imshow(background),title('背景图层');
%读入前景图层
foreground=im2double(imread('multiply2.jpg'));
subplot(1,3,2),imshow(foreground),title('前景图层');
%正片叠底模式的计算,注意公式中的乘法运算要替换为MATLAB的点乘运算
blendingResult=background.*foreground;
subplot(1,3,3),imshow(blendingResult),title('正片叠底模式的融合效果');
```

【代码说明】

- 计算公式的调整。计算公式 $C=\dfrac{A\times B}{255}$ 是针对 $[0,255]$ 数据范围的 uint8 类型图像而言的,但由于在代码的第 3 行和第 6 行将读入的图像类型已转换成 $[0,1]$ 数据范围的 double 类型,因此代码中对该计算公式进行了调整,即为 $C=A\times B$。

- 乘与点乘的区别。$A*B$ 的矩阵乘法运算前提是矩阵 A 的列数等于矩阵 B 的行数,其运算规则是将矩阵 A 的每一行上的数据乘以矩阵 B 的每一列上对应的数据,最后再将结果相加。

$A.*B$ 的运算前提是矩阵 A 与矩阵 B 的大小相同,其运算规则是矩阵 A 与矩阵 B 对应位置的数据相乘,即点对点的乘积。

从图 2-8 所示的融合效果看,结果色总是较暗的颜色。任何颜色与黑色混合产生黑色,任何颜色与白色混合保持不变,即"去白留黑"。

③ 实现效果。正片叠底模式的融合效果如图 2-8 所示。

(a) 背景图层　　　　　　　　(b) 前景图层　　　　　　　　(c) 融合效果

图 2-8　正片叠底模式的融合效果

(4) 滤色模式。

① 实现方法。计算公式如下：

$$C=255-\frac{(255-A)\times(255-B)}{255} \tag{2-4}$$

其中,C 为"滤色"图像融合效果图像的矩阵,A 为背景图层的矩阵,B 为前景图层的矩阵。

② 实现代码。滤色模式的实现代码如下：

```
clear all
%读入背景图层
```

```
background=im2double(imread('screen1.jpg'));
subplot(1,3,1),imshow(background),title('背景图层');
%读入前景图层
foreground=im2double(imread('screen2.jpg'));
subplot(1,3,2),imshow(foreground),title('前景图层');
%滤色模式的计算,注意公式中的乘法运算要替换为MATLAB的点乘运算
blendingResult=1-(1-background).* (1-foreground);
subplot(1,3,3),imshow(blendingResult),title('滤色模式的融合效果');
```

【代码说明】　同正片叠底一样,"滤色"模式的计算公式调整为 $C=1-(1-A)\times(1-B)$。

从图 2-9 所示的融合效果看,与正片叠底效果相反,滤色模式使图像中所有明亮细节可见,隐藏了所有的黑色细节,即图层中纯黑部分变成完全透明,纯白部分则完全不透明,其他颜色则根据灰度产生各种级别的不透明,即"去黑留白"。

③ 实现效果。滤色模式的融合效果如图 2-9 所示。

(a) 背景图层　　　　　　　　(b) 前景图层　　　　　　　　(c) 融合效果

图 2-9　滤色模式的融合效果

(5) 叠加模式。

① 实现方法。计算公式如下:

$$C=\begin{cases}\dfrac{A\times B}{128}, & A\leqslant 128 \\ 255-\dfrac{(255-A)\times(255-B)}{128}, & A>128\end{cases} \tag{2-5}$$

其中,A 为背景图层的矩阵,B 为前景图层的矩阵,C 为"叠加"图层融合效果图像的矩阵。

② 实现代码。叠加模式的实现代码如下:

```
clear all
%读入背景图层
background=im2double(imread('overlay1.jpg'));
subplot(1,3,1),imshow(background),title('背景图层');
%读入前景图层
foreground=im2double(imread('overlay2.jpg'));
subplot(1,3,2),imshow(foreground),title('前景图层');
%叠加模式的计算
if (background<=0.5)
  blendingResult=background.* foreground/0.5;
else
  blendingResult=1-(1-background).* (1-foreground)/0.5;
```

```
end
subplot(1,3,3),imshow(blendingResult),title('叠加模式的融合效果');
```

【代码说明】

叠加模式的计算公式调整为

$$C = \begin{cases} \dfrac{A \times B}{0.5}, & A \leqslant 0.5 \\ 1 - \dfrac{(1-A) \times (1-B)}{0.5}, & A > 0.5 \end{cases}$$

从图 2-10 所示的融合效果看，叠加模式是正片叠底和滤色的混合体，以 50% 灰度为基准，图像中所有比 50% 灰度亮的细节会被做"滤色"处理，所有比 50% 灰度暗的细节会被做"正片叠底"处理，即它不仅混合图像上的黑色细节，同时也混合图像上的明亮细节。因此它会保留图像本身自带的细节。

③ 实现效果。叠加模式的融合效果如图 2-10 所示。

(a) 背景图层   (b) 前景图层   (c) 融合效果

图 2-10　叠加模式的融合效果

(6) 差值模式。

① 实现方法。计算公式如下：

$$C = |A - B| \tag{2-6}$$

其中，C 为"差值"图层融合效果图像的矩阵，A 为背景图层的矩阵，B 为前景图层的矩阵。

② 实现代码。差值模式的实现代码如下：

```
clear all
%读入背景图层
background=im2double(imread('difference1.jpg'));
subplot(1,3,1),imshow(background),title('背景图层');
%读入前景图层
foreground=im2double(imread('difference2.jpg'));
subplot(1,3,2),imshow(foreground),title('前景图层');
blendingResult=abs(background-foreground);    %差值模式的计算
subplot(1,3,3),imshow(blendingResult),title('差值模式的融合效果');
```

【代码说明】　在 MATLAB 中，abs() 函数用于计算实数的绝对值或复数的幅值。这里调用 abs() 函数来计算背景图层与前景图层之差的绝对值。

从图 2-11 所示的融合效果看,差值模式的实质是用较大的像素值减去较小的像素值,与白色融合将会产生"反相"效果,与黑色融合则不产生变化。

③ 实现效果。差值模式的融合效果如图 2-11 所示。

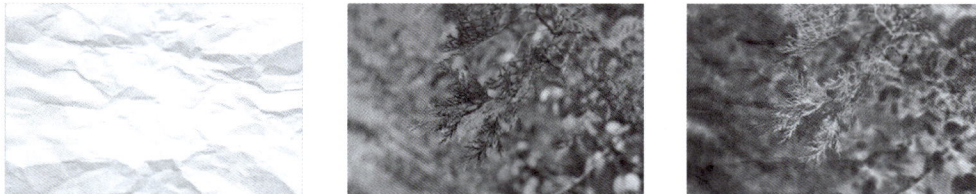

(a) 背景图层   (b) 前景图层   (c) 融合效果

图 2-11   差值模式的融合效果

(7)色相模式。

① 实现方法。计算公式如下:

$$\begin{cases} C_{\mathrm{H}} = B_{\mathrm{H}} \\ C_{\mathrm{S}} = A_{\mathrm{S}} \\ C_{\mathrm{V}} = A_{\mathrm{V}} \end{cases} \tag{2-7}$$

其中,C 为"色相"图层融合效果图像的矩阵,H 表示色相通道,B 为前景图层的矩阵,S 表示饱和度通道,A 为背景图层的矩阵,V 表示亮度通道。

② 实现代码。色相模式的实现代码如下:

```
clear all
%读入背景图层
background=im2double(imread('hue1.jpg'));
subplot(1,3,1),imshow(background),title('背景图层');
%读入前景图层
foreground=im2double(imread('hue2.jpg'));
subplot(1,3,2),imshow(foreground),title('前景图层');
%在 HSV 空间中,分别提取背景图层、前景图层的 H、S、V 分量
background_hsv=rgb2hsv(background);
foreground_hsv=rgb2hsv(foreground);
background_H=background_hsv(:,:,1);
background_S=background_hsv(:,:,2);
background_V=background_hsv(:,:,3);
foreground_H=foreground_hsv(:,:,1);
foreground_S=foreground_hsv(:,:,2);
foreground_V=foreground_hsv(:,:,3);
%色相模式的计算
blendingResult_H=foreground_H;
blendingResult_S=background_S;
blendingResult_V=background_V;
blendingResult_hsv=cat(3,blendingResult_H,blendingResult_S,blendingResult_V);
blendingResult=hsv2rgb(blendingResult_hsv);
subplot(1,3,3),imshow(blendingResult),title('色相模式的融合效果');
```

【代码说明】 在 MATLAB 中，用于 RGB 空间与 HSV 空间相互转换的内置函数是 rgb2hsv() 和 hsv2rgb()。其语法格式如下：

```
hsv_image=rgb2hsv(rgb_image);
rgb_image=hsv2rgb(hsv_image);
```

从图 2-12 所示的混合效果看，色相模式融合后的色相取决于前景图层，饱和度和明度取决于背景图层。通常用于修改图像的颜色，它仅会改变背景图层的颜色，而不会影响其饱和度和明度。

③ 实现效果。色相模式的融合效果如图 2-12 所示。

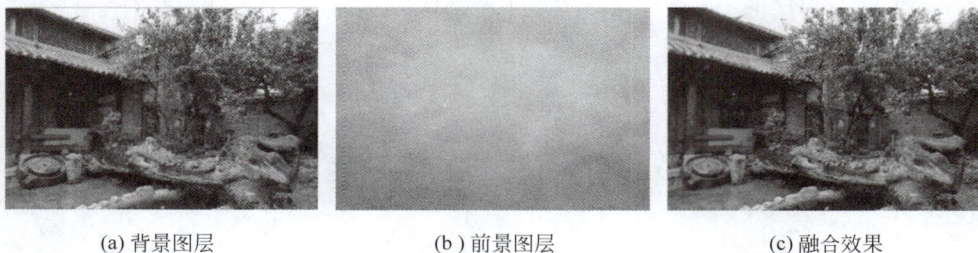

(a) 背景图层   (b) 前景图层   (c) 融合效果

图 2-12 色相模式的融合效果

小试身手

编程实现 Photoshop 的其余 20 种图层融合模式，具体要求详见习题 2 第 2 题。

知识拓展

【案例 2-3】 基于 Alpha 通道的不同尺寸图像的融合。

案例 2-1 中介绍的 α 融合法仅适用于相同尺寸的两幅图像，且会产生一种半透明的融合效果。在图像尺寸不一致的情况下，将小图局部覆盖融合于大图的某个区域，如图 2-13 所示。这就是本案例要达到的目标。

(a) 小图   (b) 大图   (c) 融合效果

图 2-13 基于 Alpha 通道的不同尺寸图像的融合效果

当然，这里的小图是指一幅具有 Alpha 通道的图像。Alpha 通道是 Photoshop 中的一个重要概念，是指用于记录透明度信息的特殊图层。

（1）实现方法。

步骤 1：读取具有透明背景的小图及其 Alpha 通道值，Alpha 通道值是作为权重与大图对应区域进行融合处理的。

步骤 2：允许用户交互式地在大图中选取小图所覆盖区域的左上角坐标(x,y)。

步骤 3：将小图与大图所对应区域进行逐像素的 α 融合处理。

（2）实现代码。不同尺寸图像的覆盖融合的实现代码如下：

```
clear all
background=im2double(imread('tulip.jpg'));          %大图
[foreground,map,alpha]=imread('butterfly2.png'); %小图(带透明背景的图像)
foreground=im2double(foreground);
alpha=im2double(alpha);
subplot(1,2,1),imshow(foreground),title('带透明背景的小图');
subplot(1,2,2),imshow(background),title('大图');
big_height=size(background,1);
big_width=size(background,2);
small_height=size(foreground,1);
small_width=size(foreground,2);
[x,y]=ginput(1);                                 %选取小图在大图上的左上角坐标位置
x=round(x);
y=round(y);
%调整图像融合位置,避免溢出
if (x+small_width)>big_width
    x=big_width-small_width;
end
if (y+small_height)>big_height
    y=big_height-small_height;
end
%将小图替代大图对应位置的区域
result=background;
for i=1:small_height
    for j=1:small_width
        result(i+y-1,j+x-1,:)=foreground(i,j,:).* alpha(i,j)+...
            background(i+y-1,j+x-1,:).* (1-alpha(i,j));
    end
end
figure,imshow(result),title('覆盖融合效果');
```

【代码说明】

```
[foreground,map,alpha]=imread('butterfly1.png');
```

用于读入一幅具有透明背景的图像并存储于 foreground 中，同时返回其 Alpha 通道值。

```
[x,y]=ginput(1);
```

其中，ginput()函数的参数值表示需要选取的点数。此语句的功能是让用户在当前图像上交互式地选取一个点，并返回该点的坐标位置(x,y)。

将小图 foreground 与大图 background 对应区域进行逐像素的 α 融合，并将处理结果存储于图像 result 中。

由于只需对小图和小图在大图中覆盖区域的像素进行处理，因此通过遍历小图中所有像素实现小图像素与大图对应位置像素的 α 融合。具体的实现代码如下：

```
result=background;                    %初始化为大图
%遍历小图 foreground 的所有像素并处理
for i=1:small_height
    for j=1:small_width
        result(i+y-1,j+x-1,:)=foreground(i,j,:).* alpha(i,j)+...
            background(i+y-1,j+x-1,:).* (1-alpha(i,j));
    end
end
```

注意：在如图 2-14 所示的图像坐标系中，像素在图像中的坐标位置(x,y)与其所存储矩阵的下标(i,j)之间存在本质的区别，即像素在图像中的横坐标 x 与列下标 j、纵坐标 y 与行下标 i 存在着对应关系。因此，小图 foreground 中下标(i,j)的像素与大图 background 中下标$(i+y-1,j+x-1)$的像素一一对应，在此基础上就不难理解以下语句的含义：

```
result(i+y-1,j+x-1,:)=foreground(i,j,:).* alpha(i,j)+...
    background(i+y-1,j+x-1,:).* (1-alpha(i,j));
```

(a) 小图　　　　　　　　　　　　(b) 大图

图 2-14　待融合像素在小图与大图中下标的对应关系

根据小图 foreground 中下标(i,j)像素的 Alpha 通道值即透明度，对小图 foreground 中下标(i,j)的像素值与大图 background 中下标$(i+y-1,j+x-1)$的像素值进行 α 融合处理。

2）应用场景 2

【案例 2-4】图像降噪处理。

（1）图像噪声。实际图像经常会受到一些随机的影响而退化，可以理解为原图受到干扰和污染，通常就把这个退化称为噪声。噪声在采集、传输或者处理图像的过程中都有可能产生，因此噪声的出现有多方面的原因。

图像中常见的噪声有脉冲噪声之椒盐噪声、高斯白噪声。椒盐噪声通常是由图像传感器、传输信道及解压缩处理等产生的黑白相间的亮暗点噪声,就如同在图像上随机地撒上一些盐粒和黑胡椒粒,因此称为椒盐噪声。而高斯白噪声通常是由于拍摄环境不够明亮、亮度不够均匀或者电路各元器件长期工作温度过高而产生的雪花点噪声,如图 2-15 所示。

(a) 椒盐噪声　　　　　　　　　　　　(b) 高斯白噪声

图 2-15　常见噪声类别

（2）基本原理。加法降噪的基本原理是实际采集到的图像 $g(x,y)$ 可看作由原始场景图像 $f(x,y)$ 和噪声图像 $e(x,y)$ 叠加而成,即

$$g(x,y)=f(x,y)+e(x,y) \tag{2-8}$$

如果图像中各点的噪声是互不相关的,且噪声具有零均值的统计特性,就可以通过对同一场景连续拍摄的 M 幅图像 $g_1(x,y),g_2(x,y),\cdots,g_M(x,y)$ 相加后取均值的方法来消除噪声,即

$$\overline{A(x,y)}=\frac{1}{M}\sum_{i=1}^{M}g_i(x,y)=\frac{1}{M}\sum_{i=1}^{M}f_i(x,y)+\frac{1}{M}\sum_{i=1}^{M}e_i(x,y) \tag{2-9}$$

由于噪声具有互不相关且均值为零的特性,即

$$\frac{1}{M}\sum_{i=1}^{M}e_i(x,y)=0 \tag{2-10}$$

因此

$$\overline{A(x,y)}=\frac{1}{M}\sum_{i=1}^{M}g_i(x,y)=\frac{1}{M}\sum_{i=1}^{M}f_i(x,y) \tag{2-11}$$

（3）实现方法。使用运算符"＋"或 MATLAB 内置函数 imadd() 将同一场景连续拍摄的多幅噪声图像进行累加取平均。

（4）实现代码。图像噪声的实现代码如下:

```
clear all
img_num=str2double(inputdlg('请输入噪声图像的数量:'));
noise_image1=im2double(imread('spnoise1.jpg'));           %读入第一幅椒盐噪声图像
%noise_image1=im2double(imread('gsnoise1.jpg'));          %读入第一幅高斯白噪声图像
subplot(1,img_num,1),imshow(noise_image1),title('第 1 幅噪声图像');
dst=zeros(size(noise_image1));                           %累加器初始化
for i=1:img_num
    noise_image=im2double(imread(strcat('spnoise',num2str(i),'.jpg')));   %椒盐噪声图像
    %noise_image=im2double(imread(strcat('gsnoise',num2str(i),'.jpg')));  %高斯白噪声图像
    subplot(1,img_num,i),imshow(noise_image),title(strcat('第',num2str(i),'幅噪声图像'));
```

```
        dst=imadd(dst,noise_image);                    %求累加和
end
dst=dst/img_num;                                        %取平均
figure,imshow(dst),title('降噪结果');
```

【代码说明】

- 累加器 dst 的初始值设置为与第一幅噪声图像相同大小的零矩阵，经过 img_num 次循环，逐一将噪声图像叠加在累加器中后取均值。
- 代码第 8 行调用的 num2str()函数用于将数值数据转换为字符串；strcat()函数用于将多个字符串连接成一个字符串。

（5）实现效果。从图 2-16 和图 2-17 所示的降噪效果可以看出，此方法对于椒盐噪声和高斯白噪声均有一定程度的消除效果，并且采集的噪声图像数量越多，叠加平均的降噪效果越佳。

(a) 3幅椒盐噪声图像   (b) 降噪效果

图 2-16　椒盐噪声图像的降噪效果

(a) 3幅高斯白噪声图像   (b) 降噪效果

图 2-17　高斯白噪声图像的降噪效果

知识拓展

图 像 降 噪

　　图像降噪的本质是要从图像中分离噪声，保留图像，因此如何在抑制噪声和保留细节上找到一个较好的平衡点成为图像降噪算法研究的重点。现有的图像降噪算法主要划分为滤波、稀疏表达、聚类低秩、线性模型和深度学习 5 类，如图 2-18 所示。

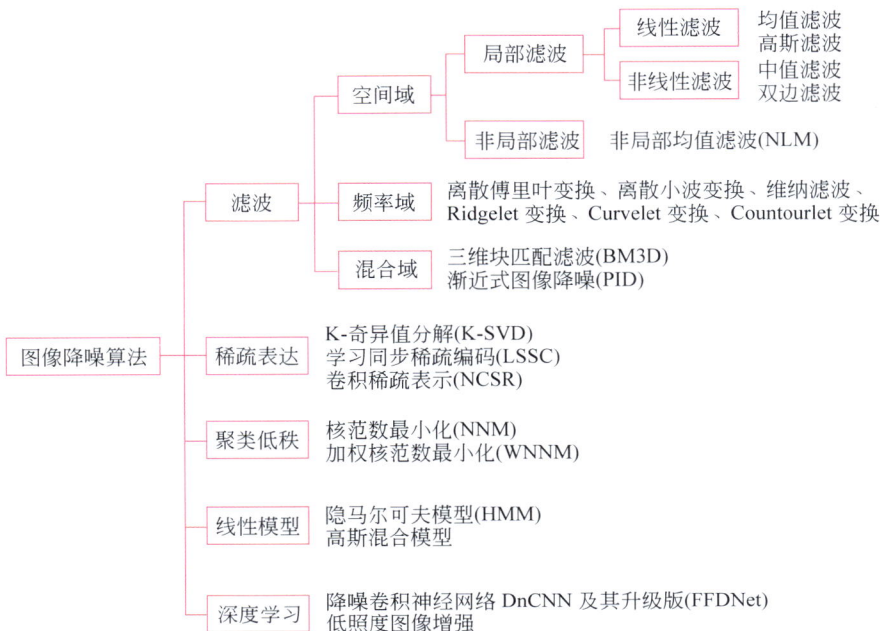

图 2-18 图像降噪算法分类

近年来,深度学习的快速发展对解决各类图像问题提供了一种全新的视角和思路。对于普通的自然图像而言,基于深度学习的方法在降噪方面的效果要比基于数学模型的降噪方法更好,这是由于它具有强大的学习能力,模型通过对大量样本进行训练学习,可以获取真实复杂噪声的更准确的特征。

3)应用场景 3

【案例 2-5】图像亮度调整。

(1)实现方法。使用运算符"+"或 MATLAB 内置函数 imadd(),将图像与某个标量相加。标量值可正可负,为正表示亮度增加,为负则表示亮度降低。

(2)实现代码。图像亮度调整的实现代码如下:

```
clear all
src=im2double(imread('leaf.jpg'));
subplot(1,2,1),imshow(src),title('输入图像');
if ismatrix(src)
    %灰度图像
    result=imadd(src,50/255);
else
    %彩色图像
    src_hsv=rgb2hsv(src);
    H=src_hsv(:,:,1);                        %色调分量
    S=src_hsv(:,:,2);                        %饱和度分量
    V=src_hsv(:,:,3);                        %亮度分量
```

```
      V_enhancement=imadd(V,50/255);              %仅对亮度分量处理
      result_hsv=cat(3,H,S,V_enhancement);
      result=hsv2rgb(result_hsv);
end
subplot(1,2,2),imshow(result),title('亮度调整效果');
```

【代码说明】

- 由于灰度图像和彩色图像的处理方式不同，因此代码中使用 if 语句的双分支结构进行这两种情况的处理，并通过函数 ismatrix() 判断是否为单通道矩阵，即灰度图像。
- 代码中采用将亮度调高 50，但由于图像类型在读入时已转换为[0,1]数据范围的 double 类型，因此，需要将[0,255]范围的值 50 也转换为[0,1]范围的 50/255。

（3）实现效果。图像的亮度调整效果如图 2-19 所示。

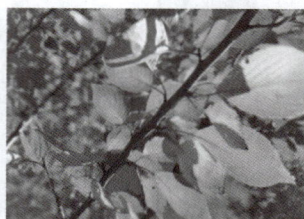

(a) 输入图像　　　　　　　　　　(b) 亮度调整效果

图 2-19　图像的亮度调整效果

知识拓展

案例 2-5 中运用的图像亮度调整方法是 4.1 节的点运算中线性灰度变换方法的一种特例。其变换函数的形式为

$$g(x,y)=T(f(x,y))=kf(x,y)+b \tag{2-12}$$

其中，$g(x,y)$是输出图像的函数，$f(x,y)$是输入图像的函数，常数 k 是调整图像对比度的参数，常数 b 是调整图像亮度的参数。当式(2-12)中的 $k=1,b\neq0$ 时，$g(x,y)=f(x,y)+b$，也就是输入图像与标量的加法运算，此时仅对图像亮度做调整，而对比度不变，并且当 $b>0$ 时，图像亮度增加；当 $b<0$ 时，图像亮度降低。

2.1.2　减法运算

1. 运算规则

以 uint8 存储类型的灰度图像为例，将输入图像 1 与输入图像 2 中对应像素点的灰度值进行相减。从图 2-20 可以看到，计算得到的有些值为负数，已超出图像的灰度值或色彩值下限 0，此时减法运算的处理方法有两种：方法 1 是将其置为下限 0；方法 2 则是置为其绝对值大小，最终计算结果如图 2-21 所示。

与加法运算相同，彩色图像的减法运算也是分通道进行的，即将其每个通道分别看作一幅灰度图像，并遵循上述灰度图像的运算规则进行计算，最后将计算得到的多幅灰度图像重新合成为一幅彩色图像。

输入图像1

56	129	67	38	12	50
77	45	90	14	23	76
119	45	25	11	34	78
28	30	136	72	67	100

−

输入图像2

50	16	77	90	120	20
71	59	29	5	67	90
135	66	13	92	212	56
78	130	235	67	100	255

=

输出图像

6	113	−10	−52	−108	30
6	−15	61	9	−44	−14
−16	−10	12	−81	−178	22
−50	−100	−99	5	−33	−155

图 2-20　减法运算规则

输出图像

6	113	0	0	0	30
6	0	61	9	0	0
0	0	12	0	0	22
0	0	0	5	0	0

(a) 方法1

输出图像

6	113	10	52	108	30
6	15	61	9	44	14
16	10	12	81	178	22
50	100	99	5	33	155

(b) 方法2

图 2-21　"溢出"处理方法

2. 应用场景

【案例 2-6】 "找不同"益智游戏。

"找不同"益智游戏是一类非常考验玩家眼力的找茬游戏,游戏每一关会给出两幅图片,玩家需要在规定时间内找出它们的不同之处,全部找到即闯关成功,如图 2-22 所示。

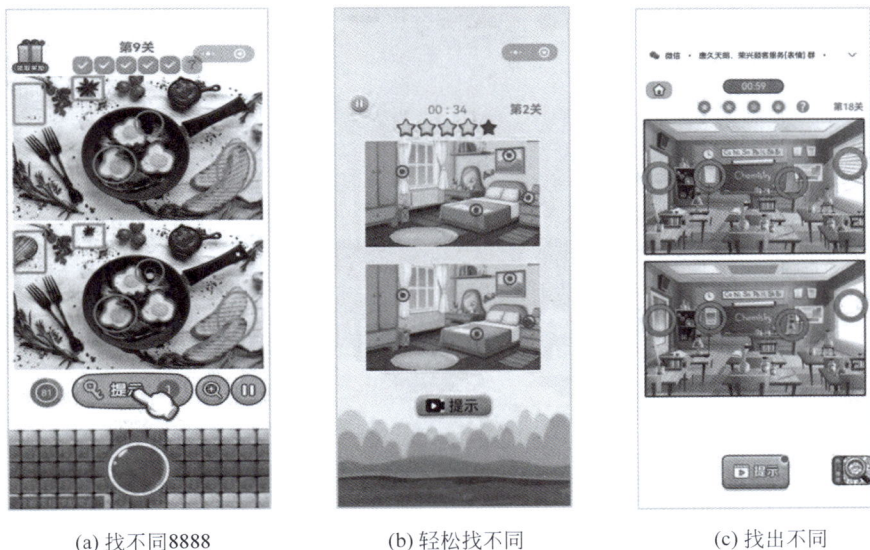

(a) 找不同8888　　　(b) 轻松找不同　　　(c) 找出不同

图 2-22　"找不同"益智游戏(微信小程序)

(1) 实现方法。本案例的基本思路如下:首先运用图像的减法运算初步筛选出两幅图片的不同之处,其次运用二值化和数学形态学知识对初筛结果进行后处理,以便于精准定位,最后使用矩形框在输入图像上标注出每处不同。其中,图像的减法运算可使用运算符"-"或 MATLAB 内置函数 imsubtract()、imabsdiff()加以实现。

(2) 实现代码。

① 运用图像的减法运算进行初步筛选。代码如下:

```
clear all
%读入第一幅图像
src_left=im2double(imread('left.jpg'));
subplot(2,2,1),imshow(src_left),title('左图');
%读入第二幅图像
src_right=im2double(imread('right.jpg'));
subplot(2,2,2),imshow(src_right),title('右图');
%方法1:将负数置为0
result1=imsubtract(src_left,src_right);
%方法2:将负数置为差值的绝对值
result2=imabsdiff(src_left,src_right);
%显示处理结果
subplot(2,2,3),imshow(result1),title('将负数置为0的效果');
subplot(2,2,4),imshow(result2),title('将负数置为差值的绝对值的效果');
```

② 运用二值化和数学形态学知识进行后处理。这部分涉及的知识点分布于第 7 章和第 8 章,对应代码可以先跳过,待系统学习后再来回顾。代码如下:

```
clear all
src_left=im2double(imread('left.jpg'));          %读入第一幅图像
subplot(2,5,2),imshow(src_left),title('左图');
src_right=im2double(imread('right.jpg'));         %读入第二幅图像
subplot(2,5,4),imshow(src_right),title('右图');
%步骤1:运用图像的减法运算进行初步筛选
result=imabsdiff(src_left,src_right);             %方法2:将负数置为其绝对值
subplot(2,5,6),imshow(result),title('减法效果');
%步骤2:运用"二值化+数学形态学"进行后处理
BW=im2bw(result,0.1);
BW=imdilate(BW,strel('disk',1));
subplot(2,5,8),imshow(BW),title('后处理效果');
%步骤3:使用红色矩形框标注所有不同之处
subplot(2,5,10),imshow(src_right),title('最终效果');
[label,num]=bwlabel(BW);
status=regionprops(label,'BoundingBox');
for i=1:num
    rectangle('position',status(i).BoundingBox,'edgecolor','r','linewidth',2);
end
```

【代码说明】
• 二值化处理。

```
BW=im2bw(result,0.1);
```

表示将相减后的图像 result 进行二值化处理(0.1 为阈值,像素值若大于该阈值,则置为 1,否则置为 0),以便后续数学形态学处理。

• 数学形态学处理。

strel()函数用于创建一定形状的结构元素,度量和提取图像中的对应形状。

膨胀函数 imdilate()用于填补二值图像存在的孔洞。

连通区域标记函数 bwlabel()用于返回二值图像的连通区域的标注矩阵和数量。

regionprops()函数用于记录标注矩阵中每一个标注区域的一系列属性,如边框、中心点、面积等。

rectangle()函数用于根据regionprops()函数返回的边框属性值绘制每一个连通区域的外接矩形。

(3)实现效果。从图2-23中可以看出,两种方法均找到了两幅图像间的不同之处,但相比较而言,将负数置为绝对值大小的方法2能够更完整地表现出像素间的差异信息,而置为0的方法1只是简单地将其做无差异处理,导致部分差异信息缺失。因此,在本案例中采用方法2的结果作为初筛结果。

① 运用图像减法运算进行初步筛选的处理效果如图2-23所示。

(a) 左图　　　(b) 右图　　　(c) 方法1效果　　　(d) 方法2效果

图2-23　运用图像减法运算进行筛选处理的效果

② 运用二值化和数学形态学知识进行后处理,"找不同"处理的效果如图2-24所示。

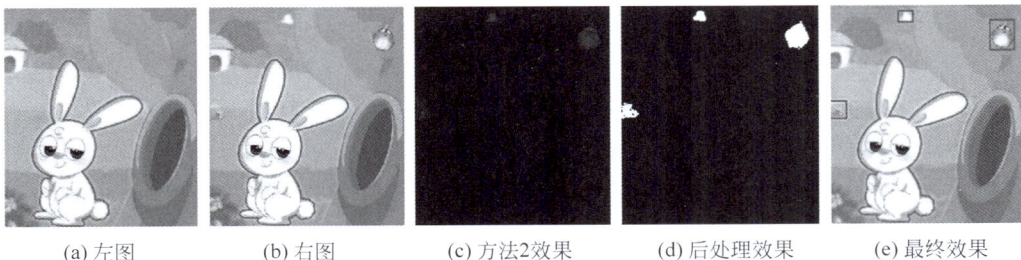

(a) 左图　　(b) 右图　　(c) 方法2效果　　(d) 后处理效果　　(e) 最终效果

图2-24　"找不同"处理的效果

【案例2-7】静态背景下的运动目标检测。

运动目标检测是指在视频中检测出变化区域并将运动目标从背景图像中提取出来。它是图像处理与计算机视觉领域的一个重要分支与基础,在机器人导航、智能视频监控、工业检测、航天航空等领域具有广泛的应用前景。

根据摄像头是否保持静止,运动目标检测分为静态背景和运动背景两类。大多数视频监控系统的摄像头是固定的,因此静态背景下的运动目标检测算法受到了广泛关注。目前,比较常见的方法有差影法、两帧帧差法和光流法。其中,光流法因其计算复杂度高,且需要特殊硬件支持,不利于实时实现,故在本案例中未涉及。

(1)差影法。

① 实现方法。

步骤1:初筛运动目标区域。将视频中的当前帧和已经确定好或实时获取的背景图像做减法,计算出与背景图像像素差异超过一定阈值的区域作为运动目标区域,从而初步确定运动目标的位置、轮廓、大小等特征。

步骤2:通过连通性分析和判别,排除非运动目标区域。同案例2-6一样,利用数学形态学对初筛结果进行连通性分析和判别,最终将得到的每个运动目标位置用矩形框标注在视频中。

步骤3：发出警报。视频画面中一旦出现运动目标，就发出"啪哒"的警报声。完整的实现流程如图 2-25 所示。

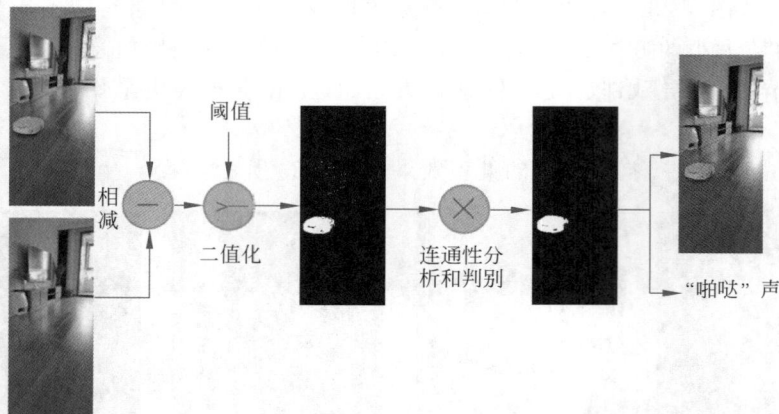

图 2-25　差影法的检测流程

② 实现代码。用差影法进行静态背景下的运动目标检测的实现代码如下：

```
clear all
%读入背景图像
background=im2double(imread('background.jpg'));
%读入视频
video=VideoReader('sweeping.mp4');
numberOfFrame=video.NumberOfFrame;
frame=read(video);
%逐帧减去背景图像,并显示检测结果
for i=1:numberOfFrame
    frame_i=im2double(frame(:,:,:,i));                      %获取第 i 帧图像
    subplot(2,2,1),imshow(frame_i),title('被检测视频');
    %计算第 i 帧与背景图像的差值
    result=imabsdiff(frame_i,background);
    %二值化和数学形态学后处理
    BW=im2bw(result,0.15);
    BW=imerode(BW,strel('disk',3));
    BW=imdilate(BW,strel('disk',5));
    %确定后处理图像中存在的连通区域,并在原视频上用红色矩形框标注
    [label,num]=bwlabel(BW);
    status=regionprops(label,'BoundingBox');
    area=regionprops(label,'Area');
    for j=1:num
        %计算连通区域的面积,若其小于某阈值,则是干扰,将其排除掉
        if (area(j).Area>=600)
            rectangle('position',status(j).BoundingBox,'edgecolor','r');
        end
    end
    %若场景内存在运动目标,则发出警报
    if num~=0
```

```
        load splat                                              %"啪哒"声
        sound(y,Fs);
    end
    subplot(2,2,2),imshow(background),title('背景图像');
    subplot(2,2,3),imshow(result),title('运动目标初步检测结果');
    subplot(2,2,4),imshow(BW),title('后处理结果');
    pause(0.017);                                               %等待 0.017s
end
```

【代码说明】

- 视频文件的相关操作。

读取视频代码如下：

```
video=VideoReader('sweeping.mp4');
frame=read(video);
```

获取视频的总帧数代码如下：

```
numberOfFrame=video.NumberOfFrame;
```

获取视频的某一帧信息，如第 i 帧可表示为 frame$(:,:,:,i)$。

- 数学形态学处理。膨胀函数 imdilate( )、strel( )函数、连通区域标记函数 bwlabel( )、regionprops( )函数的用途同案例 2-6，腐蚀函数 imerode( )用于去除毛刺或噪声；属性 Area 用于根据 regionprops( )函数返回的面积属性值求解每一个连通区域的面积，将面积过小的连通区域逐一排除，最后通过 rectangle( )函数将所检测的运动目标区域用红色矩形框标注在原视频画面中。
- 发出警报。一旦检测到运动目标的存在，就调用 MATLAB 的声音函数 sound( )发出警报。

③ 实现效果。运动目标检测结果如图 2-26 所示。差影法原理简单，易于实现，非常适用于摄像机静止的场景。从检测结果上看，其相减结果可直接给出运动目标的位置、大小、形状等信息，能够提供关于运动目标区域的完整描述，同时再结合数学形态学的连通性分析、判别等后处理排除非目标区域，从而获得了较为准确的运动目标区域。

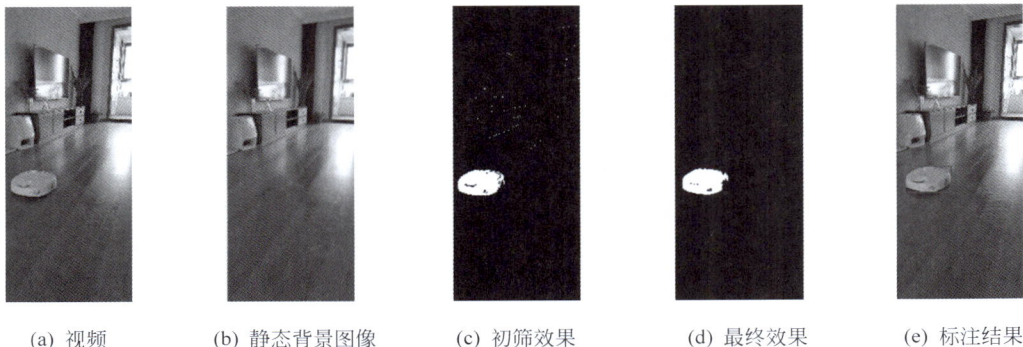

(a) 视频　　　(b) 静态背景图像　　　(c) 初筛效果　　　(d) 最终效果　　　(e) 标注结果

图 2-26　"差影法"检测效果

(2) 两帧帧差法。

① 实现方法。两帧帧差法通过对视频中相邻帧进行减法运算，利用视频中相邻帧的强相关性做变化检测，从而检测出运动目标。同差影法一样，在经过减法运算、二值化处理初步获取运动目标的位置

信息后仍需结合数学形态学的连通性分析、判别等后处理排除非目标区域。

② 实现代码。用两帧帧差法进行静态背景下的运动目标检测的实现代码如下：

```
clear all
% 读入视频
video=VideoReader('sweeping.mp4');
frame=read(video);
% 获取视频的帧数
numberOfFrame=video.NumberOfFrame;
% 将第一帧作为前一帧的初始值
frame_previous=im2double(frame(:,:,:,1));
subplot(2,2,1),imshow(frame_previous),title('前一帧图像');
% 连续相邻帧进行减法运算
for i=2:numberOfFrame
    % 获取当前帧
    frame_current=im2double(frame(:,:,:,i));
    subplot(2,2,2),imshow(frame_current);title('当前帧图像');
    % 计算当前帧与前一帧的差值
    result=imabsdiff(frame_current,frame_previous);
    % 二值化和数学形态学后处理
    BW=im2bw(result,0.01);
    BW=imerode(BW,strel('disk',3));
    BW=imdilate(BW,strel('disk',5));
    % 确定后处理图像中存在的连通区,并在原视频上用红色矩形框标注
    [label,num]=bwlabel(BW);
    status=regionprops(label,'BoundingBox');
    area=regionprops(label,'Area');
    for j=1:num
        % 计算连通区的面积,若其小于某阈值,则是干扰,将其排除掉
        if (area(j).Area>=600)
            rectangle('position',status(j).BoundingBox,'edgecolor','r','linewidth',2);
        end
    end
    % 若场景内存在运动目标,则发出警报
    if num~=0
        % "啪哒"声
        load splat
        sound(y,Fs)
    end
    % 当前帧处理完毕后,及时修改 frame_previous 为当前帧,即下一次处理的前一帧
    frame_previous=frame_current;
    subplot(2,2,3),imshow(result),title('运动目标检测结果');
    subplot(2,2,4),imshow(BW),title('后处理结果');
    subplot(2,2,1),imshow(frame_previous),title('前一帧图像');
    % 等待 0.017 秒
    pause(0.017);
end
```

【代码说明】

- 代码中使用两个变量 frame_previous 和 frame_current 分别记录前一帧图像和当前帧图像，并在每次循环结束前将 frame_current 赋予 frame_previous 以确保变量 frame_previous 中存储的

始终都是下一次减法运算中的前一帧图像。

③ 实现效果。运动目标检测效果如图 2-27 所示。两帧帧差法运算快速,实时性高,但是从图 2-27 可以看出,该方法不能提取出运动目标的完整区域,主要体现在以下两方面。

(a) 前一帧图像　　　(b) 当前帧图像　　　(c) 初筛结果　　　(d) 最终结果　　　(e) 标注

图 2-27　使用两帧帧差法检测的效果

- 运动目标边缘的像素能较好地检测出来,但存在"双影"现象,并且目标运动速度越快,"双影"现象越粗越明显。
- 运动目标内部的像素由于具有较大的相似性,并不能被很好地检测出来,这时会造成运动目标在两帧重叠部分形成较大孔洞,严重时会造成目标分割不连通,从而导致检测失败。

2.1.3　乘法运算

1. 运算规则

回顾案例 2-2 中的"正片叠底"图层混合模式,其计算公式为 $C=A\times B$(图像 A、B 均为 $[0,1]$ 的 double 类型图像)。结合"去白留黑"的混合效果不难看出其实现原理:任何数乘以 0 都是 0,所以彩色图像的色彩乘以黑色都会得到黑色;而任何数乘以 1 都是这个数本身,所以彩色图像的色彩乘以白色不会发生任何变化,看起来就像白色变透明了一样。

更为特殊的是,当图像 B 为二值图像时,此时的乘法运算会使图像 A 中与图像 B 的白色像素相对应部分得以保留,而与图像 B 的黑色像素相对应部分被抑制,如图 2-28 所示。

输入图像1

56	129	67	38	12	50
77	45	90	14	23	76
119	56	25	11	34	78
28	30	136	72	67	100

.*

输入图像2

0	0	0	0	0	0
0	1	1	1	0	0
1	1	1	1	1	0
1	1	0	0	1	1

=

输出图像

0	0	0	0	0	0
0	45	90	14	0	0
119	56	25	11	34	0
28	30	0	0	67	100

图 2-28　乘法运算规则

这样的运算究竟会得到什么样的效果呢?可带着问题学习案例 2-8。

【贴士】　这里介绍的乘法规则与线性代数中矩阵乘法规则是不同的,称为点乘运算(采用".＊"运算符或内置函数 immultiply())。

2. 应用场景

【**案例 2-8**】图像抠图。

解决方案 1：指定蒙版，直接利用"点乘"运算实现。

（1）实现方法。读入相同尺寸的输入图像和给定的蒙版图像，再将输入图像与蒙版图像进行点乘运算。

（2）实现代码。图像抠图的实现代码如下：

```
clear all
src=im2double(imread('ancientCity.jpg'));              %读入输入图像
subplot(1,3,1),imshow(src),title('输入图像');
mask=imread('mask_inkpainting.bmp');                   %读入蒙版图像
subplot(1,3,2),imshow(mask),title('蒙版');
%根据输入图像的类型做出不同的处理
if ismatrix(src)
    result=immultiply(src,mask);                       %灰度图像，单通道处理
else
    %彩色图像，多通道处理
    src_R=src(:,:,1);src_G=src(:,:,2);src_B=src(:,:,3);
    result_R=immultiply(src_R,mask);
    result_G=immultiply(src_G,mask);
    result_B=immultiply(src_B,mask);
    result=cat(3,result_R,result_G,result_B);
end
subplot(1,3,3),imshow(result),title('抠图效果');
```

（3）实现效果。图像抠图效果如图 2-29 所示。

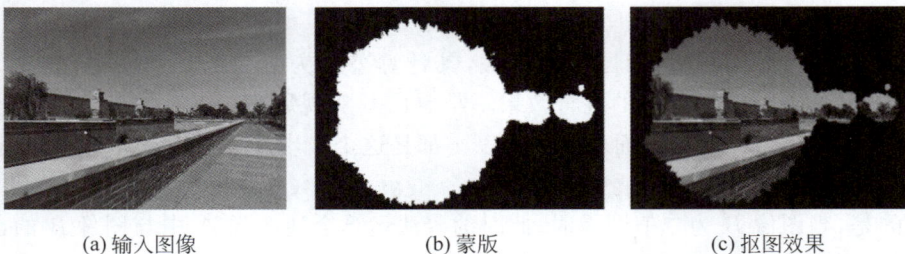

(a) 输入图像　　　　　　　　(b) 蒙版　　　　　　　　(c) 抠图效果

图 2-29　解决方案 1 的图像抠图效果

解决方案 2：使用交互式选区函数 roipoly() 创建自定义蒙版，再运用"点乘"运算实现。

（1）实现方法。读入输入图像，首先通过调用 roipoly() 函数交互式选取感兴趣的区域，从而创建蒙版图像，然后再将输入图像与蒙版图像进行"点乘"运算即可。

（2）实现代码。图像抠图的实现代码如下：

```
clear all
src=im2double(imread('ancientCity.jpg'));     %读入输入图像
subplot(1,3,1),imshow(src),title('输入图像');
mask=roipoly(src);                            %交互式选取多边形，生成蒙版
subplot(1,3,2),imshow(mask),title('蒙版');
%根据输入图像的类型进行不同的处理
if ismatrix(src)
    result=immultiply(src,mask);              %灰度图像，单通道处理
else
    %彩色图像，多通道处理
```

```
    src_R=src(:,:,1);src_G=src(:,:,2);src_B=src(:,:,3);
    result_R=immultiply(src_R,mask);
    result_G=immultiply(src_G,mask);
    result_B=immultiply(src_B,mask);
    result=cat(3,result_R,result_G,result_B);
end
subplot(1,3,3),imshow(result),title('抠图效果');
```

【代码说明】　roipoly()函数的语法格式如下：

```
BW=roipoly(src);
```

该函数用于在图形窗口中显示的输入图像 src 上,通过鼠标交互方式绘制一个多边形,并双击或右击该多边形的内部,从弹出的快捷菜单中选中 Create mask 选项,即可创建蒙版 BW。

（3）实现效果。抠图效果如图 2-30 所示。

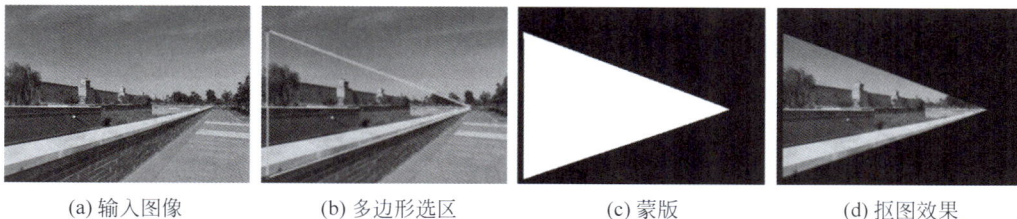

(a) 输入图像　　　　(b) 多边形选区　　　　(c) 蒙版　　　　(d) 抠图效果

图 2-30　解决方案 2 的抠图效果

【贴士】　调用 imfreehand()函数可以交互式绘制自由曲线,若曲线不封闭,则函数会自动将起点和终点连接构成封闭区域。这时可将上述第 4 行代码改为

```
h=imfreehand();
mask=createMask(h);
```

知识拓展

【案例 2-9】　模拟美图秀秀之形状蒙版的制作及抠图。

在浏览器地址栏中输入链接 https://pc.meitu.com/design/edit,进入美图秀秀在线图片编辑器;在主界面右侧区域单击"上传图片"按钮,加载待处理图像;在左侧导航栏"属性"选项中单击"形状蒙版"按钮,即可看到 8 种形状蒙版:圆角矩形、圆形、三角形、笛卡儿心形、五角星形、菱形、黑桃形和梅花形,如图 2-31(a)所示。将蒙版运用到待处理图像上的抠图效果如图 2-31(b)所示。通常蒙版可通过一些图像处理软件制作出来,但在本案例中采用的是编写代码自动生成的方法,且蒙版尺寸为 512×512 像素。

1）蒙版制作

（1）圆形蒙版。

① 实现方法。在数学上可以使用函数解析式 $(x-x_0)^2+(y-y_0)^2=r^2$ 表示一个圆,那么就可以将 $(x-x_0)^2+(y-y_0)^2\leqslant r^2$ 视为圆的内部,从而将圆的内部填充为白色,外部填充为黑

色,得到二值图像(即圆形蒙版)。

(a) 形状蒙版　　　　　　　　　　　　(b) 抠图效果

图 2-31　美图秀秀在线图片编辑器

② 实现代码。圆形蒙版的实现代码如下:

```
clear all
height=512;width=512;
[x,y]=meshgrid(1:width, 1:height);
radius=width/2;
mask=((x-width/2).^2+(y-height/2).^2<=radius.^2);
imwrite(mask,'mask_circle.bmp');                           %保存蒙版文件
```

【代码说明】

- meshgrid()函数用于生成网格矩阵。代码中的语句"[x,y]＝meshgrid(1:width, 1: height);"用于生成 height×width 的矩阵 x 和 y。其中,矩阵 x 每行的数据都由 1,2, …,width 构成,矩阵 y 每列的数据都由 1,2,…,height 构成。

- "radius＝width/2;"和"mask＝((x－width/2).^2+(y－height/2).^2<＝radius.^2);"这两条语句表示的是以(width/2,height/2)为圆心、width/2 为半径的圆的内部作为选区生成蒙版。

③ 实现效果。圆形蒙版的效果如图 2-32 所示。

(2) 圆角矩形蒙版。

① 实现方法。生成一个直径大于蒙版尺寸的圆形蒙版。

② 实现代码。圆角矩形蒙版的实现代码如下:

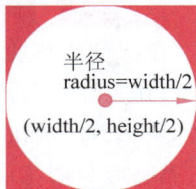

半径
radius=width/2
(width/2, height/2)

图 2-32　圆形蒙版

```
clear all
height=512;width=512;
[x,y]=meshgrid(1:width, 1:height);
%圆角矩形蒙版=直径大于 512 的圆形蒙版
radius=width/2+width/10;
mask=((x-width/2).^2+(y-height/2).^2<=radius.^2);
imwrite(mask,'mask_roundRectangle1.bmp');                  %保存蒙版文件
```

③ 实现效果。圆角矩形蒙版的效果如图 2-33 所示。

（3）笛卡儿心形蒙版。

① 实现方法。在数学上可以使用函数解析式 $[(x-x_0)^2+(y-y_0)^2-2a(x-x_0)]^2=4a^2[(x-x_0)^2+(y-y_0)^2]$ 表示笛卡儿心形曲线，其中，a 是大于 0 的常数。与圆形蒙版类似，可以将 $[(x-x_0)^2+(y-y_0)^2-2a(x-x_0)]^2\leqslant 4a^2[(x-x_0)^2+(y-y_0)^2]$ 视为笛卡儿心形内部，并填充为白色，外部则填充为黑色。

② 实现代码。笛卡儿心形蒙版的实现代码如下：

半径
radius=width/2+width/10

(width/2,height/2)

图 2-33　圆角矩形蒙版

```
clear all
height=512;width=512;
[x,y]=meshgrid(1:width,1:height);
a=98;                                    %a 是大于 0 的常数
mask=(((x-width/6).^2+(y-height/2).^2-2 * a * (x-width/6)).^2<=4 * a.^2 * ...
((x-width/6).^2+(y-height/2).^2));
mask=imrotate(mask,-90);                 %旋转变换(详见第 3 章)
imwrite(mask,'mask_heart1.bmp');         %保存蒙版文件
```

【代码说明】

• 第 5 行代码末尾的"…"是 MATLAB 的续行符，用于一行代码太长导致屏幕显示不全的情况。

注意："…"是英文字符。

• 第 5 行代码表示以（width/6，height/2）为心形起点、心形内部为选区生成蒙版。

• 第 7 行代码中的 imrotate（）函数用于图像的旋转。

注意：旋转角度大于 0，表示逆时针旋转；旋转角度小于 0，表示顺时针旋转。

③ 实现效果。笛卡儿心形蒙版的效果如图 2-34 所示。

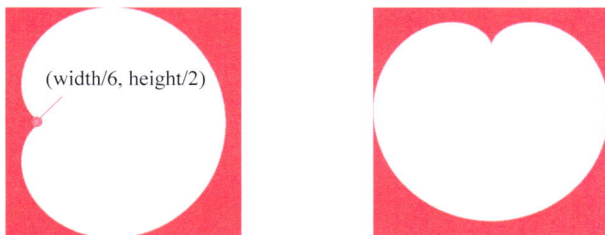

(width/6, height/2)

(a) 笛卡儿心形蒙版　　　　　(b) 顺时针旋转 90° 效果

图 2-34　笛卡儿心形蒙版的生成

（4）三角形蒙版。

① 实现方法。给定三角形各顶点坐标，利用多边形选区函数 roipoly（）实现。

② 实现代码。三角形蒙版的实现代码如下：

```
clear all
height=512;width=512;
reference_img=zeros(height,width);       %参照图像
%三顶点坐标集
c=[width/2,0,width];
r=[0,39 * height/40,39 * height/40];
mask=roipoly(reference_img,c,r);
imwrite(mask,'mask_triangle.bmp');       %保存蒙版文件
```

【代码说明】

- 定义 512×512 像素的全零矩阵 reference_img 作为多边形顶点选取的参照图像。
- roipoly()函数可以交互式选取多边形选区,也可以指定由多个顶点按顺序构成的多边形选区。第 5、6 行代码表示按照顶点 1、顶点 2、顶点 3 的顺序将它们的横纵坐标分别存储于向量 *c* 和 *r* 中。
- 第 7 行代码表示利用 roipoly()函数在参照图像 reference_img 上按照给定的顶点坐标集实现自动选区生成蒙版。

③ 实现效果。三角形蒙版的效果如图 2-35 所示。

（5）菱形蒙版。

① 实现方法。与三角形蒙版生成方法一样,给定菱形各顶点坐标,利用多边形选区函数 roipoly()进行实现。

② 实现代码。菱形蒙版的实现代码如下:

```
clear all
height=512;width=512;
reference_img=zeros(height,width);              %参照图像
%四顶点坐标集
c=[width/2,width/40,width/2,39*width/40];
r=[height/40,height/2,39*height/40,height/2];
mask=roipoly(reference_img,c,r);
imwrite(mask,'mask_diamond.bmp');               %保存蒙版文件
```

③ 实现效果。菱形蒙版的效果如图 2-36 所示。

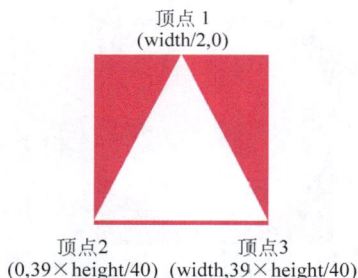

图 2-35　三角形蒙版

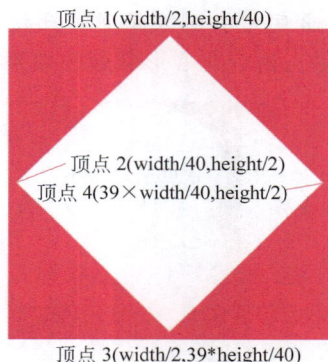

图 2-36　菱形蒙版

（6）五角星形蒙版。

① 实现方法。与三角形蒙版生成方法一样,给定五角星形各顶点坐标,利用多边形选区函数 roipoly()进行实现。

② 实现代码。五角星形蒙版的实现代码如下:

```
clear all
height=512;width=512;
reference_img=zeros(height,width);              %参照图像
%10 个顶点坐标集
c=[width/2,width/3,0,width/4,width/8,width/2,7*width/8,3*width/4,width,2*width/3];
r=[0,height/3,9*height/24,15*height/24,height,4*height/5,height,...
    15*height/24,9*height/24,height/3];
mask=roipoly(reference_img,c,r);
imwrite(mask,'mask_star.bmp');                   %保存蒙版文件
```

③ 实现效果。五角星形蒙版的效果如图 2-37 所示。

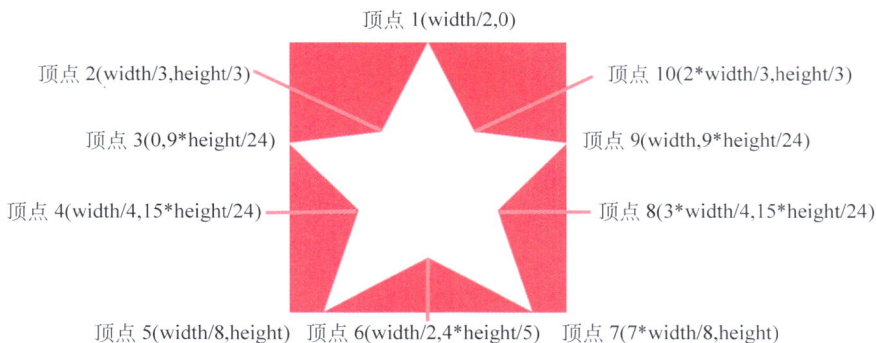

顶点 1(width/2,0)

顶点 2(width/3,height/3) 顶点 10(2*width/3,height/3)

顶点 3(0,9*height/24) 顶点 9(width,9*height/24)

顶点 4(width/4,15*height/24) 顶点 8(3*width/4,15*height/24)

顶点 5(width/8,height) 顶点 6(width/2,4*height/5) 顶点 7(7*width/8,height)

图 2-37　五角星形蒙版

【贴士】　笛卡儿心形蒙版、黑桃形蒙版和梅花形蒙版制作涉及逻辑运算相关知识，本案例将会不断进行版本迭代，直至完整呈现。

小试身手

运用数学解析式蒙版生成方法制作椭圆蒙版，具体要求详见习题 2 第 3 题。

2）蒙版的运用——抠图

当将以上蒙版运用到抠图应用中时，会发现蒙版尺寸均为 512×512 像素，而输入图像尺寸未知，因此在抠图处理之前需要根据输入图像的尺寸将蒙版尺寸进行缩放且居中处理，同时在上下或左右两侧进行零填充，最终制作出与输入图像相同尺寸的蒙版，如图 2-38 所示。

(a) 原蒙版　　　　(b) 竖版图像　　　　(c) 横版图像

图 2-38　蒙版变形处理

注意：若输入图像如图 2-39(a) 所示，且圆角矩形蒙版变形采用缩放且居中处理，则效果如图 2-39(b) 所示，显然是不合理的。因此这里采用直接按照输入图像尺寸进行缩放处理的方法，如图 2-39(c) 所示。

(a) 输入图像　　　　(b) 错误变形处理　　　　(c) 正确变形处理

图 2-39　圆角矩形蒙版变形处理

（1）实现方法。运用已有标准尺寸 512×512 像素的蒙版进行抠图的处理流程如图 2-40 所示。

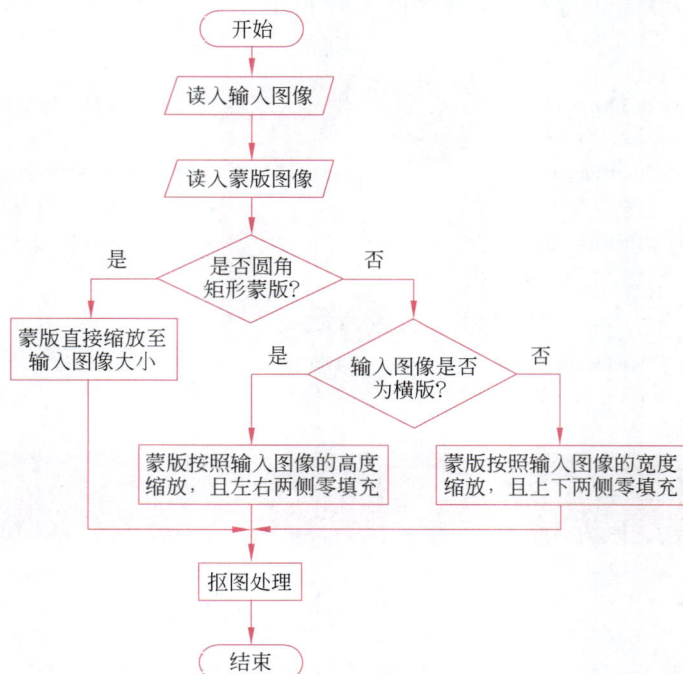

图 2-40　不同尺寸图像的抠图处理流程

（2）实现代码。抠图的实现代码如下：

```
%该方法适用于不同尺寸图像的抠图处理
clear all
%在"选取一幅待处理图像"对话框中选取一幅待处理图像
uiwait(msgbox('请选取一幅输入图像:'));
[filename,pathname]=uigetfile('*.*','选取一幅待处理图像');
str=[pathname filename];
src=im2double(imread(str));
%在"选取一幅待处理图像"对话框中选取一幅蒙版图像
uiwait(msgbox('请选取一幅蒙版图像:'));
[filename,pathname]=uigetfile('*.*','选取一幅蒙版图像');
str=[pathname filename];
mask=imread(str);
%步骤1:蒙版变形
src_height=size(src,1);                    %获取输入图像的高度
src_width=size(src,2);                     %获取输入图像的宽度
%蒙版变形
if (strcmp(filename,'mask_roundrectangle'))
    %圆角矩形蒙版变形,即直接按照输入图像尺寸进行缩放变换(详见第3章)
    mask_deformed=imresize(mask,[src_height,src_width]);
else
    %其他蒙版变形,即缩放且居中处理
    [mask_height,mask_width]=size(mask);     %获取蒙版尺寸
    %按照高度与宽度的最小值进行等比例缩放变换(详见第3章)
    mask_deformed=imresize(mask,[min(src_height,src_width),min(src_height,src_width)]);
```

```matlab
    %除去居中部分后所剩部分
    diff=max(src_height,src_width)-min(src_height,src_width);
    %判断所剩部分是否能被二等分
    if (mod(diff,2)==0)
        if (src_height>src_width)
            %竖版图像
            matrix_fill=zeros(diff/2,src_width);
            %上下两侧零填充
            mask_deformed=[matrix_fill;mask_deformed;matrix_fill];
        else
            %横版图像
            matrix_fill=zeros(src_height,diff/2);
            %左右两侧零填充
            mask_deformed=[matrix_fill,mask_deformed,matrix_fill];
        end
    else
        if (src_height>src_width)
            %竖版图像
            matrix_fillup=zeros(floor(diff/2),src_width);
            matrix_filldown=zeros(floor(diff/2)+1,src_width);
            %上下两侧零填充
            mask_deformed=[matrix_fillup;mask_deformed;matrix_filldown];
        else
            %横版图像
            matrix_fillleft=zeros(src_height,floor(diff/2));
            matrix_fillright=zeros(src_height,floor(diff/2)+1);
            %左右两侧零填充
            mask_deformed=[matrix_fillleft,mask_deformed,matrix_fillright];
        end
    end
end
%步骤 2:抠图处理
%针对灰度图像和彩色图像进行不同处理
if ismatrix(src)
    %单通道处理
    result=immultiply(src,mask_deformed);
else
    %多通道处理
    R=src(:,:,1);G=src(:,:,2);B=src(:,:,3);
    result_R=immultiply(R,mask_deformed);
    result_G=immultiply(G,mask_deformed);
    result_B=immultiply(B,mask_deformed);
    result=cat(3,result_R,result_G,result_B);
end
subplot(1,4,1),imshow(src),title('输入图像');
subplot(1,4,2),imshow(mask),title('原蒙版');
subplot(1,4,3),imshow(mask_deformed),title('变形后蒙版');
subplot(1,4,4),imshow(result),title('抠图结果');
imwrite(result,'cutoutResult.jpg');
```

【代码说明】

```
uiwait(msgbox('请选取一幅输入图像：'));
```

表示创建一个消息框，并使用 uiwait()函数来控制对 msgbox()函数的调用，以阻止 MATLAB 执行，直到用户响应消息对话框为止。

```
[filename,pathname]=uigetfile('* . * ','选取一幅待处理图像');
```

表示调用 uigetfile()函数弹出"选取一幅待处理图像"对话框以便于用户自行选取所需图像，并返回用户所选图像文件的路径和文件名。

imresize()函数用于对图像进行缩放变换，其语法格式如下：

```
B=imresize(A,m);                  %按照缩放比例 m 进行缩放
B=imresize(A,[height,width]);     %将图像缩放为 height * width 的大小
```

（3）实现效果。横版和竖版图像的抠图效果分别如图 2-41 和图 2-42 所示。

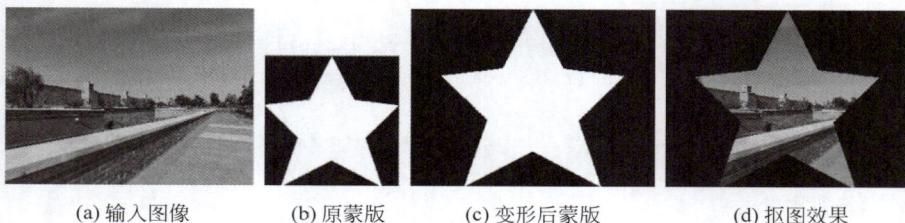

(a) 输入图像　　(b) 原蒙版　　(c) 变形后蒙版　　(d) 抠图效果

图 2-41　横版图像的抠图效果

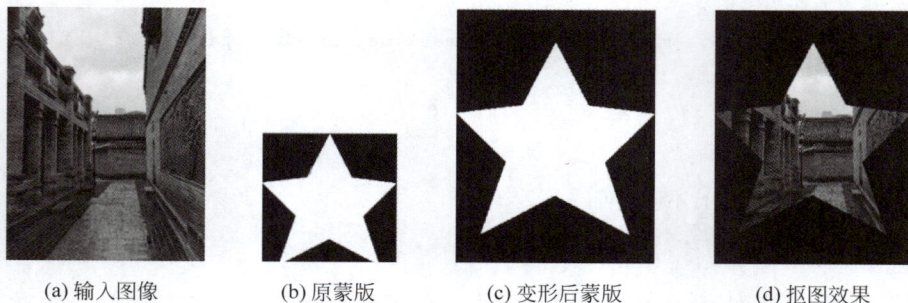

(a) 输入图像　　(b) 原蒙版　　(c) 变形后蒙版　　(d) 抠图效果

图 2-42　竖版图像的抠图效果

拓展训练

设计一款基于上述蒙版 DIY 的抠图换背景系统，具体要求详见习题 2 第 4 题。

2.1.4　除法运算

1. 运算规则

从图 2-43 可以看到，输入图像 1 与输入图像 2 中对应像素的值相除后得到其变化比率，因而图像除法又称比率变换。

输入图像1							输入图像2							输出图像					
56	129	67	38	12	50		50	16	77	90	120	20		1.12	8.0625	0.8701	0.4222	0.1	2.5
77	45	90	14	23	76	./	71	59	29	5	67	90	=	10.0845	0.7627	3.1034	2.8	0.3433	0.8444
119	56	25	11	34	78		135	66	13	92	212	56		0.8815	0.8485	1.9231	0.1196	0.1604	1.3929
28	30	136	72	67	100		78	130	235	67	100	255		0.359	0.2308	0.5787	1.0746	0.67	0.3922

图 2-43　除法运算规则

2. 应用场景

【**案例 2-10**】 "找不同"益智游戏改版。

（1）实现方法。可使用运算符" ./ "或 MATLAB 内置函数 imdivide() 加以实现。

（2）实现代码。"找不同"益智游戏改版的实现代码如下：

```
clear all
%读入第一幅图像
src_left=im2double(imread('left.jpg'));
subplot(2,4,2),imshow(src_left),title('左图');
%读入第二幅图像
src_right=im2double(imread('right.jpg'));
subplot(2,4,3),imshow(src_right),title('右图');
result=imdivide(src_left,src_right);                    %除法运算
%归一化处理
result=abs(log10(result));
subplot(2,4,5),imshow(result),title('除法结果');
%运用"二值化+数学形态学"进行后处理
BW=im2bw(result,0.06);
subplot(2,4,6),imshow(BW),title('二值化效果');
marker=imerode(BW,strel('disk',3));
reconstructBW=imreconstruct(marker,BW);
subplot(2,4,7),imshow(reconstructBW),title('后处理效果');
subplot(2,4,8),imshow(src_right),title('标注效果');
%为每一个不同之处标注红色矩形框
[label,num]=bwlabel(reconstructBW);
status=regionprops(label,'BoundingBox');
for i=1:num
    rectangle('position',status(i).BoundingBox,'edgecolor','r','linewidth',2);
end
```

【代码说明】

由于除法运算得到的比率值大部分较小，因此必须进行归一化处理（转换为[0,1]范围内的实数）才能正常显示。代码中是通过对数函数结合绝对值函数实现的，代码如下：

```
result=abs(log10(result));
```

形态学重构函数 imreconstruct() 与函数 imerode() 组合使用实现开运算重构处理，达到在消除小

区域或噪声的同时最大限度地恢复其他区域的原貌。

（3）实现效果。"找不同"的除法处理效果如图2-44所示。从检测结果上看，图像除法也可以用于检测两幅图像间的区别，只是除法运算给出的是相应像素间的变化比率，而不是绝对差异。

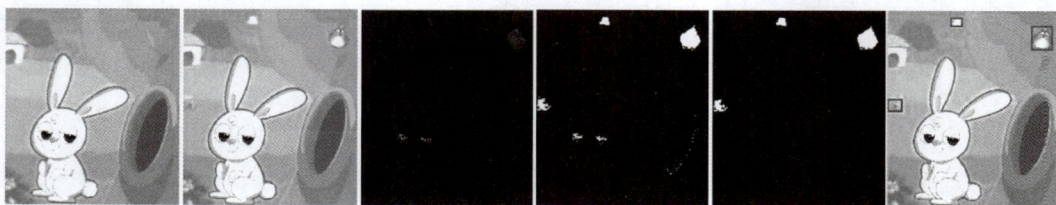

| (a) 左图 | (b) 右图 | (c) 除法效果 | (d) 二值化效果 | (e) 后处理效果 | (f) 标注效果 |

图 2-44 "找不同"的除法处理效果

知识拓展

【案例 2-11】 不均匀光照图像校正。

（1）实现方法。在图像采集过程中，由于实际环境中成像条件的限制，会造成图像的背景光照不均匀，即照度较强的部分将较亮，照度较弱的部分就较暗，从而导致一些重要的细节信息无法凸显甚至被掩盖掉，严重影响了图像的视觉效果和应用价值。因此，开展光照不均匀图像的校正研究，消除不均匀光照对图像的影响，已经成为当前图像处理领域的一个研究热点。

针对光照不均匀问题，本案例介绍一种基于图像除法运算的校正方法，其核心思想是运用数学形态学的开运算获取输入图像的背景图，再用输入图像除以背景图。

（2）实现代码。不均匀光照图像校正的实现代码如下：

```
clear all
src=im2double(imread('1.png'));
subplot(1,3,1),imshow(src),title('输入图像');
%利用形态学提取背景
background=imopen(src,strel('disk',15));
subplot(1,3,2),imshow(background),title('开运算所提取的背景图像');
%利用除法运算去除背景
result=imdivide(src,background);
%显示处理结果
subplot(1,3,3),imshow(result),title('光照不均匀校正效果');
```

【代码说明】

- imopen()函数是形态学中的一个重要运算——开运算，即先腐蚀后膨胀。对图像运用开运算，一般能够平滑图像的轮廓，削弱狭窄的部分，去掉细的突出且保持面积大小不变等。
- strel()函数用于创建一定形态的结构元素，度量和提取图像中的对应形状以便于图像分析。

（3）实现效果。"除法"运算的光照不均匀校正效果如图2-45所示。

(a) 输入图像　　　　　(b) 开运算所提取的背景图　　　　(c) (a)与(b)除法运算后的效果

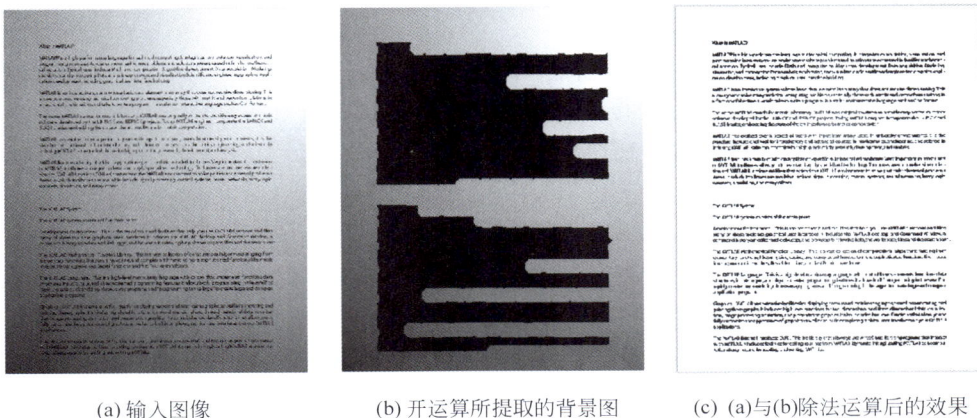

图 2-45 "除法"运算的光照不均匀校正效果

2.2 图像的逻辑运算

逻辑运算符可根据如表 2-2 所示的真值表来定义。逻辑"非"运算是将二值图像中像素值取为相反值,即 1 取反为 0,0 取反为 1;逻辑"与"运算的结果仅在 a 和 b 都是 1 时才为 1,否则为 0;逻辑"或"运算的结果仅在 a 或 b 或二者都是 0 时才为 0,否则为 1;逻辑"异或"运算的结果仅在 a、b 相同时为 0,否则为 1。

表 2-2 逻辑运算符的真值表

a	b	$\sim a$	$a\&b$	$a \mid b$	$a \ \mathrm{xor} \ b$
0	0	1	0	0	0
0	1	1	0	1	1
1	0	0	0	1	1
1	1	0	1	1	0

图像的逻辑运算是指对一幅二值图像逐像素执行逻辑"非"运算,或对两幅或多幅尺寸相同的二值图像中对应位置像素执行逻辑"与""或""异或"运算。

2.2.1 逻辑非运算

1. 运算规则

将二值输入图像的每个像素值取反,即 1 变 0,0 变 1,如图 2-46 所示。

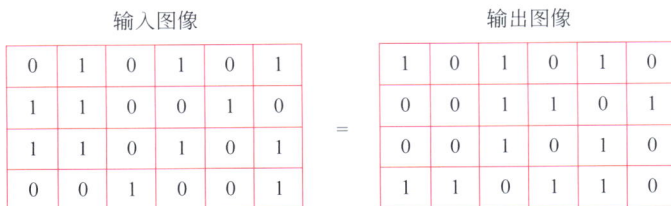

输入图像　　　　　　　　　　输出图像

0	1	0	1	0	1
1	1	0	0	1	0
1	1	0	1	0	1
0	0	1	0	0	1

$\sim$ 　　　　　　　　$=$

1	0	1	0	1	0
0	0	1	1	0	1
0	0	1	0	1	0
1	1	0	1	1	0

图 2-46 逻辑"非"运算规则

2. 应用场景

【案例 2-12】 镂空文字特效制作。

（1）实现方法。利用逻辑"非"运算（运算符为"～"）将原蒙版上的每个像素值取反得到新蒙版；再将输入图像与新蒙版做"点乘"运算即可得到镂空文字的抠图效果。

（2）实现代码。镂空文字特效的实现代码如下：

```
clear all
mask=imread('mask_spring.bmp');            %读入原蒙版
src=im2double(imread('flowers.jpg'));      %读入输入图像
mask_not=~mask;                            %逻辑"非"运算
result_R=src(:,:,1).*mask_not;
result_G=src(:,:,2).*mask_not;
result_B=src(:,:,3).*mask_not;
result=cat(3,result_R,result_G,result_B);
subplot(1,4,1),imshow(src),title('输入图像');
subplot(1,4,2),imshow(mask),title('原蒙版');
subplot(1,4,3),imshow(mask_not),title('逻辑"非"运算后的新蒙版');
subplot(1,4,4),imshow(result),title('镂空文字特效效果');
```

（3）实现效果。镂空文字特效效果如图 2-47 所示。

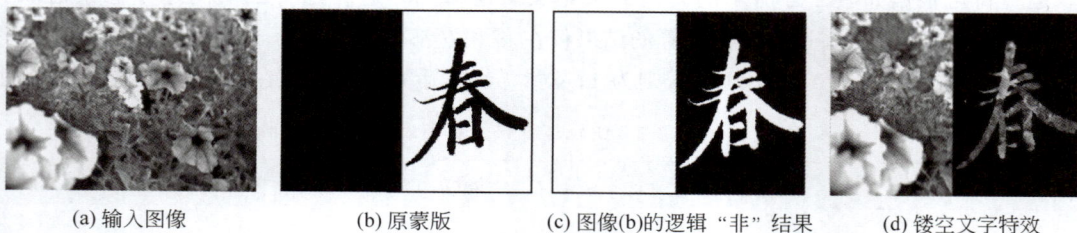

| (a) 输入图像 | (b) 原蒙版 | (c) 图像(b)的逻辑 "非" 结果 | (d) 镂空文字特效 |

图 2-47　镂空文字特效效果

2.2.2　逻辑与运算

1. 运算规则

将输入图像 1 和输入图像 2 中对应像素值执行逻辑"与"运算（运算符为"&"）得到输出图像，如图 2-48 所示。

图 2-48　逻辑"与"运算规则

2. 应用场景

【案例 2-13】 圆角矩形蒙版制作。

（1）实现方法。将矩形蒙版和圆形蒙版上对应像素的值执行逻辑"与"运算即可得到圆角矩形蒙版。

（2）实现代码。圆角矩形蒙版的实现代码如下：

```
clear all
mask_rectangle=imread('mask_rectangle.bmp');              %读入矩形蒙版
mask_circle=imread('mask_circle.bmp');                    %读入圆形蒙版
subplot(1,3,1),imshow(mask_rectangle),title('矩形蒙版');
subplot(1,3,2),imshow(mask_circle),title('圆形蒙版');
%两个蒙版的逻辑"与"运算
mask_roundRectangle=mask_rectangle&mask_circle;
subplot(1,3,3),imshow(mask_roundRectangle),title('圆角矩形蒙版');
%保存圆角矩形蒙版
imwrite(mask_roundRectangle,'mask_roundRectangle2.bmp');
```

（3）实现效果。圆角矩形蒙版的效果如图 2-49 所示。

　(a) 矩形蒙版　　　　　(b) 圆形蒙版　　　　　(c) 逻辑"与"的结果

图 2-49　圆角矩形蒙版

【贴士】　逻辑"与"运算结果可以直观地理解为求解两个蒙版中前景(1值)区域的交集操作。

◀ 小试身手 ▶

运用逻辑"与"运算生成扇形蒙版，具体要求详见习题 2 第 5 题。

2.2.3　逻辑或运算

1. 运算规则

将输入图像 1 和输入图像 2 中对应像素值执行逻辑"或"运算(运算符为"|")得到输出图像，如图 2-50 所示。

输入图像1

0	1	0	1	0	1
1	1	0	0	1	0
1	1	0	1	0	1
0	0	1	0	0	1

输入图像2

1	0	0	0	1	0
0	1	0	1	0	1
1	0	1	0	1	1
0	1	0	1	0	1

输出图像

1	1	0	1	1	1
1	1	0	1	1	1
1	1	1	1	1	1
0	1	1	1	0	1

图 2-50　逻辑"或"运算规则

【贴士】　逻辑"或"运算结果可以直观地理解为求解两个蒙版中前景(1值)区域的并集操作。

2. 应用场景

【案例 2-14】　心形、黑桃形、梅花形蒙版 DIY。

（1）实现方法。在案例 2-9 的基础上实现心形、黑桃形和梅花形蒙版的制作，其基本实现思路是由案例 2-9 的圆形和三角形蒙版组合而成，即心形蒙版由两个圆形蒙版与一个三角形蒙版组合，黑桃形蒙版由一个倒立心形蒙版与一个三角形蒙版组合，梅花形蒙版由三个圆形蒙版与一个三角形蒙版组合，如图 2-51～图 2-53 所示。

（2）实现代码。

① 心形蒙版的实现代码如下：

```
clear all
height=512;width=512;
reference_img=zeros(height,width);                                      %参照图像
[x,y]=meshgrid(1:width, 1:height);
%心形蒙版=两个圆形蒙版+一个三角形蒙版
%圆形蒙版生成
radius=9*width/40;
mask_circle1=((x-width/4-width/14).^2+(y-height/3).^2<=radius.^2);      %左圆形蒙版
mask_circle2=((x-3*width/4+width/14).^2+(y-height/3).^2<=radius.^2);    %右圆形蒙版
mask_circle=mask_circle1|mask_circle2;                                  %逻辑"或"运算
%三角形蒙版生成
%三顶点坐标集
c=[width/4+width/10-9*width/40,width/2,3*width/4-width/10+9*width/40];
r=[height/3+height/9,9*height/10,height/3+height/9];
mask_triangle=roipoly(reference_img,c,r);
%组合
mask_heart=mask_triangle|mask_circle;                                   %逻辑"或"运算
imwrite(mask_heart,'mask_heart2.bmp');
```

② 黑桃形蒙版的实现代码如下：

```
clear all
height=512;width=512;
reference_img=zeros(height,width);                                      %参照图像
[x,y]=meshgrid(1:width,1:height);
%黑桃形蒙版=倒立的心形蒙版|三角形蒙版
%心形蒙版生成
radius=9*width/40;
mask_circle1=((x-width/4-width/14).^2+(y-height/3).^2<=radius.^2);      %左圆形蒙版
mask_circle2=((x-3*width/4+width/14).^2+(y-height/3).^2<=radius.^2);    %右圆形蒙版
mask_circle=mask_circle1|mask_circle2;
c=[width/4+width/10-9*width/40,width/2,3*width/4-width/10+9*width/40];
r=[height/3+height/9,9*height/10,height/3+height/9];
mask_triangle=roipoly(reference_img,c,r);                               %三角形蒙版
mask_heart=mask_triangle|mask_circle;                                   %逻辑"或"运算组合成心形蒙版
mask_heart=imrotate(mask_heart,180);                                    %通过旋转180°实现其倒立
%三角形蒙版生成
c=[width/2,width/2-width/10,width/2+width/10];
r=[2*height/3,29*height/30,29*height/30];
mask_triangle=roipoly(reference_img,c,r);
%组合
mask_peach=mask_heart|mask_triangle;                                    %逻辑"或"运算
imwrite(mask_peach,'mask_peach.bmp');
```

③ 梅花形蒙版的实现代码如下：

```
clear all
height=512;width=512;
reference_img=zeros(height,width);                                    %参照图像
[x,y]=meshgrid(1:width, 1:height);
%梅花形蒙版=上圆形蒙版+左圆形蒙版+右圆形蒙版+三角形蒙版
%圆形蒙版生成
radius=9 * width/40;
mask_circle1=((x-width/2).^2+(y-height/4).^2<=radius.^2);             %上圆形蒙版生成
mask_circle2=((x-width/4).^2+(y-height/2).^2<=radius.^2);            %左圆形蒙版生成
mask_circle3=((x-3 * width/4).^2+(y-height/2).^2<=radius.^2);        %右圆形蒙版生成
mask_circle=mask_circle1|mask_circle2|mask_circle3;                 %逻辑"或"运算
%三角形蒙版生成
c=[width/2,width/2-width/6,width/2+width/6];
r=[height/3,9 * height/10,9 * height/10];
mask_triangle=roipoly(reference_img,c,r);
%组合
mask_plumblossom=mask_triangle|mask_circle;                         %逻辑"或"运算
imwrite(mask_plumblossom,'mask_plumblossom.bmp');
```

（3）实现效果。

① 心形蒙版的效果如图 2-51 所示。

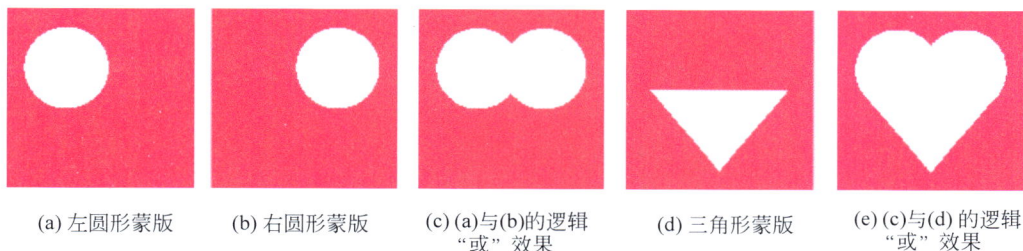

(a) 左圆形蒙版　　(b) 右圆形蒙版　　(c)(a)与(b)的逻辑"或"效果　　(d) 三角形蒙版　　(e)(c)与(d)的逻辑"或"效果

图 2-51　心形蒙版组合方法

② 黑桃形蒙版的效果如图 2-52 所示。

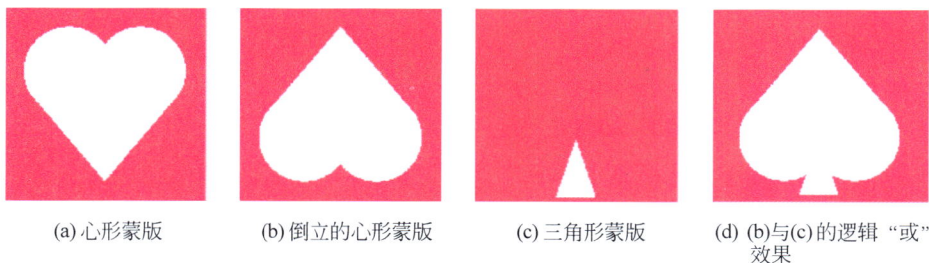

(a)心形蒙版　　(b)倒立的心形蒙版　　(c)三角形蒙版　　(d)(b)与(c)的逻辑"或"效果

图 2-52　黑桃形蒙版组合方法

③ 梅花形蒙版的效果如图 2-53 所示。

小试身手

运用逻辑"或"运算生成花朵蒙版，具体要求详见习题 2 第 6 题。

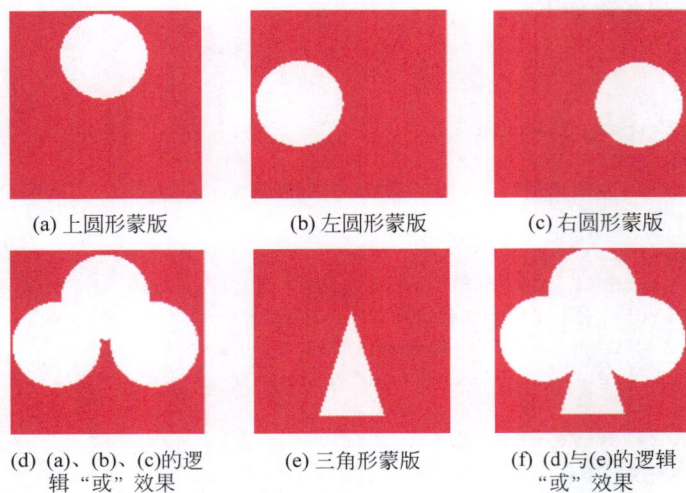

(a) 上圆形蒙版　　　(b) 左圆形蒙版　　　(c) 右圆形蒙版

(d) (a)、(b)、(c)的逻
辑"或"效果　　　(e) 三角形蒙版　　　(f) (d)与(e)的逻辑
"或"效果

图 2-53　梅花形蒙版组合方法

2.2.4　逻辑异或运算

1. 运算规则

将输入图像 1 和输入图像 2 中对应像素值执行逻辑"异或"运算（xor()函数）得到输出图像，如图 2-54 所示。

输入图像1

0	1	0	1	0	1
1	1	0	0	1	0
1	1	0	1	0	1
0	0	1	0	0	1

xor

输入图像2

1	0	0	0	1	0
0	1	0	1	0	1
1	0	1	0	1	0
0	1	0	1	0	1

=

输出图像

1	1	0	1	1	1
1	0	1	1	1	1
0	1	1	1	1	1
0	1	1	1	0	0

图 2-54　逻辑"异或"运算规则

2. 应用场景

【案例 2-15】圆环形蒙版制作。

（1）实现方法。在案例 2-10 圆形蒙版的基础上，调整圆形的半径值可得到大、小两个圆形蒙版，将二者进行逻辑"异或"运算即可制作出圆环形蒙版。

（2）实现代码。圆环形蒙版的实现代码如下：

```
clear all
mask_bigCircle=imread('mask_bigCircle.bmp');          %读入大圆形蒙版
mask_smallCircle=imread('mask_smallCircle.bmp');      %读入小圆形蒙版
subplot(1,3,1),imshow(mask_bigCircle),title('大圆形蒙版');
subplot(1,3,2),imshow(mask_smallCircle),title('小圆形蒙版');
%两个蒙版的逻辑"异或"运算
mask_ring=xor(mask_bigCircle,mask_smallCircle);
subplot(1,3,3),imshow(mask_ring),title('圆环形蒙版');
%保存圆环形蒙版
imwrite(mask_ring,'mask_ring.bmp');
```

（3）实现效果。圆环形蒙版的效果如图 2-55 所示。

(a) 大圆形蒙版　　　　　(b) 小圆形蒙版　　　　　(c) (a)与(b)的逻辑
　　　　　　　　　　　　　　　　　　　　　　　　　　　"异或" 效果

图 2-55　圆环形蒙版组合方法

小试身手

运用逻辑"异或"运算制作梯形蒙版，具体要求详见习题 2 第 7 题。

拓展训练

灵活运用图像的逻辑运算生成美图秀秀之复杂形状蒙版，具体要求详见习题 2 第 8 题。

本 章 小 结

本章主要介绍图像的两类基本运算：代数运算和逻辑运算。在各运算的运算规则基础上通过典型的应用案例进一步对这两类基本运算的主要应用场景进行了展现。加法运算可用于图像融合、图像降噪和图像亮度调整；减法运算可用于"找不同"益智游戏开发和运动目标检测；乘法运算可用于抠图以提取图像的感兴趣区域；除法运算可用于校正图像的光照不均匀现象；逻辑运算可用于自制蒙版，为个性化抠图提供便利。

习　题　2

1. 给定图 2-56(a)和图 2-56(b)两幅输入图像，可将它们各自垂直等分为 4 个子区域，利用图像 α 融合方法实现二者对应子区域的融合(1、2、3 区域的 α 取值分别为 0.4、0.6、0.8)，再将融合后的 3 个子区域与 0、4 编号子区域拼接成为如图 2-56(c)所示的渐变融合效果。

(a) 背景图像　　　　　　　　　　　(b) 前景图像

(c) α 融合且拼接后的效果

图 2-56　第 1 题图

2. 按照案例 2-2 的实现思路，自行编程模拟 Photoshop 中其余 20 种图层混合模式，并与 Photoshop 中相应的图层混合效果做比对。

3. 根据椭圆的标准方程 $\dfrac{x^2}{a^2}+\dfrac{y^2}{b^2}=1$，编程生成椭圆蒙版。

4. 设计开发一款基于蒙版 DIY 的抠图换背景系统，具体要求如下。

  • 设计图形化用户界面。

  • 提供多种背景素材（横版、竖版均有），这些素材既可以是一幅图像，也可以是纯色背景。

  • 提供 6 种蒙版 DIY（圆形、圆角矩形、笛卡儿心形、三角形、菱形、五角星形）。

  • 具有输出图像的本地存储功能。

5. 在圆形蒙版和三角形蒙版的基础上，运用逻辑"与"运算生成扇形蒙版，如图 2-57 所示。

6. 在圆形蒙版的基础上，运用逻辑"或"运算生成花朵蒙版，如图 2-58 所示。

7. 在三角形和矩形蒙版的基础上，运用逻辑"异或"运算制作梯形蒙版，如图 2-59 所示。

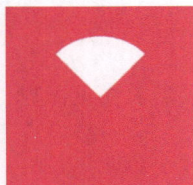

图 2-57　第 5 题图　　　　图 2-58　第 6 题图　　　　图 2-59　第 7 题图

8. 灵活运用图像的逻辑运算制作如图 2-60 所示的 6 种复杂形状蒙版。

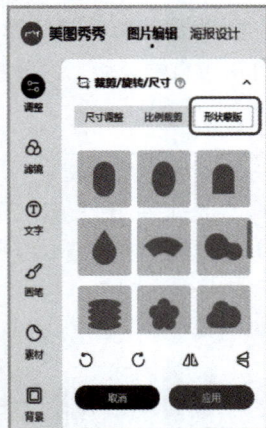

(a) 美图秀秀"图片编辑"中的形状蒙版　　　　(b) 所选的 6 种复杂形状蒙版

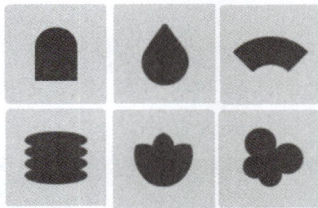

图 2-60　第 8 题图

第3章　图像的几何变换

本章学习目标：

（1）了解数字图像的坐标系统。

（2）了解图像几何变换中向前映射和向后映射的基本原理及适用场景。

（3）掌握最邻近插值法、双线性插值法和双三次插值法的插值原理。

（4）掌握平移、镜像、旋转、缩放、错切、转置等仿射变换和透视变换的几何变换矩阵表示及实现方法。

图像的几何变换是在不改变图像内容的前提下对图像像素进行相对空间位置移动，从而重构图像的空间结构，达到图像处理的目的。根据变换的性质可以划分为仿射变换和透视变换。其中，仿射变换包括平移、镜像、旋转、缩放、错切基本变换和转置复合变换。

3.1　图像几何变换的理论基础

3.1.1　坐标系统

1. 像素坐标系

MATLAB 将读入的图像存储为二维数组即矩阵，其中矩阵中的每个元素对应于该图像中的单个像素，因此通常表示像素在图像中位置最简单的方法是像素坐标。对于像素坐标，第一个分量 r（行）向下增长，第二个分量 c（列）向右增长，且像素坐标是整型数值，其数据范围在 1 到行数或列数之间，如图 3-1 所示。

在像素坐标系中，一个像素被认为是一个离散单元，由一个单独的坐标对唯一决定，例如 $(3,7)$，而 $(3.2,7.6)$ 这样的位置坐标是没有意义的。并且无论是单通道图像还是多通道图像都可以使用前两个矩阵维度的像素坐标来表示单个像素在图像中的位置，例如 $A(5,3)$、$B(4,6,:)$。

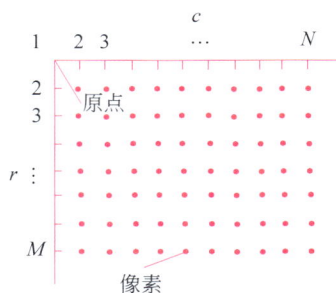

图 3-1　像素坐标系

2. 空间坐标系

除了离散的像素坐标方法，还可以使用连续变化的空间坐标系来表示像素在图像中的位置。在 MATLAB 图像处理工具箱中定义了两种类型的空间坐标系：内部坐标系和世界坐标系，默认情况下使用的是内部坐标系。

1）内部坐标系

内部坐标系是与像素坐标系一致的空间坐标系，如图 3-2 所示。在这种坐标系中，x 轴是水平的，并向右延伸，y 轴是垂直的，并向下延伸，每个像素中心的内部坐标都是整型数值。

由于连续的内部坐标系中每个像素的大小是一个单位，因此其边缘具有小数坐标。从这个角度看，坐标 $(3.2,5.3)$ 是有意义的，并且不

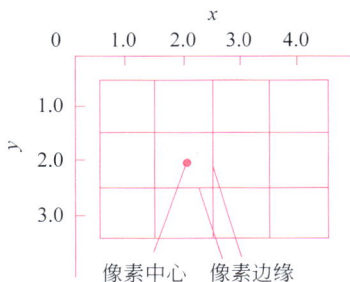

图 3-2　内部坐标系

同于像素坐标(5,3)。

注意：任何像素中心的内部坐标(x,y)与该像素的像素坐标(r,c)之间的关联是横坐标x与其列索引c相同，纵坐标y与其行索引r相同，即像素坐标系中第5行第3列的像素位于内部坐标系中$x=3$、$y=5$的空间坐标位置。

2）世界坐标系

由于摄像机可安放在任意位置，在环境中选择一个基准坐标系来描述摄像机的位置，并用它描述环境中任何物体的位置，此绝对坐标系称为世界坐标系。在某些情况下，可能希望使用世界坐标系进行描述。例如，当对图像执行几何变换并希望保留新位置与原始位置的关系时，就需要从内部坐标系转换到世界坐标系。

3.1.2 图像几何变换概述

图像几何变换用于改变图像中像素与像素之间的空间关系，从而重构图像的空间结构，达到处理图像的目的。简而言之，图像几何变换就是建立一种输入图像与变换后输出图像对应像素坐标之间的映射关系。其数学公式描述如下：

$$\begin{cases} x = U(x_0, y_0) \\ y = V(x_0, y_0) \end{cases} \tag{3-1}$$

其中，(x,y)表示输出图像像素的坐标，(x_0,y_0)表示输入图像像素的坐标，U、V表示两种映射函数。它可以是线性关系，也可以是非线性关系，即

$$\begin{cases} U(x,y) = k_1 x + k_2 y + k_3 \\ V(x,y) = k_4 x + k_5 y + k_6 \end{cases} \tag{3-2}$$

$$\begin{cases} U(x,y) = k_1 + k_2 x + k_3 y + k_4 x^2 + k_5 xy + k_6 y^2 \\ V(x,y) = k_7 + k_8 x + k_9 y + k_{10} x^2 + k_{11} xy + k_{12} y^2 \end{cases} \tag{3-3}$$

可以看出，只要给定输入图像上任意像素的坐标，都能够通过以上映射关系获得几何变换后的输出图像对应像素的坐标，这种将输入映射到输出的过程称为向前映射。但在向前映射中，多个输入坐标可对应同一个输出坐标，由此会带来以下问题。

1. 产生无效的浮点数坐标

输入图像中非负整数所表示的像素坐标通过映射函数变换后可能会得到浮点数的坐标，如输入图像像素坐标(1,1)在缩小一半后对应的输出像素坐标为(0.5,0.5)。

2. 映射不完全

当输入图像的像素总数小于输出图像的像素总数时，例如放大、旋转变换，会导致输出图像的部分像素（图3-3中红色标注的像素）在输入图像中不存在映射关系。这种"映射不完全"会产生有规律的空洞（黑色蜂窝状），如图3-4所示。

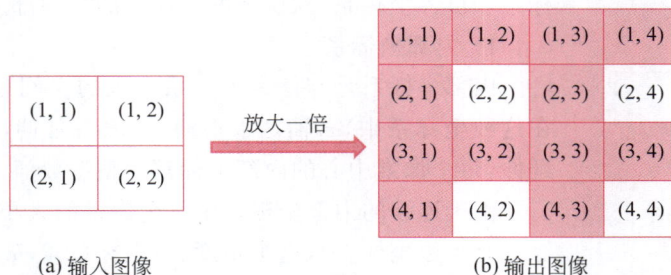

(a) 输入图像　　　　　　　　(b) 输出图像

图3-3 "映射不完全"示意图

(a) 放大一倍后的映射效果

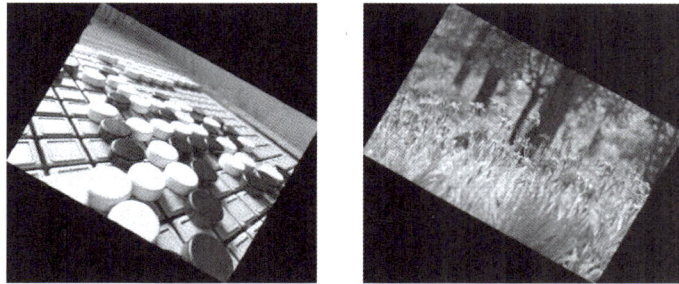

(b) 顺时针旋转30°后的映射效果

图 3-4 "映射不完全"效果

3. 映射重叠

当输入图像的像素总数大于输出图像的像素总数,例如缩小变换时,会导致输入图像中多个像素坐标对应于输出图像的同一个坐标,如图 3-5(a)所示输入图像中红色标注的像素坐标(1,1)、(1,2)、(2,1)、(2,2)经过缩小一半后在输出图像中对应的像素坐标为(0.5,0.5)、(0.5,1)、(1,0.5)、(1,1),经四舍五入后均为(1,1),产生了"映射重叠"的现象。

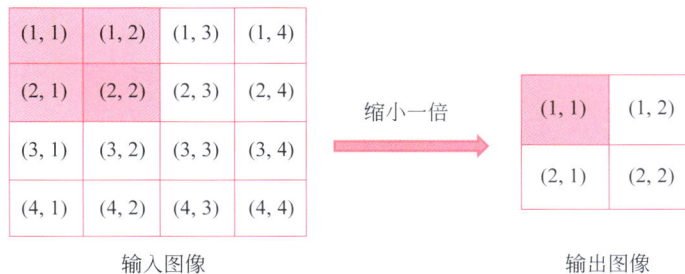

输入图像   输出图像

图 3-5 "映射重叠"示意图

为了解决"向前映射"的映射不完全和映射重叠问题,引入了另一种映射方法"向后映射"。其数学表达描述为

$$\begin{cases} x_0 = U'(x, y) \\ y_0 = V'(x, y) \end{cases} \tag{3-4}$$

与"向前映射"相反,它是由输出图像像素坐标(x, y)反过来推算出该像素在输入图像中的坐标(x_0, y_0)。正因为输出图像的每个像素坐标都能通过这个映射关系找到输入图像中对应的坐标位置,因此不会出现"映射不完全"和"映射重叠"的问题。

综上所述,"向前映射"适用于不改变图像大小的几何变换,如平移、镜像,而"向后映射"则适用于改变图像大小的旋转、缩放、错切和透视变换。但无论是"向前映射"还是"向后映射",均会产生无效的浮点数坐标,这时就需要借助插值算法获得此浮点数坐标像素的近似值。

3.1.3 图像插值算法

常见的图像插值算法有最近邻插值法,双线性插值法和双三次插值法。这里以"放大"几何变换为例,采用"向后映射"方式,对这3种插值算法的基本思想进行详尽阐述。

1. 最近邻插值法

最近邻插值法的基本思想是将浮点数坐标像素的值设置为距离该像素最近的输入图像像素的值,简言之,就是"四舍五入"。

假设现有 3×3 大小的灰度输入图像,其图像矩阵如下:

$$\begin{bmatrix} 50 & 120 & 98 \\ 210 & 45 & 12 \\ 180 & 68 & 112 \end{bmatrix}$$

输出图像期望大小为 5×5,则所构建输出图像与输入图像之间的坐标对应关系如下:

$$\begin{cases} x_0 = \dfrac{3}{5}x \\ y_0 = \dfrac{3}{5}y \end{cases} \tag{3-5}$$

首先,输出图像中第一行像素的坐标 $(1,1)$、$(1,2)$、$(1,3)$、$(1,4)$、$(1,5)$ 通过式(3-5)所得到的变换后坐标为 $(0.6,0.6)$、$(0.6,1.2)$、$(0.6,1.8)$、$(0.6,2.4)$、$(0.6,3)$,最近邻插值法是将这些浮点数坐标通过四舍五入运算来获得整数坐标 $(1,1)$、$(1,1)$、$(1,2)$、$(1,2)$、$(1,3)$,如图 3-6 所示。

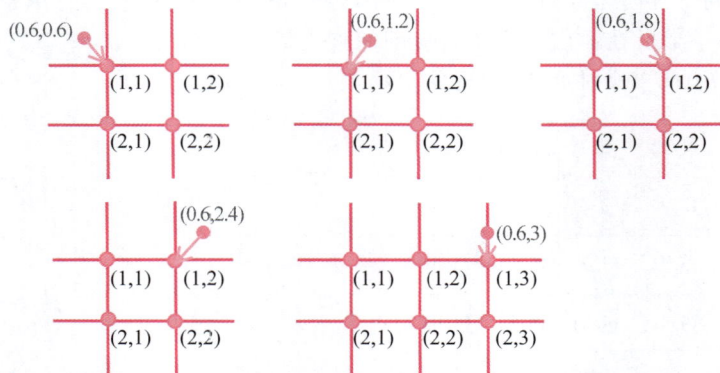

图 3-6　最近邻插值法的近似坐标计算结果

其次,将输入图像中坐标 $(1,1)$、$(1,2)$、$(1,3)$ 的像素值 50、120、98 分别映射到输出图像中对应坐标 $(1,1)$、$(1,2)$、$(1,3)$、$(1,4)$、$(1,5)$ 的像素上。全部求解完毕后得到的输出图像矩阵如下:

$$\begin{bmatrix} 50 & 50 & 120 & 120 & 98 \\ 50 & 50 & 120 & 120 & 98 \\ 210 & 210 & 45 & 45 & 12 \\ 210 & 210 & 45 & 45 & 12 \\ 180 & 180 & 68 & 68 & 112 \end{bmatrix}$$

通过上述示例可以看出,最近邻插值法仅需做"四舍五入"的取整运算,其计算量较小,因而速度相当快。但会出现因输出图像中方块区域内的数值相等而造成大量"马赛克"或"锯齿"现象,如图 3-7 所示。

2. 双线性插值法

双线性插值法的基本思想是在 x 和 y 两个方向分别进行一次线性插值,即输出图像中每个像素的值都是由输入图像中相对应像素的相邻 4 个像素值的加权平均得到的。

例如,将上述示例中输出图像的像素坐标(3,4)代入式(3-5)计算得到输入图像中对应坐标为(1.8,2.4)。双线性插值法的具体计算过程如下。

步骤 1:过坐标(1.8,2.4)在输入图像上作垂线与上下两条水平线相交于坐标(1,2.4)、(2,2.4),如图 3-8 所示。

图 3-7 "马赛克"现象

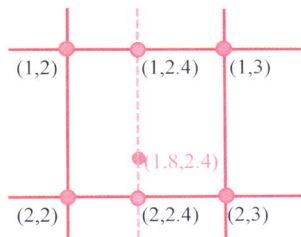

图 3-8 双线性插值法原理示意图

步骤 2:x 方向上的线性插值。对于浮点数坐标(1,2.4)而言,与之距离最近的两个像素坐标分别是(1,2)、(1,3),且相距的距离分别为 0.4 和 0.6。遵循距离越近、贡献越大的原则,这里将坐标(1,2)的贡献值即权值设置为 0.6,而坐标(1,3)的贡献值即权值设置为 0.4,对其加权平均的计算公式如下:

$$T_{(1,2.4)} = 0.6 \times T_{(1,2)} + 0.4 \times T_{(1,3)} = 0.24 \tag{3-6}$$

其中,$T_{(i,j)}$ 代表坐标(i,j)对应像素的值。同理,对于浮点数坐标(2,2.4),对其加权平均的计算公式如下:

$$T_{(2,2.4)} = 0.6 \times T_{(2,2)} + 0.4 \times T_{(2,3)} = 0.54 \tag{3-7}$$

步骤 3:y 方向上的线性插值。将步骤 2 所得到的 $T_{(1,2.4)}$、$T_{(2,2.4)}$ 再在 y 方向上进行一次线性插值即可得到 $T_{(1.8,2.4)}$。这里将与坐标(1.8,2.4)相距较远的坐标(1,2.4)权值设置为 0.2,相距较近的坐标(2,2.4)的权值设置为 0.8,对其加权平均的计算公式如下:

$$T_{(1.8,2.4)} = 0.2 \times T_{(1,2.4)} + 0.8 \times T_{(2,2.4)} = 0.48 \tag{3-8}$$

从上述插值过程可以看出,双线性插值法对于输出图像中每个像素值的估计采用了其相邻 4 个像素的加权平均,故结果较最近邻插值法好,且不会出现"马赛克"现象。但由于每个像素都必须经过 6 次浮点运算才能获得较为准确的近似值,计算量较大,因而计算速度较慢。另外,当浮点数坐标像素相邻 4 个像素的值差别较大时,加权平均会导致图像边缘模糊化。

> **【贴士】** 双线性插值的结果与插值的顺序无关。首先进行 y 方向的插值,然后进行 x 方向的插值,所得的结果是一样的。

3. 双三次插值法

双三次插值是一种更加复杂的插值方式,它能创造出比双线性插值更平滑的图像边缘。其基本原理是输出图像中每个像素的值都是由输入图像中相对应像素相邻 16 个像素值的加权平均得到的。

假设现有 5×5 大小的灰度图像,输出图像期望大小为 7×7,则所构建输出图像与输入图像之间的坐标对应关系如下:

$$\begin{cases} x_0 = \dfrac{5}{7}x \\ y_0 = \dfrac{5}{7}y \end{cases}$$

(3-9)

例如，输出图像中像素坐标(4,4)通过式(3-9)获得变换后的坐标(2.857,2.857)(黑色点)，其相邻16个像素的坐标(蓝色点)，如图 3-9 所示。

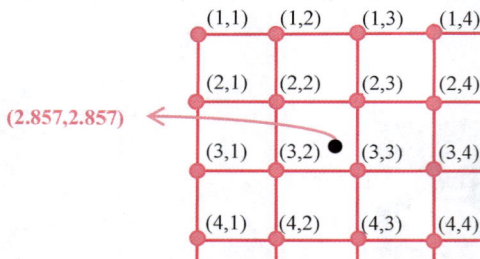

图 3-9　双三次插值法原理示意图

双三次插值法使用 BiCubic 基函数来计算权值，其定义如下：

$$W(x) = \begin{cases} (a+2)|x|^3 - (a+3)|x|^2 + 1, & |x| \leqslant 1 \\ a|x|^3 - 5a|x|^2 + 8a|x| - 4a, & 1 < |x| < 2 \\ 0, & \text{其他} \end{cases}$$

(3-10)

其中，参数 a 为常系数，通常取 -0.5；变量 x 为坐标(2.857,2.857)与相邻的 16 个像素之间的横向或纵向距离。以左上方第一个像素为例，坐标(2.857,2.857)与它的横向距离 $x = 1.857$，则 $W(x) = (-0.5)|1.857|^3 - 5(-0.5)|1.857|^2 + 8(-0.5)|1.857| - 4(-0.5) = -0.0089$；纵向距离 $y = 1.857$，则 $W(y) = -0.0089$，因此第一个像素的权值为 $W(x) \cdot W(y) = 0.00007921$。同理，求得其余 15 个像素对应的权值，再与各像素的值相乘求和，所得结果即为坐标(2.857,2.857)的像素近似值。

通过上述插值过程可以看出，双三次插值法对于输出图像的每个像素值的估计采用了其相邻 16 个像素的加权平均，计算复杂度上升，因而计算速度较慢。但该插值法由于考虑了相邻像素的影响度，使得插值后的图像清晰度因而得到了提高。

综上所述，最近邻插值法、双线性插值法和双三次插值法的性能特点各有优劣，如表 3-1 所示。在实际应用中，应根据应用需求进行选取，既要考虑时间方面的可行性，又要考虑插值后图像质量的要求，这样才能达到较为理想的结果。

表 3-1　插值算法的性能比较

插 值 方 法	性 能 特 点
最近邻插值法	算法简单，运算速度较快。但图像质量损失较大，有明显的"马赛克"现象
双线性插值法	较最近邻插值法复杂，运算速度慢。基本克服了最近邻插值法的"马赛克"现象，但图像边缘在一定程度上较为模糊
双三次插值法	算法最为复杂，计算量最大；能够产生比双线性插值法更为平滑的边缘，计算精度很高，处理后的图像质量损失最小，效果是最佳的

3.2　仿射变换

仿射变换是一种二维坐标到二维坐标之间的线性变换,它保持了二维图形的"平直性"(即直线经变换后仍然是直线)和"平行性"(即直线之间的相对位置关系保持不变,平行线仍然是平行线,且直线上点的位置顺序不变)。在数字图像处理中,可应用仿射变换对二维图像进行平移、镜像、旋转、缩放、错切、转置等操作。

为了能够使用统一的矩阵线性变换形式来表示和实现这些常见的图像几何变换,需要引入一种新的坐标,即齐次坐标。

3.2.1　齐次坐标

在欧几里得空间即笛卡儿坐标系中,平行的直线不相交,但是在透视几何空间中,平行直线相交于无穷远点。为了方便在透视空间中处理图像,给坐标引入额外的一维 w,即齐次坐标,采用 (x,y,w) 来表示一个二维的齐次坐标,其对应的二维欧几里得坐标为 $(x/w,y/w)$。

之所以称为齐次坐标,是因为对于任何 $w\neq 0$ 的齐次坐标,在各维度同除 w 后得到的是欧几里得空间中的一个点的坐标,如图 3-10 所示。另外,为了避免除法运算,常令 $w=1$,称为规范化的齐次坐标。

齐次坐标　　　　笛卡儿坐标

$(1,2,3)$　$\rightarrow$　$\left(\dfrac{1}{3},\dfrac{2}{3}\right)$

$(2,4,6)$　$\rightarrow$　$\left(\dfrac{2}{6},\dfrac{4}{6}\right)$　$\rightarrow$　$\left(\dfrac{1}{3},\dfrac{2}{3}\right)$

$(4,8,12)$　$\rightarrow$　$\left(\dfrac{4}{12},\dfrac{8}{12}\right)$　$\rightarrow$　$\left(\dfrac{1}{3},\dfrac{2}{3}\right)$

图 3-10　齐次坐标与笛卡儿坐标的关系

3.2.2　图像几何变换的数学描述

齐次坐标表示的像素坐标是由 3 个元素组成的列向量,假设变换前输入图像中某像素的规范化齐次坐标矩阵为

$$\begin{bmatrix} x_0 \\ y_0 \\ 1 \end{bmatrix}$$

变换后输出图像对应像素的规范化齐次坐标矩阵为

$$\begin{bmatrix} x \\ y \\ 1 \end{bmatrix}$$

变换矩阵为

$$\boldsymbol{T} = \begin{bmatrix} a & b & p \\ c & d & q \\ l & m & s \end{bmatrix}$$

则图像几何变换公式可写为

$$\begin{bmatrix} x \\ y \\ 1 \end{bmatrix} = \begin{bmatrix} a & b & p \\ c & d & q \\ l & m & s \end{bmatrix} \begin{bmatrix} x_0 \\ y_0 \\ 1 \end{bmatrix} \tag{3-11}$$

这个 3×3 的变换矩阵 $\boldsymbol{T}$ 可以分成 4 个子矩阵。其中，$\begin{bmatrix} a & b \\ c & d \end{bmatrix}$ 可使图像实现镜像、缩放、旋转和错切变换；$\begin{bmatrix} p \\ q \end{bmatrix}$ 可使图像实现平移变换；$\begin{bmatrix} l & m \end{bmatrix}$ 可使图像实现透视变换，但当 $l = 0, m = 0$ 时无透视作用；$\begin{bmatrix} s \end{bmatrix}$ 可使图像实现全比例变换，即

$$\begin{bmatrix} 1 & 0 & 0 \\ 0 & 1 & 0 \\ 0 & 0 & s \end{bmatrix} \begin{bmatrix} x_0 \\ y_0 \\ 1 \end{bmatrix} = \begin{bmatrix} x_0 \\ y_0 \\ s \end{bmatrix} \tag{3-12}$$

将齐次坐标 $\begin{bmatrix} x_0 \\ y_0 \\ s \end{bmatrix}$ 规范化后得 $\begin{bmatrix} \dfrac{x_0}{s} \\ \dfrac{y_0}{s} \\ 1 \end{bmatrix}$。由此可见，当 $s > 1$ 时，整幅图像按比例缩小；当 $0 < s < 1$ 时，整幅图像按比例放大；当 $s = 1$ 时，整幅图像大小不变。

3.2.3 基本仿射变换

1. 平移变换

1) 基本原理

平移变换是一种不产生形变而只移动的变换，图像上每个像素都移动相同的平移量。假设 (x_0, y_0) 是输入图像某像素坐标，水平平移量为 Δx，垂直平移量为 Δy，平移后坐标为 (x, y)，如图 3-11 所示，则平移变换的坐标变换公式为

$$\begin{cases} x = x_0 + \Delta x \\ y = y_0 + \Delta y \end{cases} \tag{3-13}$$

相应的齐次坐标矩阵表示为

$$\begin{bmatrix} x \\ y \\ 1 \end{bmatrix} = \begin{bmatrix} 1 & 0 & \Delta x \\ 0 & 1 & \Delta y \\ 0 & 0 & 1 \end{bmatrix} \begin{bmatrix} x_0 \\ y_0 \\ 1 \end{bmatrix} \tag{3-14}$$

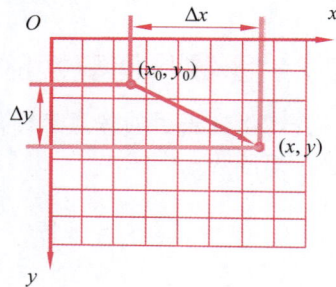
图 3-11 平移变换示意图

因此，平移变换矩阵为

$$\begin{bmatrix} 1 & 0 & \Delta x \\ 0 & 1 & \Delta y \\ 0 & 0 & 1 \end{bmatrix} \tag{3-15}$$

遍历输入图像中的每个像素，并按上述公式进行变换即可实现整幅图像的平移效果。

【贴士】 由于内部坐标系是连续坐标系，因此水平平移量 Δx 和垂直平移量 Δy 既可以取整数值也可以取实数值。

2）实现代码

平移变换的实现代码如下：

```
clear all
src=imread('rgb.jpg');
deltaX=-300;                                        %水平平移量
deltaY=200;                                         %垂直平移量
T=[1 0 deltaX;0 1 deltaY;0 0 1];                    %平移变换矩阵
tform=affine2d(T');
result=imwarp(src,tform);                           %平移变换(内部坐标系)
subplot(1,2,1),imshow(src),title('输入图像');
subplot(1,2,2),imshow(result),title('内部坐标系下的平移效果');
```

【代码说明】

- affine2d()函数。该函数参数是变换矩阵的转置，这里需要对平移的变换矩阵做转置运算：

$$\begin{bmatrix} 1 & 0 & \Delta x \\ 0 & 1 & \Delta y \\ 0 & 0 & 1 \end{bmatrix} \longrightarrow \begin{bmatrix} 1 & 0 & 0 \\ 0 & 1 & 0 \\ \Delta x & \Delta y & 1 \end{bmatrix}$$

该函数的返回值是 affine2d 对象，具有变换矩阵和维度两个属性。代码如下：

```
tform= affine2d(带属性):
        T: [3x3 double]
        Dimensionality: 2
```

- imwarp()函数。

函数原型为

```
result=imwarp(src,tform);
```

其中，src 是输入图像，tform 是要应用的几何变换对应的 affine2d 对象。

运行以上代码，图 3-12(a)所示图像的平移变换效果如图 3-12(b)所示，但是可以观察到图像并没有产生平移的效果。

(a) 输入图像　　　　　　　　(b) 内部坐标系　　　　　　　　(c) 世界坐标系

图 3-12　图像的平移变换效果

此问题产生的原因在于图像的平移变换是相对的，是相对于参照物与周围环境形成的坐标空间而言的，因此在内部坐标系下，即使进行了仿射变换也观察不到平移效果。为此需将其放置于世界坐标系下观察。具体的编码中就是在调用 imwarp()函数时转换到世界坐标系，即将上述代码的第 8 行修改为

```
result=imwarp(src,tform,'OutputView',imref2d(size(src)));
```

在原有参数后加入由'OutputView'和 imref2d 空间参照对象组成的以","分隔的对组参数。这样在世界坐标系中就可以很直观地观察到其平移效果，如图 3-12(c)所示。

知识拓展

平移效果除了仿射变换外，还可以直接调用 imtranslate() 函数实现，该函数原型为

```
B = imtranslate(A, translation);
```

其中，**A** 为输入图像矩阵；**B** 为输出图像矩阵；translation 为平移向量，由水平平移量和垂直平移量组成。

实现代码如下：

```
clear all
src=imread('rgb.jpg');
deltaX=-300;                                    %水平平移量
deltaY=200;                                     %垂直平移量
result=imtranslate(src,[deltaX deltaY]);        %平移变换
subplot(1,2,1),imshow(src),title('输入图像');
subplot(1,2,2),imshow(result),title('平移效果');
```

3）应用场景

【案例 3-1】重影滤镜。

（1）实现方法。对输入图像分别做左下、右上方向的平移变换，再对输入图像和两个平移结果图像进行加权平均求解。

（2）实现代码。重影滤镜的实现代码如下：

```
clear all
src=im2double(imread('flowers.jpg'));           %读入输入图像
T1=[1 0 -20;0 1 20;0 0 1];                      %左下方向平移
tform1=affine2d(T1');
img1=imwarp(src,tform1,'OutputView',imref2d(size(src)));   %仅世界坐标系
T2=[1 0 20;0 1 -20;0 0 1];                      %右上方向平移
tform2=affine2d(T2');
img2=imwarp(src,tform2,'OutputView',imref2d(size(src)));   %仅世界坐标系
%求两个平移图像和输入图像的加权平均
result=0.2*img1+0.6*src+0.2*img2;
subplot(2,2,1),imshow(src),title('输入图像');
subplot(2,2,2),imshow(img1),title('左下方平移');
subplot(2,2,3),imshow(img2),title('右上方平移');
subplot(2,2,4),imshow(result),title('重影滤镜效果');
```

（3）实现效果。重影滤镜效果如图 3-13 所示。从图 3-13 的处理结果上看，平移操作导致输出图像边界处出现了不必要的边框，可以施以裁剪操作将其去除，如图 3-14 所示。

(a) 输入图像   (b) 左下方平移效果   (c) 右上方平移效果   (d) 加权平均效果

图 3-13　重影滤镜效果

(20, 20)

height-40

width-40

图 3-14　裁剪区域示意图

知识拓展

裁剪函数原型有以下两种语法形式。

形式 1：

```
B=imcrop(A,rect);
```

其中，A 是输入图像矩阵；B 是输出图像矩阵；rect 是由裁剪区域的左上角坐标 x、y、宽度及高度所组成的向量。

形式 2：

```
B=imcrop(A);
```

其中，A 是输入图像矩阵；B 是输出图像矩阵。

这两种形式的不同之处在于后者是交互式的裁剪方式，即裁剪区域是由用户使用鼠标交互选取的，而前者的裁剪区域是由 rect 向量指定的。

在案例 3-1 中，需要在重影处理之后添加以下代码以去除四周的边框：

```
width=size(result,2);
height=size(result,1);
result=imcrop(result,[20,20,width-40,height-40]);
```

小试身手

运用平移变换制作文字图像错位拼接的效果，具体要求详见习题 3 第 1 题。

2. 镜像变换

图像镜像变换分为水平镜像和垂直镜像。水平镜像是指以图像垂直中轴线为中心将图像左半部分和右半部分进行镜像对换；垂直镜像是指以图像水平中轴线为中心将图像上半部分和下半部分进行镜像对换。

1）水平镜像

（1）实现方法。水平镜像的基本原理如下：假设图像的高度为 height，宽度为 width，(x_0, y_0) 为输入图像某像素坐标，(x, y) 为经水平镜像变换后输出图像对应像素的坐标，如图 3-15 所示，则水平镜像变换的坐标变换公式为

$$\begin{cases} x = \text{width} - x_0 \\ y = y_0 \end{cases}$$ 　（3-16）

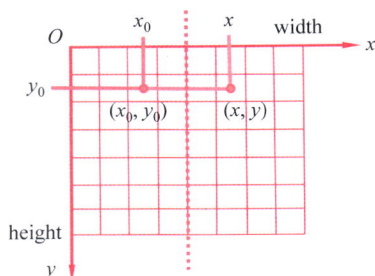

图 3-15　水平镜像变换原理示意图

相应的齐次坐标矩阵表示为

$$\begin{bmatrix} x \\ y \\ 1 \end{bmatrix} = \begin{bmatrix} -1 & 0 & \text{width} \\ 0 & 1 & 0 \\ 0 & 0 & 1 \end{bmatrix} \begin{bmatrix} x_0 \\ y_0 \\ 1 \end{bmatrix} \tag{3-17}$$

因此，水平镜像变换矩阵为

$$\begin{bmatrix} -1 & 0 & \text{width} \\ 0 & 1 & 0 \\ 0 & 0 & 1 \end{bmatrix} \tag{3-18}$$

同样，遍历输入图像中的每个像素，并按照上述公式进行坐标变换即可实现整幅图像的水平镜像变换效果。

（2）实现代码。水平镜像的实现代码如下：

```
clear all
src=imread('rgb.jpg');
width=size(src,2);                          %获取图像的宽度
T=[-1 0 width;0 1 0;0 0 1];                  %水平镜像变换矩阵
tform=affine2d(T');
%内部坐标系和世界坐标系均可
result=imwarp(src,tform,'OutputView',imref2d(size(src)));
subplot(1,2,1),imshow(src),title('输入图像');
subplot(1,2,2),imshow(result),title('水平镜像变换效果');
```

（3）实现效果。水平镜像效果如图 3-16 所示。

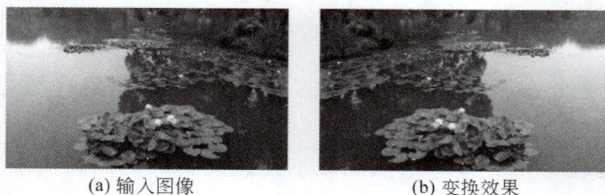

(a) 输入图像 (b) 变换效果

图 3-16　水平镜像变换效果

知识拓展

除了仿射变换外，还可以直接调用内置函数 fliplr() 或 flip() 实现水平镜像变换效果，函数原型为

```
B = fliplr(A);
```

或

```
B = flip(A,2);
```

其中，A 为输入图像矩阵；B 为输出图像矩阵。

实现代码如下：

```
clear all
src=imread('rgb.jpg');
%水平镜像变换
result=fliplr(src);                          %result=flip(src,2);
subplot(1,2,1),imshow(src),title('输入图像');
subplot(1,2,2),imshow(result),title('水平镜像变换效果');
```

2）垂直镜像

（1）实现方法。垂直镜像的基本原理如下：假设图像的高度为 height，宽度为 width，(x_0, y_0) 为输入图像某像素坐标，(x, y) 为经垂直镜像变换后输出图像对应像素的坐标，如图 3-17 所示，则垂直镜像变换的坐标变换公式为

$$\begin{cases} x = x_0 \\ y = \text{height} - y_0 \end{cases} \tag{3-19}$$

相应的齐次坐标矩阵表示为

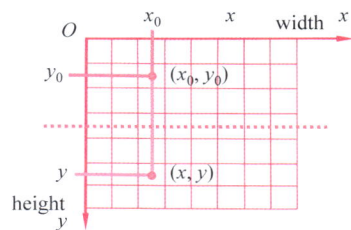

图 3-17　垂直镜像变换原理示意图

$$\begin{bmatrix} x \\ y \\ 1 \end{bmatrix} = \begin{bmatrix} 1 & 0 & 0 \\ 0 & -1 & \text{height} \\ 0 & 0 & 1 \end{bmatrix} \begin{bmatrix} x_0 \\ y_0 \\ 1 \end{bmatrix} \tag{3-20}$$

因此，垂直镜像变换矩阵为

$$\begin{bmatrix} 1 & 0 & 0 \\ 0 & -1 & \text{height} \\ 0 & 0 & 1 \end{bmatrix} \tag{3-21}$$

同样，遍历输入图像中的每个像素，并按照上述公式进行坐标变换即可实现整幅图像的垂直镜像变换效果。

（2）实现代码。垂直镜像的实现代码如下：

```
clear all
src=imread('rgb.jpg');
height=size(src,1);                    %获取图像的高度
T=[1 0 0;0 -1 height;0 0 1];           %垂直镜像变换矩阵
tform=affine2d(T');
%内部坐标系和世界坐标系均可
result=imwarp(src,tform,'OutputView',imref2d(size(src)));
subplot(1,2,1),imshow(src),title('输入图像');
subplot(1,2,2),imshow(result),title('垂直镜像变换效果');
```

（3）实现效果。垂直镜像变换效果如图 3-18 所示。

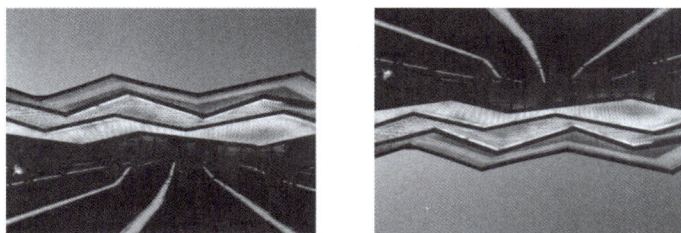

(a) 输入图像　　　　　　　　　　(b) 变换效果

图 3-18　垂直镜像变换效果

知识拓展

垂直镜像效果除了仿射变换外，还可以直接调用内置函数 flipud() 或 flip() 实现，函数原型为

B = flipud(A);

或

```
B = flip(A,1);
```

其中，A 为输入图像矩阵，B 为输出图像矩阵。

实现代码如下：

```
clear all
src=imread('rgb.jpg');
垂直镜像变换
result=flipud(src);%result=flip(src,1);
subplot(1,2,1),imshow(src),title('输入图像');
subplot(1,2,2),imshow(result),title('垂直镜像变换效果');
```

小试身手

利用水平和垂直镜像的组合实现对角镜像，具体要求详见习题 3 第 2 题。

3）应用场景

【案例 3-2】蜡染壁纸制作。

（1）实现方法。

步骤 1：两次垂直镜像变换和上下拼接。首先对如图 3-19(a)所示的蜡染图案做垂直镜像变换得到变换图像，将蜡染图案和变换图像上下拼接成如图 3-19(b)所示的新图像；其次以这幅新图像为基准做第二次垂直镜像变换，同样将这幅新图像及其变换图像进行上下拼接，进而获得由 4 个蜡染图案组成如图 3-19(c)所示的新图像。

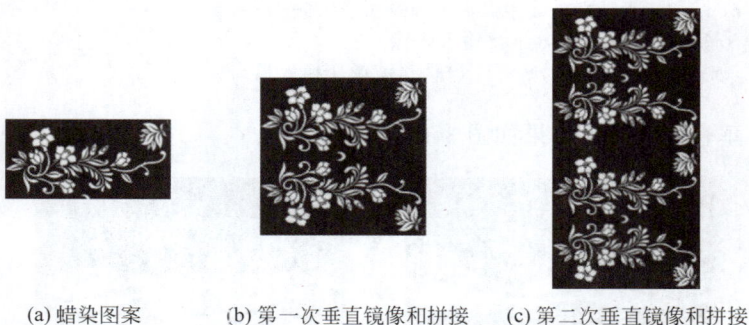

(a) 蜡染图案   (b) 第一次垂直镜像和拼接   (c) 第二次垂直镜像和拼接

图 3-19　垂直镜像变换与拼接效果

步骤 2：两次水平镜像变换和左右拼接。对如图 3-19(c)所示的图像做第一次水平镜像变换和左右拼接，在此基础上再做第二次水平镜像变换和左右拼接，最终获得由 16 个蜡染图案组成的 4×4 蜡染壁纸。

（2）实现代码。蜡染壁纸制作的实现代码如下：

```
clear all
src=imread('pattern.jpg');                                    %读入蜡染图案
img1=src;
%蜡染图案 img1 的垂直镜像变换和上下拼接
```

```
T1=[1 0 0;0 -1 size(img1,1);0 0 1];
tform1=affine2d(T1');
result1=imwarp(img1,tform1,'OutputView',imref2d(size(img1)));    %内部、世界坐标系均可
img2=[img1;result1];
%img2的垂直镜像变换和上下拼接
T2=[1 0 0;0 -1 size(img2,1);0 0 1];
tform2=affine2d(T2');
result2=imwarp(img2,tform2,'OutputView',imref2d(size(img2)));    %内部、世界坐标系均可
img3=[img2;result2];
%img3的水平镜像变换和左右拼接
T3=[-1 0 size(img3,2);0 1 0;0 0 1];
tform3=affine2d(T3');
result3=imwarp(img3,tform3,'OutputView',imref2d(size(img3)));    %内部、世界坐标系均可
img4=[img3 result3];
%img4的水平镜像变换和左右拼接
T4=[-1 0 size(img4,2);0 1 0;0 0 1];
tform4=affine2d(T4');
result4=imwarp(img4,tform4,'OutputView',imref2d(size(img4)));    %内部、世界坐标系均可
result=[img4 result4];
%显示处理结果
subplot(2,3,1),imshow(src),title('蜡染图案');
subplot(2,3,2),imshow(img2),title('第一次垂直镜像和拼接');
subplot(2,3,3),imshow(img3),title('第二次垂直镜像和拼接');
subplot(2,3,4),imshow(img4),title('第一次水平镜像和拼接');
subplot(2,3,5),imshow(result),title('第二次水平镜像和拼接');
```

（3）实现效果。蜡染壁纸效果如图 3-20 所示。

(a) 第一次水平镜像和拼接　　　　　　　(b) 第二次水平镜像和拼接

图 3-20　水平镜像变换和拼接效果

小试身手

利用镜像变换制作万花筒特效，具体要求详见习题 3 第 3 题。

3. 旋转变换

1）实现方法

图像的旋转变换是将图像绕任意点旋转指定角度以实现其位置的改变。

（1）绕原点的逆时针旋转变换。假设(x_0, y_0)为输入图像某像素坐标，逆时针旋转角度 α 后其坐标为(x, y)，r 表示像素坐标(x_0, y_0)与图像原点之间的距离。

由图 3-21 可以得到

$$\sin\beta = \frac{x_0}{r}, \cos\beta = \frac{y_0}{r} \tag{3-22}$$

$$\sin(\alpha + \beta) = \frac{x}{r}, \cos(\alpha + \beta) = \frac{y}{r} \tag{3-23}$$

经过推导得出，旋转变换的坐标变换公式为

$$\begin{cases} x = y_0 \sin\alpha + x_0 \cos\alpha \\ y = y_0 \cos\alpha - x_0 \sin\alpha \end{cases} \tag{3-24}$$

相应的齐次坐标矩阵表示为

$$\begin{bmatrix} x \\ y \\ 1 \end{bmatrix} = \begin{bmatrix} \cos\alpha & \sin\alpha & 0 \\ -\sin\alpha & \cos\alpha & 0 \\ 0 & 0 & 1 \end{bmatrix} \begin{bmatrix} x_0 \\ y_0 \\ 1 \end{bmatrix} \tag{3-25}$$

因此，旋转变换矩阵为

$$\begin{bmatrix} \cos\alpha & \sin\alpha & 0 \\ -\sin\alpha & \cos\alpha & 0 \\ 0 & 0 & 1 \end{bmatrix} \tag{3-26}$$

遍历输入图像中的每个像素，并按照上述公式进行旋转变换即可实现整幅图像的旋转变换效果。

（2）绕图像中心的逆时针旋转变换。绕图像中心的逆时针旋转本质上仍可看作绕原点的逆时针旋转，只是原点的位置由（0，0）移动到了（$N/2$，$M/2$），（x_0，y_0）相对于新原点的坐标为（$x_0 - N/2$，$y_0 - M/2$），（x，y）相对于新原点的坐标为（$x - N/2$，$y - M/2$），如图 3-22 所示。

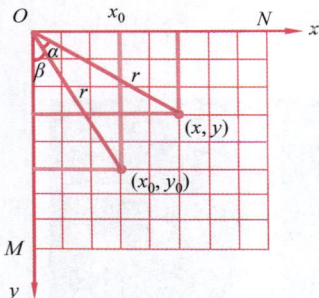

图 3-21　绕原点的逆时针旋转变换示意图　　图 3-22　绕图像中心的逆时针旋转变换示意图

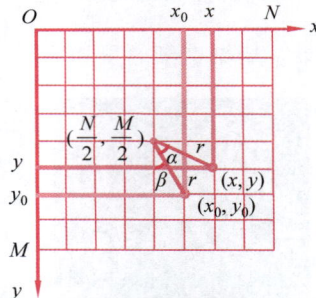

将（$x_0 - N/2$，$y_0 - M/2$）代入绕原点的逆时针旋转变换公式，可得

$$\begin{cases} x - \dfrac{N}{2} = \left(x_0 - \dfrac{N}{2}\right)\cos\alpha + \left(y_0 - \dfrac{M}{2}\right)\sin\alpha \\ y - \dfrac{M}{2} = -\left(x_0 - \dfrac{N}{2}\right)\sin\alpha + \left(y_0 - \dfrac{M}{2}\right)\cos\alpha \end{cases} \tag{3-27}$$

整理后得到

$$\begin{cases} x = \cos\alpha x_0 + \sin\alpha y_0 + \dfrac{N}{2} - \dfrac{N}{2}\cos\alpha - \dfrac{M}{2}\sin\alpha \\ y = -\sin\alpha x_0 + \cos\alpha y_0 + \dfrac{M}{2} - \dfrac{M}{2}\cos\alpha + \dfrac{N}{2}\sin\alpha \end{cases} \tag{3-28}$$

相应的齐次坐标矩阵表示为

$$\begin{bmatrix} x \\ y \\ 1 \end{bmatrix} = \begin{bmatrix} \cos\alpha & \sin\alpha & \dfrac{N}{2} - \dfrac{N}{2}\cos\alpha - \dfrac{M}{2}\sin\alpha \\ -\sin\alpha & \cos\alpha & \dfrac{M}{2} - \dfrac{M}{2}\cos\alpha + \dfrac{N}{2}\sin\alpha \\ 0 & 0 & 1 \end{bmatrix} \begin{bmatrix} x_0 \\ y_0 \\ 1 \end{bmatrix} \tag{3-29}$$

因此,旋转变换矩阵为

$$\begin{bmatrix} \cos\alpha & \sin\alpha & \dfrac{N}{2} - \dfrac{N}{2}\cos\alpha - \dfrac{M}{2}\sin\alpha \\ -\sin\alpha & \cos\alpha & \dfrac{M}{2} - \dfrac{M}{2}\cos\alpha + \dfrac{N}{2}\sin\alpha \\ 0 & 0 & 1 \end{bmatrix} \tag{3-30}$$

2）实现代码

（1）绕原点的逆时针旋转变换。代码如下：

```
clear all
src=imread('rgb.jpg');
alpha=30 * pi/180;                                          %旋转角度(弧度)
%绕原点的逆时针旋转变换矩阵
T=[cos(alpha) sin(alpha) 0;-sin(alpha) cos(alpha) 0;0 0 1];
tform=affine2d(T');
result=imwarp(src,tform,'cubic','OutputView',imref2d(size(src)));   %仅世界坐标系
subplot(1,2,1),imshow(src),title('输入图像');
subplot(1,2,2),imshow(result),title('绕原点的逆时针旋转变换效果');
```

【代码说明】

由于旋转变换会产生"空洞"现象,因此需要在 imwarp()函数中第三个参数位置添加图像旋转所采用的插值方法,可以是'nearest'、'linear'或'cubic',分别对应于最近邻插值法、双线性插值法和双三次插值法。

（2）绕图像中心的逆时针旋转变换。代码如下：

```
clear all
src=imread('rgb.jpg');
subplot(1,2,1),imshow(src),title('输入图像');
M=size(src,1);
N=size(src,2);
alpha=30 * pi/180;                                          %旋转角度(弧度)
T=[cos(alpha) sin(alpha) N/2-N/2 * cos(alpha)-M/2 * sin(alpha);-sin(alpha) cos(alpha)...
    M/2-M/2 * cos(alpha)+N/2 * sin(alpha);0 0 1];
tform=affine2d(T');
result=imwarp(src,tform,'cubic','OutputView',imref2d(size(src)));   %世界坐标系
subplot(1,2,2),imshow(result),title('绕图像中心的逆时针旋转变换效果');
```

3）实现效果

（1）图像绕原点的逆时针旋转变换效果如图 3-23 所示。

（2）图像绕图像中心的逆时针旋转变换效果如图 3-24 所示。

 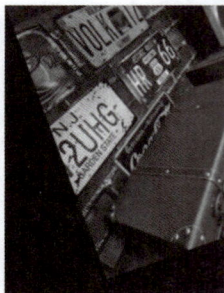

(a) 输入图像   (b) 旋转效果

图 3-23 图像绕原点的逆时针旋转变换效果

(a) 输入图像   (b) 旋转效果

图 3-24 图像绕图像中心的逆时针旋转变换效果

知识拓展

MATLAB 的图像处理工具箱中提供了内置函数 imrotate()实现绕图像中心的旋转效果。

（1）实现方法。imrotate()函数的语法格式如下：

$$B = \text{imrotate}(A, \text{angle}, \text{method}, \text{bbox});$$

其中，A 为输入图像矩阵，B 为输出图像矩阵，angle 为旋转角度（大于 0 表示逆时针，小于 0 则表示顺时针），method 为采用的插值方法（可以是'nearest'、'bilinear'、'bicubic'分别对应于最近邻插值法、双线性插值法和双三次插值法），bbox 为显示方式（可以是'loose'、'crop'）。

（2）实现代码：

```
clear all
src=imread('rgb.jpg');
result1=imrotate(src,30,'nearest','loose');
result2=imrotate(src,30,'nearest','crop');
subplot(1,3,1),imshow(src),title('输入图像');
subplot(1,3,2),imshow(result1),title(''loose'旋转效果');
subplot(1,3,3),imshow(result2),title(''crop'旋转效果');
```

（3）实现效果。图 3-25（a）所示图像的'loose'旋转效果如图 3-25（b）所示，'crop'旋转效果如图 3-25（c）所示。

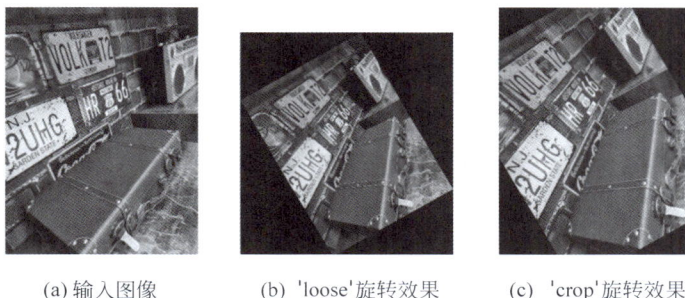

(a) 输入图像　　　　(b) 'loose' 旋转效果　　　(c) 'crop' 旋转效果

图 3-25　imrotate() 函数的图像旋转效果

4）应用场景

【案例 3-3】图片编辑器之旋转功能模拟。

在日常生活中经常会遇到图片角度不正常，无法满足实际使用需求，这时就需要借助一些图片编辑工具中的旋转功能进行角度调整。图 3-26(a) 为微信工具、图 3-26(b) 为华为手机图库工具、图 3-26(c) 为绘图软件中相应的旋转功能。在本案例中，模拟常见的"向左旋转 90°"和"向右旋转 90°"两大功能。

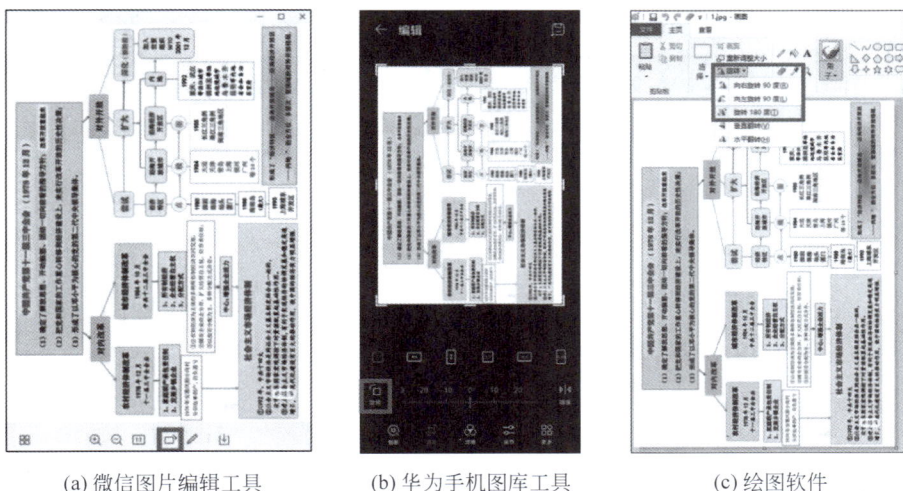

(a) 微信图片编辑工具　　　(b) 华为手机图库工具　　　(c) 绘图软件

图 3-26　各类工具中的旋转功能

（1）实现方法。设计基于 MATLAB 的 GUI（图形化用户界面），实现用户交互式"向左旋转 90°""向右旋转 90°"的图片旋转功能以及保存图片功能。具体操作如下。

步骤 1：在 MATLAB 开发环境下，在"主页"选项卡中选中"新建"|"图形用户界面"选项，在弹出的"GUIDE 快速入门"窗口中选中"新建 GUI"选项卡左侧 GUIDE templates 中的 Blank GUI(Default)，并单击"浏览"按钮，在弹出的对话框中选取存储位置，将 GUI 窗口名称命名为 main.fig 后选中此项，最后单击"确定"按钮，如图 3-27(a) 所示。

步骤 2：向 GUI 窗口中添加两个轴控件 axes1、axes2 和 3 个按钮控件 pushbutton1、pushbutton2、pushbutton3，并设置 pushbutton1、pushbutton2、pushbutton3 的 Tag 属性分别为 pushbuttonCCWRotate、pushbuttonCWRotate、pushbuttonSave，FontSize 属性均为 12，String 属性分别为"向左旋转 90°""向右旋转 90°""保存图片"，如图 3-27(b) 所示。

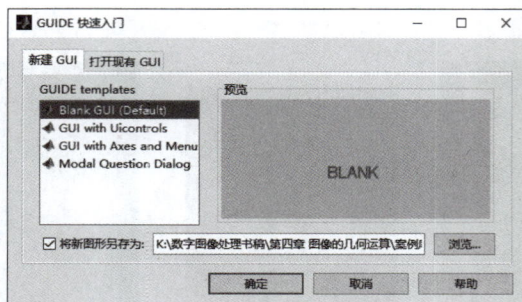

(a) GUIDE 快速入门向导

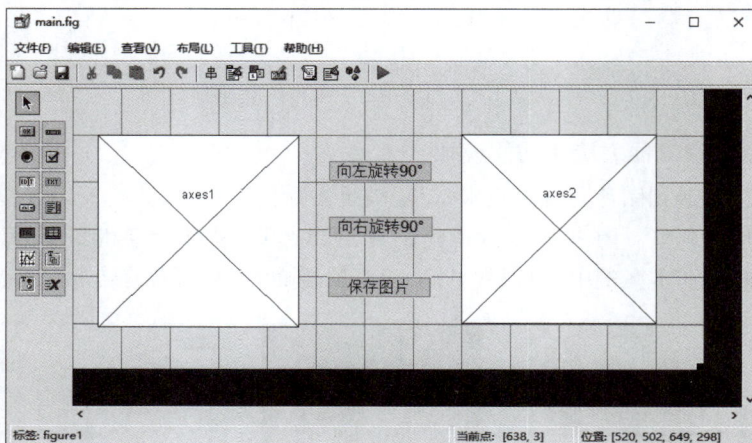

(b) 新建 GUI 窗口及控件

图 3-27　MATLAB 的 GUI 工具

步骤 3：编写回调程序。

（2）实现代码。实现旋转功能的代码如下：

```
function main_OpeningFcn(hObject,eventdata, handles, varargin)
%This function has no output args, see OutputFcn.
%hObject handle to figure
%eventdata reserved-to be defined in a future version of MATLAB
%handles structure with handles and user data (see GUIDATA)
%varargin command line arguments to main (see VARARGIN)
%Choose default command line output for main
handles.output = hObject;
%Update handles structure
guidata(hObject, handles);
%UIWAIT makes main wait for user response (see UIRESUME)
%uiwait(handles.figure1);
%调出"选取一幅待处理图像"对话框,供用户选取待处理图像
[filename,pathname]=uigetfile('*.*','打开图像');
str=[pathname filename];                    %将图像的路径和文件名设置为字符串向量
src=im2double(imread(str));                 %读入待处理图像
%在坐标轴控件 axes1 中显示图像
axes(handles.axes1);
imshow(src);
%将待处理图像存储于MATLAB 中的全局结构体 handles 中
handles.img=src;
guidata(hObject,handles);
```

```
function pushbuttonCCWRotate_Callback(hObject, eventdata, handles)
%hObject handle to pushbutton1 (see GCBO)
%eventdata reserved - to be defined in a future version of MATLAB
%handles structure with handles and user data (see GUIDATA)
%从全局结构体 handles 中读取数据 img 并将其存储于变量 result 中
result=handles.img;
%方法 1:仿射变换
alpha=90*pi/180;                                          %旋转角度(弧度)
M=size(result,1);
N=size(result,2);
T=[cos(alpha) sin(alpha) N/2-N/2*cos(alpha)-M/2*sin(alpha);-sin(alpha) cos(alpha)...
    M/2-M/2*cos(alpha)+N/2*sin(alpha);0 0 1];
tform=affine2d(T');
result=imwarp(result,tform,'cubic');                     %内部坐标系
%方法 2:imrotate()函数
%result=imrotate(result,90,'bicubic','loose');
axes(handles.axes2);                                     %在坐标轴控件 axes2 中显示旋转后的图片
imshow(result);
%将结果图像存储于 MATLAB 中的全局结构体 handles 中
handles.img=result;
guidata(hObject,handles);
```

【代码说明】 上述代码提供了两种解决方法:一是仿射变换,二是 imrotate()函数。对照这两种方法,可以看出代码中语句 im=imwarp(im,tform,'cubic');采用内部坐标系可实现类似于 imrotate()函数中 bbox 参数值为'loose'的效果。代码如下:

```
function pushbuttonCWRotate_Callback(hObject, eventdata, handles)
%hObject handle to pushbuttonCWRotate (see GCBO)
%eventdata reserved - to be defined in a future version of MATLAB
%handles structure with handles and user data (see GUIDATA)
%从全局结构体 handles 中读取数据 img 并将其存储于变量 result 中
result=handles.img;
%方法 1:仿射变换
alpha=-90*pi/180;                                         %旋转角度(弧度)
M=size(result,1);
N=size(result,2);
T=[cos(alpha) sin(alpha) N/2-N/2*cos(alpha)-M/2*sin(alpha);-sin(alpha) cos(alpha)...
    M/2-M/2*cos(alpha)+N/2*sin(alpha);0 0 1];
tform=affine2d(T');
result=imwarp(result,tform,'cubic');                     %内部坐标系
%方法 2:imrotate()函数
%result=imrotate(result,-90,'bicubic','loose');
axes(handles.axes2);                                     %在坐标轴控件 axes2 中显示旋转后的图片
imshow(result);
%将结果图像存储于 MATLAB 中的全局结构体 handles 中
handles.img=result;
guidata(hObject,handles);

function pushbuttonSave_Callback(hObject, eventdata, handles)
%hObject handle to pushbuttonSave (see GCBO)
%eventdata reserved - to be defined in a future version of MATLAB
%handles structure with handles and user data (see GUIDATA)
%从 MATLAB 中的全局结构体 handles 中读取当前处理结果图像
result=handles.img;
imwrite(result,'result.jpg');                            %将调整后的图片保存在当前路径下,并命名为 result.jpg
msgbox('图片已保存!','提示','warn');                      %以消息框提示用户图片已保存
```

【贴士】 世界坐标系可以实现类似于 imrotate() 函数中 bbox 参数值为'crop'的效果。

（3）实现效果。旋转校正的模拟效果如图 3-28 所示。

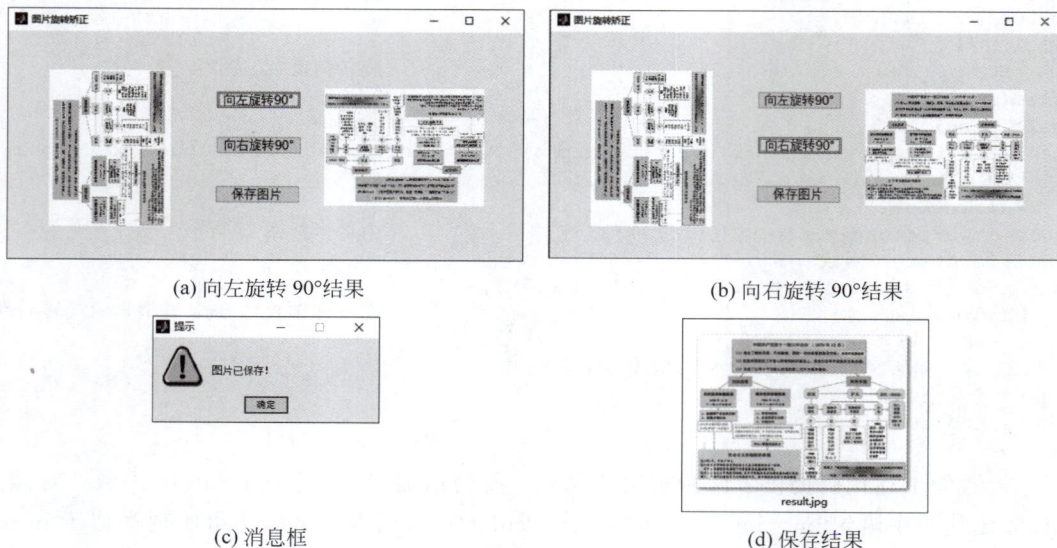

(a) 向左旋转 90°结果

(b) 向右旋转 90°结果

(c) 消息框

(d) 保存结果

图 3-28　旋转校正的模拟效果

小试身手

运用绕图像中心的逆时针旋转变换模拟音乐播放器之唱片机旋转效果,具体要求详见习题 3 第 4 题。

4. 缩放变换

图像缩放是指将给定的图像在 x 轴方向按比例缩放 s_x 倍,在 y 轴方向按比例缩放 s_y 倍,从而获得一幅新的图像。如图 3-29 所示,通过水平缩放系数 s_x 控制图像宽度的缩放,若 $s_x=1$,图像宽度保持不变;若 $s_x<1$,则图像宽度变小,图像在水平方向上被压缩;若 $s_x>1$,则图像宽度变大,图像在水平方向上被拉伸。垂直缩放系数 s_y 的含义与水平缩放系数 s_x 类似,如图 3-30 所示。

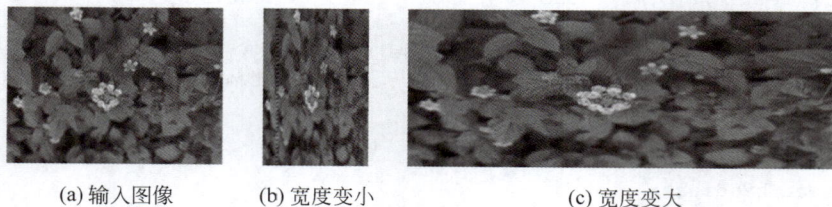

(a) 输入图像　　　(b) 宽度变小　　　　　(c) 宽度变大

图 3-29　图像在 x 轴方向上的缩放变换效果

1）基本原理

假设 (x_0,y_0) 是输入图像某像素坐标,x 轴方向缩放 s_x 倍,y 轴方向缩放 s_y 倍后其坐标为 (x,y),如图 3-31 所示,则缩放变换的坐标变换公式为

$$\begin{cases} x = s_x x_0 \\ y = s_y y_0 \end{cases} \tag{3-31}$$

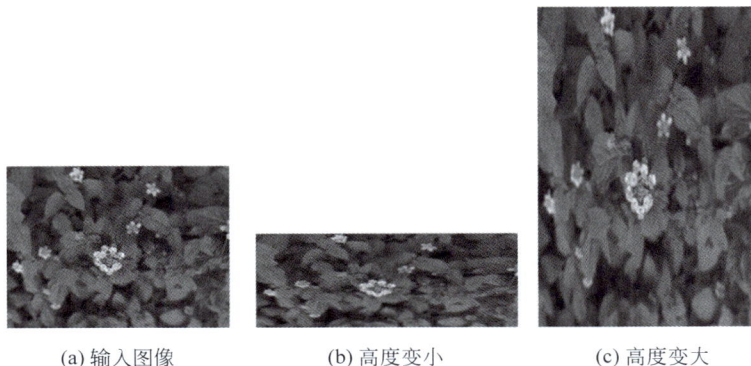

(a) 输入图像　　　　　(b) 高度变小　　　　　(c) 高度变大

图 3-30　图像在 y 轴方向上的缩放变换效果

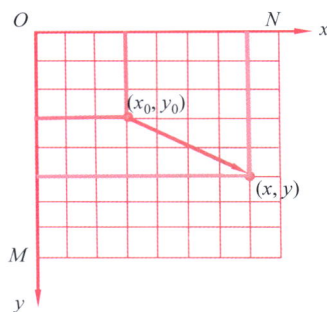

图 3-31　缩放变换示意图

相应的齐次坐标矩阵表示为

$$\begin{bmatrix} x \\ y \\ 1 \end{bmatrix} = \begin{bmatrix} s_x & 0 & 0 \\ 0 & s_y & 0 \\ 0 & 0 & 1 \end{bmatrix} \begin{bmatrix} x_0 \\ y_0 \\ 1 \end{bmatrix}$$

$(3-32)$

因此,缩放变换矩阵为

$$\begin{bmatrix} s_x & 0 & 0 \\ 0 & s_y & 0 \\ 0 & 0 & 1 \end{bmatrix}$$

$(3-33)$

遍历输入图像中的每个像素,并按照上述公式进行变换即可实现整幅图像的缩放变换效果。

2）实现代码

缩放变换的实现代码如下:

```
clear all
src=imread('rgb.jpg');
sx=1;                                    %x 轴方向的缩放系数
sy=0.5;                                  %y 轴方向的缩放系数
%缩放变换矩阵
T=[sx 0 0;0 sy 0;0 0 1];
tform=affine2d(T);
%插值方法可以是'nearest','linear','cubic'
result=imwarp(src,tform,'cubic');        %仅内部坐标系
subplot(1,2,1),imshow(src),title('输入图像');
subplot(1,2,2),imshow(result),title('缩放变换效果');
```

【代码说明】　由于图像缩放变换后图像的大小发生了改变,因此在上述代码中采用了内部坐标系进行仿射变换。

3）实现效果

从图 3-32 可以看出,在 $s_x=1$,$s_y=0.5$ 时,图像缩放后会产生几何畸变,因此在实际运用缩放变换时,常常需要保持输入图像高度和宽度的比例,即 x 轴方向的缩放系数与 y 轴方向的缩放系数取值相同($s_x=s_y$),称为全比例缩放,如图 3-33 所示。

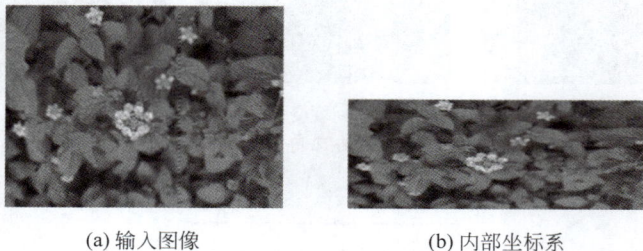

(a) 输入图像　　　　　　　(b) 内部坐标系

图 3-32　$s_x=1$,$s_y=0.5$ 的几何畸变

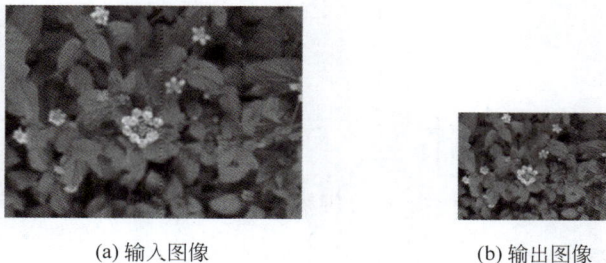

(a) 输入图像　　　　　　　(b) 输出图像

图 3-33　$s_x=s_y=0.5$ 的全比例缩放

同旋转变换一样,缩放变换也会产生空洞现象,因此在 imwarp() 函数中第三个参数位置需要添加所采用的图像插值方法,可以是'nearest'、'linear'或'cubic'。

▶ 知识拓展 ◀

图像缩放效果除了仿射变换外,还可以直接调用内置函数 imresize()实现,该函数原型如下:

```
B = imresize(A,m,method);
```

其中,A 为输入图像矩阵,B 为输出图像矩阵,m 为缩放倍数（大于 1 表示放大,小于 1 则表示缩小）,method 为采用的插值方法（可以是'nearest'、'bilinear'或'bicubic'）。

实现代码如下:

```
clear all
src=imread('rgb.jpg');
result1=imresize(src,0.5,'bicubic');
result2=imresize(src,2,'bicubic');
subplot(1,3,1),imshow(src),title('输入图像');
subplot(1,3,2),imshow(result1),title('缩小效果');
subplot(1,3,3),imshow(result2),title('放大效果');
```

4）应用场景

【案例 3-4】标准 1 英寸证件照制作。

本案例所用原始照片应为清晰明亮、单一背景、免冠、无饰品的正面照,且双肩、双耳、双眉不得隐藏。标准 1 英寸证件照尺寸(高×宽)为 413×295 像素。

(1) 实现方法。首先以如图 3-34(a)所示的标准 1 英寸照片高度为基准对原始照片进行等比例缩放(图 3-34(b)),然后计算它与标准 1 英寸照片的宽度差,并分别从左、右外侧向内将其宽度裁剪为 295px(图 3-34(c)),最终调整为 413×295 像素的尺寸(图 3-34(d))。

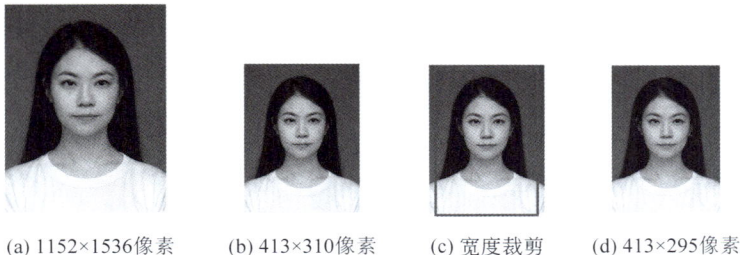

(a) 1152×1536像素　(b) 413×310像素　(c) 宽度裁剪　(d) 413×295像素

图 3-34　标准 1 英寸证件照的制作流程

(2) 实现代码。标准 1 英寸证件照制作的实现代码如下:

```
clear all
src=imread('idphoto.jpg');              %读入任意尺寸的彩色图像
height=size(src,1);                     %获取该图像的高度
%等比例缩放至与标准 1 英寸照片等高
m=413/height;                           %设置等比例缩放系数
T=[m 0 0;0 m 0;0 0 1];                  %缩放变换矩阵
tform=affine2d(T');
result=imwarp(src,tform,'cubic');       %仅内部坐标系
%获取缩放后图像的宽度,并计算与标准 1 英寸照片宽度之差再取二等分
width=size(result,2);
diff=(width-295)/2;
result=result(:,round(diff):width-round(diff),:);   %裁剪
subplot(1,2,1),imshow(src),title('输入图像');
subplot(1,2,2),imshow(result),title('标准 1 英寸证件照效果');
```

(3) 实现效果。标准 1 英寸证件照效果如图 3-35 所示。从图 3-35(c)的工作区窗口中可以观察到 result 的尺寸为 413×295 像素。该方法同样也可运用于其他标准规格照片的尺寸调整。

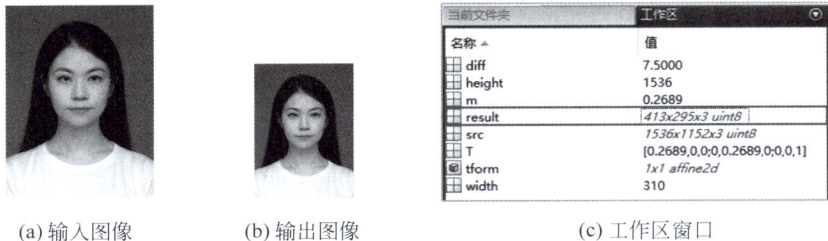

(a) 输入图像　(b) 输出图像　(c) 工作区窗口

图 3-35　标准 1 英寸证件照效果

小试身手

运用缩放变换，编程实现图像局部放大的效果，具体要求详见习题3第5题。

5. 错切变换

图像的错切变换实际上是平面景物在投影平面上的非垂直投影效果，使图像在水平方向或垂直方向产生扭变。其基本原理就是保持图像上各点的某个坐标不变，将另一个坐标进行线性变换，坐标不变的轴称为依赖轴，坐标变换的轴称为方向轴。图像错切变换一般分为水平错切变换和垂直错切变换。

1）基本原理

假设(x_0, y_0)表示输入图像某像素坐标，(x, y)表示经错切变换后输出图像对应像素的坐标。

（1）水平错切变换。由图 3-36 可以看出，当水平错切角度为 β 时，图像的 y 坐标不变，x 坐标随 (x_0, y_0) 和 β 做线性变换，可得到坐标变换公式为

$$\begin{cases} x = x_0 + \tan\beta y_0 \\ y = y_0 \end{cases} \tag{3-34}$$

式（3-14）对应的齐次坐标矩阵表示为

$$\begin{bmatrix} x \\ y \\ 1 \end{bmatrix} = \begin{bmatrix} 1 & \tan\beta & 0 \\ 0 & 1 & 0 \\ 0 & 0 & 1 \end{bmatrix} \begin{bmatrix} x_0 \\ y_0 \\ 1 \end{bmatrix} \tag{3-35}$$

因此，水平错切变换矩阵为

$$\begin{bmatrix} 1 & \tan\beta & 0 \\ 0 & 1 & 0 \\ 0 & 0 & 1 \end{bmatrix} \tag{3-36}$$

若 $\tan\beta > 0$，则图像沿 x 轴正方向做错切变换；若 $\tan\beta < 0$，则图像沿 x 轴负方向做错切变换。

（2）垂直错切变换。由图 3-37 可以看出，当垂直错切角度为 β 时，图像的 x 坐标不变，y 坐标随 (x_0, y_0) 和 β 做线性变换，可得到坐标变换公式为

$$\begin{cases} x = x_0 \\ y = y_0 + \tan\beta x_0 \end{cases} \tag{3-37}$$

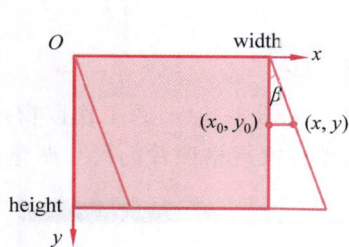

图 3-36　水平错切变换示意图　　　　图 3-37　垂直错切变换示意图

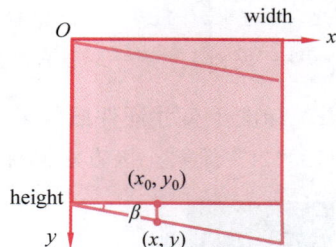

上式相应的齐次坐标矩阵表示为

$$\begin{bmatrix} x \\ y \\ 1 \end{bmatrix} = \begin{bmatrix} 1 & 0 & 0 \\ \tan\beta & 1 & 0 \\ 0 & 0 & 1 \end{bmatrix} \begin{bmatrix} x_0 \\ y_0 \\ 1 \end{bmatrix} \tag{3-38}$$

因此，垂直错切变换矩阵为

$$\begin{bmatrix} 1 & 0 & 0 \\ \tan\beta & 1 & 0 \\ 0 & 0 & 1 \end{bmatrix}$$

(3-39)

　　若 $\tan\beta>0$，则图像沿 y 轴正方向做错切变换；若 $\tan\beta<0$，则图像沿 y 轴负方向做错切变换。同样，遍历输入图像中的每一个像素，并按照上述公式进行坐标变换即可实现整幅图像的错切变换效果。

　　2）实现代码

　　错切变换的实现代码如下：

```
clear all
src=imread('rgb.jpg');
beta=30*pi/180;                                           %错切角度(弧度)
T_horizontal=[1 tan(beta) 0;0 1 0;0 0 1];                 %水平错切变换矩阵
tform_horizontal=affine2d(T_horizontal');
result_horizontal=imwarp(src,tform_horizontal,'cubic');   %仅内部坐标系
T_vertical=[1 0 0;tan(beta) 1 0;0 0 1];                   %垂直错切变换矩阵
tform_vertical=affine2d(T_vertical');
result_vertical=imwarp(src,tform_vertical,'cubic');       %仅内部坐标系
subplot(1,3,1),imshow(src),title('输入图像');
subplot(1,3,2),imshow(result_horizontal),title('水平错切变换效果');
subplot(1,3,3),imshow(result_vertical),title('垂直错切变换效果');
```

【代码说明】

　　由于图像错切变换后图像的大小发生了改变，因此在上述代码中采用了内部坐标系进行仿射变换。

　　3）实现效果

　　从图 3-38 可以看出，错切图像的大小发生了改变，即水平错切图像 J1 高度不变，宽度变大，垂直错切图像 J2 宽度不变，高度变大。

(a) 输入图像　　　　　　　　　(b) 水平错切变换效果

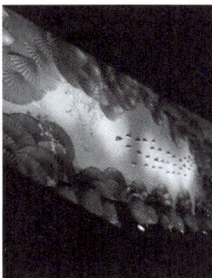

(c) 垂直错切变换效果　　　　　　　(d) 工作区窗口

图 3-38　$\beta=30°$ 的图像错切变换效果

　　4）应用场景

　　【案例 3-5】人物影子制作。

　　(1) 实现方法。运用错切变换，并结合镜像变换为图像中的人物添加影子，并与新的背景图像相

融合。

具体步骤如下。

步骤 1：对一幅已去除背景的人物图像做垂直镜像变换。

步骤 2：对垂直镜像图像做 $\beta=30°$ 的水平错切变换，并将其高度设置为原来的 1/3。

步骤 3：将人物图像和错切图像上下拼接成一幅新的图像，但由于人物图像和错切图像的尺寸不同，故需在人物图像的右侧拼接一个零矩阵，使拼接后尺寸与错切图像相同。

步骤 4：将这幅新的图像与背景图像相融合，为了使影子更为真实，这里在影子部分采用了"正片叠底"的图层混合模式。

（2）实现代码。人物影子制作的实现代码如下：

```
clear all
src=imread('people.png');                              %读入人物图像
%对人物图像做垂直镜像变换
T=[1 0 0;0 -1 size(src,1);0 0 1];
tform=affine2d(T');
J=imwarp(src,tform);                                   %内部坐标系和世界坐标系均可
%对垂直镜像图像做水平错切变换
beta=30*pi/180;
T=[1 tan(beta) 0;0 1 0;0 0 1];
tform=affine2d(T');
K=imwarp(J,tform,'cubic');                             %仅内部坐标系
%在人物图像右侧拼接一个零矩阵,使其与水平错切图像等宽
L=[src,zeros(size(K,1),size(K,2)-size(src,2),3)];
%将影子压扁,高度缩小为原来的 1/3
T=[1 0 0;0 1/3 0;0 0 1];
tform=affine2d(T');
K=imwarp(K,tform,'cubic');                             %仅内部坐标系
%将人物图像与影子图像上下拼接为一幅新的图像
M=[L;K];
%读入背景图片,并调整至与图像 M 相同大小
background=imread('grass.jpg');
T=[size(M,2)/size(background,2) 0 0;0 size(M,1)/size(background,1) 0;0 0 1];
tform=affine2d(T');
background=imwarp(background,tform,'cubic');           %仅内部坐标系
%图像融合
for i=1:size(M,1)
    for j=1:size(M,2)
        if (M(i,j)==0)
            %非人物部分
            result(i,j,:)=background(i,j,:);
        else
            %人物部分
            if (i<=500)
                %若为图像 M 的上半部分即人物,则直接覆盖即可
                result(i,j,:)=M(i,j,:);
```

```
            else
                %若为图像 M 的下半部分即影子,则采用正片叠底模式 C=A*B/255融合
                result(i,j,:)=M(i,j,:).*background(i,j,:)/255;
            end
        end
    end
end
subplot(1,3,1),imshow(src),title('输入图像');
subplot(1,3,2),imshow(M),title('加影子后的图像');
subplot(1,3,3),imshow(result),title('与背景融合效果');
```

【代码说明】　在上述代码中,为图像大小有改变的缩放和错切变换选取了内部坐标系,为图像大小不变的镜像变换选取了世界坐标系。由此可见,在实际应用中只有为所采用的仿射变换选取合适的坐标系方可得到所期望的处理效果。

（3）实现效果。人物影子效果如图 3-39 所示。

(a) 输入图像　　　　　　(b) 加影子后的图像　　　　　　(c) 与背景融合效果

图 3-39　人物影子效果

小试身手

运用错切变换将 3 幅大小相同的图像拼接为一幅完整图像,具体要求详见习题 3 第 6 题。

拓展训练

尝试通过 MATLAB 设计图形化用户界面并编程模拟美图秀秀的网格拼图效果,具体要求详见习题 3 第 7 题。

3.2.4　复合仿射变换

图像的复合变换是指对给定的图像连续实施若干次,如平移、镜像、旋转、缩放等基本变换后所完成的级联变换。并且从数学上可以证明,复合变换的矩阵等于基本变换的矩阵按顺序依次相乘得到的复合矩阵。这里以图像转置为例来介绍复合变换的基本原理和实现方法。

【案例 3-6】　图像转置。

（1）实现方法。图像的转置变换就是将图像中每个像素的横坐标和纵坐标进行位置交换,效果如图 3-40 所示。它可看作镜像和旋转变换的组合,既可以是水平镜像和逆时针旋转 90°的组合,也可以是垂直镜像和顺时针旋转 90°的组合。需要注意的是,转置变换会使图像的大小发生改变,即图像的宽度和高度互换。

(a) 输入图像　　　　　　　　　　　　(b) 输出图像

图 3-40　转置变换效果

（2）实现代码。图像转置的实现代码如下：

```
clear all
src=imread('rgb.jpg');
%方法 1:垂直镜像+顺时针旋转 90°
T_vertical=[1 0 0;0 -1 size(src,1);0 0 1];                         %垂直镜像变换矩阵
tform_vertical=affine2d(T_vertical');
%内部坐标系和世界坐标系均可
src_vertical=imwarp(src,tform_vertical,'OutputView',imref2d(size(src)));
alpha=-90 * pi/180;                                               %旋转角度(弧度)
M=size(src_vertical,1);
N=size(src_vertical,2);
T_rotate1=[cos(alpha) sin(alpha) N/2-N/2 * cos(alpha)-M/2 * sin(alpha);-sin(alpha)...
    cos(alpha) M/2-M/2 * cos(alpha)+N/2 * sin(alpha);0 0 1];
tform_rotate1=affine2d(T_rotate1');
result_clockwise=imwarp(src_vertical,tform_rotate1,'cubic');      %内部坐标系('loose'效果)
%方法 2:水平镜像+逆时针旋转 90°
T_horizontal=[-1 0 size(src,2);0 1 0;0 0 1];                      %水平镜像变换矩阵
tform_horizontal=affine2d(T_horizontal');
%内部坐标系和世界坐标系均可
src_horizontal=imwarp(src,tform_horizontal,'OutputView',imref2d(size(src)));
alpha= 90 * pi/180;                                              %旋转角度(弧度)
M=size(src_horizontal,1);
N=size(src_horizontal,2);
T_rotate2=[cos(alpha) sin(alpha) N/2-N/2 * cos(alpha)-M/2 * sin(alpha);-sin(alpha)...
    cos(alpha) M/2-M/2 * cos(alpha)+N/2 * sin(alpha);0 0 1];
tform_rotate2=affine2d(T_rotate2');
%内部坐标系('loose'效果)
result_counterclockwise=imwarp(src_horizontal,tform_rotate2,'cubic');
                                                                %内部坐标系('loose'效果)
subplot(1,3,1),imshow(src),title('输入图像');
subplot(1,3,2),imshow(result_clockwise),title('垂直镜像+顺时针旋转 90°效果');
subplot(1,3,3),imshow(result_counterclockwise),title('水平镜像+逆时针旋转 90°效果');
```

（3）实现效果。两种方法的处理效果分别如图 3-41 和图 3-42 所示。

(a) 输入图像　　　　　　　(b) 水平镜像图像　　　　(c) 水平镜像图像逆时针旋转 90°

图 3-41　水平镜像＋逆时针旋转 90°效果

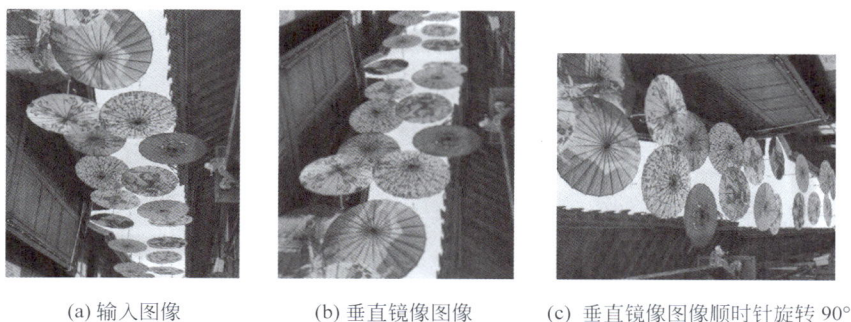

(a) 输入图像　　　　　　　(b) 垂直镜像图像　　　　(c) 垂直镜像图像顺时针旋转 90°

图 3-42　垂直镜像＋顺时针旋转 90°效果

3.3　透　视　变　换

3.3.1　透视变换的定义

　　空间坐标系中的三维物体转变为二维图像的过程称为投影变换，根据投影中心（视点）与投影平面之间的距离的不同，可以分为平行投影和透视投影。透视投影即透视变换，透视投影的中心到投影平面之间的距离是有限的，具有透视缩小效应的特点，即三维物体透视投影的大小与到投影中心的距离成反比。

　　在透视变换中，透视前的图像和透视后的图像之间的变换关系也可以用一个 3×3 的变换矩阵表示，该矩阵是通过两幅图像中 4 对点的坐标计算得到的，因此透视变换又称为四点变换，如图 3-43 所示。

(a) 输入图像　　　　　　　　　　　　(b) 输出图像

图 3-43　4 对点的坐标对应关系

3.3.2 透视变换的数学描述及实现方法

1. 数学描述

透视变换的公式为

$$\begin{bmatrix} x \\ y \\ z \end{bmatrix} = \begin{bmatrix} a & b & p \\ c & d & q \\ l & m & s \end{bmatrix} \begin{bmatrix} x_0 \\ y_0 \\ 1 \end{bmatrix} \qquad (3\text{-}40)$$

将其展开为

$$\begin{cases} x = ax_0 + by_0 + p \\ y = cx_0 + dy_0 + q \\ z = lx_0 + my_0 + s \end{cases} \qquad (3\text{-}41)$$

这是从二维空间到三维空间的变换，但由于图像在二维平面，故上式均除以 z，得到

$$\begin{cases} x' = \dfrac{x}{z} = \dfrac{ax_0 + by_0 + p}{lx_0 + my_0 + s} \\ y' = \dfrac{y}{z} = \dfrac{cx_0 + dy_0 + q}{lx_0 + my_0 + s} \\ z' = \dfrac{z}{z} = 1 \end{cases} \qquad (3\text{-}42)$$

令 $s = 1$，因为由 1 个像素可得到含有两个方程的坐标变换方程组：

$$\begin{cases} x' = ax_0 + by_0 + p - lx_0 x' - my_0 x' \\ y' = cx_0 + dy_0 + q - lx_0 y' - my_0 y' \end{cases} \qquad (3\text{-}43)$$

故由 4 个像素可得到 8 个方程，即可解得变换矩阵：

$$\begin{bmatrix} x' \\ y' \\ \vdots \\ \vdots \end{bmatrix} = \begin{bmatrix} x & y & 1 & 0 & 0 & 0 & -x_0 x' & -y_0 x' \\ 0 & 0 & 0 & x & y & 1 & -x_0 y' & -y_0 y' \\ \vdots & \vdots & \vdots & \vdots & \vdots & \vdots & \vdots & \vdots \\ \vdots & \vdots & \vdots & \vdots & \vdots & \vdots & \vdots & \vdots \end{bmatrix} \begin{bmatrix} a \\ b \\ \vdots \\ m \end{bmatrix} \qquad (3\text{-}44)$$

2. 实现代码

透视变换的实现代码如下：

```
clear all
src=imread('flower.jpg');
subplot(1,2,1),imshow(src),title('输入图像');
width=size(src,2);
height=size(src,1);
fixedPoints=[1,1;width,1;1,height;width,height];          %4个源像素坐标
[x,y]=ginput(4);
movingPoints=[x,y];                                        %4个目标像素坐标
%通过源像素和目标像素4对点坐标计算得到透视变换矩阵
tform=fitgeotrans(fixedPoints,movingPoints,'projective');  %获取透视变换矩阵
%内部坐标系和世界坐标系均可
result=imwarp(src,tform,'linear','OutputView',imref2d(size(src)));
subplot(1,2,2),imshow(result),title('透视变换效果');
```

【代码说明】

* ginput()函数。

语法格式如下:

```
[x,y]=ginput(n);
```

该函数用于使用鼠标交互式选取 n 个点,按 Enter 键结束,并返回这 n 个点相应的坐标信息,即横坐标向量 **x** 和纵坐标向量 **y**。

* fitgeotrans()函数。

语法格式如下:

```
tform = fitgeotrans(fixedPoints,movingPoints,transformationType);
```

该函数用于将图像上源像素坐标 fixedPoints 通过某种变换类型(transformationType)变换到目标像素坐标 movingPoints,并返回 tform。在 tform 这一结构体类型中包含了变换矩阵。

fitgeotrans()函数所支持的变换类型如表 3-2 所示。

表 3-2　fitgeotrans()函数的变换类型

变 换 类 型	描　　述
'affine'	仿射变换
'nonreflectiveSimilarity'	非反射相似变换
'projective'	透视变换
'similarity'	相似变换

3. 应用场景

【案例 3-7】 照片合成。

(1)实现方法。本案例运用透视变换,用户仅需在第二幅输入图像中交互式选取 4 个目标像素即可生成透视图像,再将其与第二幅输入图像进行覆盖融合处理,效果如图 3-44 所示。

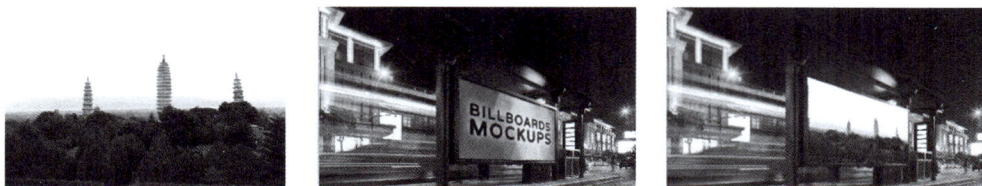

(a) 第一幅输入图像　　　　(b) 第二幅输入图像　　　　(c) 合成图像

图 3-44　照片合成效果

假设 width、height 分别为第一幅输入图像的宽度和高度,将其左上角(1,1)、右上角(width,1)、左下角(1,height)和右下角(width,height)4 个角点的坐标作为源像素坐标;在第二幅输入图像上选取待合成区域的 4 个角点(这里采用左上、右上、左下、右下)作为目标像素坐标;将源像素坐标和目标像素坐标传入 fitgeotrans()函数中,求取透视变换矩阵;调用 imwarp()函数实现透视变换;将透视变换后的图像与第二幅输入图像进行覆盖融合,最终得到照片合成效果。

(2)实现代码。照片合成的实现代码如下:

```
clear all
```

```
src1=imread('sourceImg.jpg');
subplot(2,2,1),imshow(src1),title('第一幅输入图像');
%将第一幅输入图像的左上、右上、左下和右下 4 个角点坐标作为源像素坐标
width=size(src1,2);
height=size(src1,1);
fixedPoints=[1,1;width,1;1,height;width,height];
src2=imread('objectImg.jpg');
subplot(2,2,2),imshow(src2),title('第二幅输入图像');
%在第二幅输入图像上交互式选取待合成区域的左上、右上、左下、右下 4 个角点的坐标作为目标像素坐标
[x,y]=ginput(4);
movingPoints=[x,y];
%对第一幅输入图像进行透视变换
tform=fitgeotrans(fixedPoints,movingPoints,'projective');
%由于透视变换后的图像要与第二幅输入图像等尺寸,因此需采用世界坐标系进行展现
result_projective=imwarp(src1,tform,'nearest','OutputView',imref2d(size(src2)));
subplot(2,2,3),imshow(result_projective),title('第一幅输入图像的透视变换效果');
%将透视变换图像 result_projective 与第二幅输入图像进行覆盖融合处理
for i=1:size(src2,1)
    for j=1:size(src2,2)
        if (result_projective(i,j,:)==0)
            result_projective(i,j,:)=src2(i,j,:);
        end
    end
end
subplot(2,2,4),imshow(result_projective),title('照片合成效果');
```

（3）实现效果。照片合成的效果如图 3-45 所示。

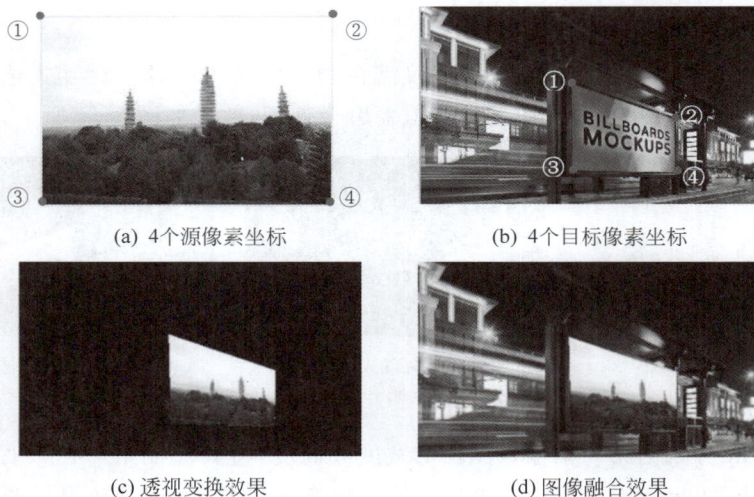

(a) 4个源像素坐标   (b) 4个目标像素坐标

(c) 透视变换效果   (d) 图像融合效果

图 3-45　照片合成效果

小试身手

运用透视变换实现倾斜图像的校正,具体要求详见习题 3 第 8 题。

本 章 小 结

对图像进行几何变换可以在一定程度上校正图像由于拍摄角度、透视关系等原因造成的几何畸变。本章从几何变换的数学原理视角,分析并推导了平移、镜像、旋转、缩放和错切变换以及复合仿射变换的变换矩阵表示方法;阐述了如何通过输入图像与输出图像之间 4 对点的坐标变换关系计算获取透视变换矩阵的方法。从应用场景视角,挖掘应用案例的实际需求,提出行之有效的解决方案并运用恰当的几何变换方法加以实现。

在图像的几何变换中需要注意以下两个问题。

(1)对于图像尺寸发生改变的几何变换,如旋转、缩放、错切、透视变换,需要借助插值算法对变换得到的无效浮点数坐标进行近似计算。并且在实际应用中应根据应用需求在算法速度与处理效果之间进行权衡选择。

(2)为不同的几何变换选取恰当的坐标系统以达到理想的处理效果。

习 题 3

1. 选取一张背景单一的文字图片,运用平移变换制作出错位拼接的效果,如图 3-46 所示。

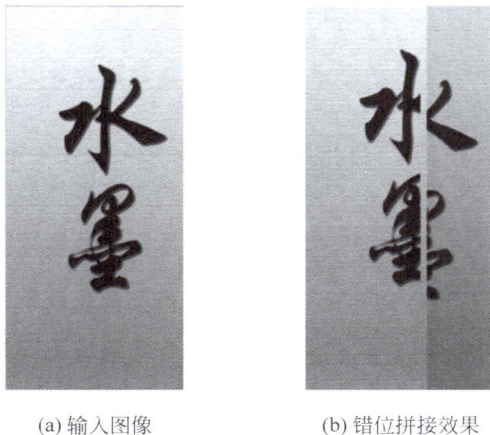

(a) 输入图像   (b) 错位拼接效果

图 3-46 第 1 题图

2. 利用水平和垂直镜像变换的组合实现对角镜像变换。对角镜像变换就是将图像以图像水平中轴线和垂直中轴线的交点为中心进行镜像变换,效果如图 3-47 所示。

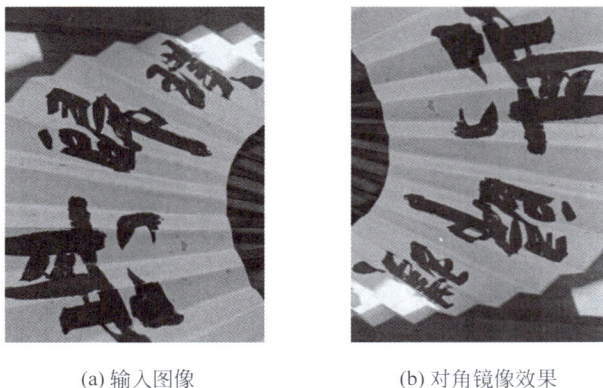

(a) 输入图像   (b) 对角镜像效果

图 3-47 第 2 题图

3. 利用镜像变换制作万花筒特效，效果如图 3-48 所示。

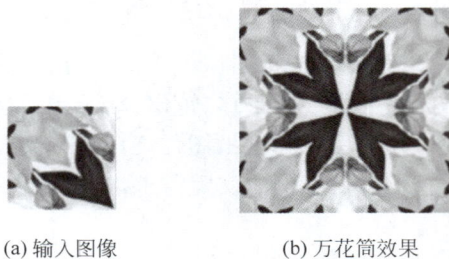

(a) 输入图像　　　　　　(b) 万花筒效果

图 3-48　第 3 题图

4. 设计图形化用户界面，运用以图像中心为圆心的逆时针旋转变换模拟音乐播放器的唱片机旋转效果，同时播放相应的音频。界面参考效果如图 3-49 所示。

图 3-49　第 4 题图

5. 用户通过鼠标在输入图像上交互式选取一点，编程实现以该点为中心在某半径范围内的局部放大效果，如图 3-50 所示。

图 3-50　第 5 题图

提示：可运用第 2 章中 DIY 的圆形蒙版对放大的图像进行抠图，并与输入图像进行覆盖融合。

6. 选取 3 幅大小相同的图像，首先将它们横向拼接成一幅完整图像；其次设置合适的值，利用水平错切方法将该图像变换为水平向左的错切效果；最后通过计算对所需区域进行裁剪。最终效果如图 3-51 所示。

图 3-51　第 6 题图

7. 打开美图秀秀的网格拼图链接 https://pc.meitu.com/design/puzzle/?from＝home_icon,在左侧"网格"拼图样式面板中选取拼图模板,并添加图片;单击某一幅图片界面右侧则会出现"图片设置"面板,通过调节旋转角度、缩放比例和镜像方式即可看到处理效果,重复此操作直到所有图片处理完毕,如图 3-52 所示。

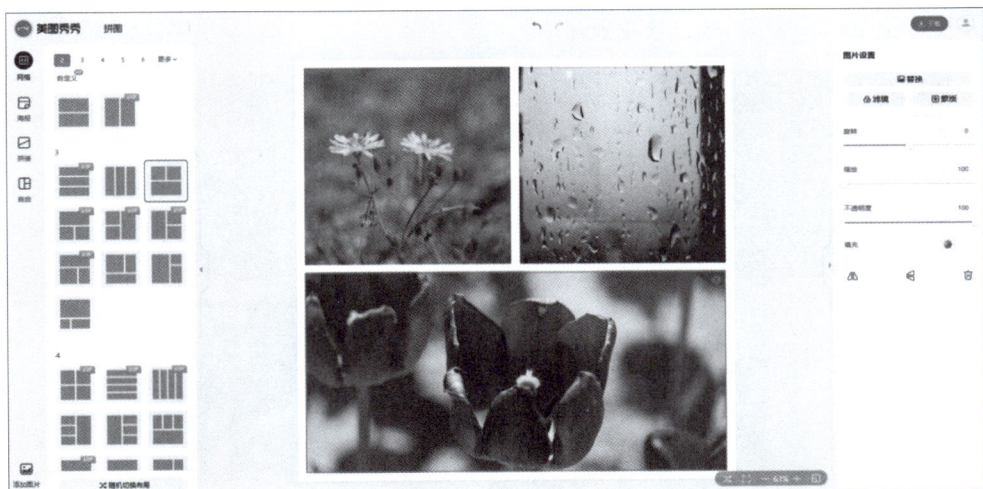

图 3-52　第 7 题图

在熟悉上述操作流程的基础上,尝试通过 MATLAB 设计图形化用户界面并编程进行模拟。

8. 运用透视变换实现倾斜图像的校正,如图 3-53 所示。

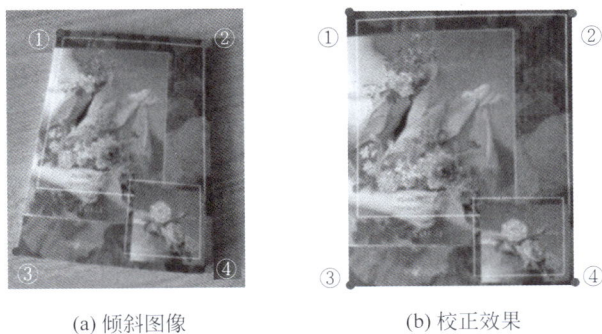

(a) 倾斜图像　　　　　　(b) 校正效果

图 3-53　第 8 题图

第 4 章　图像空间域增强

本章学习目标：
（1）理解并掌握点运算用于调整图像亮度/对比度的方法。
（2）熟练掌握邻域运算的运算规则及实现方法。
（3）掌握各类空间域平滑算法的基本原理及应用场景。
（4）在理解梯度在图像中的物理意义的基础上，掌握图像锐化处理的实质。

图像在成像、获取、传输等过程中，受多种因素的影响，图像的质量或多或少都会有不同程度的下降。例如，室外光照度不均匀会造成灰度过于集中的过曝或欠曝图像，在传输过程中被噪声污染的图像，在雾霾天气下拍摄的图像等，如图 4-1 所示。

图 4-1　退化图像

图像增强就是通过某种图像处理方法对退化的边缘、轮廓、对比度等某些图像特征进行处理，其目的是改善图像的视觉效果，突出图像中感兴趣的成分，而抑制不感兴趣的成分。这个过程有可能是将原来不清晰的图像变得清晰，也有可能是将原来清晰的图像设法变得模糊，或者是增大图像中不同物体特征之间的差别等。显然，在不同的特定应用场景中，图像增强的手段和方法常常是迥然不同的。

图像增强从处理方法角度可分为空间域增强、频率域增强和色彩增强，如图 4-2 所示。

1. 空间域增强

可以将空间简单地理解为包含图像像素的空间，即图像平面本身。空间域增强是直接对图像像素的灰度值或色彩值进行线性或非线性运算的过程。常用的增强方法包括点运算和邻域运算。其中，点运算是作用于单个像素的处理方法，邻域运算则是作用于像素邻域的处理方法。

2. 频率域增强

频率域增强是将图像作为一种二维信号，对其在图像的变换域中进行基于二维傅里叶变换的信号增强。常用的增强方法包括低通滤波、高通滤波和同态滤波等。

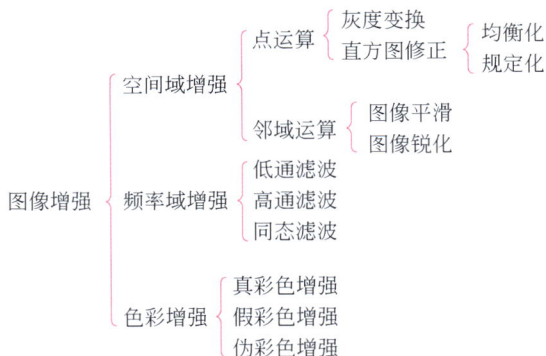

图 4-2　常用的图像增强方法

3. 色彩增强

色彩增强技术又可分为真彩色增强、假彩色增强和伪彩色增强。真彩色增强是指在色度与亮度分离的色彩空间中对一幅彩色图像的色调、饱和度和亮度分量单独进行调整的方法；假彩色增强是将一幅彩色图像映射为另一幅彩色图像，通过改变已有的色彩分布以达到增强彩色对比的目的；伪彩色增强则是将一幅灰度图像按照不同的灰度级映射为一幅彩色图像以提高视觉分辨率的有效手段。

本书将图像增强部分划分为 3 章，依次介绍空间域增强、频率域增强和色彩增强技术。本章所讨论的范畴是基于空间域的图像增强技术。

4.1　点　运　算

在很多情况下，难免会采集到被过度曝光显得很白，或者由于光线不足而显得很暗，又或者缺乏层次感灰蒙蒙的低质量图像，这时就需要通过调节图像的亮度与对比度这两个基本属性获得图像画面效果的提升，从而得到质量更高的图像。本节重点介绍图像的亮度/对比度调整方法——点运算。

点运算就是通过某映射函数将输入图像的像素一一转换，最终构成一幅新的图像，主要是通过改变图像的灰度范围及分布实现其亮度/对比度调整。它因操作对象是图像的单个像素而得名。具体处理过程可表示为

$$g(x,y) = T(f(x,y)) \tag{4-1}$$

其中参数说明如下。

$f(x,y)$：输入图像中像素 (x,y) 的灰度值或亮度分量值。

$g(x,y)$：输出图像中相应像素的灰度值或亮度分量值。

T：$f(x,y)$ 和 $g(x,y)$ 之间的某种灰度映射关系，这种映射关系既可以是线性的也可以是非线性的。

【贴士】　对于单通道的灰度图像，其每个像素有且仅有一个分量且代表了该像素的明暗程度；但对于多通道的彩色图像而言，其每个像素则包含多个分量，分量的名称及数量视色彩空间的不同而不同。因此，彩色图像的点运算处理过程要比灰度图像烦琐得多。具体步骤如下。

① 从 RGB 色彩空间转换到色度与亮度相分离的色彩空间（如 HSV、YC_bC_r 等）中单独提取亮度分量并对其执行点运算。

② 将点运算后新的亮度分量与原先的色度分量重新合成为一幅彩色图像。

③ 转回 RGB 色彩空间中加以显示。

4.1.1 灰度直方图

1. 定义

从数学角度看，灰度直方图描述了图像各灰度值的统计特性，显示了各灰度值出现的次数或概率。图 4-3 中，横坐标表示灰度图像的灰度值或彩色图像的亮度分量值，取值范围是 0～255 或 0～1（0 表示黑，255 或 1 表示白）；纵坐标则通过高度来表示某灰度值或某亮度分量值对应像素出现次数的多少或概率的高低。

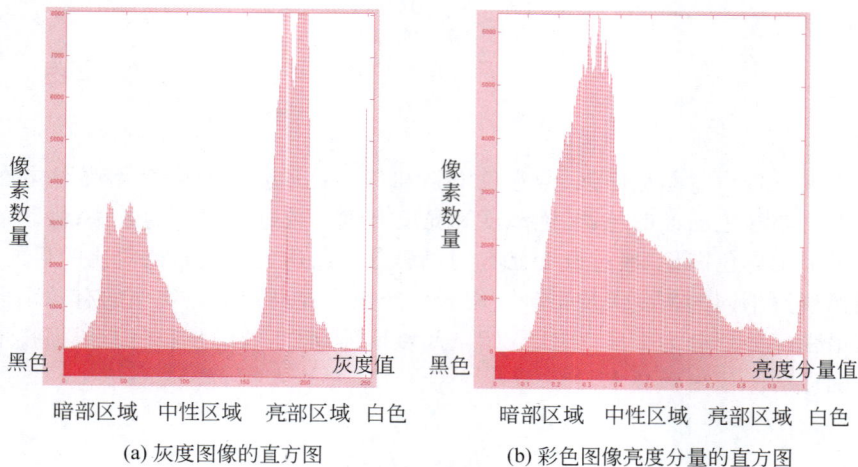

(a) 灰度图像的直方图　　　　　　　(b) 彩色图像亮度分量的直方图

图 4-3　灰度直方图

2. 直方图绘制方法

直方图绘制可通过调用 imhist() 函数加以实现，该函数原型主要有以下 3 种：

```
imhist(A);
imhist(A,n);
[counts,x]=imhist(A);
```

其中，A 为灰度图像或彩色图像的亮度分量，n 为灰度级（默认为 256），x 为灰度级向量（记录所有灰度级信息），counts 为每个灰度级的像素数。

【贴士】　用 imhist() 函数所绘制直方图的纵轴表示的是每个灰度级所具有的像素个数。

由于灰度图像和彩色图像的绘制方法有所不同，因此首先调用 ismatrix() 函数判断其类型，且当函数返回值为 true，表示灰度图像，否则表示彩色图像。其次，对于灰度图像而言，直接调用 imhist() 函数即可实现直方图的绘制；而对于彩色图像，则需经过以下两步方可完成。

步骤 1：从 RGB 色彩空间转换到色度与亮度相分离的色彩空间（如 HSV、YC_bC_r 等），并提取图像的亮度分量。

步骤 2：将亮度分量作为 imhist() 函数的第一个参数进行调用。

以 HSV 色彩空间为例，完整的直方图绘制代码如下：

```
clear all
% 在"选取一幅待处理图像"对话框中选取待处理图像
```

```
[filename,pathname]=uigetfile('*.*','打开图像');
str=[pathname filename];
src=im2double(imread(str));
subplot(1,2,1),imshow(src),title('输入图像');
if ismatrix(src)
    %灰度图像
    subplot(1,2,2),imhist(src),title('输入图像直方图');
else
    %彩色图像
    src_hsv=rgb2hsv(src);                          %RGB转换至HSV色彩空间
    H=src_hsv(:,:,1);                              %提取色调分量
    S=src_hsv(:,:,2);                              %提取饱和度分量
    V=src_hsv(:,:,3);                              %提取亮度分量
    subplot(1,2,2),imhist(V),title('输入图像亮度分量直方图');
end
```

3. 常见的直方图形态

1）曝光正常且无溢出

曝光正常的图像,其直方图中像素会均匀分布于整个灰度级且平滑过渡到两端,特别是中性区域的像素占比居多,形状似"钟形",如图 4-4 所示。

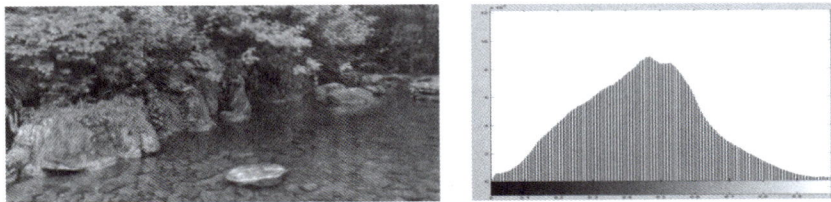

图 4-4 曝光正常的直方图

2）曝光不足且暗部溢出

单纯地观察直方图就可以看出,这幅图像中存在较多的暗调元素,而中性区域到亮部几乎没有太多的像素,因此图像暗部会缺失很多细节,亮部也会十分灰暗;再从图像的整体明暗程度进一步观察,就能发现这幅图像出现了大面积的黑色,暗部像素已超出直方图中最暗的区域,已延伸至中性区域,即产生暗部溢出现象,形状呈 L 形如图 4-5 所示。

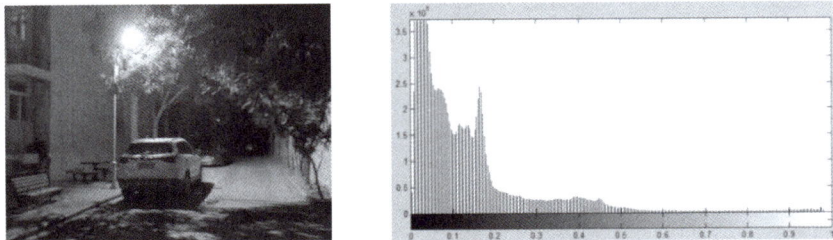

图 4-5 L 形直方图

3）过曝且亮部溢出

与 L 形正好相反,这类图像中存在较多的亮调元素,而暗部到中性区域几乎没有太多的像素,画面出现一些无细节的死白区域;同时产生亮部像素溢出现象,大面积的白色已延伸至中性区域,形状呈 J 形如图 4-6 所示。

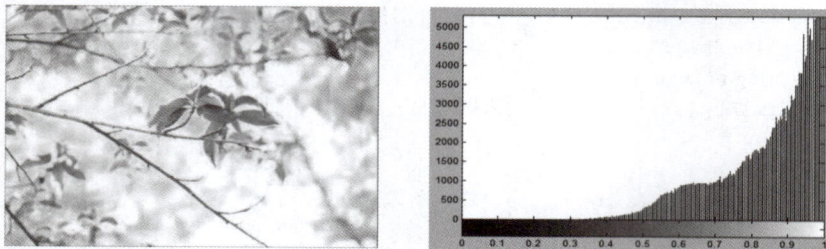
图 4-6　J 形直方图

4）明暗反差较小且缺乏亮部和暗部细节

这类图像中大部分像素都集中在不明不暗的中性区域，而在左右两侧的最暗和最亮区域的像素占比较少，也就是明暗反差较小，缺少明暗层次，图像总是给人一种灰蒙蒙的感觉，形状呈⊥形，如图 4-7 所示。

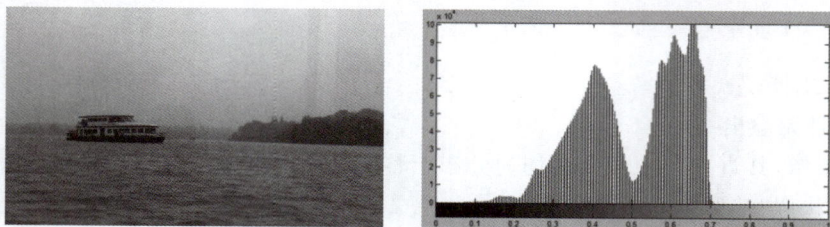
图 4-7　⊥形直方图

5）明暗反差较大且亮部和暗部均溢出

这类图像的暗部曝光不足且亮部过曝，同时暗部和亮部像素均已超出最暗和最亮区域，产生溢出现象，形状呈 U 形，如图 4-8 所示。

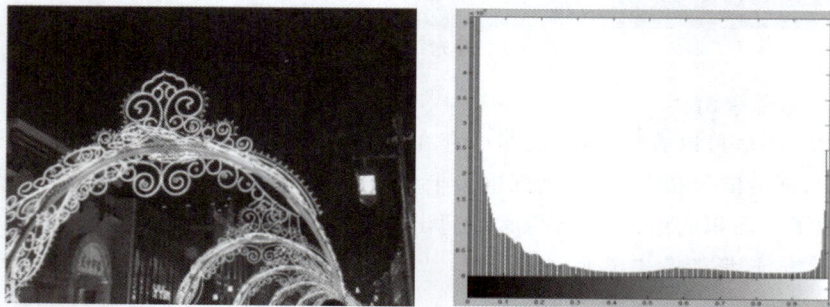
图 4-8　U 形直方图

从以上 5 种常见直方图形态的特点分析可知，直方图的形态可以帮助用户大致推断图像质量的好坏，并作为点运算分析处理和评判的依据。

4.1.2　基于点运算的图像增强技术

1. 灰度变换

1）线性变换

（1）基本原理。线性变换就是输入图像在像素 (x,y) 的灰度值或亮度分量值与输出图像相应像素的灰度值或亮度分量值呈线性关系的点运算，如图 4-9 所示。在这种情况下，灰度变换函数的形式如下：

$$g(x,y)=T(f(x,y))=kf(x,y)+b \tag{4-2}$$

对于参数 k 和 b 的不同取值,主要分为以下几种情况。

① 当 $k=1,b=0$ 时,图像的灰度值或亮度分量值不发生任何变化。

② 当 $k=1,b>0$ 时,图像整体亮度变亮;当 $k=1,b<0$ 时,图像整体亮度变暗。

③ 当 $k>1,b=0$ 时,图像对比度增加;当 $0<k<1,b=0$ 时,图像对比度降低。

④ $k<0,b\neq0$。此时图像的较亮区域变暗,较暗区域变亮,例如,当 $k=-1,b=255$ 时,图像反相。

(2) 实现代码。线性变换的实现代码如下:

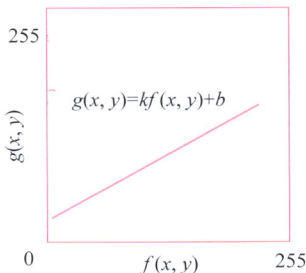

图 4-9　灰度线性变换

```
clear all
%在"选取一幅待处理图像"对话框中选取一幅待处理图像
[filename,pathname]=uigetfile('*.*','选取一幅待处理图像');
str=[pathname filename];
src=im2double(imread(str));
%在输入对话框中输入参数值
k=str2double(inputdlg('请输入对比度值:','参数设置'));
b=str2double(inputdlg('请输入 0~1 的亮度值:','参数设置'));
subplot(2,2,1),imshow(src),title('输入图像');
if ismatrix(src)
    %灰度图像
    subplot(2,2,2),imhist(src),title('输入图像直方图');
    result=k*src+b;                                      %线性变换
    subplot(2,2,3),imshow(result),title('输出图像');
    subplot(2,2,4),imhist(result),title('输出图像直方图');
else
    %彩色图像
    src_hsv=rgb2hsv(src);                                %RGB 空间转换至 HSV 空间
    H=src_hsv(:,:,1);                                    %提取色调分量
    S=src_hsv(:,:,2);                                    %提取饱和度分量
    V=src_hsv(:,:,3);                                    %提取亮度分量
    subplot(2,2,2),imhist(V),title('输入图像亮度分量直方图');
    result_V=k*V+b;                                      %线性变换
    result_hsv=cat(3,H,S,result_V);                      %三分量合成
    result=hsv2rgb(result_hsv);                          %HSV 空间转回 RGB 空间
    subplot(2,2,3),imshow(result),title('输出图像');
    subplot(2,2,4),imhist(result_V),title('输出图像亮度分量直方图');
end
```

【贴士】　在实际应用中,究竟是仅亮度调整、仅对比度调整还是二者需同时调整关键取决于图像的直方图形态,因此在调整过程中需实时观察图像的直方图形态特点。

(3) 应用场景。

【案例 4-1】模拟 Photoshop 的亮度/对比度调整功能。

在 Photoshop 中打开待处理图像,选中"图像"|"调整"|"亮度/对比度"菜单选项,在弹出的"亮度/对比度"对话框中设置亮度和对比度参数值,最后单击"确定"按钮即可,如图 4-10 所示。

图 4-10 在 Photoshcp 中选中"图像"|"调整"|"亮度/对比度"菜单选项

本案例的任务在于模拟 Photoshop 中亮度/对比度调整功能的实现,相应的界面设计及运行效果如图 4-11 所示。

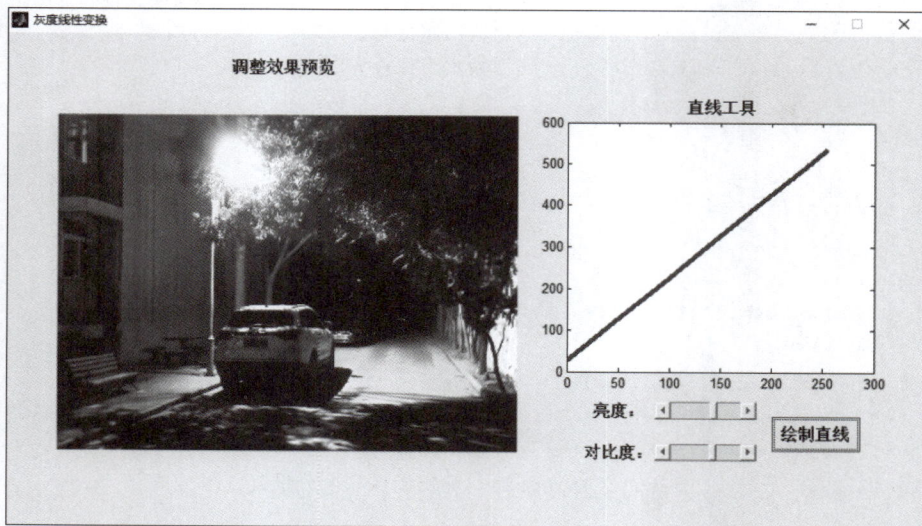

图 4-11 本案例效果预览

① 实现方法。

步骤 1：新建一个 fig 文件。在命令行窗口中输入"guide",在弹出的"GUIDE 快速入门"窗口中选中"新建 GUI"选项卡,在此选项卡的左侧区域中选中 Blank GUI(Default),并选中"将新图形另存为",再单击右侧的"浏览"按钮,在弹出的对话框中选取存储位置,将文件命名为 linearTransformation.fig,最后单击"确定"按钮。

步骤 2：界面布局设计。在 linearTransformation.fig 的设计窗口中，将左侧所需控件拖曳至右侧画布，并调整至合适大小，最终设计结果如图 4-12 所示。

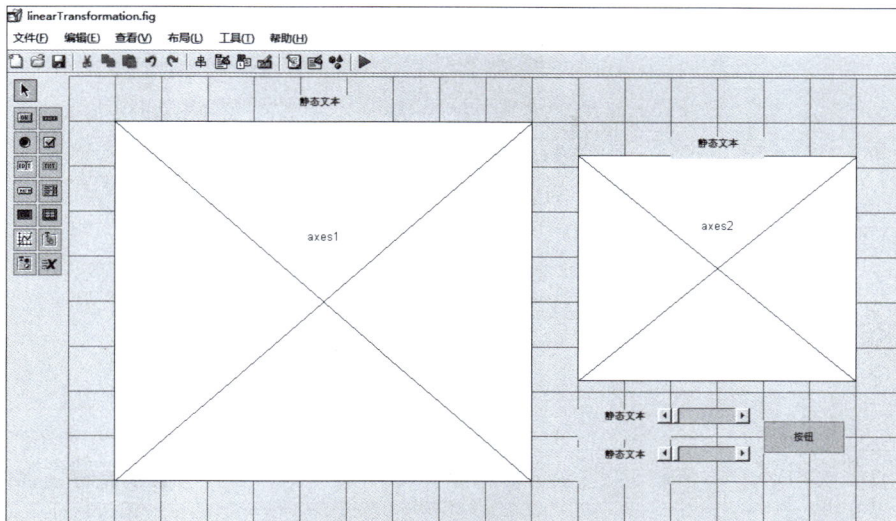

图 4-12 界面布局设计

步骤 3：控件属性设置。双击控件，在弹出的检查器中定位到需设置的属性名称，在其右侧输入属性值即可。所有控件需设置的属性值如表 4-1 所示。

表 4-1 控件属性值

控 件 名 称	属 性 名 称	属 性 值
figure	Name	灰度线性变换
axes1	Tag	axesImg
	XTick	空值
	YTick	空值
axes2	Tag	axesLine
	XLim	$x=0, y=1$
	YLim	$x=0, y=1$
text1	String	调整效果预览
	FontSize	12
	FontWeight	bold
text2	String	直线工具
	FontSize	12
	FontWeight	bold
text3	String	亮度：
	FontSize	12
	FontWeight	bold

续表

控 件 名 称	属 性 名 称	属 性 值
text4	String	对比度：
	FontSize	12
	FontWeight	bold
slider1	Tag	sliderBrightness
	Min	－0.4
	Max	0.4
slider2	Tag	sliderContrastness
	Min	0
	Max	5
pushbutton1	Tag	pushbuttonDraw
	String	绘制直线
	FontSize	12
	FontWeight	bold

步骤 4：编写程序。在控件的右键快捷菜单中选中"查看回调"选项，在其子菜单中选中对应的回调函数，如表 4-2 所示。

表 4-2　控件对应的回调函数名称

控 件 名 称	Tag 属性	回调函数名称
axes1	axesImg	ButtonDownFcn
pushbutton1	pushbuttonDraw	Callback

② 实现代码。

- axesImg 的回调函数 ButtonDownFcn()。当用户单击 axesImg 控件时，弹出"选取一幅待处理图像"对话框，选取待调整的图像。代码如下：

```
function axesImg_ButtonDownFcn(hObject, eventdata, handles)
%hObject handle to axesImg (see GCBO)
%eventdata reserved - to be defined in a future version of MATLAB
%handles structure with handles and user data (see GUIDATA)
axis off
%调用"选取一幅待处理图像"对话框，选取一幅待处理图像
[filename,pathname]=uigetfile('*.*','选取一幅待处理图像');
str=[pathname filename];
src=im2double(imread(str));
%在 axesImg 控件上显示图像
axes(handles.axesImg);
imshow(src);
```

```
%存储全局数据
handles.src=src;
guidata(hObject,handles);
```

- pushbuttonDraw 的回调函数 Callback()。当用户通过两个滑块控件设置了亮度值和对比度值,并单击"绘制直线"按钮时,在 axesLine 控件上会绘制出以对比度值为斜率,亮度值为截距的一条直线,即对应线性变换直线,同时将线性变换后的图像显示在 axesImg 控件中。代码如下:

```
function pushbuttonDraw_Callback(hObject, eventdata, handles)
%hObject handle to pushbuttonDraw(see GCBO)
%eventdata reserved - to be defined in a future version of MATLAB
%handles structure with handles and user data(see GUIDATA)
%读取全局的待处理图像
src=handles.src;
axis off
b=get(handles.sliderBrightness,'value');      %获取亮度值
k=get(handles.sliderContrastness,'value');    %获取对比度值
if (b>0)
    x=[0 1];
    y=[b k+b];
else
    x=[-b/k 1];
    y=[0 k+b];
end
%绘制直线
axes(handles.axesLine);
plot(x,y,'LineWidth',3,'Color','b');
%亮度/对比度调整
if ismatrix(src)
    result=k * src+b;                          %线性变换
else
    src_hsv=rgb2hsv(src);
    H=src_hsv(:,:,1);
    S=src_hsv(:,:,2);
    V=src_hsv(:,:,3);
    result_V=k * V+b;                          %线性变换
    result_hsv=cat(3,H,S,result_V);
    result=hsv2rgb(result_hsv);
end
%在 axesImg 控件上显示调整结果
axes(handles.axesImg);
imshow(result);
```

小试身手

观察退化图像的直方图形态,并运用线性变换对图像进行亮度/对比度调整,具体要求详见习题 4 第 1 题。

2)分段线性变换

(1)基本原理。由于灰度线性变换是对图像所有像素执行同一个线性变换,因此只能实现图像整

体的亮度/对比度调整。对于不希望做全局变换而只希望对局部区域进行特殊变换的图像,可以采用分段线性变换加以实现。

　　分段线性变换的基本思想是通过划分灰度区间将图像像素进行区别对待,线性拉伸感兴趣区域的灰度范围,压缩不感兴趣的灰度区域,进而实现图像局部的亮度/对比度调整。常见的三段线性变换如图 4-13 所示,其数学表达式如下:

图 4-13　三段线性变换

$$g(x,y)=\begin{cases}\dfrac{M_g-d}{M_f-b}(f(x,y)-b)+d, & b\leqslant f(x,y)\leqslant M_f\\[2mm]\dfrac{d-c}{b-a}(f(x,y)-a)+c, & a\leqslant f(x,y)\leqslant b\\[2mm]\dfrac{c}{a}f(x,y), & 0\leqslant f(x,y)\leqslant a\end{cases} \tag{4-3}$$

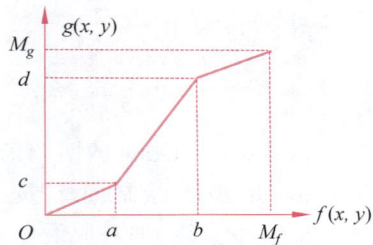

　　从图 4-13 不难看出,只要通过调整折线拐点的位置来控制分段直线的斜率,就可以对任意灰度区间进行拉伸或压缩,选择性地增强图像中感兴趣的局部区域。

　　(2) 应用场景。

　　【案例 4-2】逆光照片修复。

　　从图 4-14 所示的逆光照片能够直观地感受到,在逆光环境下所拍摄的图像明暗对比效果明显,由于暗部区域缺失了诸多细节,所以画面的丰富度有所欠缺,通过观察其对应的直方图形态不难发现,人们感兴趣的图像主体在暗部区域,其像素分布过于集中。针对这种情况,可借助分段线性变换通过拉伸暗部、压缩中性和亮部的方法进行调整。

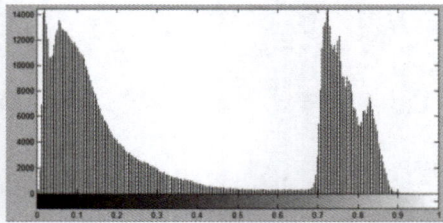

(a) 逆光照片　　　　　　　(b) 对应的直方图形态

图 4-14　逆光照片及其直方图形态

　　① 实现方法。通过灰度拉伸来增加感兴趣暗部区域的对比度,即设置 $0\leqslant f(x,y)\leqslant a$ 对应直线的斜率大于 1;将不感兴趣的中性区域和亮部区域进行灰度压缩来降低对比度,即设置 $a\leqslant f(x,y)\leqslant b$ 和 $b\leqslant f(x,y)\leqslant M_f$ 对应直线的斜率均小于 1,如图 4-15 所示。

　　在上述调整思路的基础上,并结合其直方图形态,将参数设置为 $a=0.12, b=0.69, c=0.35, d=0.75$(假定 $M_f=M_g=1$)。

　　② 实现代码。逆光照片修复的实现代码如下:

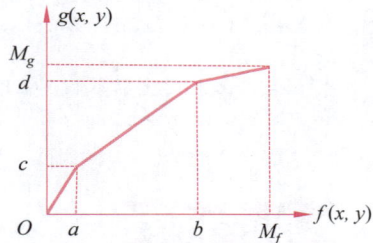

图 4-15　拐点设置

```
clear all
%在"选取一幅待处理图像"对话框中选取一幅逆光图像
[filename,pathname]=uigetfile('*.*','选取一幅逆光图像');
```

```
str=[pathname filename];
src=im2double(imread(str));
subplot(2,2,1),imshow(src),title('输入图像');
%分段线性变换
a=0.12;b=0.69;c=0.35;d=0.75;
if ismatrix(src)
    %灰度图像
    [height,width]=size(src);
    result=zeros(height,width);
    for i=1:height
        for j=1:width
            if src(i,j)<=a
                result(i,j)=c/a * src(i,j);
            elseif src(i,j)<=b
                result(i,j)=(1-d)/(1-b) * (src(i,j)-b)+d;
            else
                result(i,j)=(d-c)/(b-a) * (src(i,j)-a)+c;
            end
        end
    end
    subplot(2,2,2),imshow(result),title('输出图像');
    subplot(2,2,3),imhist(src),title('输入图像直方图');
    subplot(2,2,4),imhist(result),title('输出图像直方图');
else
    %彩色图像
    src_hsv=rgb2hsv(src);                              %RGB 空间转换到 HSV 空间
    H=src_hsv(:,:,1);                                  %提取色调分量
    S=src_hsv(:,:,2);                                  %提取饱和度分量
    V=src_hsv(:,:,3);                                  %提取亮度分量
    [height,width]=size(V);
    V_enhancing=zeros(height,width);
    for i=1:height
        for j=1:width
            if V(i,j)<=a
                V_enhancing(i,j)=c/a * V(i,j);
            elseif V(i,j)<=b
                V_enhancing(i,j)=(1-d)/(1-b) * (V(i,j)-b)+d;
            else
                V_enhancing(i,j)=(d-c)/(b-a) * (V(i,j)-a)+c;
            end
        end
    end
    enhancingImage=cat(3,H,S,V_enhancing);             %三分量合成
    result=hsv2rgb(enhancingImage);                    %HSV 空间转换到 RGB 空间
    subplot(2,2,2),imshow(result),title('输出图像')
    subplot(2,2,3),imhist(V),title('输入图像亮度分量直方图');
    subplot(2,2,4),imhist(V_enhancing),title('输出图像亮度分量直方图');
end
```

③ 实现效果。逆光照片的修复效果如图 4-16 所示。

通过观察图 4-16(b)所呈现的修复效果,并结合图 4-16(d)中修复后的直方图形态,可以看出感兴趣的

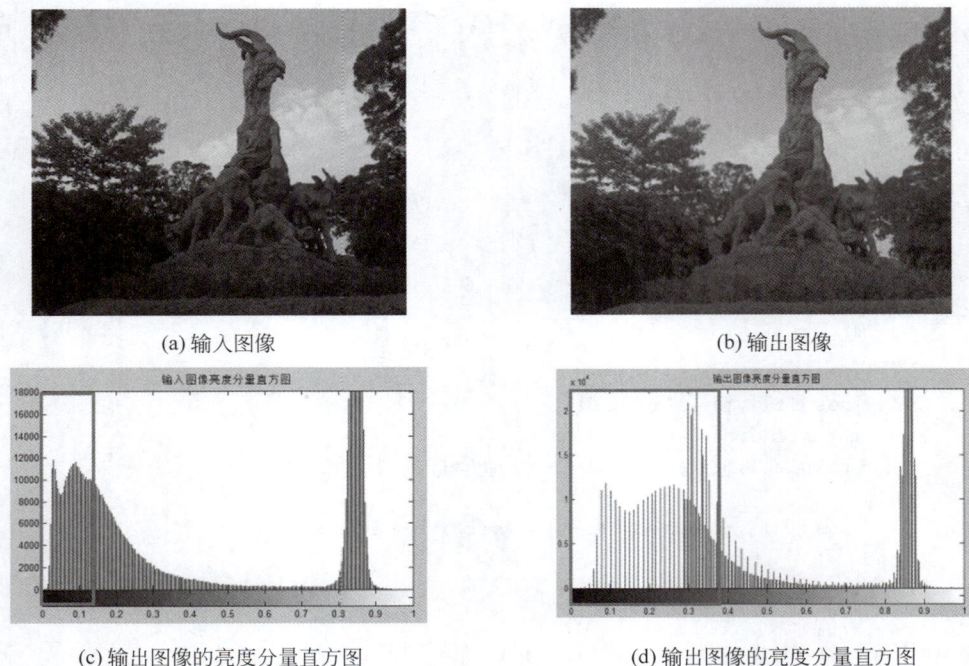

(a) 输入图像

(b) 输出图像

(c) 输出图像的亮度分量直方图

(d) 输出图像的亮度分量直方图

图 4-16　逆光照片修复效果

暗部区域在经过灰度拉伸后其灰度分布范围变宽，即其对比度得到了有效提高，因而原本在暗部区域缺失的诸多细节得以增强；而对于不感兴趣的中性区域和亮部区域，其灰度值整体向右侧发生了偏移，使得这两个区域的亮度有所增加。与此同时，经过灰度压缩后其灰度分布范围变窄，即其对比度有所降低。

【贴士】　分段的灰度拉伸可以更加灵活地控制输出灰度直方图的分布，可以有选择性地拉伸某段灰度区间以改善输出图像。但是这种方法的应用局限性在于参数较多且需人工多次反复实验设定，自适应能力较差。

小试身手

分析降质图像的直方图像素分布，并运用分段线性变换对图像进行局部亮度/对比度调整，具体要求详见习题 4 第 2 题。

知识拓展

调用 imadjust() 函数实现线性灰度变换。

（1）实现方法。线性灰度变换除了使用上述基本计算公式以外，还可以通过调用 imadjust() 函数得以实现。该函数原型如下：

```
J=imadjust(I,[low,high],[bottom,top],γ);
```

其中参数说明如下。

J 为调整后的灰度图像或彩色图像的亮度分量。

I 为灰度图像或彩色图像的亮度分量。

[low,high]为灰度图像或彩色图像的亮度分量中待调整的灰度范围。

[bottom,top]为调整后的灰度图像或彩色图像的亮度分量中目标灰度范围。

γ 为修正因子,用于指定点运算类型(线性或非线性),默认值为 1,即线性变换,如图 4-17 所示。

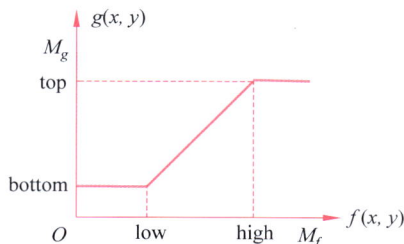

图 4-17　$\gamma=1$ 时的调整曲线

(2) 实现代码如下:

```
clear all
%在"选取一幅待处理图像"对话框中选取一幅曝光不足图像
[filename,pathname]=uigetfile('*.*','选取一幅曝光不足图像');
str=[pathname filename];
src=im2double(imread(str));
subplot(1,2,1),imshow(src),title('输入图像');
if ismatrix(src)
    %灰度图像
    result=imadjust(src,[0 0.4],[0.1 0.9]);              %增强暗区的细节
    subplot(1,2,2),imshow(result),title('增强暗区细节效果');
else
    %彩色图像
    J=rgb2hsv(src);                                      %RGB 空间转换到 HSV 空间
    H=J(:,:,1);                                          %提取色调分量
    S=J(:,:,2);                                          %提取饱和度分量
    V=J(:,:,3);                                          %提取亮度分量
    V_enhancing=imadjust(V,[0 0.4],[0.1 0.9]);           %增强暗区的细节
    enhancingImage=cat(3,H,S,V_enhancing);              %三分量合成
    result=hsv2rgb(enhancingImage);                      %HSV 空间转换到 RGB 空间
    subplot(1,2,2),imshow(result),title('增强暗区细节效果');
end
```

通常情况下,输入图像中待调整的灰度范围[low,high]是通过观察输入图像直方图的人工方式获得的。当然,在 MATLAB 中还提供了一种更为简便的自动获取方式即内置函数 stretchlim(),该函数原型为

```
M=stretchlim(I);
```

上述代码还可以改写为

```
clear all
%在"选取一幅待处理图像"对话框中选取一幅曝光不足的图像
```

```
[filename,pathname]=uigetfile('* . *','选取一幅曝光不足图像');
str=[pathname filename];
src=im2double(imread(str));
subplot(1,2,1),imshow(src);title('输入图像');
if ismatrix(src)
    %灰度图像
    M=stretchlim(src);                          %自动获取图像的灰度范围
    result=imadjust(src,M,[0.1 0.9]);           %增强暗区的细节
    subplot(1,2,2),imshow(result),title('增强暗区细节效果');
else
    %彩色图像
    J=rgb2hsv(src);                             %RGB 空间转换到 HSV 空间
    H=J(:,:,1);                                 %提取色调分量
    S=J(:,:,2);                                 %提取饱和度分量
    V=J(:,:,3);                                 %提取亮度分量
    M=stretchlim(V);                            %自动获取图像亮度分量 V 的灰度范围
    V_enhancing=imadjust(V,M,[0.1 0.9]);        %增强暗区的细节
    enhancingImage=cat(3,H,S,V_enhancing);      %三分量合成
    result=hsv2rgb(enhancingImage);             %HSV 空间转换到 RGB 空间
    subplot(1,2,2),imshow(result),title('增强暗区细节效果');
end
```

（3）实现效果。在上述代码中，计算结果向量 M 是由输入图像 I 中灰度/亮度分量的最小值和最大值所组成。这两种方式相比，自动方式是以输入图像的整个灰度范围为待调整区间，而人工方式可指定任意的待调整区间，更具有针对性和有效性，因此在实际应用中要根据图像调整的效果灵活选用。

3）非线性变换

在线性运算中，像素值的变化是一种比例变化，但是在实际的图像增强过程中，为了消除图像失真，非线性运算显示了其重要性。其中，对数变换、幂次变换是最简单的非线性映射算法。

（1）对数变换。

① 定义。对数变换定义的一般形式如下：

$$s=c\lg(1+r) \tag{4-4}$$

其中参数说明如下。

s 为目标像素的灰度值或亮度分量值。

c 为尺度比例常数（正常数，通常取为 1）。

r 为源像素的灰度值或亮度分量值。

【思考】 $s=c\lg(1+r)$ 中的 r 为什么要加 1？

② 应用场景。由如图 4-18 所示的对数函数曲线形状可知，当 r 值较小时斜率大于 1，r 值较大时斜率则小于 1，也就是说，对数变换可实现"暗区拉伸，亮区压缩"的增强效果。这里仍以逆光图像为例，其增强效果如图 4-19 所示。与案例 4-2 中分段线性变换方法相比，此方法无须设置任何参数，因而自适应能力较强。

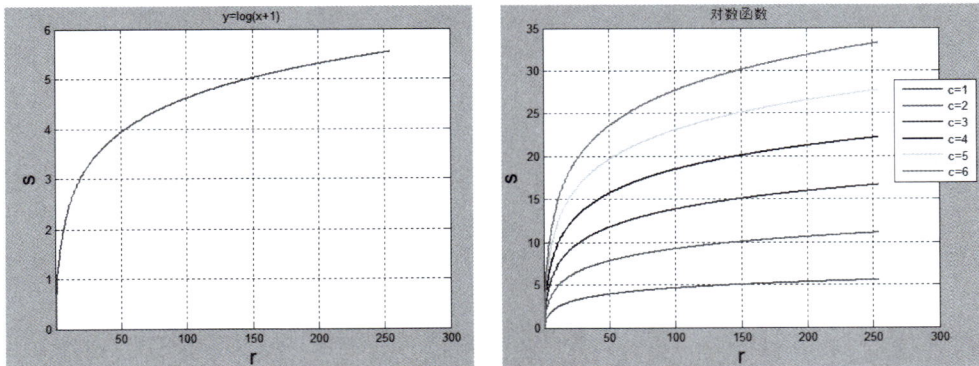

(a) c=1的曲线　　　　　　　　　　　　(b) 不同c值的曲线

图 4-18　对数函数曲线

【贴士】　尺度比例常数 c 的值可根据实际应用进行设置。该值越大，曲线在暗区处斜率则越大，即拉伸程度越大，如图 4-18(b)所示。

③ 实现代码。对数变换的实现代码如下：

```
clear all
%在"选取一幅待处理图像"对话框中选取一幅待处理图像
[filename,pathname]=uigetfile('*.*','选取一幅待处理图像');
str=[pathname filename];
src=im2double(imread(str));
if ismatrix(src)
    %灰度图像
    result=2*log(1+src);                        %对数变换
    subplot(1,2,1),imshow(src),title('输入图像');
    subplot(1,2,2),imshow(result),title('对数变换效果');
else
    %彩色图像
    J=rgb2hsv(src);                             %RGB 空间转换到 HSV 空间
    H=J(:,:,1);                                 %提取色调分量
    S=J(:,:,2);                                 %提取饱和度分量
    V=J(:,:,3);                                 %提取亮度分量
    V_enhancing=2*log(1+V);                     %对数变换(这里代表自然对数)
    enhancingImage=cat(3,H,S,V_enhancing);      %三分量合成
    result=hsv2rgb(enhancingImage);             %HSV 空间转换到 RGB 空间
    subplot(1,2,1),imshow(src),title('输入图像');
    subplot(1,2,2),imshow(result),title('对数变换效果');
end
```

④ 实现效果。对数变换增强效果如图 4-19 所示。

(a) 输入图像   (b) 输出图像

(c)(a)的亮度分量直方图   (d)(b)的亮度分量直方图

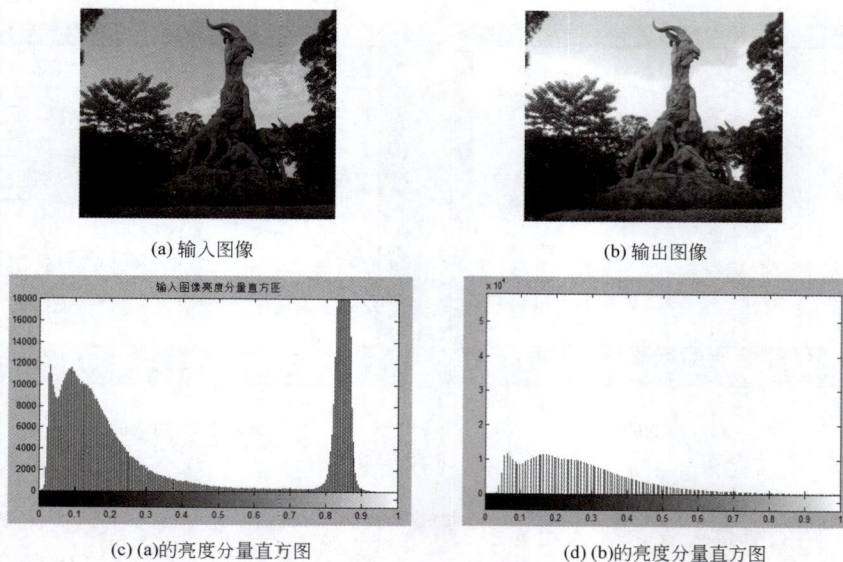

图 4-19   常数 $c=2$ 的对数变换增强效果

知识拓展

用对数变换进行频谱图像的显示

傅里叶频谱的动态范围较宽，直接显示时受显示设备动态范围的限制而丢失大量的暗部细节，使用对数变换将其进行非线性压缩后得以清晰显示，详见 5.1 节。

知识拓展

如前所述，通过对数变换可以提升图像暗区的对比度，增强暗区细节。与之相对的是反对数变换，以自然对数为例，经 $s=c\lg(1+r)$ 推导可得到反对数变换的数学公式为 $s=\mathrm{e}^{\frac{r}{c}}-1$，且常数 c 的值越小，曲线在亮区处斜率则越大，即拉伸程度越大。结合图 4-20 的反对数函数曲线形状，可见该变换能够实现"亮区拉伸，暗区压缩"的增强效果。

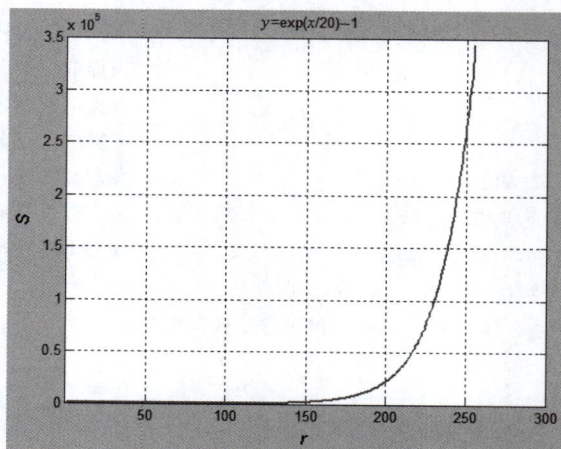

图 4-20   常数 $c=20$ 的反对数函数曲线

（2）幂次变换。幂次变换定义的一般形式如下：

$$s = cr^{\gamma} \tag{4-5}$$

其中参数说明如下。

s 为目标像素的灰度值或亮度分量值。

c、γ 为正常数。

r 为源像素的灰度值或亮度分量值。

图 4-21 是 γ 为不同值时 r 与 s 的关系曲线。当 $0<\gamma<1$ 时，暗区细节得到增强，图像整体变亮；当 $\gamma>1$ 时，亮区细节得到增强，图像整体变暗。

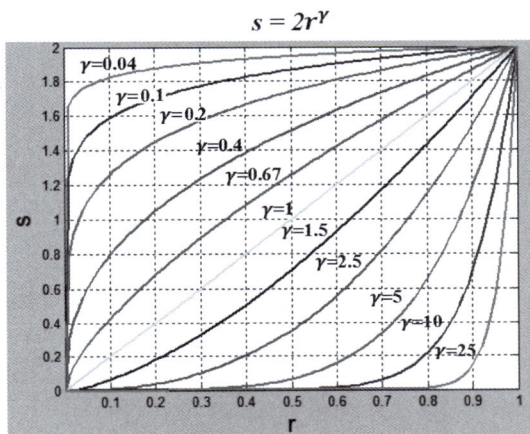

图 4-21 $c=2$ 的幂次函数曲线

图 4-22 是 c 为不同值时 r 与 s 的关系曲线。当 $0<\gamma<1$ 时，c 值越大，曲线在暗区的斜率越大，暗区的拉伸程度就越大。当 $\gamma>1$ 时，c 值越大，曲线在亮区的斜率越大，亮区的拉伸程度就越大。

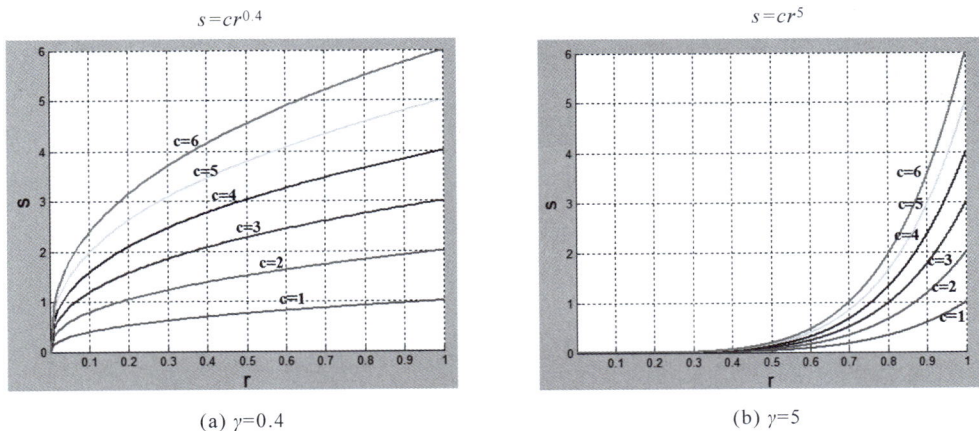

(a) $\gamma=0.4$ (b) $\gamma=5$

图 4-22 不同 γ 值的幂次函数曲线

【案例 4-3】非正常曝光照片校正。

正常曝光，即照片没有死白死黑的区域，不亮不暗，有丰富的细节，直方图两边低，中间高，左右"不起墙"。但在现实照片拍摄过程中，很大程度上会出现非正常照明度的外部拍摄环境，若背景亮度过高可能会导致照片过度曝光，而过低则会导致照片曝光不足。对于这样的过曝和欠曝照片可以使用幂次变换加以校正，即当 $0<\gamma<1$ 时，校正欠曝照片；当 $\gamma>1$ 时，校正过曝照片。

● 实现代码。非正常曝光照片校正的实现代码如下：

```
clear all
%在"选取一幅待处理图像"对话框中选取一幅非正常曝光图像
[filename,pathname]=uigetfile('*.*','选取一幅非正常曝光图像');
str=[pathname filename];
src=im2double(imread(str));
if ismatrix(src)
    %灰度图像
    result=2*src.^0.8;                                    %欠曝图像校正
    %result=src.^4;                                        %过曝图像校正
    subplot(1,2,1),imshow(src),title('输入图像');
    subplot(1,2,2),imshow(result),title('幂次变换效果');
else
    %彩色图像
    J=rgb2hsv(src);                                        %RGB 空间转换到 HSV 空间
    H=J(:,:,1);                                            %提取色调分量
    S=J(:,:,2);                                            %提取饱和度分量
    V=J(:,:,3);                                            %提取亮度分量
    V_enhancing=2 * V.^0.8;                               %欠曝图像校正
    %V_enhancing=V.^4;                                     %过曝图像校正
    enhancingImage=cat(3,H,S,V_enhancing);                %三分量合成
    result=hsv2rgb(enhancingImage);                       %HSV 空间转换到 RGB 空间
    subplot(1,2,1),imshow(src),title('输入图像');
    subplot(1,2,2),imshow(result),title('幂次变换效果');
end
```

● 实现效果。幂次变换效果如图 4-23 所示。

(a) 欠曝图像　　　　(b) c=2，γ=0.8时的调整效果　　　　(c) 过曝图像　　　　(d) c=1，γ=4时的调整效果

图 4-23　幂次变换的增强效果

知识拓展

伽 马 校 正

　　目前几乎所有的 CRT 显示设备、摄影胶片和许多数字照相机的光电转换特性都是非线性的，这一现象称为幂律响应现象，即设备显示的图像效果与原始图像之间存在幂次关系：

$$f' = f^{\gamma} \tag{4-6}$$

其中，f 表示原始图像，f' 表示设备显示的图像，γ 表示幂律方程中的指数，一般情况下，$\gamma > 1$。

　　幂律响应现象会导致显示的图像过暗，为了精确显示图像，常常需要在显示之前通过幂次变换对图像进行修正，即伽马校正。公式如下：

$$f' = (T(f))^{\gamma} = (f^{\frac{1}{\gamma}})^{\gamma} = f \qquad (4-7)$$

由式(4-7)可得,伽马校正函数为

$$T(f) = f^{\frac{1}{\gamma}} \qquad (4-8)$$

假设幂律方程的指数 $\gamma = 2.5$,对原始图像先进行 $T(f) = f^{\frac{1}{2.5}} = f^{0.4}$ 的伽马校正,即将图像的亮度增大,之后再经过幂律响应 $f' = (f^{0.4})^{2.5} = f$ 后的图像与原始图像十分接近,如图 4-24 所示。

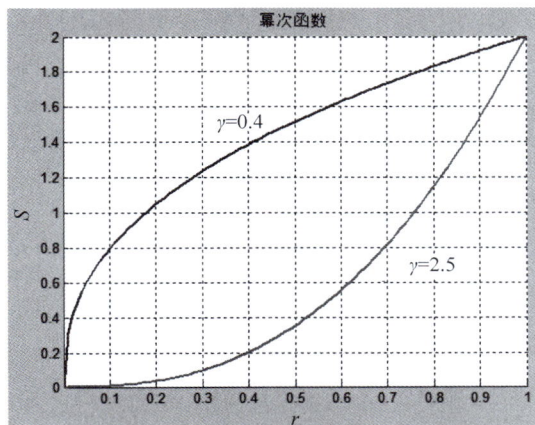

图 4-24　$c = 2$ 的幂次函数曲线

知识拓展

非线性变换除了使用上述基本计算公式以外,也可以通过调用内置函数 imadjust() 得以实现。当 $\gamma \neq 1$ 时表示非线性变换($0 < \gamma < 1$:增强暗区细节;$\gamma > 1$:增强亮区细节),如图 4-25 所示。

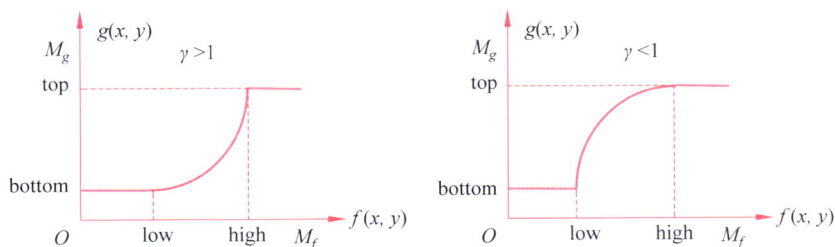

图 4-25　$\gamma \neq 1$ 时的调整曲线

实现代码如下:

```
clear all
% 在"选取一幅待处理图像"对话框中选取一幅曝光不足图像
[filename,pathname]=uigetfile('*.*','选取一幅曝光不足图像');
str=[pathname filename];
src=im2double(imread(str));
subplot(1,2,1),imshow(src),title('输入图像');
```

```
if ismatrix(src)
    %灰度图像
    M=stretchlim(src);                                %自动获取图像的灰度范围
    result=imadjust(src,M,[0 0.8],0.6);               %gamma<1,增强暗区的细节
    subplot(1,2,2),imshow(result),title('增强暗区细节效果');
else
    %彩色图像
    J=rgb2hsv(src);                                   %RGB 空间转换到 HSV 空间
    H=J(:,:,1);                                       %提取色调分量
    S=J(:,:,2);                                       %提取饱和度分量
    V=J(:,:,3);                                       %提取亮度分量
    M=stretchlim(V);                                  %自动获取图像亮度分量 V 的灰度范围
    V_enhancing=imadjust(V,M,[0 0.8],0.6);            %gamma<1,增强暗区的细节
    enhancingImage=cat(3,H,S,V_enhancing);            %三分量合成
    result=hsv2rgb(enhancingImage);                   %HSV 空间转换到 RGB 空间
    subplot(1,2,2),imshow(result),title('增强暗区细节效果');
end
```

小试身手

为一幅照片选取适合的非线性变换进行亮度/对比度调整，并与指定的纸张素材进行"正片叠底"图层混合生成画作，具体要求详见习题 4 第 3 题。

4）直方图修正法

直方图修正法也是一种非线性点运算，它能够有效地改善灰度分布集中、动态范围狭窄而缺少必要细节的图像，可显著地提高图像的辨识度。常见的方法主要有直方图均衡化和直方图规定化。

（1）直方图均衡化。

① 基本原理。

直方图均衡化就是通过输入图像的灰度非线性变换产生一幅灰度级分布概率均匀的输出图像。也就是说，对图像中像素个数多的灰度级进行展宽，而对像素个数少的灰度级进行缩减合并，由此扩大了像素灰度的动态范围，从而达到增强图像整体对比度，使图像变清晰的效果。

经过均衡化后的图像在每级灰度上像素点的数量相差不大，对应直方图的每级灰度高度也差不多，如图 4-26 所示。并且该方法的另一个优势是不需要额外参数，整个过程是"自动"的。

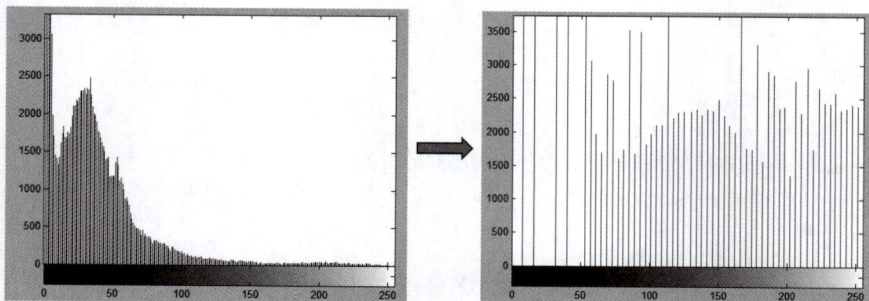

图 4-26　直方图均衡化原理示意图

② 实现方法。

步骤 1：确定输入图像所包含的灰度级 $r_k(k=0,1,2,\cdots,L-1)$。

步骤 2：统计各灰度级 r_k 对应的像素个数 n_k 以及像素总数 n，并计算灰度级 r_k 出现的概率 $p(r_k)=\dfrac{n_k}{n}$。

步骤 3：计算灰度变换函数 $s_k=\mathrm{int}\left((L-1)\times\sum\limits_{i=0}^{k}p(r_i)+0.5\right)$，得到新灰度级 s_k。

步骤 4：统计变换后新灰度级 s_k 的像素个数 n_k'，并计算变换后图像的直方图 $p(s_k)=\dfrac{n_k'}{n}$。

以一幅大小为 64×64 的灰度图像为例，假设灰度级 $L=8$，其直方图均衡化的完整计算过程如表 4-3 所示。

表 4-3　直方图均衡化完整计算过程

运　　算	步骤及计算结果							
统计图像的灰度级 r_k	0	1	2	3	4	5	6	7
统计灰度级 r_k 的像素个数 n_k	790	1023	850	656	329	245	122	81
计算 $p(r_k)=\dfrac{n_k}{n}$	0.19	0.25	0.21	0.16	0.08	0.06	0.03	0.02
计算 $\sum\limits_{i=0}^{k}p(r_i)$	0.19	0.44	0.65	0.81	0.89	0.95	0.98	1.00
计算新灰度级 $s_k=\mathrm{int}\left((L-1)\times\sum\limits_{i=0}^{k}p(r_i)+0.5\right)$	1	3	5	6	6	7	7	7
映射关系 $r_k\to s_k$	0→1	1→3	2→5	3→6	4→6	5→7	6→7	7→7
统计新图像的 n_k'	790	1023	850	656+329=985		245+122+81=448		
计算新的直方图 $p(s_k)=\dfrac{n_k'}{n}$	0.19	0.25	0.21	0.24		0.11		

从计算结果看，灰度级 3、4 和 5、6、7 分别进行了合并，均衡化后的新图像只有 5 个灰度级。可见，直方图均衡化的机理就是将对应像素较少的几个连续灰度级合并成一个灰度级，通过减少灰度级来实现均衡。

可以用内置函数 histeq() 实现，该函数的语法格式如下：

```
[J,T]=histeq(I, n);
```

其中参数含义如下。

J 为均衡化后的灰度图像或彩色图像的亮度分量。

T 为变换矩阵。

I 为灰度图像或彩色图像的亮度分量。

n 为均衡化后的灰度级个数，默认值为 64。

③ 应用场景。

【案例 4-4】图像去雾。

• 实现方法。雾霾图像是一种典型的低对比度图像，其直方图形态为"⊥形"，即这类图像中大部分像素都集中在不明不暗的中性区域,而在左右两侧的最暗和最亮区域的像素占比较少,视觉上总是给人一种灰蒙蒙的感觉。本案例使用直方图均衡化方法扩大其像素灰度的动态范围,产生一幅灰度级分布概率均匀的输出图像。

- 实现代码。图像去雾的实现代码如下:

```
clear all
%在"选取一幅待处理图像"对话框中选取一幅雾霾图像
[filename,pathname]=uigetfile('*.*','选取一幅雾霾图像');
str=[pathname filename];
src=im2double(imread(str));
subplot(2,2,1),imshow(src),title('输入图像');
if ismatrix(src)
    %灰度图像
    result=histeq(src);                                %直方图均衡化
    subplot(2,2,2),imhist(src),title('输入图像的直方图');
    subplot(2,2,3),imshow(result),title('直方图均衡化效果');
    subplot(2,2,4),imhist(result),title('均衡化图像的直方图');
else
    %彩色图像
    J=rgb2hsv(src);                                    %RGB 空间转换到 HSV 空间
    H=J(:,:,1);                                        %提取色调分量
    S=J(:,:,2);                                        %提取饱和度分量
    V=J(:,:,3);                                        %提取亮度分量
    V_enhancing=histeq(V);                             %直方图均衡化
    enhancingImage=cat(3,H,S,V_enhancing);             %三分量合成
    result=hsv2rgb(enhancingImage);                    %HSV 空间转换到 RGB 空间
    subplot(2,2,2),imhist(V),title('输入图像亮度分量的直方图');
    subplot(2,2,3),imshow(result),title('直方图均衡化效果');
    subplot(2,2,4),imhist(V_enhancing),title('均衡化图像亮度分量的直方图');
end
```

- 实现效果。直方图均衡化效果如图 4-27 所示。

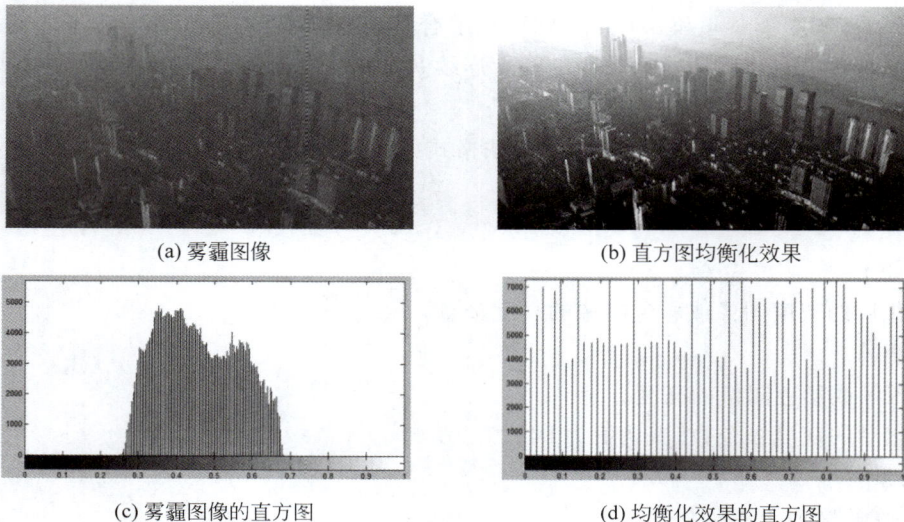

(a) 雾霾图像

(b) 直方图均衡化效果

(c) 雾霾图像的直方图

(d) 均衡化效果的直方图

图 4-27　直方图均衡化的修正效果

从图 4-27 的修正效果可以看出,对于低对比度图像,直方图均衡化的处理效果较好,图像整体对比度得到了增强,图像变得清晰。但是该方法同时也具有一定的缺点。

在"自动"的均衡化过程中图像的增强效果不易控制。

均衡化后图像灰度级的减少导致某些图像细节丢失。

对于直方图存在高峰的图像,经处理后对比度可能过分增强。

由于原先灰度级不同的像素经处理后变得相同,形成一片灰度级相同的区域,各区域之间的边界因此而变得明显,导致出现伪轮廓。

知识拓展

直方图均衡化是一种全局对比度调整方法,它对于不同区域对比度差别很大的图像的调整效果显然是不理想的。于是人们将基于分块处理的思想与直方图均衡化相结合,提出了其改进方法——自适应直方图均衡(adaptive histogram equalization,AHE)。

AHE 的基本思想是通过计算图像多个局部区域的直方图,并重新分布亮度以此改变图像对比度。因此,该算法更适合于提高图像的局部对比度,获得更为丰富的图像细节。但是当某个局部区域包含的像素值非常相似,其直方图就会尖状化,此时直方图的变换函数会将一个很窄范围内的像素映射到整个像素范围。这将使得某些平坦区域中的少量噪声经 AHE 处理后过度放大。为了解决这个问题,K. Zuiderveld 等提出了直方图均衡化的另一种改进算法——限制对比度自适应直方图均衡(contrast limited adaptive histogram equalization,CLAHE),通过限制AHE 的对比度增强程度来控制 AHE 带来的噪声。

MATLAB 中也已经集成了实现 CLAHE 的 adapthisteq() 函数,其语法格式如下:

```
J=adapthisteq(I);
J=adapthisteq(I,param1,val1,param2,val2,…);
```

其中参数说明如下。

J 表示均衡化后的灰度图像或彩色图像的亮度分量。

I 表示灰度图像或彩色图像的亮度分量。

param/val 表示参数/值的对组,取值情况如表 4-4 所示。

表 4-4　参数对组取值

param	val
'NumTiles'	指定划分的小片数,由向量的行和列组成,默认值为[8,8]
'ClipLimit'	指定对比度增强的限制,默认值为 0.01。该值越高对比度就越强
'NBins'	为建立对比度增强变换而使用的直方图指定堆栈数目。该值越高动态范围越大,同时要付出降低处理速度的代价。默认值为 256
'Range'	'original':将输入图像的整个灰度范围。 'full':输出图像的整个灰度范围(默认值)
'Distribution'	'uniform':平坦的直方图(默认值)。 'rayleigh':钟形直方图。 'exponential':曲线直方图
'Alpha'	用于瑞利分布和指数分布的非负标量,默认值为 0.4

实现代码如下：

```matlab
clear all
%在"选取一幅待处理图像"对话框中选取一幅雾霾图像
[filename,pathname]=uigetfile('*.*','选取一幅雾霾图像');
str=[pathname filename];
src=im2double(imread(str));
subplot(2,2,1),imshow(src),title('输入图像');
if ismatrix(src)
    %灰度图像
    result=adapthisteq(src);                              %限制对比度自适应直方图均衡化
    subplot(2,2,2),imhist(src),title('输入图像的直方图');
    subplot(2,2,3),imshow(result),title('CLAHE 效果');
    subplot(2,2,4),imhist(result),title('CLAHE 后图像的直方图');
else
    %彩色图像
    J=rgb2hsv(src);                                       %RGB 空间转换到 HSV 空间
    H=J(:,:,1);                                           %提取色调分量
    S=J(:,:,2);                                           %提取饱和度分量
    V=J(:,:,3);                                           %提取亮度分量
    V_enhancing=adapthisteq(V);                           %限制对比度自适应直方图均衡化
    enhancingImage=cat(3,H,S,V_enhancing);               %三分量合成
    result=hsv2rgb(enhancingImage);                       %HSV 空间转换到 RGB 空间
    subplot(2,2,2),imhist(V),title('输入图像亮度分量的直方图');
    subplot(2,2,3),imshow(result),title('CLAHE 效果');
    subplot(2,2,4),imhist(V_enhancing),title('CLAHE 后图像亮度分量的直方图');
end
```

实现效果如图 4-28 所示。

(a) 直方图均衡化效果

(b) CLAHE效果

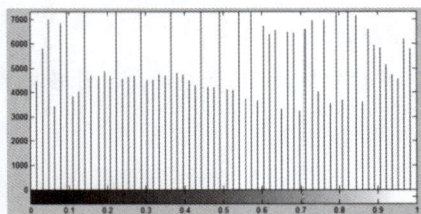

(c) 直方图均衡化效果的直方图

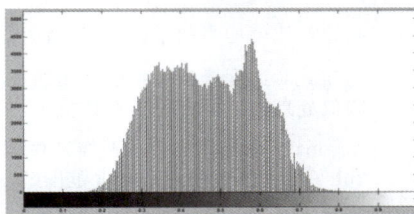

(d) CLAHE效果的直方图

图 4-28 直方图均衡化与 CLAHE 修正效果的比较

从去雾处理效果上来看，尽管 CLAHE 均衡化后的直方图形态并不是均匀分布的，但是相比

直方图均衡化,CLAHE 提亮了暗区,同时高亮区也不至于过曝,图像的局部对比度得到了有效增强,局部细节得到了完好保留。

目前,CLAHE 算法在图像处理领域有较多的应用,典型的有图像去雾处理、水下图像处理、低照度图像处理等方面。当然,在实际应用中,该算法需要调节其参数方可达到最优化。

（2）直方图规定化。由案例 4-4 可以看出,直方图均衡化自动地确定了变换函数,可以很方便地得到变换后的图像,但是在有些应用中这种自动增强并不是最好的方法。在实际应用中,有时候需要图像具有某一特定的直方图形状,而不是均匀分布的直方图,这时就可以使用另一种直方图修正方法——直方图规定化加以修正。

① 基本原理。直方图规定化是在直方图均衡化原理的基础上,通过建立输入图像和参考图像之间的关系,选择地控制直方图,使之与期望的参考图像直方图形状相匹配,如图 4-29 所示。

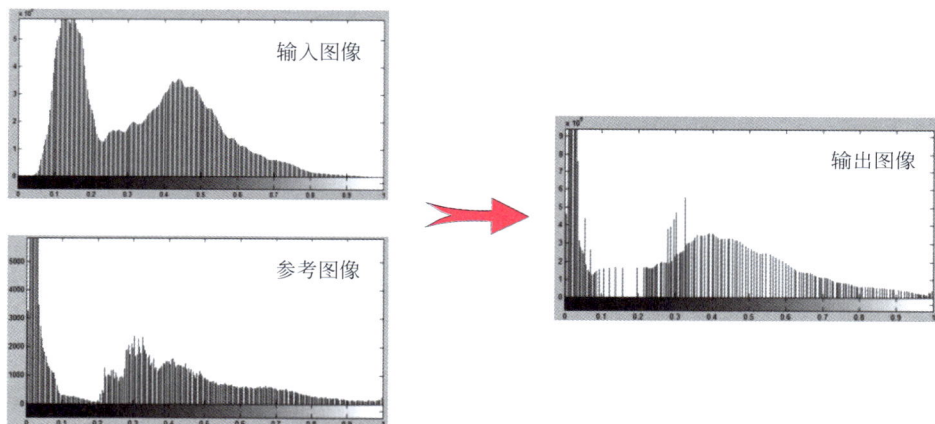

图 4-29　直方图规定化示意图

相比于直方图均衡化操作,直方图规定化多了一个输入,但是其变换的结果也更灵活,适用于更多的应用场景。

② 实现方法。直方图规定化的实现函数与直方图均衡化相同,即 histeq() 函数。其语法格式如下：

```
J=histeq(I,hgram);
```

其中参数说明如下。

J 表示规定化后的灰度图像或彩色图像的亮度分量。

I 表示灰度图像或彩色图像的亮度分量。

hgram 表示参考图像对应的直方图向量。

由参数 hgram 的用途可知,在执行该函数之前首先需要使用 imhist() 函数获取参考图像 reference 的直方图向量,因此直方图规定化的完整处理过程如下：

```
hgram=imhist(reference);
J=histeq(I,hgram);
```

从上述代码的含义不难理解,直方图规定化实质上就是按参考图像的直方图进行均衡化的处理。

③ 应用场景。

【案例 4-5】 "高级黑"滤镜。

• 实现方法。选取一幅明暗反差较大的图像作为参考图像，对输入图像进行直方图规定化处理即可得到具有黑色背景的图像，这样可使图像主体更加突显，细节刻画更为细致，画面更具格调。

【贴士】 若输入图像具有背景较暗而前景较亮的特征，则其处理效果可达到最佳。

• 实现代码。"高级黑"滤镜的实现代码如下：

```
clear all
%在"选取一幅待处理图像"对话框中选取一幅参考图像
[filename,pathname]=uigetfile('*.*','选取一幅参考图像');
str=[pathname filename];
reference=im2double(imread(str));
if ismatrix(reference)
    %在"选取一幅待处理图像"对话框中选取一幅输入图像(灰度图像)
    [filename,pathname]=uigetfile('*.*','选取一幅输入图像(灰度图像)');
    str=[pathname filename];
    src_gray=im2double(imread(str));
    %直方图规定化处理
    reference_hist=imhist(reference);
    result=histeq(src_gray,reference_hist);
    subplot(2,2,1),imshow(reference),title('参考图像');
    subplot(2,2,2),imhist(reference),title('参考图像的直方图');
    subplot(2,2,3),imshow(result),title('直方图规定化效果');
    subplot(2,2,4),imhist(result),title('直方图规定化图像的直方图');
else
    %在"选取一幅待处理图像"对话框中选取输入图像(彩色图像)
    [filename,pathname]=uigetfile('*.*','选取一幅输入图像(彩色图像)');
    str=[pathname filename];
    src_rgb=im2double(imread(str));
    reference_hsv=rgb2hsv(reference);          %RGB空间转换到HSV空间
    H_reference=reference_hsv(:,:,1);          %提取色调分量
    S_reference=reference_hsv(:,:,2);          %提取饱和度分量
    V_reference=reference_hsv(:,:,3);          %提取亮度分量
    src_hsv=rgb2hsv(src_rgb);                  %RGB空间转换到HSV空间
    H_src=src_hsv(:,:,1);                      %提取色调分量
    S_src=src_hsv(:,:,2);                      %提取饱和度分量
    V_src=src_hsv(:,:,3);                      %提取亮度分量
    %直方图规定化处理
    V_reference_hist=imhist(V_reference);
    V_src_enhancing=histeq(V_src,V_reference_hist);
    enhancingImage_hsv=cat(3,H_src,S_src,V_src_enhancing);%三分量合成
    result=hsv2rgb(enhancingImage_hsv);               %HSV空间转换到RGB空间
    subplot(2,2,1),imshow(reference),title('参考图像');
    subplot(2,2,2),imhist(V_reference),title('参考图像亮度分量的直方图');
    subplot(2,2,3),imshow(result),title('直方图规定化效果');
    subplot(2,2,4),imhist(V_src_enhancing),title('直方图规定化图像亮度分量的直方图');
end
```

【代码说明】

对于彩色图像而言,仅需对其亮度分量操作即可,对应的核心代码如下:

```
V_reference_hgram=imhist(V_reference);
V_result=histeq(V_src,V_reference_hgram);
```

其中参数说明如下。

V_reference 表示参考图像 reference 的亮度分量。

V_reference_hgram 表示参考图像 reference 亮度分量的直方图向量。

V_src 表示输入图像的亮度分量。

V_result 表示规定化后图像的亮度分量。

• 实现效果。"高级黑"滤镜效果如图 4-30 所示。

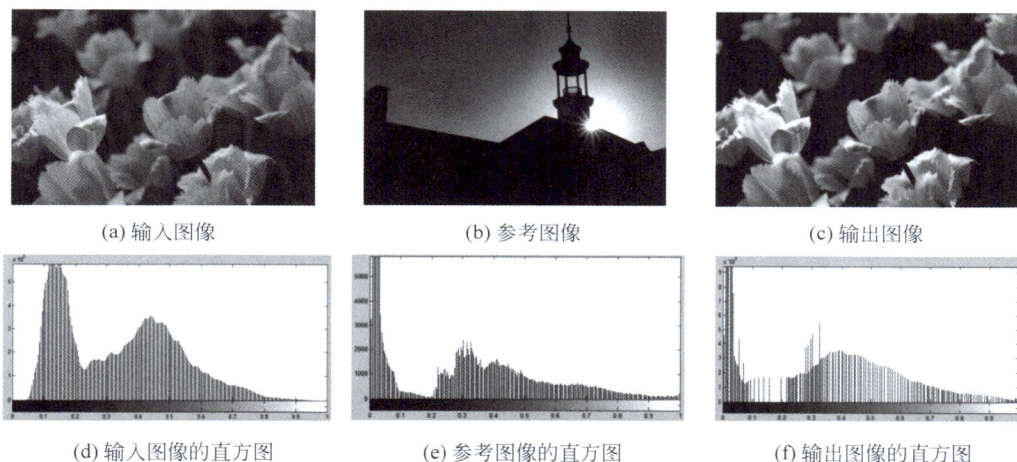

(a) 输入图像　　　　　　　　　(b) 参考图像　　　　　　　　　(c) 输出图像

(d) 输入图像的直方图　　　　(e) 参考图像的直方图　　　　(f) 输出图像的直方图

图 4-30 "高级黑"滤镜效果

小试身手

使用直方图规定化方法完成多幅图像的拼接任务达到最佳合成效果,具体要求详见习题 4 第 4 题。

4.2 邻 域 运 算

回顾 4.1 节中所介绍的点运算,源于其操作对象是图像的单个像素而得名。这里介绍的邻域运算则有所不同,运算时它不仅要考虑当前像素,还要考虑其周围邻居的像素,也就是说,输出图像中的每个像素值都是由输入图像中对应的像素及其某个邻域内的像素的值共同决定的。

4.2.1 邻域

像素的相邻性是指当前像素与周边像素的邻接性质,通常称为像素的邻域。通常邻域是指一个远小于图像尺寸的形状规则的像素块,按照不同邻接性质通常分为 4 邻域、8 邻域、D 邻域,如图 4-31 所示。

1. 4 邻域

以当前像素为中心位置,其上、下、左、右的 4 个像素就是当前像素的 4 邻域。使用 $N_4(p)$ 表示像素点 P 的 4 邻域。对于位于 (x, y) 的 P 点来说,4 邻域的 4 个像素分别为 $(x, y-1)$、$(x, y+1)$、

$(x-1,y)$、$(x+1,y)$。

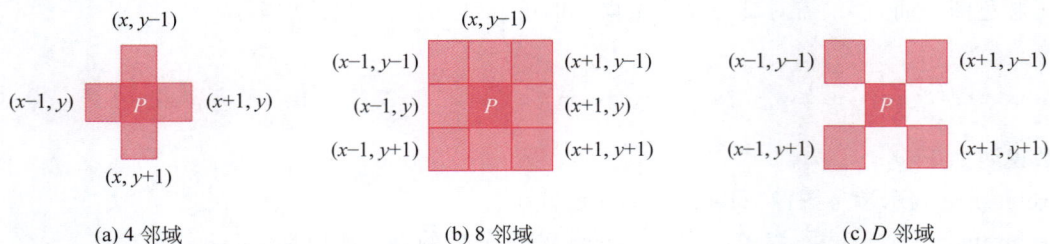

(a) 4 邻域　　　　　　　　(b) 8 邻域　　　　　　　　(c) D 邻域

图 4-31　像素及其邻域

2. 8 邻域

以当前像素为中心位置，其上、下、左、右、左上、右上、左下、右下的 8 个像素就是当前像素的 8 邻域，使用 $N_8(p)$ 来表示像素点 P 的 8 邻域。对于位于 (x,y) 的 P 点来说，8 邻域的 8 个像素分别为 $(x,y-1)$、$(x,y+1)$、$(x-1,y)$、$(x+1,y)$、$(x-1,y-1)$、$(x+1,y-1)$、$(x-1,y+1)$、$(x+1,y+1)$。

3. D 邻域

以当前像素为中心位置，其左上、右上、左下、右下的 4 个对角上的像素就是当前像素的 D 邻域，使用 $N_D(p)$ 来表示像素点 P 的 D 邻域。对于位于 (x,y) 的 P 点来说，D 邻域的 4 个像素分别是 $(x-1,y-1)$、$(x+1,y-1)$、$(x-1,y+1)$、$(x+1,y+1)$。

4.2.2　邻域运算

邻域运算是以包含中心像素的邻域为分析对象，将当前像素点 P 及其邻域内的其他像素有机地关联起来共同决定输出图像中对应像素的值，如图 4-32 所示。

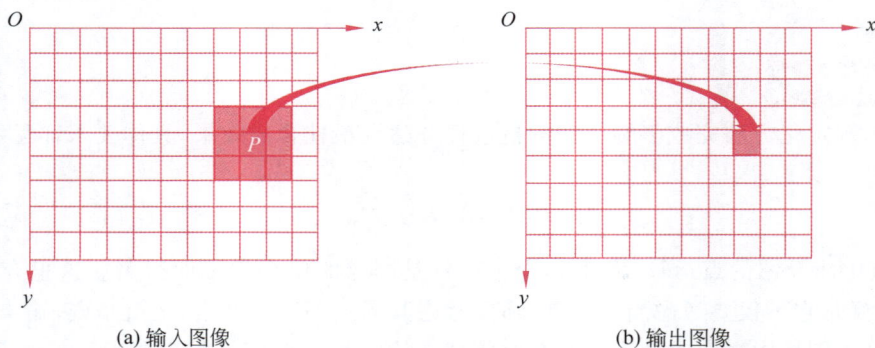

(a) 输入图像　　　　　　　　(b) 输出图像

图 4-32　邻域运算

模板是邻域运算的核心，在数字图像处理中模板实际上是一个尺寸远小于图像的 $m \times n$ 矩阵（m、n 为奇数，且至少为 3），该矩阵中各元素的值称为加权系数。那么模板在邻域运算中到底充当了什么样的角色？接下来让我们在以下两种邻域运算中一探究竟吧！

1. 相关运算

以灰度图像为例，相关运算的运算规则是在输入图像上不断移动模板的位置，使模板的中心像素遍历地对准输入图像的每个像素，该像素所在邻域内的每个像素分别与模板中的每个加权系数对位相乘，乘积之和即为输出图像中对应像素的值，如图 4-33 所示。

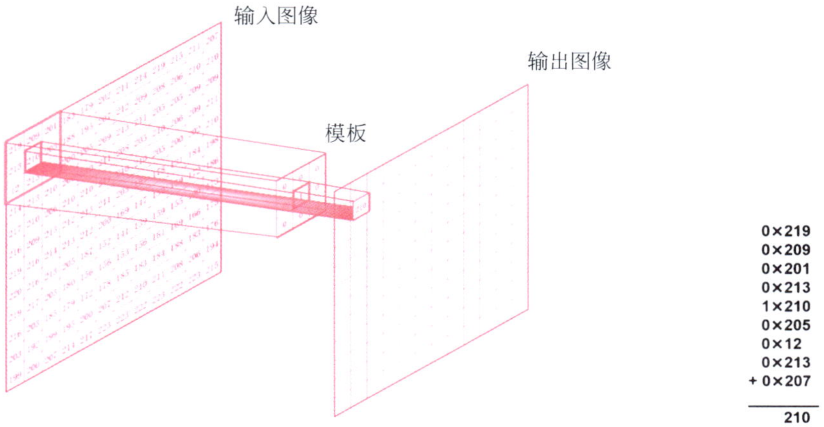

$$
\begin{aligned}
&0\times219\\
&0\times209\\
&0\times201\\
&0\times213\\
&1\times210\\
&0\times205\\
&0\times12\\
&0\times213\\
+\ &0\times207\\
\hline
&210
\end{aligned}
$$

图 4-33　相关运算规则示意图

很显然,图像的相关运算实际上是通过模板在图像上的移动完成的,并且运算结果会因模板的不同而不同。

2. 卷积运算

卷积运算与相关运算都是将"乘积之和"作为当前像素的值,但区别在于卷积运算需要先将模板绕中心逆时针旋转 $180°$。此时若模板是 $180°$ 对称的,则卷积运算等价于相关运算。但并不是所有的模板都对称,因此在不同的应用场景中要注意区分二者。

4.2.3　边界处理

由于输入图像的 4 条边界上的像素没有完整的邻域,无法通过邻域运算得到输出图像对应边界像素的灰度值,如图 4-34(a)所示。为了解决这个问题,可以在邻域运算前,对输入图像进行边界填充,即在图像矩阵的边界外填充一些值,以使边界上的像素能够位于模板中心,通常用常数 P 填充,如图 4-34(b)和图 4-34(c)所示。

(a) 输入图像　　　　　(b) 3×3 模板　　　　　(c) 5×5 模板

图 4-34　P 为 0 的常数边界填充方式

除了用常数 P 填充的方式外,还可以采用边界值扩展、边界值镜像、周期扩展等多种填充方式,效果如图 4-35～图 4-37 所示。

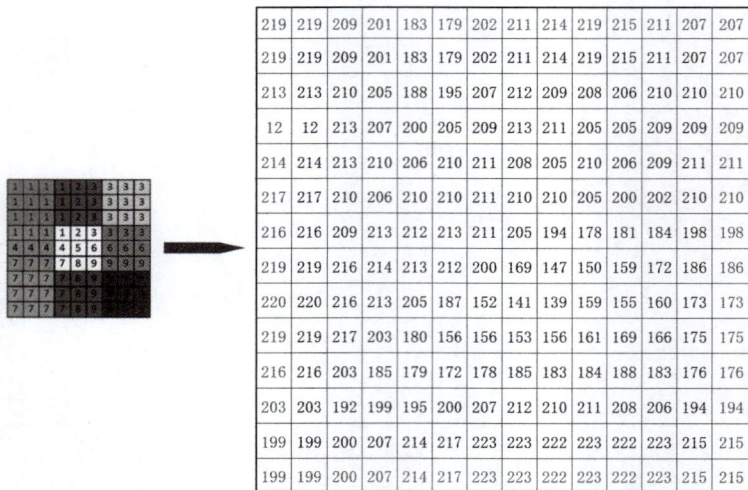

图 4-35　边界值扩展方式

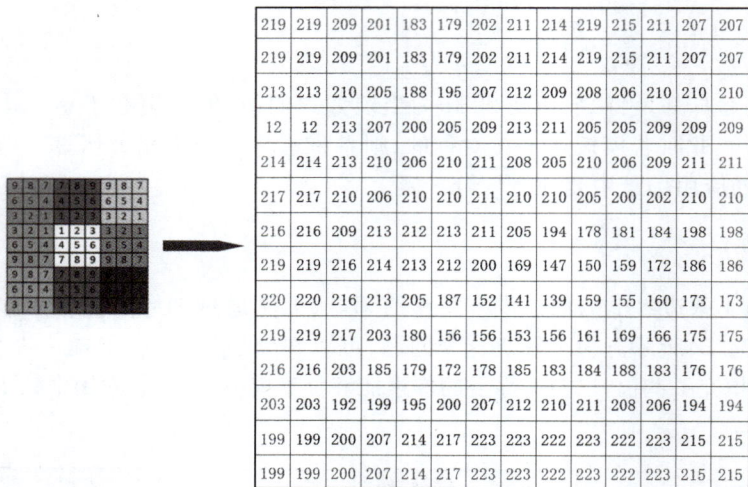

图 4-36　边界值镜像方式

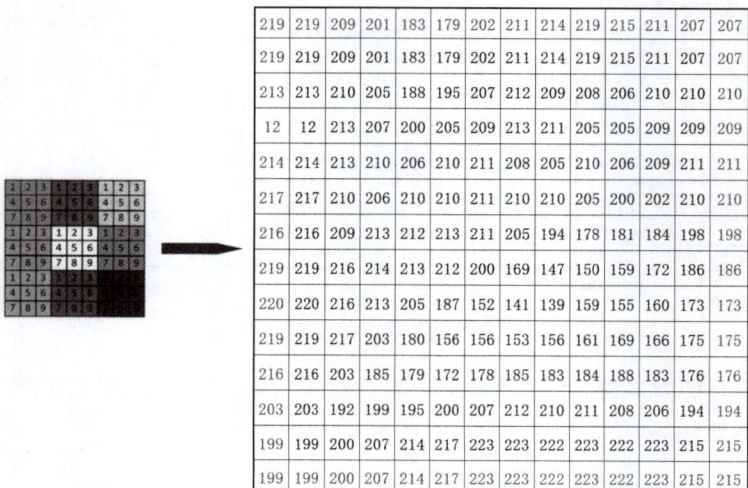

图 4-37　周期扩展方式

4.2.4 邻域运算的实现方法

邻域运算可通过调用 imfilter() 函数实现。其语法格式如下：

```
g=imfilter(f,h,filtering_mode,boundary_options,size_options);
```

其中，g 表示邻域运算后的输出图像，f 表示输入图像，h 表示模板，其他参数项如表 4-5 所示。

表 4-5 其他参数项及说明

选 项		说 明
滤波模式 filtering_mode	'corr'	相关运算，该值为默认值
	'conv'	卷积运算
边界选项 boundary_options	P	常数 P 填充，该值为默认值且为 0
	'replicate'	边界扩展
	'symmetric'	边界镜像
	'circular'	周期扩展
大小选项	'full'	输出图像大小与被填充图像相同
	'same'	输出图像大小与输入图像相同，该值为默认值

1. 实现代码

邻域运算的实现代码如下：

```
clear all
%在"选取一幅待处理图像"对话框中选取一幅待处理图像
[filename,pathname]=uigetfile('*.*','选取一幅待处理图像');
str=[pathname filename];
src=im2double(imread(str));
h=[-2 -1 0;-1 1 1;0 1 2];                           %自定义模板
result=imfilter(src,h);                             %邻域运算
subplot(1,2,1),imshow(src),title('输入图像');
subplot(1,2,2),imshow(result),title('模板 h 的邻域运算结果');
```

2. 实现效果

运用邻域运算实现的浮雕效果如图 4-38 所示。

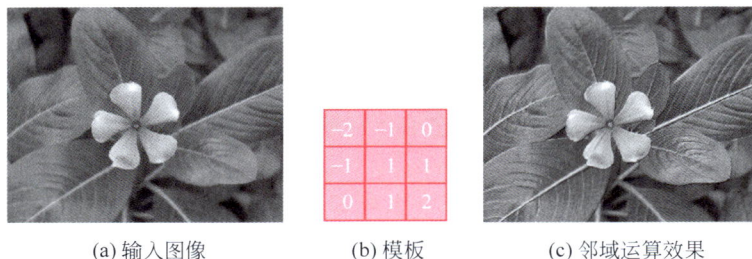

(a) 输入图像　　　　　(b) 模板　　　　　(c) 邻域运算效果

图 4-38 浮雕效果

由图 4-38(c) 的浮雕效果可知，基于邻域运算的空间域图像增强过程就是根据实际的应用场景为其

自定义或选取适合的模板，并将该模板与输入图像进行相关或卷积运算的过程。在这里，模板又称为空间滤波器，邻域运算则称为空间域滤波。

空间域滤波方法大体分为两类：平滑空间域滤波和锐化空间域滤波。其中，平滑空间域滤波常用于去除不相关细节和降噪处理；锐化空间域滤波则是突显图像的边缘及细节部分，使图像变得清晰。

知识拓展

模板可以自定义，也可以使用系统预设的模板。此时与 imfilter() 函数相配合的是 fspecial() 函数，其语法格式如下：

```
h=fspecial(type,parameters);
```

其中，参数 type、parameters 的取值如表 4-6 所示。

表 4-6　参数取值说明

type	parameters
'average'	向量 n 表示模板大小，默认值为[3,3]
'disk'	radius 表示圆形模板的半径，默认值为 5
'gaussian'	向量 n 表示模板大小，默认值为 3，表示[3,3]； sigma 表示标准差，默认值为 0.5（单位：像素）
'laplacian'	alpha 用于控制拉普拉斯算子的形状，默认值为 0.2（取值范围为[0,1]）
'log'	向量 n 表示模板大小，默认值为[3,3]； sigma 表示标准差，默认值为 0.5（单位：像素）
'prewitt'	无参数
'sobel'	无参数
'unsharp'	alpha 用于控制滤波器的形状，默认值为 0.2（取值范围为[0,1]）

4.3　图像平滑

根据空间域滤波的特点，图像平滑算法可分为线性滤波和非线性滤波。输出图像某像素的值是由输入图像中对应像素及其邻域像素的值经过线性加权计算得到的，这种滤波方法称为线性滤波，反之称为非线性滤波。

4.3.1　线性滤波

1. 均值滤波

1）基本原理

均值滤波是最简单的一种线性滤波算法，它是指将输入图像中当前像素周围 3×3 像素的值取平均作为输出图像对应像素的值，如图 4-39 所示。

按照以上运算规则去遍历输入图像中的每个像素即可完成整幅图像的均值滤波。在这里，模板大小可以是 $3\times3, 5\times5, \cdots, n\times n$（$n$ 为奇数），它们的共同特点是所有系数均为 1。且模板前还需乘以 $\frac{1}{9}$，$\frac{1}{25}, \cdots, \frac{1}{n^2}$，如图 4-40 所示。

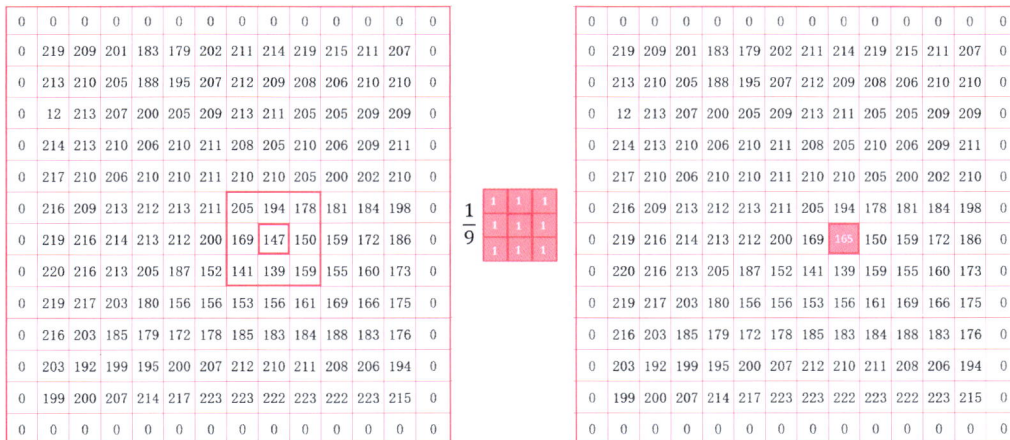

(a) 输入图像　　　　　　(b) 3×3的模板　　　　　　(c) 取均值

图 4-39　均值滤波原理示意图

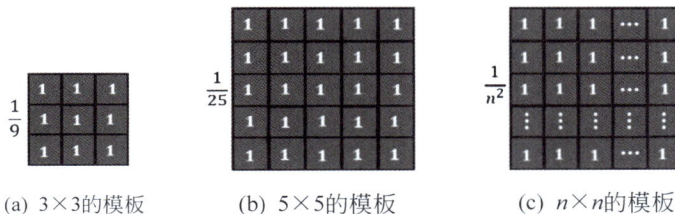

(a) 3×3的模板　　(b) 5×5的模板　　(c) n×n的模板

图 4-40　均值滤波的模板

2）实现方法

步骤 1：自定义均值模板或者调用内置函数 fspecial()生成预设的均值模板。

形式 1：

```
h=fspecial('average',hsize);
```

形式 2：

```
h=fspecial('disk',radius);
```

注意：形式 2 虽然是圆形均值模板，但实际上却是一个 $(2\times radius+1)\times(2\times radius+1)$ 的方阵，如图 4-41 所示。

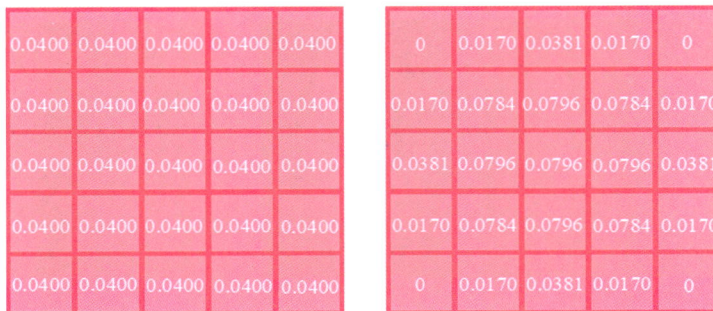

(a) 形式1　　　　　　　　(b) 形式2

图 4-41　radius＝2 的均值模板

步骤 2：调用 imfilter() 函数实现输入图像与均值模板的邻域运算。

3）应用场景

【**案例 4-6**】 "画中画"特效制作。

（1）实现方法。从图 4-42 的"画中画"效果上看，该应用仅需一幅输入图像，且最终效果是由一幅模糊化的输入图像与一幅缩小的输入图像融合而成。具体处理步骤如下。

步骤 1：模糊化处理。自定义或采用预设的均值滤波模板（模板大小的选择需视画面效果而定），将输入图像与均值滤波模板进行邻域运算，得到一幅模糊化了的图像作为背景。

步骤 2：等比例缩小处理。利用缩放变换将输入图像进行等比例缩小处理，得到一幅缩小版的图像作为前景。

步骤 3：图像融合并自动裁剪多余部分。首先计算出前景左上角的坐标，使前景位于背景的中心位置；然后将前景与背景进行融合；最后将多余部分自动裁剪掉。

① 融合位置计算。在这里，设定前景位于背景的中心位置。由图 4-43 中的图示可知，前景左上角的坐标值 (x, y) 为

$$\begin{cases} x = \dfrac{background\_width - foreground\_width}{2} \\ y = \dfrac{background\_height - foreground\_height}{2} \end{cases} \quad (4-9)$$

图 4-42 "画中画"特效

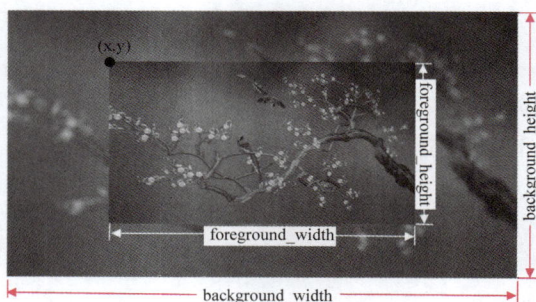

图 4-43 融合位置示意图

融合时，只需在背景上将前景重绘在指定位置上即可。

② 裁剪区域确定。很显然，裁剪区域是由左上角坐标及区域宽高决定的。但需要注意横版图像和竖版图像的裁剪区域是不同的，如图 4-44 所示。

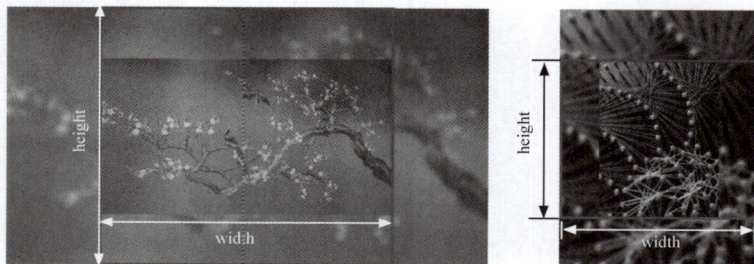

(a) 横版图像

(b) 竖版图像

图 4-44 裁剪区域示意图

- 横版图像：

$$\begin{cases} x' = x \\ y' = 0 \\ width = foreground\_width \\ height = background\_height \end{cases}$$ （4-10）

- 竖版图像：

$$\begin{cases} x' = 0 \\ y' = y \\ width = background\_width \\ height = foreground\_height \end{cases}$$ （4-11）

（2）实现代码。"画中画"特效的实现代码如下：

```
clear all
%在"选取一幅待处理图像"对话框中选取一幅待处理图像
[filename,pathname]=uigetfile('*.*','选取一幅待处理图像');
str=[pathname filename];
src=im2double(imread(str));
h=fspecial('average',15);                        %预设均值滤波模板
background=imfilter(src,h,'replicate');          %均值滤波获得模糊化图像
background_height=size(background,1);background_width=size(background,2);
foreground=imresize(src,0.6);                    %等比例缩小获得缩小版图像
foreground_height=size(foreground,1);foreground_width=size(foreground,2);
%图像融合
x=(background_width-foreground_width)/2;
y=(background_height-foreground_height)/2;
result_blending=background;                      %初始化输出图像为模糊化图像
for i=1:foreground_height
    for j=1:foreground_width
        result_blending(i+round(y)-1,j+round(x)-1,:)=foreground(i,j,:);
    end
end
%自动裁剪处理
if (background_height<background_width)
    result_crop=imcrop(result_blending,[x,0,foreground_width,background_height]);
else
    result_crop=imcrop(result_blending,[0,y,background_width,foreground_height]);
end
subplot(2,3,1),imshow(src),title('输入图像');
subplot(2,3,2),imshow(background),title('模糊化图像');
subplot(2,3,3),imshow(foreground),title('缩小版图像');
subplot(2,3,4),imshow(result_blending),title('图像融合结果');
subplot(2,3,5),imshow(result_crop),title('裁剪结果');
```

（3）实现效果。画中画特效如图 4-45 所示。

小试身手

运用均值滤波算法，并结合椭圆蒙版实现国风壁纸合成效果，具体要求详见习题 4 第 5 题。

2. 高斯滤波

1）基本原理

均值滤波的优点是算法简单、效率高。其缺点也很明显，由于其平均化的本质，该方法会造成图像的整体模糊，导致图像中的边缘信息及特征信息丢失，而且会随着模板尺寸的增大而愈加明显。

这时可引入高斯滤波，那么高斯滤波是如何分配权重的呢？一般情况下，越靠近的点关系越密切，

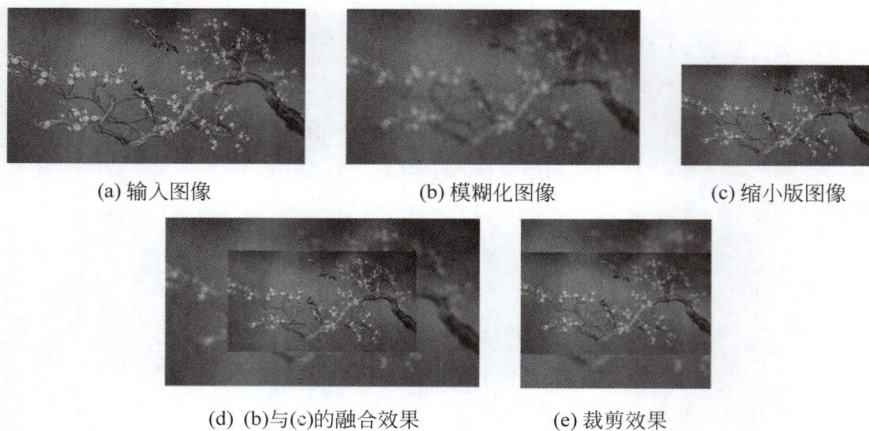

(a) 输入图像　　　(b) 模糊化图像　　　(c) 缩小版图像

(d) (b)与(c)的融合效果　　　(e) 裁剪效果

图 4-45　"画中画"特效完整制作流程

越远离的点关系越疏远。高斯滤波就是通过赋予不同位置的像素以不同的权重，且离中心像素越近的邻域像素具有越大权重的方法，对邻域像素进行加权平均计算的，如图 4-46 所示。

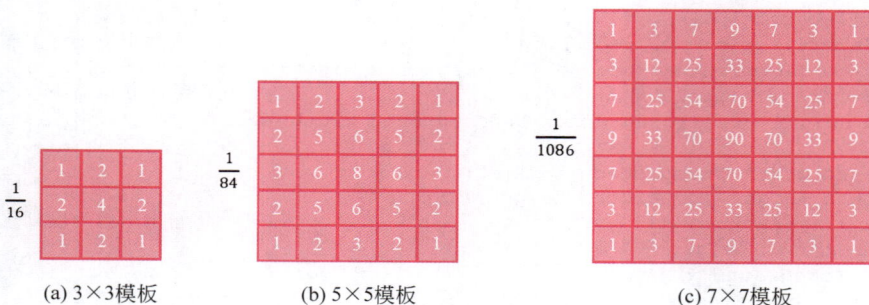

(a) 3×3模板　　　(b) 5×5模板　　　(c) 7×7模板

图 4-46　高斯滤波的模板

与邻域平均法相比，加权平均法使得模板中心位置的像素比其他位置的像素权重要大，使得距离中心较远的点贡献度降低，减小了平滑带来的模糊效应，使得图像的边缘要相对清晰一点。在实际应用中，可以根据图像结构确定模板，使得加权值成为自由调节的参数，应用比较灵活。

2）实现方法

步骤 1：自定义或者调用内置函数 fspecial() 生成预设的高斯模板。代码如下：

```
h=fspecial(type,parameters);
```

其中参数说明如下。

type 设置为'gaussian'。

parameters 包括高斯模板的大小（默认值为 3，代表［3 3］）和 sigma。其中，sigma 决定了图像的模糊程度，单位为像素，默认值为 0.5。其值越小，模糊程度越小；其值越大，模糊程度就越大。该参数的特点从图 4-47 中也不难发现：当 sigma 值越大，对应的模板就越接近均值模板，故模糊程度自然就越大。

步骤 2：调用内置函数 imfilter() 实现输入图像与高斯模板的邻域运算。

3）应用场景

【案例 4-7】图像降噪处理——高斯噪声。

（1）实现方法。高斯噪声是其概率密度函数服从高斯分布（即正态分布）的一类噪声，因此要实现这类噪声的去除就要先来了解一下什么是高斯分布。

在数学上，均值 μ 为 0 的二维高斯函数定义为

$$g(x,y)=\frac{1}{2\pi\sigma^2}\mathrm{e}^{-\frac{x^2+y^2}{2\sigma^2}}\qquad(4\text{-}12)$$

从图 4-47 所示的高斯曲面可以看到，参数 δ 用于控制高斯曲面的高矮胖瘦，即 δ 较小时，分布越集中，曲面高瘦；反之分布越平缓，曲面矮胖。

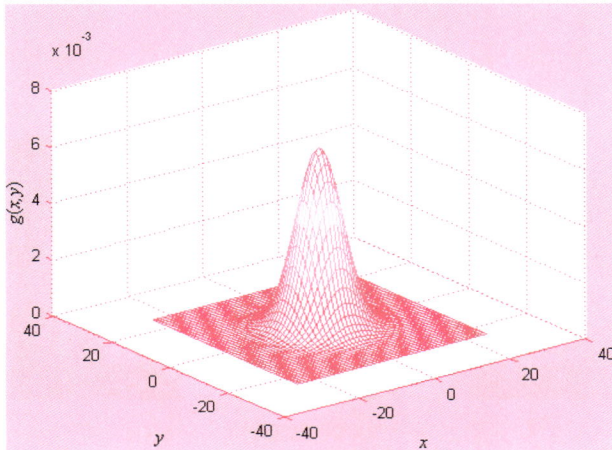

图 4-47 二维高斯曲面

高斯滤波器是根据二维高斯函数的形状选择权值的线性平滑滤波器。权值分配策略是对二维高斯函数进行离散化，即以模板的中心位置为坐标原点进行取样，这样就可计算出模板在各个位置的坐标，如图 4-48(a)所示。然后，将给定的 δ 值以及这些坐标代入二维高斯函数中，将计算得到的值作为模板的系数，如图 4-48(b)所示。

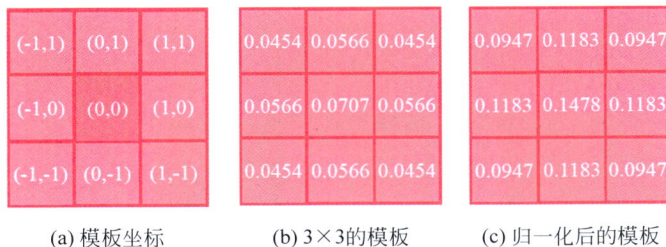

(-1,1)	(0,1)	(1,1)
(-1,0)	(0,0)	(1,0)
(-1,-1)	(0,-1)	(1,-1)

0.0454	0.0566	0.0454
0.0566	0.0707	0.0566
0.0454	0.0566	0.0454

0.0947	0.1183	0.0947
0.1183	0.1478	0.1183
0.0947	0.1183	0.0947

(a) 模板坐标　　　　(b) 3×3的模板　　　(c) 归一化后的模板

图 4-48 $\delta=1.5$ 的高斯模板

由于平滑滤波模板的系数之和必须等于1，所以还需要将计算得到的如图 4-48(b)所示的 3×3 模板进行归一化处理，即模板上的每个系数均除以所有系数之和，方可得到所需的模板，如图 4-48(c)所示。该模板的系数随着与模板中心的距离的增大而减小。

(2) 实现代码。高斯噪声的实现代码如下：

```
clear all
%在"选取一幅待处理图像"对话框中选取一幅待处理图像
[filename,pathname]=uigetfile('*.*','选取一幅待处理图像');
str=[pathname filename];
src=im2double(imread(str));
%人为加入高斯噪声
src_noise=imnoise(src,'gaussian',0,0.03);
```

```
%高斯滤波
h_gaussian=fspecial('gaussian',7,1);
result_gaussian=imfilter(src_noise,h_gaussian);
%均值滤波
h_average=fspecial('average',7);
result_average=imfilter(src_noise,h_average);
subplot(1,3,1),imshow(src_noise),title('高斯噪声图像');
subplot(1,3,2),imshow(result_gaussian),title('高斯滤波的降噪效果');
subplot(1,3,3),imshow(result_average),title('均值滤波的降噪效果');
```

（3）实现效果。从图4-49的降噪效果上看，高斯滤波能够有效地消除和抑制高斯噪声。同时，相比于均值滤波，图像的模糊程度有所降低，更大程度地保留了图像的边缘细节。

(a) 高斯噪声图像　　(b) $\delta=1$的高斯滤波降噪效果　(c) 均值滤波降噪效果

图 4-49　降噪效果比较

对于高斯滤波的模板来说，高斯分布的标准差 δ 是最重要的参数，它表征了模板的平滑程度，δ 值越大，表示平滑程度就越高。但 δ 值过大会导致图像的过度模糊，δ 值过小又达不到降噪的效果。因此，根据不同的图像选择合适的 δ 值至关重要。

知识拓展

从图 4-50 中可以看到，应用 Photoshop 中的高斯模糊滤镜只需设置半径值就可以实现模糊效果，那么这里的半径指的是什么？它和上面所介绍的高斯滤波的模板大小和 δ 有什么关系？

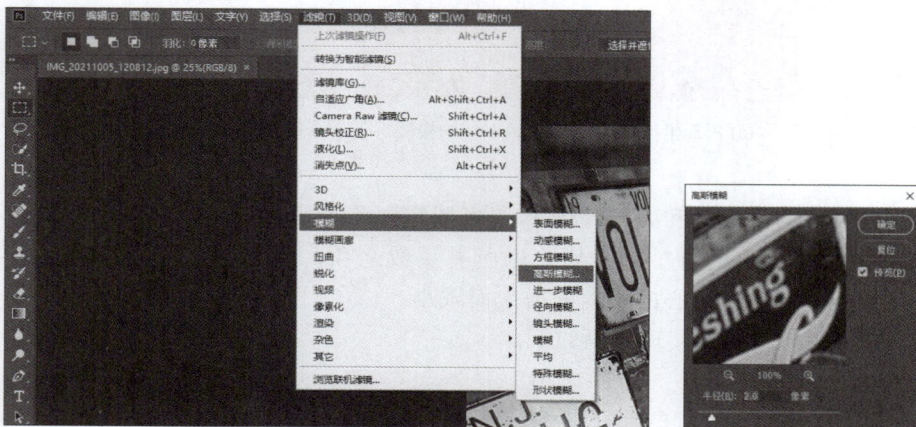

(a) "高斯模糊" 菜单选项　　　　　　　　(b) 高斯模糊窗口

图 4-50　Photoshop 中的高斯模糊滤镜

从高斯滤波的权值分配策略上分析可知,高斯模板本质上就是高斯曲面的一个近似,而且是无穷拓展的,因此其模板大小理论上认为是无穷大的。只是在计算高斯函数的离散近似时,3δ 距离被认为是高斯函数的能量最集中的区域,即 3δ 距离之外像素都可以看作不起作用,可忽略不计,仅计算 3δ 距离以内即可,即模板大小应取为 $(\lfloor 3\delta \rfloor \times 2+1) \times (\lfloor 3\delta \rfloor \times 2+1)$。例如,假设 $\delta = 0.6$,计算得到的模板大小为 $(\lfloor 3\times 0.6 \rfloor \times 2+1) \times (\lfloor 3\times 0.6 \rfloor \times 2+1) = 5\times 5$。

在 MATLAB 中高斯模板是通过调用 fspecial() 函数获得的,例如,$h = $fspecial('gaussian',7,0.6)生成的高斯模板如图 4-51 所示。从图 4-51 中可以看出,尽管指定的模板大小是 7×7,但模板的最外层系数均为 0,实际起作用的只有矩形框内的部分,也就是 5×5 的区域,这一现象与上述结论是完全吻合的。因此,在实际应用中,$h = $fspecial('gaussian',7,0.6)可改为

```
sigma=0.6;
hsize=round(3 * sigma) * 2+1;
h=fspecial('gaussian',hsize,sigma);
```

0.0000	0.0000	0.0000	0.0000	0.0000	0.0000	0.0000
0.0000	0.0000	0.0004	0.0017	0.0004	0.0000	0.0000
0.0000	0.0004	0.0274	0.1099	0.0274	0.0004	0.0000
0.0000	0.0017	0.1099	0.4407	0.1099	0.0017	0.0000
0.0000	0.0004	0.0274	0.1099	0.0274	0.0004	0.0000
0.0000	0.0000	0.0004	0.0017	0.0004	0.0000	0.0000
0.0000	0.0000	0.0000	0.0000	0.0000	0.0000	0.0000

图 4-51　$\delta = 0.6$ 的 7×7 高斯模板

通过以上分析,不难理解 Photoshop 中高斯模糊滤镜的半径其实就是 δ,δ 值的大小直接决定了图像被模糊的程度。

小试身手

运用高斯滤波算法制作弥散海报,具体要求详见习题 4 第 6 题。

4.3.2　非线性滤波

与线性滤波不同的是,非线性滤波淡化了模板的概念,只是用一定尺寸的模板在输入图像中划分出邻域范围,仅该邻域中像素值参与某种运算(如何运算与所采用的算法相关)。

1. 中值滤波

1）基本原理

中值滤波是基于排序统计理论的一种能有效抑制噪声的非线性滤波技术。其基本思想是将图像的每个像素用该像素及其邻域内的其他像素的统计排序中值代替。

作为非线性滤波技术，中值滤波淡化了模板的概念，这时模板没有系数，它仅仅用于邻域范围的划分，使统计排序运算仅限于该邻域内的像素，如图 4-52 所示。另外，该方法所采用的统计排序方式升序降序均可，因为升序和降序序列的中值位置相同，且值为 159。

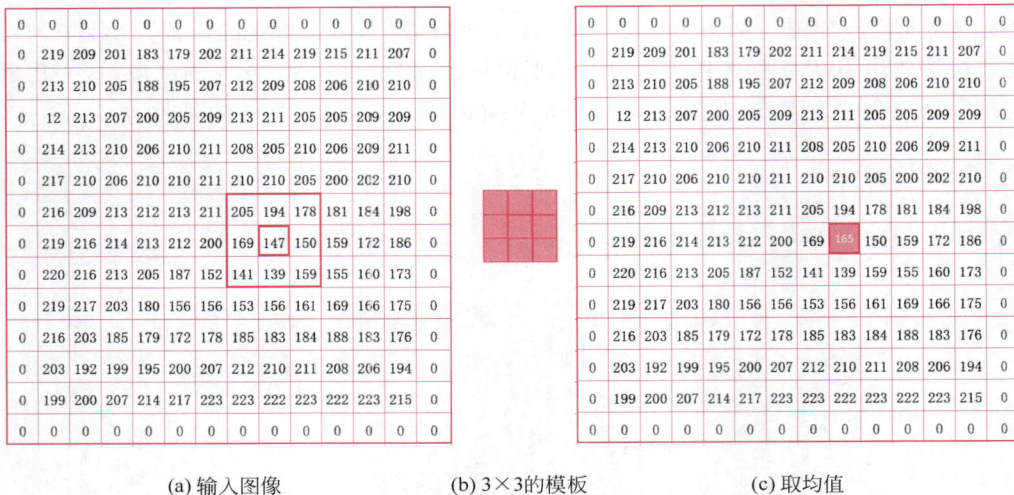

0	0	0	0	0	0	0	0	0	0	0	0	0	0
0	219	209	201	183	179	202	211	214	219	215	211	207	0
0	213	210	205	188	195	207	212	209	208	206	210	210	0
0	12	213	207	200	205	209	213	211	205	205	209	209	0
0	214	213	210	206	210	211	208	205	210	206	209	211	0
0	217	210	206	210	210	211	210	210	205	200	202	210	0
0	216	209	213	212	213	211	205	194	178	181	184	198	0
0	219	216	214	213	212	200	169	147	150	159	172	186	0
0	220	216	213	205	187	152	141	139	159	155	160	173	0
0	219	217	203	180	156	156	153	156	161	169	166	175	0
0	216	203	185	179	172	178	185	183	188	183	176		0
0	203	192	199	195	200	207	212	210	211	208	206	194	0
0	199	200	207	214	217	223	223	222	223	222	223	215	0
0	0	0	0	0	0	0	0	0	0	0	0	0	0

(a) 输入图像　　　　(b) 3×3的模板

0	0	0	0	0	0	0	0	0	0	0	0	0	0
0	219	209	201	183	179	202	211	214	219	215	211	207	0
0	213	210	205	188	195	207	212	209	208	206	210	210	0
0	12	213	207	200	205	209	213	211	205	205	209	209	0
0	214	213	210	206	210	211	208	205	210	206	209	211	0
0	217	210	206	210	210	211	210	210	205	200	202	210	0
0	216	209	213	212	213	211	205	194	178	181	184	198	0
0	219	216	214	213	212	200	169	165	150	159	172	186	0
0	220	216	213	205	187	152	141	139	159	155	160	173	0
0	219	217	203	180	156	156	153	156	161	169	166	175	0
0	216	203	185	179	172	178	185	183	188	183	176		0
0	203	192	199	195	200	207	212	210	211	208	206	194	0
0	199	200	207	214	217	223	223	222	223	222	223	215	0
0	0	0	0	0	0	0	0	0	0	0	0	0	0

(c) 取均值

图 4-52　中值滤波原理示意图

2）实现方法

直接调用 medfilt2( )函数，该函数原型如下：

```
g=medfilt2(f, [m n]);
```

其中，g 表示滤波后的灰度图像或彩色图像的 R、G、B 分量，f 表示灰度图像或彩色图像的 R、G、B 分量，[m n]表示模板大小，默认值为[3 3]。

注意：不同于线性滤波，中值滤波采用的模板只提供大小即可。

3）应用场景

【案例 4-8】图像降噪处理——椒盐噪声。

椒盐噪声通常是由图像传感器、传输信道及解码处理等产生的。在灰度图像上其样子就像随机地撒上一些盐粒和黑椒粒，因此称为椒盐噪声，如图 4-53 所示。

对于多通道的彩色图像来说，由于其 R、G、B 通道本质上也是灰度图像，故呈现的同样是黑白相间的噪点（图 4-54(a)～图 4-54(c)）。而当三通道合成为彩色图像之后则是彩色的噪点，如图 4-54(d)所示。

图 4-53　灰度椒盐噪声的降噪效果

(1) 实现方法。根据中值滤波的基本思想可知，如果在某个像素邻域中有一个异常的黑色或白色像素，该像素将无法作为中间值，因此肯定会被邻域的值替换掉，如图 4-55 所示。这正是中值滤波器在消除椒盐噪声时如此高效的原因。

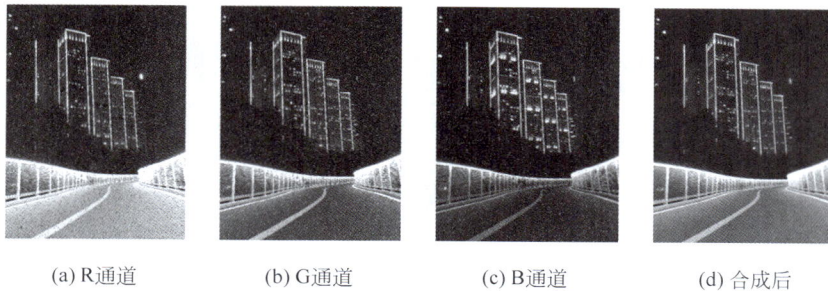

(a) R通道　　　　　(b) G通道　　　　　(c) B通道　　　　　(d) 合成后

图 4-54　彩色椒盐噪声图像

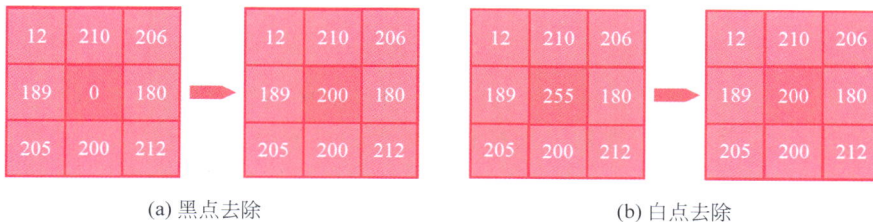

(a) 黑点去除　　　　　　　　　　　　(b) 白点去除

图 4-55　中值滤波降噪原理示意图

（2）实现代码。椒盐噪声的降噪效果的实现代码如下：

```
clear all
%在"选取一幅待处理图像"对话框中选取一幅待处理图像
[filename,pathname]=uigetfile('*.*','选取一幅待处理图像');
str=[pathname filename];
src=im2double(imread(str));
src_noise=imnoise(src,'salt & pepper',0.05);          %人为加入椒盐噪声
if ismatrix(src_noise)
    %对于灰度图像,直接去除即可
    result=medfilt2(src_noise,[5 5]);
else
    %对于彩色图像,需分通道去除
    src_noise_R=src_noise(:,:,1);
    src_noise_G=src_noise(:,:,2);
    src_noise_B=src_noise(:,:,3);
    result_R=medfilt2(src_noise_R,[5 5]);
    result_G=medfilt2(src_noise_G,[5 5]);
    result_B=medfilt2(src_noise_B,[5 5]);
    result=cat(3,result_R,result_G,result_B);
end
subplot(1,2,1),imshow(src_noise),title('椒盐噪声图像');
subplot(1,2,2),imshow(result),title('降噪效果');
```

（3）降噪效果。从图 4-56 的降噪效果上看,中值滤波对于椒盐噪声的抑制效果较好,与此同时也较大程度地保留了图像的边缘轮廓细节。并且随着模板尺寸的增大,降噪效果会愈加明显,但此时图像的边缘保留效果却会越差,从视觉上来看,即更加模糊。

(a) 灰度图像　　　　　　　　(b) 彩色图像

图 4-56　中值滤波的降噪效果

知识拓展

中值滤波器是统计排序滤波器中使用最广的一种。除中值滤波器外，常用的还有最大值滤波器和最小值滤波器。最大值滤波器是用模板所覆盖的像素值序列的最大值代替中心像素的值，主要用于去除胡椒噪声（黑点），但同时也会削弱与明色区域相邻的暗色区域。类似地，最小值滤波器是用模板所覆盖的像素值序列的最小值代替中心像素的值，主要用于去除盐粒噪声（白点），但同时也会削弱与暗色区域相邻的明色区域。

在 MATLAB 中，可以调用内置函数 ordfilt2() 实现统计排序滤波，该函数的语法格式如下：

```
g=ordfilt2(f,order,domain);
```

其中参数含义如下。

g 为滤波后的灰度图像或彩色图像的 R、G、B 分量。

f 为灰度图像或彩色图像的 R、G、B 分量。

order 为指定要代替中心像素值的某像素值在排序序列中的编号。

domain 为模板。

例如：

```
g=ordfilt2(f,9,ones(3,3));     %相当于模板为 3×3 的最大值滤波
g=ordfilt2(f,1,ones(3,3));     %相当于模板为 3×3 的最小值滤波
g=ordfilt2(f,5,ones(3,3));     %相当于模板为 3×3 的中值滤波
```

降噪的实现代码如下：

```
%最大值滤波—去除胡椒噪声
clear all
%在"选取一幅待处理图像"对话框中选取一幅待处理图像
[filename,pathname]=uigetfile('*.*','选取一幅待处理图像');
str=[pathname filename];
src=im2double(imread(str));
%向输入图像人为添加 500 个胡椒噪声
noise_img=src;
for i=1:500
    %生成随机坐标
```

```
    rand_x=1+fix(size(noise_img,1) * rand(20,1));
    rand_y=1+fix(size(noise_img,2) * rand(20,1));
    if ismatrix(noise_img)
        noise_img(rand_x,rand_y)=0;                    %灰度图像直接赋值
    else
        noise_img(rand_x,rand_y,:)=0;                  %彩色图像分通道赋值
    end
end
%去除胡椒噪声
if ismatrix(noise_img)
    result=ordfilt2(noise_img,9,ones(3,3));
else
    result(:,:,1)=ordfilt2(noise_img(:,:,1),9,ones(3,3));
    result(:,:,2)=ordfilt2(noise_img(:,:,2),9,ones(3,3));
    result(:,:,3)=ordfilt2(noise_img(:,:,3),9,ones(3,3));
end
subplot(1,3,1),imshow(src),title('输入图像');
subplot(1,3,2),imshow(noise_img),title('胡椒噪声图像');
subplot(1,3,3),imshow(result),title('最大值滤波降噪效果');

%最小值滤波—去除盐粒噪声
clear all
%在"选取一幅待处理图像"对话框中选取一幅待处理图像
[filename,pathname]=uigetfile('* . *','选取一幅待处理图像');
str=[pathname filename];
src=im2double(imread(str));
%向输入图像人为添加 500 个盐粒噪声
noise_img=src;
for i=1:500
    %生成随机坐标
    rand_x=1+fix(size(noise_img,1) * rand(20,1));
    rand_y=1+fix(size(noise_img,2) * rand(20,1));
    if ismatrix(noise_img)
        noise_img(rand_x,rand_y)=1;                    %灰度图像直接赋值
    else
        noise_img(rand_x,rand_y,:)=1;                  %彩色图像分通道赋值
    end
end
%去除盐粒噪声
if ismatrix(noise_img)
    result=ordfilt2(noise_img,1,ones(3,3));
else
    result(:,:,1)=ordfilt2(noise_img(:,:,1),1,ones(3,3));
    result(:,:,2)=ordfilt2(noise_img(:,:,2),1,ones(3,3));
    result(:,:,3)=ordfilt2(noise_img(:,:,3),1,ones(3,3));
end
subplot(1,3,1),imshow(src),title('输入图像');
subplot(1,3,2),imshow(noise_img),title('盐粒噪声图像');
subplot(1,3,3),imshow(result),title('最小值滤波降噪效果');
```

> **【代码说明】** ordfilt2()函数原本仅适用于灰度图像,若要将其运用于彩色图像,则需要分通道进行,即分别对彩色图像的 R、G、B 通道进行滤波,再将滤波得到的 3 幅灰度图像重新合成一幅新的彩色图像。

2. 双边滤波

高斯滤波是对整幅图像进行加权平均,认为越靠近中心像素的像素关系越密切,越远离的像素关系越疏远。但该方法在突变的边缘上,由于只使用距离来确定权重,导致边缘被模糊。针对高斯滤波的不足,双边滤波提出不仅要考虑空间距离的邻近度,同时还要考虑与像素值的相似度,从而达到"保边平滑"的效果。

1）基本原理

双边滤波的原理如下：

$$g(i,j) = \frac{\sum\limits_{k,l} f(k,l)\omega(i,j,k,l)}{\sum\limits_{k,l} \omega(i,j,k,l)} \tag{4-13}$$

其中参数说明如下。

(i,j) 表示中心像素的坐标,(k,l) 表示其邻域像素的坐标。

ω 表示邻域像素的权值,且 $\omega = \omega_s \omega_r$（空间距离权值 $\omega_s = e^{-\frac{(i-k)^2+(j-l)^2}{2\delta_s^2}}$,值相似度权值 $\omega_r = e^{-\frac{\|f(i,j)-f(k,l)\|^2}{2\delta_r^2}}$）。

由式(4-13)可得到以下结论。

(1) 当中心像素在变化程度平缓的图像区域时,其邻域中的像素值相近。此时值相似度权重 ω_r 趋于 1,此时 $\omega = \omega_s$ 即高斯滤波,因此达到对图像平滑的效果。

(2) 当中心像素在变化程度剧烈的图像区域时,其邻域中的像素值相差很大。此时,ω_r 趋于 0,得 $\omega = 0$,即邻域中与中心像素值相差很大的那些像素的权值为 0,计算时它们的值对结果没有任何贡献,这样中心像素才能不被模糊化,进而突显出来。

从图 4-57 不难看出,在图像的平坦区域,双边滤波等价于高斯滤波,但图像边缘处的像素权值为 0,即不参与平滑处理,从而达到"保边平滑"的效果。

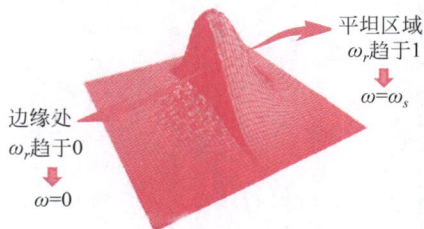

平坦区域
ω_r趋于 1

$\omega=\omega_s$

边缘处
ω_r趋于 0

$\omega=0$

图 4-57 双边滤波权重设置示意图

2）实现方法

MATLAB 中没有提供实现双边滤波的内置函数,这里需要自定义函数 m 文件 bfilt.m。代码如下：

```
function g=bfilt(f,r,sigmas,sigmar)
%f 为输入图像;r 为滤波半径;g 为输出图像;
%sigmas 为空间距离标准差;sigmar 为值相似度标准差
```

```
[x,y]=meshgrid(-r:r);
ws=exp(-(x.^2+y.^2)/(2*sigmas^2));                    %计算空间距离权重
if ismatrix(f)
    [m,n]=size(f);
    g=zeros(m,n);                                      %初始化输出图像
    f_filled=padarray(f,[r r],'symmetric');            %边界镜像填充
    for i=r+1:m+r
        for j=r+1:n+r
            %计算值相似度权重
            wr=exp(-(f_filled(i-r:i+r,j-r:j+r)-f_filled(i,j)).^2/(2*sigmar^2));
            w=ws.*wr;                                  %计算总权重
            s=f_filled(i-r:i+r,j-r:j+r).*w;            %邻域运算
            g(i-r,j-r)=sum(s(:))/sum(w(:));            %归一化处理
        end
    end
else
    fr=f(:,:,1);fg=f(:,:,2);fb=f(:,:,3);              %分离通道
    [m,n]=size(fr);
    %边界镜像填充
    fr_filled=padarray(fr,[r r],'symmetric');
    fg_filled=padarray(fg,[r r],'symmetric');
    fb_filled=padarray(fb,[r r],'symmetric');
    %初始化输出图像的三通道
    gr=zeros(size(fr)); gg=zeros(size(fg)); gb=zeros(size(fb));
    for i=r+1:m+r
        for j=r+1:n+r                                  %计算值相似度权重
            dr=fr_filled(i-r:i+r,j-r:j+r)-fr_filled(i,j);
            dg=fg_filled(i-r:i+r,j-r:j+r)-fg_filled(i,j);
            db=fb_filled(i-r:i+r,j-r:j+r)-fb_filled(i,j);
            wr=exp(-(dr.^2+dg.^2+db.^2)/(2*sigmar^2));
            w=ws.*wr;                                  %计算总权重
            %邻域运算
            sr=fr_filled(i-r:i+r,j-r:j+r).*w;
            sg=fg_filled(i-r:i+r,j-r:j+r).*w;
            sb=fb_filled(i-r:i+r,j-r:j+r).*w;
            %归一化处理
            gr(i-r,j-r)=sum(sum(sr(:)))/sum(w(:));
            gg(i-r,j-r)=sum(sum(sg(:)))/sum(w(:));
            gb(i-r,j-r)=sum(sum(sb(:)))/sum(w(:));
        end
    end
    g=cat(3,gr,gg,gb);                                 %通道合成
  end
end
```

3）应用场景

【案例 4-9】磨皮美颜。

在人脸美颜算法的实现中,需要一种能保留边缘信息的平滑滤波器把人脸皮肤磨得光滑,雀斑磨得干净,保留五官的自然清晰。这种滤波器的好坏在一定程度上影响了磨皮效果。

（1）基本思路。读入一幅人像图像（灰度图像、彩色图像均可），并设置滤波半径、空间距离标准差和值相似度标准差参数值，最后选用保边效果最佳的双边滤波方法实现，即调用函数 m 文件 bfilt.m。

（2）实现代码。磨皮美颜的实现代码如下：

```
clear all
%在"选取一幅待处理图像"对话框中选取一幅待处理图像
[filename,pathname]=uigetfile('*.*','选取一幅待处理图像');
str=[pathname filename];
src=im2double(imread(str));
r=5;                                        %双边滤波半径
sigmas=3;                                   %空间距离标准差
sigmar=0.5;                                 %值相似度标准差
result=bfilt(src,r,sigmas,sigmar);
subplot(1,2,1),imshow(src),title('输入图像');
subplot(1,2,2),imshow(result),title('双边滤波的磨皮效果');
```

（3）实现效果。从如图 4-58 所示的磨皮效果上来看，值相似度标准差 δ_r 越小，双边滤波的"保边"效果越好。也就是说，邻域内某像素与中心像素的差值大于 δ_r 时，会被认为是边缘像素，予以保留，并且 δ_r 值越小，图像的边缘细节保留得就越多。

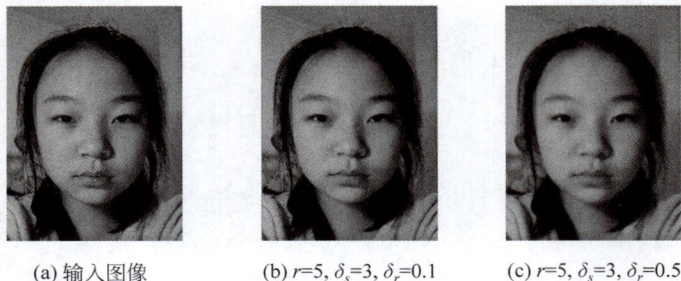

(a) 输入图像　　(b) $r=5$, $\delta_s=3$, $\delta_r=0.1$　　(c) $r=5$, $\delta_s=3$, $\delta_r=0.5$

图 4-58　双边滤波的磨皮效果

知识拓展

保边滤波算法有很多种，在此不一一展开，仅讨论有代表性的"双边滤波"，以便感性认识保边滤波的实现思路。其他常见保边滤波算法如下。

（1）Surface Blur 滤波算法。Surface Blur 滤波又称表面模糊滤波，是 Photoshop 中的一种常用滤波算法。与双边滤波算法相似，它也是计算当前像素邻域内不同像素的加权平均，整体效果与双边滤波接近。

（2）Guided 滤波算法。Guided 滤波又称导向滤波，是何凯明于 2010 年提出的一种基于均值和方差的新型滤波器。它最开始被用于图像去雾算法研究，由于其具有良好的保边能力，故在磨皮美颜算法中被广泛应用。此算法速度较快，且相比双边滤波和表面模糊滤波，其保边效果具有明显优势。

（3）局部均值滤波算法。局部均值滤波与普通的均值滤波不同，它考虑了局部邻域内的细节区域与平坦区域的方差信息，因此具有一定的保边能力。此算法由于其计算速度快而被广泛应用。

（4）Smart Blur 滤波算法。Smart Blur 滤波是 Photoshop 2018 中的一种特殊模糊滤镜，它可以在模糊图像的同时仍使图像具有清晰的边界。此算法本身计算量不大，速度适中。

（5）MeanShift 滤波算法。MeanShift 即均值漂移，最早由 Fukunaga 于 1975 年提出，是一种聚类算法，被广泛应用于图像的聚类、平滑、分割和跟踪。MeanShift 滤波算法是使用 MeanShift 算法实现的一种图像保边滤波算法。但是由于此算法是一种迭代算法，其耗时较长，计算速度较慢。

（6）Anisotropic 滤波算法。Anisotropic 滤波又称各向异性扩散滤波，是由 Pietro Perona 和 Jagannatch Malik 于 1990 年提出的，在图像降噪中效果明显，同时还具有较好的保边能力。此算法计算简单，速度相比双边滤波、表面模糊滤波具有明显优势。

（7）BEEPS 滤波算法。BEEPS 滤波即双指数边缘保护平滑滤波，是由 Philippe Thevenaz 于 2012 年提出的，具有较强的平滑保边能力，效果优于 MeanShift 滤波算法。

小试身手

用双边滤波算法和缩放变换实现水粉画滤镜效果，具体要求详见习题 4 第 7 题。

拓展训练

编程实现基于图像分块均值滤波的方形马赛克滤镜效果，可达到全局和局部马赛克效果。具体要求详见习题 4 第 8 题。

4.4　图　像　锐　化

图像锐化也称为边缘增强，其目的是加强图像中景物的边缘和轮廓，突出图像中的细节或增强被模糊了的细节，达到更精细的视觉效果，为后续处理提供具有更高辨析度的图像。通常分为空间域与频率域两类处理办法，如图 4-59 所示。本章着重介绍基于空间域的图像锐化方法。

图 4-59　常用的空间域图像锐化方法

4.4.1　微分算法

图像平滑是通过加权平均来实现的，这种"平均化"处理类似于积分运算。既然可以通过积分的思想来实现图像的模糊，那么是否可以通过积分的逆运算微分来实现模糊的反操作——锐化？

在数字图像处理中，图像可看作二维曲面，曲面上点的位置是指像素点的坐标，该点在曲面上的高度则是其灰度值或色彩值的大小，如图 4-60 所示。本质上，图像的边缘细节就是二维曲面的突变部分，而捕捉突变从数学层面上是可以通过微分运算得以实现的。

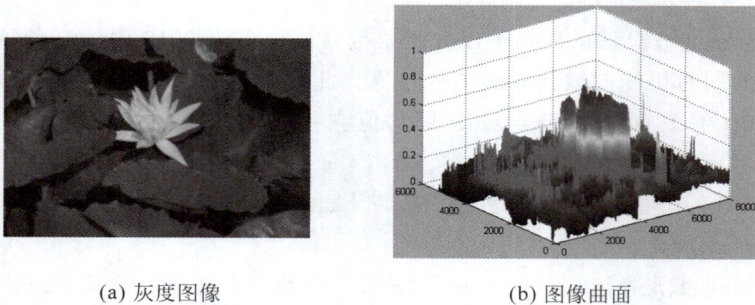

(a) 灰度图像　　　　　　　　(b) 图像曲面

图 4-60　数字图像对应的二维曲面

1. 梯度

1) 数学定义

对于二元图像函数 $f(x,y)$，一阶微分的定义是通过梯度实现的。图像 $f(x,y)$ 在点 (x,y) 的梯度是一个列向量，定义为

$$\nabla f = \left[\frac{\partial f}{\partial x}, \frac{\partial f}{\partial y}\right]^{\mathrm{T}}$$

(4-14)

可见，梯度具有以下两个重要性质。

(1) 梯度的方向指向函数 $f(x,y)$ 在点 (x,y) 增长最快的方向，即点 (x,y) 处曲面上最陡峭的方向，大小 θ 为 $\arctan\left(\frac{\partial f}{\partial y}\bigg/\frac{\partial f}{\partial x}\right)$。

(2) 梯度向量的模（大小）为 $\nabla f = \sqrt{\left(\frac{\partial f}{\partial x}\right)^2 + \left(\frac{\partial f}{\partial y}\right)^2}$。为了简化计算，常采用 $\nabla f \approx \left|\frac{\partial f}{\partial x}\right| + \left|\frac{\partial f}{\partial y}\right|$ 的近似方法。

2) 物理意义

由梯度方向是函数 $f(x,y)$ 变化最快的方向可知，图像中灰度或色彩变化平缓的区域其梯度值较小，变化较大的边缘区域梯度值较大，而在均匀区域其梯度值为 0。

3) 数字图像中梯度的计算方法

在数字图像处理中，由于所处理的是数字离散信号，故采用差分形式来等同于连续信号中的微分运算。假设选取输入图像的某个局部区域（如图 4-61 所示），可得

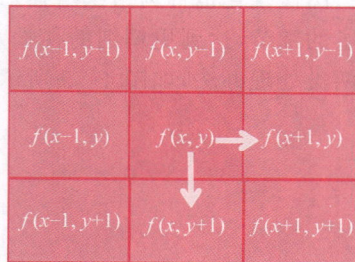

图 4-61　梯度计算示意图

$$\begin{cases}\dfrac{\partial f}{\partial x} = \dfrac{f(x+1,y)-f(x,y)}{x+1-x} = \dfrac{f(x+1,y)-f(x,y)}{1} = f(x+1,y)-f(x,y) \\[2mm] \dfrac{\partial f}{\partial y} = \dfrac{f(x,y+1)-f(x,y)}{y+1-y} = \dfrac{f(x,y+1)-f(x,y)}{1} = f(x,y+1)-f(x,y)\end{cases}$$

(4-15)

$$\nabla f \approx \left|\frac{\partial f}{\partial x}\right| + \left|\frac{\partial f}{\partial y}\right| = |f(x+1,y)-f(x,y)| + |f(x,y+1)-f(x,y)|$$

(4-16)

4) 梯度算子

图像的梯度计算可以通过使用不同的梯度算子实现。由式(4-16)可知，梯度算子其实就是 $\dfrac{\partial f}{\partial x}$ 和 $\dfrac{\partial f}{\partial y}$ 对应模板的组合，也就是说，梯度算子包含两个模板，一个是 x 方向的模板（如图 4-62(a)所示），另一个

是 y 方向的模板,如图 4-62(b)所示。

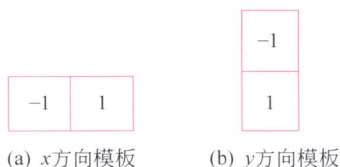

(a) x 方向模板　　(b) y 方向模板

图 4-62　梯度算子

5）基于梯度的图像锐化处理方法

步骤 1：将输入图像与梯度算子进行邻域运算得到梯度图像。

使用 x 方向模板计算 x 方向梯度时,简单地说,就是右边减左边,可以提取到垂直边缘;同理,使用 y 方向模板计算 y 方向梯度,即下边减上边可提取到水平边缘。通常情况下,更希望能够同时增强水平和垂直的边缘,如图 4-63 所示。

(a) x 方向的梯度图像　　(b) y 方向的梯度图像　　(c) $x+y$ 方向的梯度图像

图 4-63　不同方向的梯度图像

步骤 2：在梯度图像上叠加输入图像即可得到锐化图像,如图 4-64 所示。

(a) 输入图像　　(b) $x+y$ 方向的梯度图像　　(c) (a)与(b)的叠加结果

图 4-64　梯度锐化过程

2. 一阶微分算子

1）Roberts 交叉梯度算子

上述梯度算子仅是从 x 方向和 y 方向上提取了边缘,然而在图像中还存在着很多对角线方向的边缘细节。下面介绍的 Roberts 交叉梯度算子就是以对角线作为差分的方向来求解梯度的。

（1）定义。当前像素 $f(x,y)$ 处对角线方向的梯度可表示为

$$\nabla f \approx \left| \frac{\partial f}{\partial x} \right| + \left| \frac{\partial f}{\partial y} \right| = | f(x+1,y+1) - f(x,y) | + | f(x,y+1) - f(x+1,y) | \quad (4\text{-}17)$$

Roberts 交叉梯度算子由 $-45°$ 和 $45°$ 方向的两个模板组合而成,如图 4-65 所示。

（2）实现代码。基于 Roberts 交叉梯度算子进行图像锐化的实现代码如下：

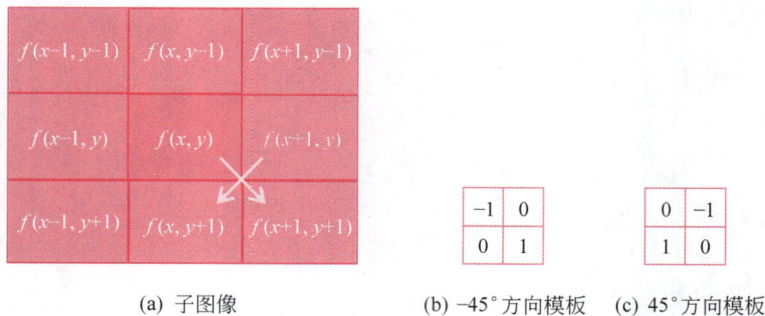

(a) 子图像   (b) −45°方向模板   (c) 45°方向模板

图 4-65   Roberts 交叉梯度算子

```
clear all
%在"选取一幅待处理图像"对话框中选取一幅待处理图像
[filename,pathname]=uigetfile('*.*','选取一幅待处理图像');
str=[pathname filename];
src=im2double(imread(str));
h_minus45=[-1 0;0 1];                                    %−45°方向模板
h_45=[0 -1;1 0];                                         %45°方向模板
g_minus45=imfilter(src,h_minus45);                       %−45°方向上的邻域运算
g_45=imfilter(src,h_45);                                 %45°方向上的邻域运算
g=abs(g_minus45)+abs(g_45);                              %生成梯度图像
subplot(1,3,1),imshow(src),title('输入图像');
subplot(1,3,2),imshow(g),title('基于Roberts算子的梯度图像');
subplot(1,3,3),imshow(src+g),title('锐化效果');          %将梯度图像与输入图像叠加
```

（3）实现效果。图像锐化效果如图 4-66 所示。Roberts 交叉梯度算子的优势是计算量小、速度快、边缘定位比较准确，不足是对噪声较为敏感、稳健性差。

(a) 输入图像   (b) 45°和−45°梯度图像   (c) (a)与(b)的叠加结果

图 4-66   基于 Roberts 交叉梯度算子的图像锐化

2）Prewitt 梯度算子

在 Prewitt 梯度算子中，引入类似局部平均的运算对噪声进行平滑处理，因此与 Roberts 相比，交叉梯度算子更能抑制噪声，但会导致边缘定位准确度降低。

（1）定义。Prewitt 梯度算子的定义如下：

$$\nabla f \approx \left| \frac{\partial f}{\partial x} \right| + \left| \frac{\partial f}{\partial y} \right| = \left| \sum_{j=-1}^{1} f(x+1,y+j) - \sum_{j=-1}^{1} f(x-1,y+j) \right| +$$

$$\left| \sum_{i=-1}^{1} f(x+i,y+1) - \sum_{i=-1}^{1} f(x+i,y-1) \right| \tag{4-18}$$

从式（4-18）可知，Prewitt 梯度算子是通过先求平均值进行降噪，再求差分的方法计算梯度的，其 x

方向和 y 方向的模板如图 4-67 所示。

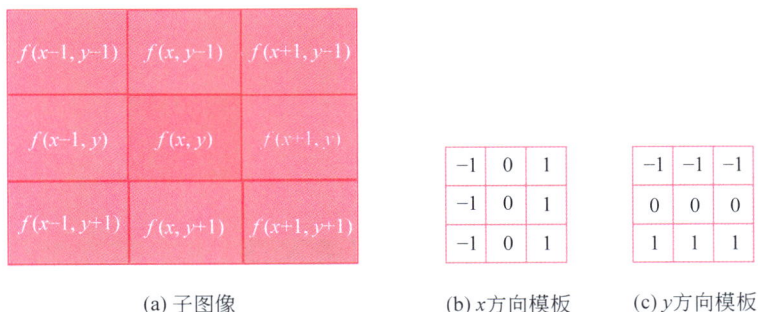

(a) 子图像　　　　　(b) x 方向模板　　　(c) y 方向模板

图 4-67　基于 Prewitt 梯度算子的图像锐化

（2）实现代码。基于 Prewitt 梯度算子进行图像锐化的实现代码如下：

```
clear all
%在"选取一幅待处理图像"对话框中选取一幅待处理图像
[filename,pathname]=uigetfile('*.*','选取一幅待处理图像');
str=[pathname filename];
src=im2double(imread(str));
h_x=[-1 0 1;-1 0 1;-1 0 1];                           %x方向模板
h_y=[-1 -1 -1;0 0 0;1 1 1];                           %y方向模板
g_x=imfilter(src,h_x);                                %x方向上的邻域运算
g_y=imfilter(src,h_y);                                %y方向上的邻域运算
g=abs(g_x)+abs(g_y);                                  %生成梯度图像
subplot(1,3,1),imshow(src),title('输入图像');
subplot(1,3,2),imshow(g),title('基于 Prewitt 算子的梯度图像');
subplot(1,3,3),imshow(src+g),title('锐化效果');       %将梯度图像与输入图像叠加
```

知识拓展

除了自定义模板外，还可以采用 fspecial() 函数生成的预设模板，语法格式如下：

```
hy=fspecial('prewitt');
```

该函数只能生成一个 y 方向的模板，也就是说，只能突出水平方向上的边缘细节。实际应用中，需通过语句 hx＝hy'; 获取 x 方向的模板，二者相结合同时计算 x 和 y 方向的梯度图像。实现代码如下：

```
clear all
%在"选取一幅待处理图像"对话框中选取一幅待处理图像
[filename,pathname]=uigetfile('*.*','选取一幅待处理图像');
str=[pathname filename];
src=im2double(imread(str));
h_y=fspecial('prewitt');                              %y方向模板
h_x=h_y';                                             %x方向模板
g_x=imfilter(src,h_x);                                %x方向上的邻域运算
g_y=imfilter(src,h_y);                                %y方向上的邻域运算
```

```
g=abs(g_x)+abs(g_y);                                    %生成梯度图像
subplot(1,3,1),imshow(src),title('输入图像');
subplot(1,3,2),imshow(g),title('基于 Prewitt 算子的梯度图像');
subplot(1,3,3),imshow(src+g),title('锐化效果');          %将梯度图像与输入图像叠加
```

（3）实现效果。图像锐化效果如图 4-68 所示。

(a) 输入图像   (b) $x+y$方向梯度图像   (c) 叠加效果

图 4-68   基于 Prewitt 梯度算子的图像锐化

3）Sobel 梯度算子

同 Prewitt 梯度算子一样，Sobel 梯度算子采用的也是"平均化"运算，但二者又有所不同。Sobel 梯度算子是根据邻域像素与当前像素的距离的不同而设置不同的权值，即距离越近，权值越大；距离越远，权值则越小。这种"加权平均"的方法可以有效地降低边缘的模糊程度，因此对边缘定位的准确度要比 Prewitt 梯度算子高。

（1）定义。Sobel 梯度算子 ∇f 的定义如下：

$$\nabla f \approx \left| \frac{\partial f}{\partial x} \right| + \left| \frac{\partial f}{\partial y} \right| = |\ (f(x-1,y+1) + 2f(x,y+1) + f(x+1,y+1)) - (f(x-1,y-1) + \\ 2f(x,y-1) + f(x+1,y-1))\ | + |\ (f(x+1,y-1) + 2f(x+1,y) + \\ f(x+1,y+1)) - (f(x-1,y-1) + 2f(x-1,y) + f(x-1,y+1))\ | \tag{4-19}$$

Sobel 梯度算子的 x 方向和 y 方向的模板如图 4-69 所示。

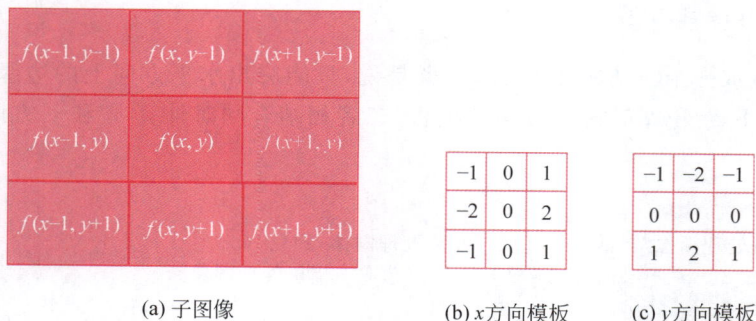

(a) 子图像   (b) x方向模板   (c) y方向模板

图 4-69   基于 Sobel 梯度算子的图像锐化

（2）实现代码。基于 Sobel 梯度算子的图像锐化实现代码如下：

```
clear all
%在"选取一幅待处理图像"对话框中选取一幅待处理图像
[filename,pathname]=uigetfile('*.*','选取一幅待处理图像');
```

```
str=[pathname filename];
src=im2double(imread(str));
h_x=[-1 0 1;-2 0 2;-1 0 1];                              %x方向模板
h_y=[-1 -2 -1;0 0 0;1 2 1];                              %y方向模板
g_x=imfilter(src,h_x);                                   %x方向上的邻域运算
g_y=imfilter(src,h_y);                                   %y方向上的邻域运算
g=abs(g_x)+abs(g_y);                                     %生成梯度图像
subplot(1,3,1),imshow(src),title('输入图像');
subplot(1,3,2),imshow(g),title('基于Sobel算子的梯度图像');
subplot(1,3,3),imshow(src+g),title('锐化效果');           %将梯度图像与输入图像叠加
```

（3）实现效果。运行结果如图 4-70 所示。

(a) 输入图像   (b) $x+y$方向梯度图像   (c) 叠加效果

图 4-70　基于 Sobel 算子的图像锐化过程

知识拓展

同 Prewitt 梯度算子一样，Sobel 梯度算子也可以采用 fspecial()函数生成的预设模板：

```
hy=fspecial('sobel');
```

该函数同样只能生成一个 y 方向的模板。

实现代码如下：

```
clear all
%在"选取一幅待处理图像"对话框中选取一幅待处理图像
[filename,pathname]=uigetfile('* . * ','选取一幅待处理图像');
str=[pathname filename];
src=im2double(imread(str));
h_y=fspecial('sobel');                                   %y方向模板
h_x=h_y';                                                %x方向模板
g_x=imfilter(src,h_x);                                   %x方向上的邻域运算
g_y=imfilter(src,h_y);                                   %y方向上的邻域运算
g=abs(g_x)+abs(g_y);                                     %生成梯度图像
subplot(1,3,1),imshow(src),title('输入图像');
subplot(1,3,2),imshow(g),title('基于Sobel算子的梯度图像');
subplot(1,3,3),imshow(src+g),title('锐化效果');           %将梯度图像与输入图像叠加
```

3. 二阶微分算子

不论是使用一阶微分还是二阶微分，都可以得到图像的边缘信息，一阶微分得到的图像边缘较粗，二阶微分得到的是较细的双边缘。与一阶微分相比，二阶微分的边缘定位能力更强，能够获得的细节信

息更丰富，锐化效果更好。

对于二元图像函数 $f(x,y)$，二阶微分最简单的定义为

$$\nabla^2 f = \frac{\partial^2 f}{\partial x^2} + \frac{\partial^2 f}{\partial y^2} \qquad (4\text{-}20)$$

其中参数说明如下：

$$\frac{\partial^2 f}{\partial x^2} = f(x+1,y) + f(x-1,y) - 2f(x,y) \qquad (4\text{-}21)$$

$$\frac{\partial^2 f}{\partial y^2} = f(x,y+1) + f(x,y-1) - 2f(x,y) \qquad (4\text{-}22)$$

$$\nabla^2 f = f(x+1,y) + f(x-1,y) + f(x,y+1) + f(x,y-1) - 4f(x,y) \qquad (4\text{-}23)$$

式(4-23)可看作图像中以值为 $f(x,y)$ 的像素的 3×3 邻域与模板的邻域运算，如图 4-71 所示。

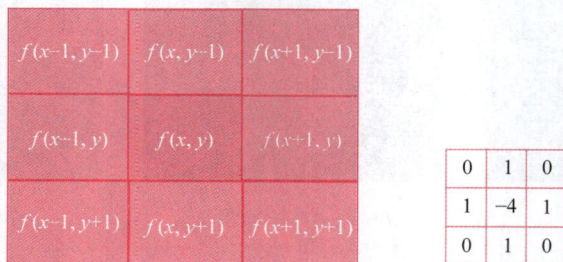

(a) 子图像   (b) 模板

图 4-71　二阶微分计算示意图

1）Laplacian 算子

由前面的推导，写成模板系数的形式即为 Laplacian 算子。有时为了改善锐化效果，会在原有的 Laplacian 算子基础上，改变模板系数得到以下 Laplacian 变形算子，如图 4-72 所示。

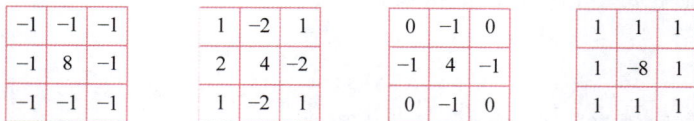

图 4-72　Laplacian 变形算子

【贴士】　由于要强调的是图像中的突变（细节），因此对于均匀区域应无响应，即模板系数之和为 0，也是二阶微分必备条件。

（1）Laplacian 算子锐化的方法如下：

$$g(x,y) = \begin{cases} f(x,y) - \nabla^2 f, & \text{模板中心系数为负} \\ f(x,y) + \nabla^2 f, & \text{模板中心系数为正} \end{cases} \qquad (4\text{-}24)$$

（2）实现代码。

① 模板中心系数为负的代码如下：

```
clear all
% 在"选取一幅待处理图像"对话框中选取一幅待处理图像
[filename,pathname]=uigetfile('*.*','选取一幅待处理图像');
str=[pathname filename];
```

```
src=im2double(imread(str));
h=[0 1 0;1 -4 1;0 1 0];                         %Laplacian 算子
g=imfilter(src,h);                              %邻域运算
subplot(1,3,1),imshow(src),title('输入图像');
subplot(1,3,2),imshow(g),title('基于 Laplacian 算子的边缘图像');
subplot(1,3,3),imshow(src-g),title('锐化效果');   %输入图像减去边缘图像
```

② 模板中心系数为正的代码如下：

```
clear all
%在"选取一幅待处理图像"对话框中选取一幅待处理图像
[filename,pathname]=uigetfile('*.*','选取一幅待处理图像');
str=[pathname filename];
src=im2double(imread(str));
h=[0 -1 0;-1 4 -1;0 -1 0];                      %Laplacian 变形算子
g=imfilter(src,h);                              %邻域运算
subplot(1,3,1),imshow(src),title('输入图像');
subplot(1,3,2),imshow(g),title('基于 Laplacian 变形算子的边缘图像');
subplot(1,3,3),imshow(src+g),title('锐化效果');   %输入图像加上边缘图像
```

Laplacian 算子的实现效果如图 4-73 所示。

(a) 输入图像   (b) 模板中心系数为负   (c) 模板中心系数为正

图 4-73 基于 Laplacian 算子的图像锐化效果

知识拓展

Laplacian 算子也可以采用 fspecial() 函数生成的预设模板。

形式 1：

```
h=fspecial('laplacian',alpha);
```

其中，alpha 用于控制算子的形状，取值范围为[0 1]，默认值为 0.2。当 alpha 取不同值时对应的 Laplacian 算子如图 4-74 所示。

0.1667	0.6667	0.1667
0.6667	-3.3333	0.6667
0.1667	0.6667	0.1667

0.3333	0.3333	0.3333
0.3333	-2.6667	0.3333
0.3333	0.3333	0.3333

0.4444	0.1111	0.1111
0.1111	-2.2222	0.1111
0.4444	0.1111	0.4444

(a) alpha=0.2   (b) alpha=0.5   (c) alpha=0.8

图 4-74 形式 1 对应的 Laplacian 算子

形式 2：

```
h=fspecial('unsharp',alpha);
```

其中，参数 alpha 的用法同形式 1。当 alpha 取不同值时对应的 Laplacian 算子如图 4-75 所示。

-0.1667	-0.6667	-0.1667
-0.6667	4.3333	-0.6667
-0.1667	-0.6667	-0.1667

-0.3333	-0.3333	-0.3333
-0.3333	3.6667	-0.3333
-0.3333	-0.3333	-0.3333

-0.4444	-0.1111	-0.4444
-0.1111	3.2222	-0.1111
-0.4444	-0.1111	-0.4444

(a) alpha=0.2 　　　　　　(b) alpha=0.5 　　　　　　(c) alpha=0.8

图 4-75　形式 2 对应的 Laplacian 算子

实现代码如下：

```
clear all
%在"选取一幅待处理图像"对话框中选取一幅处理图像
[filename,pathname]=uigetfile('*.*','选取一幅待处理图像');
str=[pathname filename];
src=im2double(imread(str));
h=fspecial('laplacian',0.8);                        %形式 1 的模板
g=imfilter(src,h);                                  %邻域运算
subplot(1,3,1),imshow(src),title('输入图像');
subplot(1,3,2),imshow(g),title('基于 Laplacian 算子的边缘图像');
subplot(1,3,3),imshow(src-g),title('锐化效果');      %输入图像减去边缘图像

clear all
%在"选取一幅待处理图像"对话框中选取一幅处理图像
[filename,pathname]=uigetfile('*.*','选取一幅待处理图像');
str=[pathname filename];
src=im2double(imread(str));
h=fspecial('unsharp',0.2);                          %形式 2 的模板
g=imfilter(src,h);                                  %邻域运算
subplot(1,2,1),imshow(src),title('输入图像');
subplot(1,2,2),imshow(g),title('锐化效果');          %邻域运算直接得到锐化结果
```

由图 4-74 和图 4-75 可以看出，两种形式生成的模板不同，但却有着一定的联系，即形式 2 的模板是由形式 1 的模板取负，中心系数再加 1 得到的，如图 4-76 所示。

-0.1667	-0.6667	-0.1667
-0.6667	4.3333	-0.6667
-0.1667	-0.6667	-0.1667

= −

0.1667	0.6667	0.1667
0.6667	-3.3333	0.6667
0.1667	0.6667	0.1667

+

0	0	0
0	1	0
0	0	0

图 4-76　两种形式之间的联系

不难看出，形式 2 的模板实际上不仅提取到了边缘细节，而且完成了与输入图像的叠加，两步合并为一步直接得到了最终的锐化结果。

2）LOG 算子

（1）基本原理。Laplacian 算子对孤立点和线段的增强效果好，但边缘方向信息丢失，对噪声敏感。为克服 Laplacian 算子的不足，提出了一种改进算法，其思路是先对输入图像做高斯滤波进行降噪处理，再利用 Laplacian 算子提取边缘，从而提高对噪声的稳健性，这就是 LOG（Laplacian of Gaussian）算子。

（2）实现代码。基于 LOG 算子的图像锐化实现代码如下：

```
clear all
%在"选取一幅待处理图像"对话框中选取一幅待处理图像
[filename,pathname]=uigetfile('*.*','选取一幅待处理图像');
str=[pathname filename];
src=im2double(imread(str));
%高斯滤波
sigma=0.6;
hsize=round(3*sigma)*2+1;
h_gaussian=fspecial('gaussian',hsize,sigma);
g_gaussian=imfilter(src,h_gaussian);
%Laplacian算子提取边缘
h_laplacian=[0 1 0;1 -4 1;0 1 0];                    %Laplacian算子
g_laplacian=imfilter(g_gaussian,h_laplacian);
subplot(2,2,1),imshow(src),title('输入图像');
subplot(2,2,2),imshow(g_gaussian),title('模糊图像');
subplot(2,2,3),imshow(g_laplacian),title('基于LOG算子的边缘图像');
subplot(2,2,4),imshow(src-g_laplacian),title('锐化效果');
```

（3）实现效果。运行结果如图 4-77 所示。

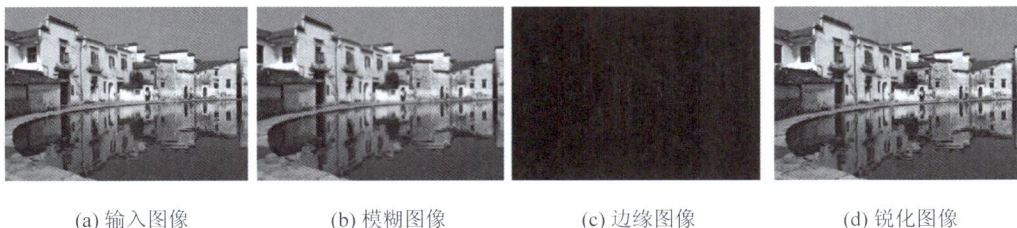

| (a) 输入图像 | (b) 模糊图像 | (c) 边缘图像 | (d) 锐化图像 |

图 4-77　基于 LOG 算子的图像锐化

知识拓展

LOG 算子也可以采用 fspecial() 函数生成的预设模板：

```
h=fspecial('log',hsize,sigma);
```

其中参数说明如下。

type 表示算子类型，取为'log'。

hsize 和 sigma 表示的都是高斯模板参数，分别为模板尺寸（默认值为 3）和标准差（单位为像素，默认值为 0.5）。

注意：通过上述方法所生成的预设模板，其中心系数为负数。

实现代码如下：

```
clear all
%在"选取一幅待处理图像"对话框中选取一幅待处理图像
[filename,pathname]=uigetfile('*.*','选取一幅待处理图像');
str=[pathname filename];
src=im2double(imread(str));
%参数设置
sigma=0.6;
hsize=round(3*sigma)*2+1;
h=fspecial('log',hsize,sigma);              %预设模板
g=imfilter(src,h);                          %邻域运算
subplot(1,3,1),imshow(src),title('输入图像');
subplot(1,3,2),imshow(g),title('基于 LOG 算子的边缘图像');
subplot(1,3,3),imshow(src-g),title('锐化效果');
```

4.4.2　钝化掩蔽

钝化掩蔽就是通过从输入图像中减去一幅平滑处理后的钝化图像实现图像锐化效果。

1. 高反差保留

顾名思义,高反差保留就是保留图像中反差较大的像素,去除反差较小的像素。例如在进行美颜时,对图像进行平滑处理后,会丢失大量反差较大的五官细节。因此,需要通过高反差保留方法进一步地保留细节信息,得到更好的处理效果。

（1）基本原理。首先,使用高斯滤波对图像进行平滑处理得到高斯模糊图像;然后,将输入图像减去高斯模糊图像得到图像中反差较大的边缘细节,也就是高反差保留;最后,将保留下来的边缘信息按照一定的比例叠加到输入图像上,即

$$锐化图像＝输入图像＋amount×高反差保留$$

其中,amount 为常数,用于控制反差保留的程度,其值越大,则反差保留的程度越高。

（2）应用场景。

【案例 4-10】模拟 Photoshop 的高反差保留锐化。

① Photoshop 中的实现方法。

步骤 1：打开待处理图像并复制一个图层,位于背景图层上方。

步骤 2：对复制的图层使用高反差保留滤镜,选中"滤镜"|"其他"|"高反差保留"菜单选项,在弹出的"高反差保留"对话框中设置半径为 3.5 像素,最后单击"确定"按钮,即可获得高反差保留图像,如图 4-78 所示。

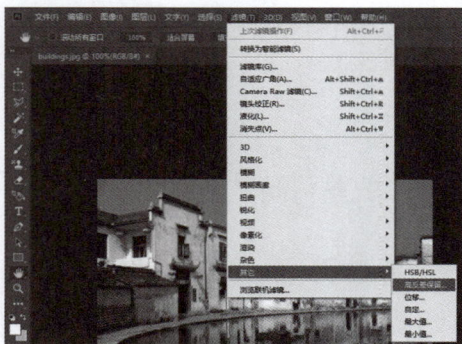

(a) "高反差保留"菜单选项　　　(b) 高反差保留窗口　　　(c) 处理效果

图 4-78　Photoshop 中的高反差保留滤镜

　　以上所获得的高反差保留图像其实就是输入图像减去高斯模糊图像的结果,且"高反差保留"对话框中的半径参数就是高斯模板的 δ 参数。

　　步骤 3:将复制图层的混合模式设置为"柔光"实现复制图层与背景图层的混合效果,如图 4-79 所示。

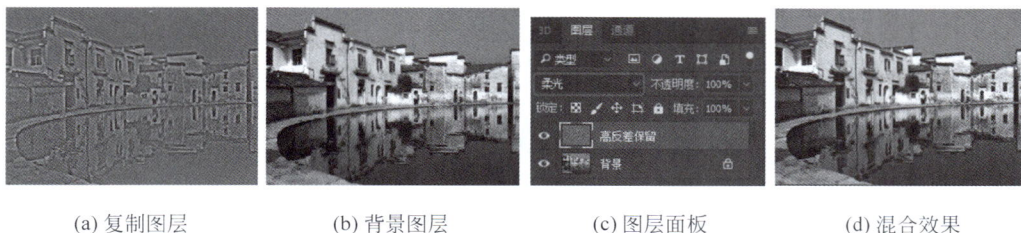

| (a) 复制图层 | (b) 背景图层 | (c) 图层面板 | (d) 混合效果 |

图 4-79　Photoshop 中运用高反差保留的锐化效果

　　【贴士】 一般情况下,高反差保留滤镜的半径值不要取得太大,而可以进行多次"高反差保留"锐化,即多复制几个高反差保留图层以达到最佳效果。

② 实现代码如下:

```
clear all
%在"选取一幅待处理图像"对话框中选取一幅待处理图像
[filename,pathname]=uigetfile('*.*','选取一幅待处理图像');
str=[pathname filename];
src=im2double(imread(str));
subplot(1,3,1),imshow(src),title('输入图像');
%高斯滤波
sigma=3.5;
hsize=round(3 * sigma) * 2+1;
h=fspecial('gaussian',hsize,sigma);
g=imfilter(src, h);
%高反差保留图像,即输入图像-高斯模糊图像
src_diff=src-g;
%将高反差保留图像叠加到输入图像上
amount=2;                           %值越大,保留的信息越多
result=src+amount * src_diff;
subplot(1,3,2),imshow(src_diff),title('高反差保留图像');
subplot(1,3,3), imshow(result),title('锐化效果');
```

　　与 Photoshop 的实现步骤比对,上述代码中的常数 amount 其实就是复制的高反差保留图层的数目。显然,amount 值越大,图像的锐化程度则越高。

③ 实现效果,实现效果如图 4-80 所示。

| (a) 输入图像 | (b) 高反差保留图像 | (c) 锐化图像 |

图 4-80　本案例的高反差保留锐化效果

2. USM 锐化算法

（1）实现方法。

步骤 1：给定滤波半径 δ 值，对输入图像 f 进行高斯滤波得到模糊图像 g。

步骤 2：计算高反差保留图像，f_diff $= f - g$。

步骤 3：假设锐化图像为 result，则有

$$result = \begin{cases} f + amount \times f\_diff/100， & |\ f\_diff\ | > threshold \\ f， & |\ f\_diff\ | \leqslant threshold \end{cases} \qquad (4\text{-}25)$$

其中，δ 为滤波半径，amount 为数量，threshold 为阈值。

由算法思想可知，USM 锐化算法实际上是在基于高反差保留的锐化算法基础上加入了一个阈值参数 threshold，用于设置高反差保留图像中被锐化的像素集合，而不是其所有像素都参与运算。

（2）应用场景。

【案例 4-11】 模拟 Photoshop 的 USM 锐化效果。

① Photoshop 中的实现步骤。USM 锐化是 Photoshop 中的常用锐化滤镜之一。打开待处理图像，选中"滤镜"|"锐化"|"USM 锐化"菜单选项，在弹出的"USM 锐化"对话框中设置参数，最后单击"确定"按钮即可获得锐化图像，如图 4-81 所示。

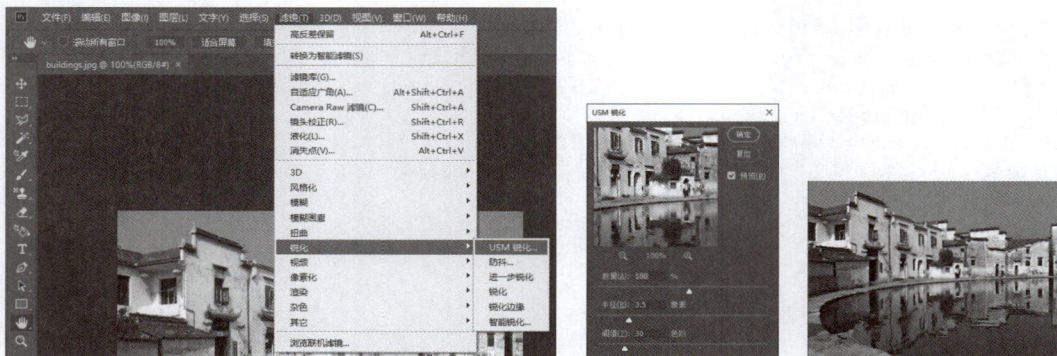

(a) "USM 锐化"菜单选项　　　　(b) "USM 锐化"对话框　　　　(c) 处理效果

图 4-81　Photoshop 中的 USM 锐化滤镜

② 实现代码。模拟 Photoshop 的 USM 锐化效果的实现代码如下：

```
clear all
%在"选取一幅待处理图像"对话框中选取一幅处理图像
[filename,pathname]=uigetfile('* .* ','选取一幅待处理图像');
str=[pathname filename];
src=imread(str);
height=size(src,1);
width=size(src,2);
%对输入图像做高斯模糊处理
sigma=3.5;
hsize=round(3 * sigma) * 2+1;
h=fspecial('gaussian',hsize, sigma);
g=imfilter(src, h, 'corr','replicate','same');
src_diff=src-g;                                    %高反差保留
```

```
amount=2;                                        %数量参数,用于控制锐化效果的强度
threshold=20;                                    %阈值,取值范围是[0,255]
%设置被锐化的像素集合
for i=1:height
    for j=1:width
        if abs(src_diff(i,j,:))>threshold
            src_diff(i,j,:)=amount * src_diff(i,j,:)/100;
        else
            src_diff(i,j,:)=0
        end
    end
end
%将阈值化后的高反差保留图像与输入图像进行叠加
result=src+src_diff;
subplot(1,2,1),imshow(src),title('输入图像');
subplot(1,2,2),imshow(result),title('USM 锐化效果');
```

③ 实现效果。实现效果如图 4-82 所示。

(a) 输入图像　　　　　(b) USM 锐化效果

图 4-82　本案例的 USM 锐化效果

小试身手

运用钝化掩蔽算法,结合二值化处理实现素描风格化效果,具体要求详见习题 4 第 9 题。

知识拓展

除上述方法外,还可以调用 MATLAB 的内置函数 imsharpen()加以实现。

实现代码如下:

```
clear all
%在"选取一幅待处理图像"对话框中选取一幅待处理图像
[filename,pathname]=uigetfile('*.*','选取一幅待处理图像');
str=[pathname filename];
src=im2double(imread(str));
%半径 Radius:默认值为 1
%数量 Amount:取值范围为[0,2],默认值为 0.8
%阈值 Threshold:取值范围为[0,1],默认值为 0
result=imsharpen(src,'Radius',3.5,'Amount',2,'Threshold',20/255);
subplot(1,2,1),imshow(src),title('输入图像');
subplot(1,2,2),imshow(result),title('USM 锐化效果');
```

注意：锐化处理中需注意以下两点。

① 能够进行锐化处理的图像必须有较高的信噪比，否则锐化后图像信噪比反而更低，从而使得噪声增加得比信号还要多。因此，通常会采用先降噪后锐化的处理方法。

② 适度锐化可以提升画面的细节与质感，而过度锐化会导致不必要的噪点出现，在一定程度上损坏图像的局部细节，因变得颗粒化而显得不自然。

本 章 小 结

本章主要介绍点运算和邻域运算两类空域增强技术。点运算可以用于图像的亮度/对比度调整，常用算法有线性灰度变换、分段线性变换、对数变换、幂次变换和直方图修正；邻域运算可以用于图像平滑和锐化，常用算法有均值滤波、高斯滤波、中值滤波、双边滤波4种图像平滑算法和微分算子、钝化掩蔽两种图像锐化算法。

本章从应用场景视角，详尽阐述了每种算法的应用场景及其优缺点，在运用时要根据实际应用需求并结合预期要达到的效果来选择可用的算法。

习 题 4

1. 观察如图 4-83 所示退化图像，给出合理的亮度/对比度调整方案（确定亮度与对比度的数量及调整顺序），并为线性变换设置合理的 k 和 b 值加以实现。

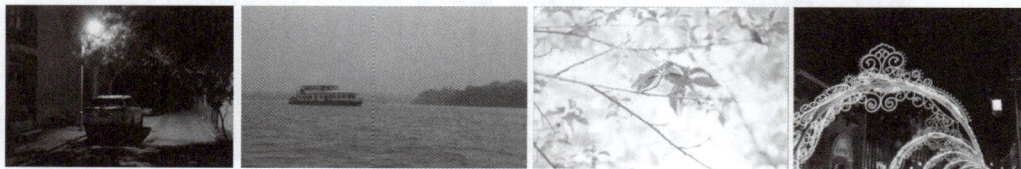

图 4-83　第 1 题图

2. 分析退化图像的直方图中暗区、中性区、亮区的像素分布，确定分段点对图像进行局部亮度/对比度调整。试设计图形化用户界面，提供拐点参数设置及折线图绘制功能，并显示调整后的图像效果，如图 4-84 所示。

图 4-84　第 2 题图

3. 给定牛皮纸素材，实现"照片秒变画作"。为避免生成的画作过于暗沉，需先将照片经恰当的非线性变换完成亮度/对比度调整，再将调整后的照片与牛皮纸素材进行"正片叠底"图层混合，最终获得希望的画作效果，如图 4-85 所示。

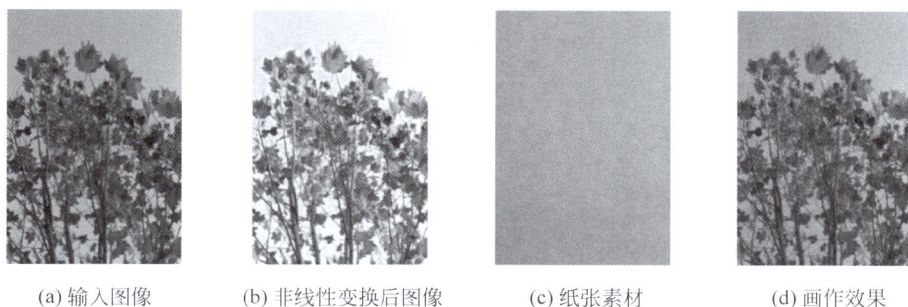

(a) 输入图像　　　(b) 非线性变换后图像　　　(c) 纸张素材　　　(d) 画作效果

图 4-85　第 3 题图

4. 一般情况下，在将多幅图像进行拼接时，会因照相机参数、成像条件等因素的影响而出现待拼接的某些图像与其他图像的整体亮度/对比度之间存在明显的不一致的情况，从而导致拼接后的图像接缝处过于突兀，整体合成效果不佳。通过直方图规定化方法来解决此问题并完成拼接任务，效果如图 4-86 所示。

(a) 输入图像　　　(b) 参考图像　　　(c) 拼接效果

图 4-86　第 4 题图

5. 运用均值滤波算法，并结合第 2 章中椭圆蒙版实现如图 4-87 所示的国风壁纸合成效果。

(a) 输入图像　　　(b) 椭圆蒙版　　　(c) 处理效果

图 4-87　第 5 题图

6. 借助画图软件绘制一幅由不同尺寸、不同填充色的多个圆形组成的图像，运用高斯滤波算法制作弥散海报，最后再为其添加杂色来提升质感，实现效果如图 4-88 所示。

(a) 输入图像　　　　　　　　(b) 晕染效果　　　　　　　　(c) 杂色添加效果

图 4-88　第 6 题图

7. 运用双边滤波算法，并结合第 3 章的缩放变换实现水粉画滤镜效果，效果如图 4-89 所示。具体实现思路是按照"缩小-双边滤波-放大"的操作顺序进行，且每个操作都可以根据处理效果叠加多次，但缩小和放大操作的次数要保证一致。

(a) 输入图像　　　　　　　　　　　　　　(b) 滤镜效果

图 4-89　第 7 题图

【思考】　将上述效果与单一的双边滤波效果比对，分析缩放变换在其中的主要用途。

8. 马赛克效果是当前使用较为广泛的一种图像或视频处理手段，其主要目的通常是使特定区域无法辨认。编程制作基于图像分块均值滤波的方形马赛克滤镜，效果如图 4-90 所示。

图 4-90　第 8 题图

9. 图像的风格化处理是指通过计算机技术，将一幅普通的图像处理成具有手绘风格的图像，如油画、水彩、卡通、素描等。本题基于钝化掩蔽，可以保留图像中反差较大的边缘轮廓特点，结合二值化处理实现素描风格化效果，如图 4-91 所示。

(a) 输入图像　　　　　　　　　　　　　　　(b) 素描画效果

图 4-91　第 9 题图

第5章 图像频域增强

本章学习目标：

（1）从物理意义的视角理解傅里叶变换的实质。

（2）掌握二维快速傅里叶变换的实现方法。

（3）在理解图像频域增强原理的基础上，掌握常用低通、高通、同态滤波器的各自特点、实现方法及应用场景。

为了有效、快速地对图像进行处理和分析，常常需要将原定义在图像空间（又称空间域或空域）的图像以某种形式转换到另外的空间，并利用这些空间的特有性质方便地进行加工，最后再转换回图像空间，以得到所需要的效果。这些转换称为图像变换技术。在解决某个图像处理问题时，会在不同的空间来回切换。掌握图像变换技术，就可以在不同的空间下，利用不同空间的优势解决问题。

目前研究的图像变换基本上都是正交变换。正交变换可以减少图像数据的相关性，获取图像的整体特点，有利于用较少的数据表示原始图像。这对图像的分析、存储以及传输都非常有意义。主要的正交变换有离散傅里叶变换、离散余弦变换、K-L 变换、沃尔什-哈达玛变换及小波变换。本章重点介绍离散傅里叶变换及其在图像增强领域的应用。

5.1 离散傅里叶变换基础

傅里叶分析最初是用于热过程解析分析的工具，其思想方法仍然具有典型的还原论和分析主义的特征。"任意"的函数都可通过傅里叶变换表示为正弦函数的线性组合形式，而正弦函数在物理意义上是被充分研究、相对简单的函数类。在生活中，大到天体观测、小到 MP3 播放器上的音频频谱，没有傅里叶变换都无法实现。

1. 什么是频域

人们看到的世界都以时间贯穿，例如股票的走势、人的身高、汽车的轨迹都会随着时间发生改变。这种以时间作为参照观察动态世界的方法称为时域分析。世间万物都在随着时间不停地改变、永不静止。用另一个方法观察世界时，就会惊奇地发现，世界是永恒不变的，这个静止的世界称为频域。

例如，一段音乐从时域角度看，是一个随着时间变化的振动；但是从频域角度看，却是由不同的音符组成、永恒不变的乐谱，如图 5-1 所示。

2. 傅里叶变换

1807 年，法国数学家傅里叶提出，"任何"周期函数都可以看作不同频率、不同振幅、不同相位正弦波的叠加。可以说，傅里叶变换从复杂信号中将频率分离出来。在时域无法解决的问题转换到频域后便可迎刃而解。在两百多年的时间里，傅里叶变换在通信、自动控制、信号处理、图像处理等多个领域得到广泛的应用。

从时域的角度观察，信号由一系列不同频率、不同振幅和不同相位的正弦函数叠加而成，表现为振幅随时间的动态变化；从频域角度观察，信号表现为这些正弦函数的频率与振幅、频率与相位的静态关

(a) 时域图　　　　　　　　　　　(b) 频域图

图 5-1　一段音乐的时域图与频域图

系，如图 5-2 所示。

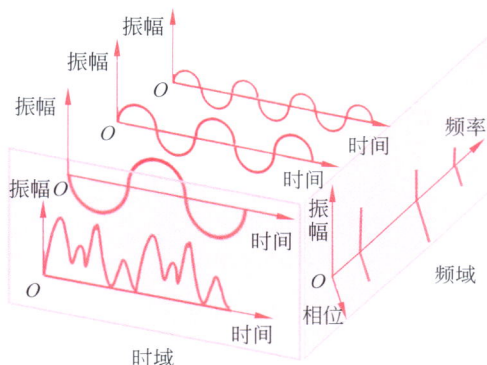

图 5-2　傅里叶变换

从广义说，信号的某种特征量随信号的频率变化的关系称为信号的频谱，所绘制的图形称为信号的频谱图。其中，描述振幅与频率关系的图形称为振幅频谱图，描述相位与频率关系的图形称为相位频谱图。

下面以男声变女声、女声变男声的变声效果为例，初探傅里叶变换的应用场景。人发音是根据声带振动，推动气体造成标准气压差，进而让声波频率在空气中散播。而男声与女声的不同主要表现在其频率的高低。一般情况下，男声比较低沉，频率较低，女声则比较尖锐，频率较高，因此变声实际上就是在频域中对人的声音频率进行的调整处理，男声变女声需要强化突出尖锐的特点，即调高频率；女声变男声需要强化突出低沉的特点，即调低频率。

傅里叶变换能否推广到二维情形呢？也就是说，类比于上述一维信号的傅里叶变换，二维图像信号的傅里叶变换是否也可以将一幅图像分解成若干简单图像之和呢？的确如此，经过二维傅里叶变换一幅图像被分解成了若干不同频率、不同振幅、不同相位的正弦平面波之和，如图 5-3 所示。

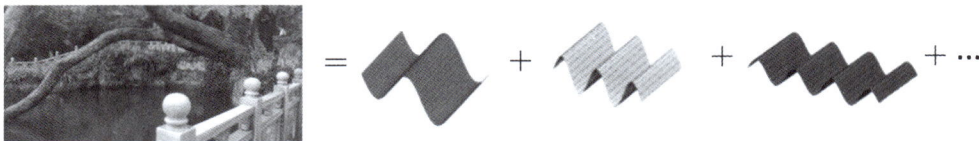

图 5-3　二维傅里叶变换示意图

3. 离散傅里叶变换

由于以计算机为代表的数字处理系统只能存储和处理有限长度的离散数字信号，由此演化出了一维和二维的离散傅里叶变换。对于本书讨论的数字图像，这种离散的二维信号需采用二维离散傅里叶变换方可从空域切换到频域。

1）二维频谱图及其物理意义

数字图像经过二维离散傅里叶变换得到了频域中与之对应的频谱图，如图 5-4 所示。居于频谱图中心的是图像的高频信息，四周是低频信息。在实际应用中，为了便于频域的滤波和频谱图的分析，常常在图像处理前进行频谱中心化处理，以使低频信息位于中心。

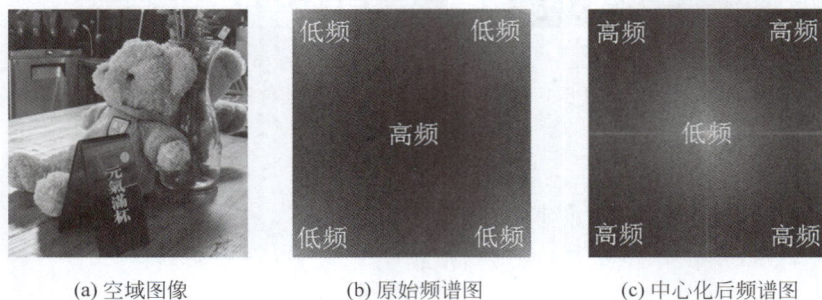

| (a) 空域图像 | (b) 原始频谱图 | (c) 中心化后频谱图 |

图 5-4 二维频谱图

这些低频和高频信息究竟对应于空域图像中的什么信息呢？下面从频域增强效果进行逆向分析。这里首先解释什么是低通滤波和高通滤波。顾名思义，低通滤波是对低频信息放行，对高频信息拦截；高通滤波是对高频信息放行，对低频信息拦截。结合图 5-5 所示的低通滤波和高通滤波效果可以发现，低通滤波效果等同于空域图像平滑处理，高通滤波效果等同于空域图像锐化处理中需增强的边缘轮廓信息。

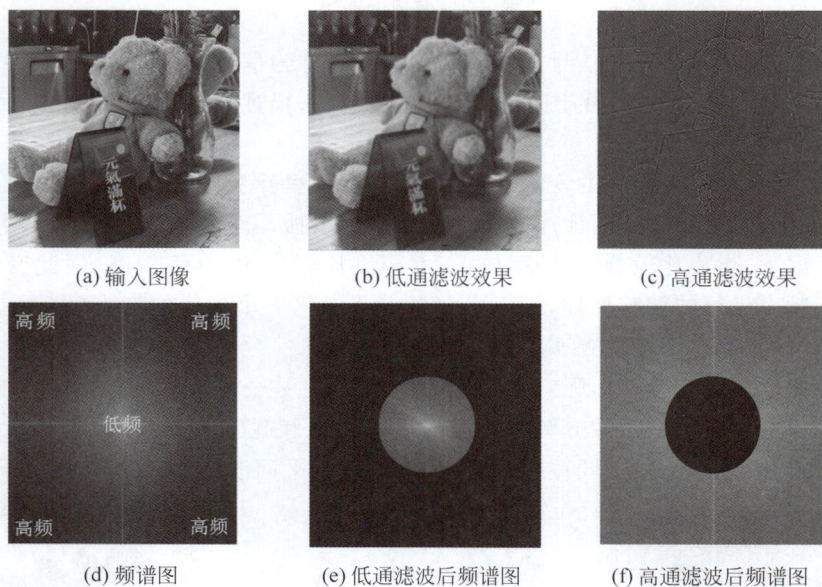

| (a) 输入图像 | (b) 低通滤波效果 | (c) 高通滤波效果 |
| (d) 频谱图 | (e) 低通滤波后频谱图 | (f) 高通滤波后频谱图 |

图 5-5 频域增强效果及对应的频谱图

综上所述，可以得出以下结论。

（1）频谱图的低频信息对应于空域图像中的平缓区域，即主体部分。

（2）频谱图的高频信息对应于空域图像中的突变区域，即边缘、噪声细节部分。

2）二维离散傅里叶变换的 MATLAB 实现

离散傅里叶变换已经成为数字图像处理的一种重要手段，但是该方法计算量太大、速度太慢。1965

年，J. W. 库利和 T. W. 图基提出了一种改进方法——快速傅里叶变换（fast Fourier transform，FFT），极大地提高了傅里叶变换的速度，也正是 FFT 的出现才使得傅里叶变换得以广泛应用。下面，详细介绍二维快速傅里叶变换的 MATLAB 实现。

（1）MATLAB 相关内置函数。

① 二维快速傅里叶变换函数 fft2()。

语法格式如下：

```
J=fft2(I);
```

其中，J 为频谱图，I 为空域图像，且 J 的大小与 I 相同。

② 频谱中心化函数 fftshift()。

语法格式如下：

```
Z=fftshift(J);
```

其中，Z 为中心化后的频谱图，J 为频谱图。

③ 频谱中心化反变换函数 ifftshift()。

语法格式如下：

```
J1=ifftshift(Z);
```

其中，J1 为反中心化频谱图，Z 为中心化后的频谱图。

④ 二维快速傅里叶反变换函数 ifft2()。

语法格式如下：

```
I1=ifft2(J1);
```

其中，I1 为空域图像，J1 为反中心化频谱图。

（2）实现代码。下面是以灰度图像为例的实现代码：

```
clear all
[filename,pathname]=uigetfile('*.*','选取一幅灰度图像');
str=[pathname filename];
src=im2double(imread(str));
subplot(2,2,1),imshow(src),title('输入图像');
J=fft2(src);                                        %二维快速傅里叶变换
subplot(2,2,2),imshow(log(1+abs(J)),[]),title('原始频谱图');
Z=fftshift(J);                                      %频谱中心化
subplot(2,2,3),imshow(log(1+abs(Z)),[]),title('中心化频谱图');
%对频谱 Z 做频域滤波处理(后续在这里添加相应代码)
J=ifftshift(Z);                                     %频谱中心化反变换
result=real(ifft2(J));                              %二维快速傅里叶反变换并取实部
subplot(2,2,4),imshow(result),title('输出图像');
```

【代码说明】

• 进行二维快速傅里叶变换前一定要调用 im2double() 函数将输入图像的数据类型由 uint8 转换为 double 类型，否则会因为 unit8 数据类型只能表示 0～255 的整数而出现数据截断，进而出现错误结果。

- 图像的傅里叶频谱的动态范围可宽达 $0 \sim 10^6$，若要直接显示，显示设备的动态范围往往不能满足要求，此时需要使用对数变换将其压缩到合理范围，即

```
Z=Log(1+abs(Z));
```

- 由于二维快速傅里叶反变换的计算结果是虚部极小或零的复数，而变换回空域的图像像素值为实数，因此需要舍去该复数的虚部。

（3）实现效果，如图 5-6 所示。

(a) 输入图像　　　　(b) 原始频谱图　　　　(c) 中心化频谱图　　　　(d) 输出图像

图 5-6　二维快速傅里叶变换的无损转换

5.2　频域增强原理

频域增强实质上是通过滤除的频率和保留的频率不同，从而获得不同的增强效果。具体地说，滤除高频、保留低频可达到图像平滑效果；滤除低频、保留高频则可达到图像锐化效果。频域增强的实现流程如图 5-7 所示。具体如下。

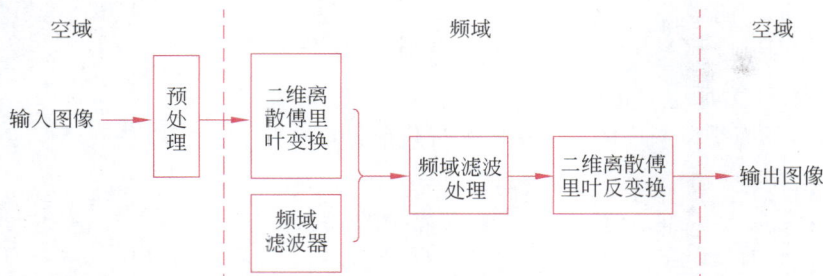

图 5-7　频域增强的实现流程

步骤 1：空域变换频域。预处理后的输入图像经过二维离散傅里叶变换后，从空域变换到频域，计算得到频谱图。

步骤 2：频域增强处理。将中心化频谱图与同尺寸的频域滤波器相乘实现图像的频域滤波处理。

从图 5-8 和图 5-9 所示的频域滤波处理过程可以看出，频域滤波处理实际上是通过中心化频谱图与频域滤波器（等同于二值蒙版）的"点乘"运算完成的。类似于图像乘法运算中的抠图，频域滤波方法也是通过"点乘"运算使得频谱上的某些频率成分得以保留，从而达到期望的增强效果。

结合频谱信息的物理意义，当进行低通滤波后，图像高频信息（图像的边缘、轮廓等突变信息）被滤除，图像低频信息（图像的主体信息）被保留下来，进而达到图像平滑的效果；当进行高通滤波后，图像低频信息（图像的主体信息）被滤除，图像高频信息（图像的边缘、轮廓等突变信息）被保留下来，进而达到图像锐化的效果。

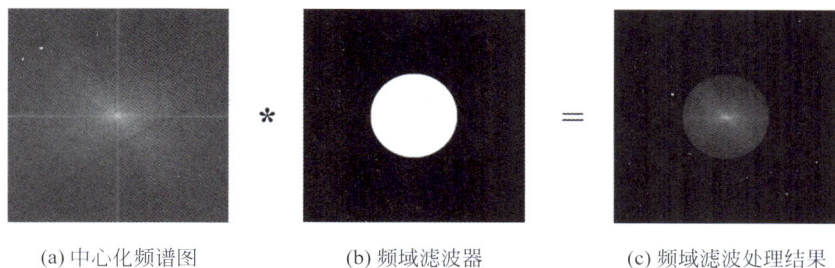

(a) 中心化频谱图　　　　　　(b) 频域滤波器　　　　　　(c) 频域滤波处理结果

图 5-8　低通滤波处理过程

(a) 中心化频谱图　　　　　　(b) 频域滤波器　　　　　　(c) 频域滤波处理结果

图 5-9　高通滤波处理过程

【贴士】　频域与空间域的内在联系为

$$f * h = FH$$

其中，f 是空间域图像，$*$ 是卷积运算，h 是空间域中的模板，F 是 f 的傅里叶变换频谱图，H 是频域滤波器。

可见，傅里叶变换将空间域的卷积运算简化为频域的点乘运算，这样可以极大地减少计算时间开销，提高计算速度。

步骤 3：频域变换空间域。对滤波后的频谱图进行二维离散傅里叶反变换从频域变换回空间域，最终得到增强后的输出图像。

5.3　低　通　滤　波

5.3.1　理想低通滤波器

1. 数学定义

理想低通滤波器的数字定义如下：

$$H(u,v) = \begin{cases} 1, & D(u,v) \leqslant D_0 \\ 0, & D(u,v) > D_0 \end{cases} \tag{5-1}$$

其中参数含义如下。

$D(u,v)$：频谱图上的点 (u,v) 到频谱中心的欧几里得距离。公式如下：

$$D(u,v) = \sqrt{\left(u - \frac{M}{2}\right)^2 + \left(v - \frac{N}{2}\right)^2}$$

D_0：截断频率，非负整数。M、N 分别为频谱图的高、宽。

从图 5-10 中可知，满足 $D(u,v) = D_0$ 的点的轨迹为圆。理想低通滤波器是截断圆外的所有频率，保留圆上和圆内的所有频率。

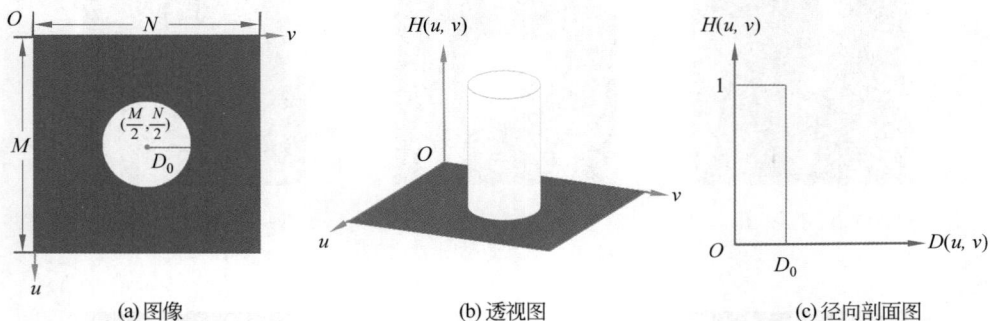

(a)图像　　　　　　　(b)透视图　　　　　　　(c)径向剖面图

图 5-10　理想低通滤波器示意图

2. 实现代码

理想低通滤波器的实现代码如下：

```
clear all
[filename,pathname]=uigetfile('*.*','选择图像');
str=[pathname filename];
src=im2double(imread(str));
subplot(1,2,1),imshow(src),title('输入图像');
%设置理想低通滤波器
M=size(src,1);N=size(src,2);
H=zeros(M,N);
D0=str2double(inputdlg('请输入截断频率 D0:','理想低通滤波'));
for u=1:M
    for v=1:N
        D=sqrt((u-fix(M/2))^2+(v-fix(N/2))^2);
        if D<=D0
            H(u,v)=1;
        end
    end
end
%频域滤波处理
if ismatrix(src)
    %灰度图像
    J=fft2(src);
    Z=fftshift(J);
    G=Z.*H;
    J=ifftshift(G);
    result=real(ifft2(J));
else
    %彩色图像
    r=src(:,:,1);
    g=src(:,:,2);
    b=src(:,:,3);
    %红色通道的频域滤波处理
    Jr=fft2(r);
    Zr=fftshift(Jr);
```

```
      Gr=Zr.* H;
      Jr=ifftshift(Gr);
      result_R=real(ifft2(Jr));
      %绿色通道的频域滤波处理
      Jg=fft2(g);
      Zg=fftshift(Jg);
      Gg=Zg.* H;
      Jg=ifftshift(Gg);
      result_G=real(ifft2(Jg));
      %蓝色通道的频域滤波处理
      Jb=fft2(b);
      Zb=fftshift(Jb);
      Gb=Zb.* H;
      Jb=ifftshift(Gb);
      result_B=real(ifft2(Jb));
      %合成滤波处理后的三通道
      result=cat(3,result_R,result_G,result_B);
end
subplot(1,2,2),imshow(result),title('理想低通滤波后的图像');
```

3. 实现效果

理想低通滤波效果如图 5-11 所示。

(a) 灰度图像   (b) 彩色图像

图 5-11 $D_0 = 50$ 的理想低通滤波效果

从图 5-11 的滤波效果上可以明显地看出,理想低通滤波器具有平滑图像的效果,但是也出现了很严重的波纹状"振铃"现象。"振铃"是指输出图像的边缘轮廓或噪声等突变处产生的振荡,就好像钟被敲击后产生的空气振荡。

究其原因,会发现"振铃"现象是由于理想低通滤波器在 D_0 处,即通过频率和滤除频率之间有陡直截断的"不连续性"造成的,并且截断频率 D_0 越小,"振铃"现象就越明显,如图 5-12 所示。

(a) $D_0=15$ (b) $D_0=30$ (c) $D_0=50$

图 5-12   理想低通滤波器的"振铃"现象

5.3.2 巴特沃斯低通滤波器

1. 数学定义

巴特沃斯低通滤波器的数学定义如下：

$$H(u,v) = \frac{1}{1 + \left(\dfrac{D(u,v)}{D_0}\right)^{2n}} \tag{5-2}$$

其中参数含义如下。

n：阶数。

$D(u,v)$：频谱图上的点 (u,v) 到频谱中心的欧几里得距离。公式如下：

$$D(u,v) = \sqrt{\left(u - \frac{M}{2}\right)^2 + \left(v - \frac{N}{2}\right)^2}$$

D_0：截断频率，非负整数。M、N 分别为频谱图的高、宽。

从图 5-13 可以看出，与理想低通滤波器不同，巴特沃斯低通滤波器在 D_0 处，即通过频率与被滤除的频率之间没有尖锐的不连续，过渡平坦，因此在一定程度上减弱了"振铃"现象。但是随着阶数 n 的增大，巴特沃斯低通滤波器形状越来越陡峭（如图 5-13(c)所示），越来越趋于理想低通滤波器，因此"振铃"现象会越明显。

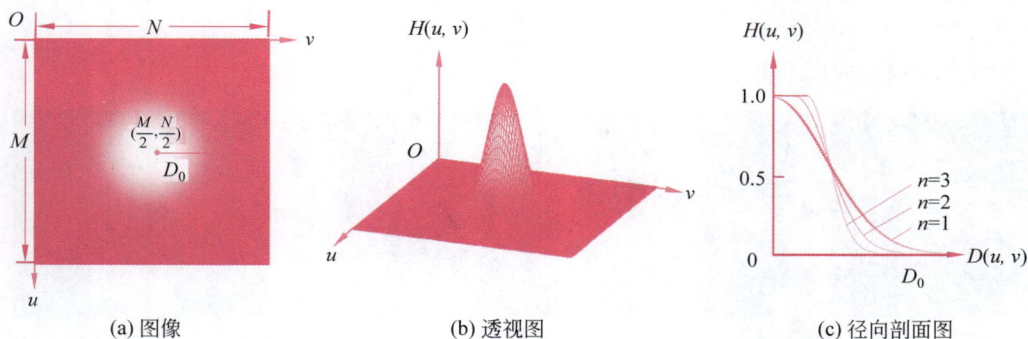

图 5-13　巴特沃斯低通滤波器示意图

2. 实现代码

巴特沃斯低通滤波器的实现代码如下：

```
clear all
[filename,pathname]=uigetfile('*.*','选择图像');
str=[pathname filename];
src=im2double(imread(str));
subplot(1,2,1),imshow(src),title('输入图像');
%设置巴特沃斯低通滤波器
M=size(src,1);N=size(src,2);
H=zeros(M,size(N));
n=str2double(inputdlg('请输入阶数:','巴特沃斯低通滤波'));
D0=str2double(inputdlg('请输入截断频率 D0:','巴特沃斯低通滤波'));
for u=1:M
    for v=1:N
```

```
            D=sqrt((u-fix(M/2))^2+(v-fix(N/2))^2);
            H(u,v)=1/(1+(D/D0)^(2*n));
        end
end
%频域滤波处理
if ismatrix(src)
    %灰度图像
    J=fft2(src);
    Z=fftshift(J);
    G=Z.*H;
    J=ifftshift(G);
    result=real(ifft2(J));
else
    %彩色图像
    r=src(:,:,1);g=src(:,:,2);b=src(:,:,3);
    %红色通道的频域滤波处理
    Jr=fft2(r);
    Zr=fftshift(Jr);
    Gr=Zr.*H;
    Jr=ifftshift(Gr);
    result_R=real(ifft2(Jr));
    %绿色通道的频域滤波处理
    Jg=fft2(g);
    Zg=fftshift(Jg);
    Gg=Zg.*H;
    Jg=ifftshift(Gg);
    result_G=real(ifft2(Jg));
    %蓝色通道的频域滤波处理
    Jb=fft2(b);
    Zb=fftshift(Jb);
    Gb=Zb.*H;
    Jb=ifftshift(Gb);
    result_B=real(ifft2(Jb));
    %合成滤波处理后的三通道
    result=cat(3,result_R,result_G,result_B);
end
subplot(1,2,2),imshow(result),title('巴特沃斯低通滤波后的图像');
```

3. 实现效果

如图 5-14 所示,与同一截断频率 D_0 的理想低通滤波效果相比,巴特沃斯低通滤波的"振铃"现象确实有一定程度的减弱。

(a) 输入图像　　　(b) 理想低通滤波效果　　(c) $n=2$ 时的巴特沃斯低通滤波效果

图 5-14　$D_0=50$ 的低通滤波效果比较

当阶数 $n=1$ 时,巴特沃斯低通滤波是没有"振铃"现象的;当阶数 $n=2$ 时,巴特沃斯低通滤波处于有效平滑和可接受的振铃特征之间;当阶数 n 不断增大时,"振铃"现象就会越发明显,如图 5-15 所示。

(a) $n=1$　　　　　　(b) $n=2$　　　　　　(c) $n=20$

图 5-15　$D_c=50$ 时巴特沃斯低通滤波的"振铃"现象

5.3.3　高斯低通滤波器

1. 数学定义

高斯低通滤波器的数学定义如下：

$$H(u,v)=\mathrm{e}^{-\frac{D^2(u,v)}{2D_0^2}}\qquad(5\text{-}3)$$

其中参数含义如下。

$D(u,v)$：频谱图上的点 (u,v) 到频谱中心的欧几里得距离。公式如下：

$$D(u,v)=\sqrt{\left(u-\frac{M}{2}\right)^2+\left(v-\frac{N}{2}\right)^2}$$

其中，M、N 分别为频谱图的高、宽。

D_0：截断频率，非负整数。

从如图 5-16(c) 所示的径向剖面图上看，高斯低通滤波器的过渡特性非常平坦，因此不会产生"振铃"现象。

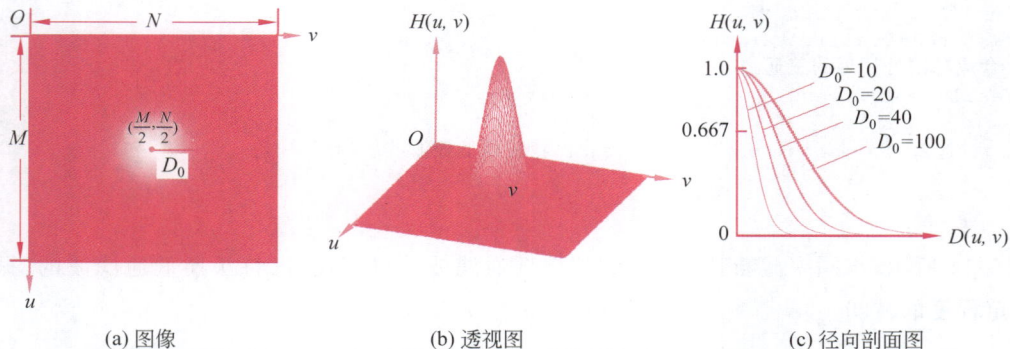

(a) 图像　　　　　　(b) 透视图　　　　　　(c) 径向剖面图

图 5-16　高斯低通滤波器示意图

2. 实现代码

高斯低通滤波器的实现代码如下：

```
clear all
[filename,pathname]=uigetfile('*.*','选择图像');
str=[pathname filename];
src=im2double(imread(str));
subplot(1,2,1),imshow(src),title('输入图像');
%设置高斯低通滤波器
M=size(src,1);N=size(src,2);
```

```matlab
H=zeros(M,N);%高斯低通滤波器初始化
D0=str2double(inputdlg('请输入截断频率 D0:','高斯低通滤波'));
for u=1:M
    for v=1:N
        D=sqrt((u-fix(M/2))^2+(v-fix(N/2))^2);
        H(u,v)=exp(-D^2/(2*D0^2));
    end
end
%频域滤波处理
if ismatrix(src)
    %灰度图像
    J=fft2(src);
    Z=fftshift(J);
    G=Z.*H;
    J=ifftshift(G);
    result=real(ifft2(J));
else
    %彩色图像
    r=src(:,:,1);g=src(:,:,2);b=src(:,:,3);
    %红色通道的频域滤波处理
    Jr=fft2(r);
    Zr=fftshift(Jr);
    Gr=Zr.*H;
    Jr=ifftshift(Gr);
    result_R=real(ifft2(Jr));
    %绿色通道的频域滤波处理
    Jg=fft2(g);
    Zg=fftshift(Jg);
    Gg=Zg.*H;
    Jg=ifftshift(Gg);
    result_G=real(ifft2(Jg));
    %蓝色通道的频域滤波处理
    Jb=fft2(b);
    Zb=fftshift(Jb);
    Gb=Zb.*H;
    Jb=ifftshift(Gb);
    result_B=real(ifft2(Jb));
    %合成滤波处理后的三通道
    result=cat(3,result_R,result_G,result_B);
end
subplot(1,2,2),imshow(result),title('高斯低通滤波后的图像');
```

3. 实现效果

高斯低通滤波效果如图 5-17 所示。

(a) 灰度图像   (b) 彩色图像

图 5-17 $D_0 = 50$ 的高斯低通滤波效果

从图 5-17 的滤波效果看,高斯低通滤波是完全没有"振铃"现象的。因此,在实际应用中多采用高斯低通滤波进行图像平滑处理。

4. 应用场景

【案例 5-1】 截图隐私打码。

在工作或聊天时还在直接把截图发给对方吗？头像、隐私信息一览无遗,很容易泄漏隐私。针对这一问题,本案例提供了一种基于高斯低通滤波的截图打码方法,既可以满足用户截图分享的需求,又可以保障个人的隐私安全,如图 5-18 所示。

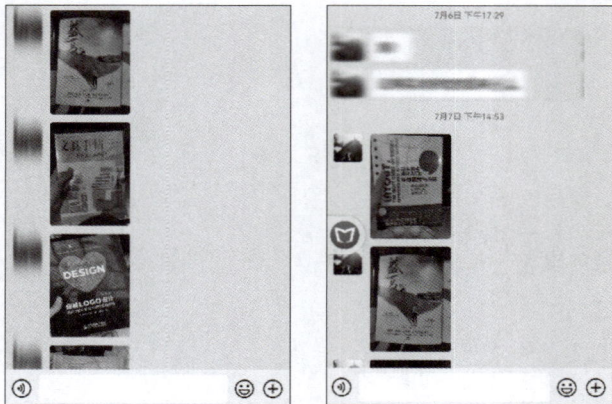

图 5-18 截图隐私打码效果

1) 基本原理

首先,在输入图像中通过裁剪方法选取出待打码的区域;然后,将空间域转换到频域对此区域进行高斯低通滤波实现平滑效果即打码;最后,将频域转回空间域,将打码后的区域与输入图像进行覆盖融合处理,如图 5-19 所示。

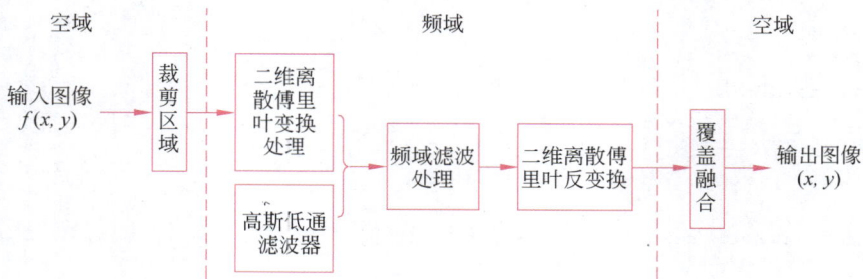

图 5-19 截图隐私打码的基本流程

2) 实现代码

(1) 主程序代码如下:

```
clear all
[filename,pathname]=uigetfile('* .* ','选择图像');
str=[pathname filename];
src=im2double(imread(str));
subplot(1,3,1),imshow(src),title('输入图像');
%选取待打码区域
```

```
[src_crop,rect]=imcrop(src);
subplot(1,3,2),imshow(src_crop),title('选区图像');
D0=str2double(inputdlg('请输入截断频率 D0:','高斯低通滤波'));
result=gaussianLowPass(src_crop,D0);                        %调用 gaussianLowPass.m
%打码区域与原图像的覆盖融合
blendingResult=src;
for i=1:size(src_crop,1)
    for j=1:size(src_crop,2)
        blendingResult(i+floor(rect(2))-1,j+floor(rect(1))-1,:)=result(i,j,:);
    end
end
subplot(1,3,3),imshow(blendingResult),title('打码效果');
imwrite(blendingResult,'blendingResult.jpg');
uiwait(msgbox('打码图像已保存!','提示'));
```

（2）自定义函数 m 文件 gaussianLowPass.m——高斯低通滤波。代码如下：

```
function result=gaussianLowPass(src,D0)
%高斯低通滤波
%参数 src 表示待处理图像,D0 表示截断频率
M=size(src,1);N=size(src,2);
H=zeros(size(src,1),size(src,2));
for u=1:M
    for v=1:N
        D=sqrt((u-fix(M/2))^2+(v-fix(N/2))^2);
        H(u,v)=exp(-D^2/(2*D0^2));
    end
end
%频域滤波处理
if ismatrix(src)
    %灰度图像
    J=fft2(src);
    Z=fftshift(J);
    G=Z.*H;
    J=ifftshift(G);
    result=real(ifft2(J));
else
    %彩色图像
    r=src(:,:,1);g=src(:,:,2);b=src(:,:,3);
    %红色通道的频域滤波处理
    Jr=fft2(r);
    Zr=fftshift(Jr);
    Gr=Zr.*H;
    Jr=ifftshift(Gr);
    result_R=real(ifft2(Jr));
    %绿色通道的频域滤波处理
    Jg=fft2(g);
    Zg=fftshift(Jg);
    Gg=Zg.*H;
    Jg=ifftshift(Gg);
    result_G=real(ifft2(Jg));
    %蓝色通道的频域滤波处理
    Jb=fft2(b);
    Zb=fftshift(Jb);
    Gb=Zb.*H;
    Jb=ifftshift(Gb);
```

```
    result_B=real(ifft2(Jb));
    %合成频域滤波处理后的三通道
    result=cat(3,result_R,result_G,result_B);
end
end
```

小试身手

对上述代码进行完善优化以实现任意多个选区的打码效果,具体要求详见习题5第1题。

小试身手

运用高斯低通滤波算法,并结合平移变换生成文字阴影特效,具体要求详见习题5第2题。

5.4　高通滤波器

5.4.1　理想高通滤波器

1. 数学定义

理想高通滤波器的数学定义如下:

$$H(u,v)=\begin{cases}0, & D(u,v)\leqslant D_0\\ 1, & D(u,v)>D_0\end{cases} \tag{5-4}$$

其中参数含义如下。

$D(u,v)$:频谱图上的点(u,v)到频谱中心的欧几里得距离。公式如下:

$$D(u,v)=\sqrt{\left(u-\frac{M}{2}\right)^2+\left(v-\frac{N}{2}\right)^2}$$

其中,M、N分别为频谱图的高、宽。

D_0:截断频率,非负整数。

与理想低通滤波器相反,理想高通滤波器截断的是圆上和圆内的所有频率,保留的是圆外的所有频率,如图5-20所示;它和理想低通滤波器一样,都存在着严重的"振铃"现象,并且截断频率D_0越小,"振铃"现象就越明显。

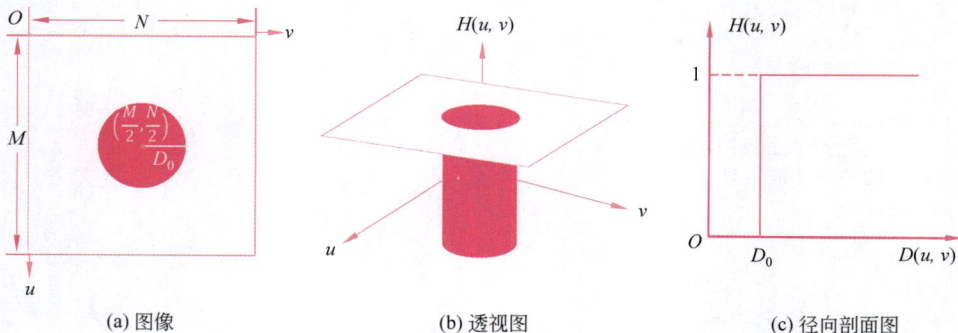

图 5-20　理想高通滤波器示意图

2. 实现代码

理想高通滤波器的实现代码如下:

```
clear all
[filename,pathname]=uigetfile('*.*','选择图像');
str=[pathname filename];
src=im2double(imread(str));
subplot(1,3,1),imshow(src),title('输入图像');
%设置理想高通滤波器
M=size(src,1);N=size(src,2);
H=zeros(M,N);
D0=str2double(inputdlg('请输入截断频率 D0:','理想高通滤波'));
for u=1:M
    for v=1:N
        D=sqrt((u-fix(M/2))^2+(v-fix(N/2))^2);
        if D>D0
            H(u,v)=1;
        end
    end
end
%频域滤波处理
if ismatrix(src)
    %灰度图像
    J=fft2(src);
    Z=fftshift(J);
    G=Z.*H;
    J=ifftshift(G);
    result=real(ifft2(J));
else
    %彩色图像
    r=src(:,:,1);g=src(:,:,2);b=src(:,:,3);
    %红色通道的频域滤波处理
    Jr=fft2(r);
    Zr=fftshift(Jr);
    Gr=Zr.*H;
    Jr=ifftshift(Gr);
    result_R=real(ifft2(Jr));
    %绿色通道的频域滤波处理
    Jg=fft2(g);
    Zg=fftshift(Jg);
    Gg=Zg.*H;
    Jg=ifftshift(Gg);
    result_G=real(ifft2(Jg));
    %蓝色通道的频域滤波处理
    Jb=fft2(b);
    Zb=fftshift(Jb);
    Gb=Zb.*H;
    Jb=ifftshift(Gb);
    result_B=real(ifft2(Jb));
    %合成频域滤波处理后的三通道
    result=cat(3,result_R,result_G,result_B);
end
subplot(1,3,2),imshow(result),title('理想高通滤波图像');
subplot(1,3,3),imshow(src+result),title('理想高通滤波图像叠加输入图像的结果');
```

3. 实现效果

理想高通滤波器滤除了图像的低频信息，即图像的主体，还保留了图像中的高频信息，即边缘轮廓或噪声，如图 5-21 所示。最后再将其叠加在输入图像上即可达到图像锐化的效果。

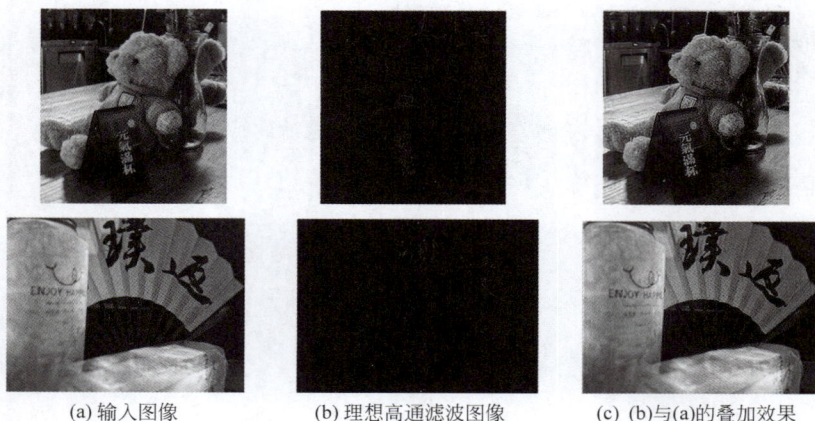

(a) 输入图像　　　(b) 理想高通滤波图像　　　(c) (b)与(a)的叠加效果

图 5-21　$D_0 = 50$ 的理想高通滤波效果

5.4.2　巴特沃斯高通滤波器

1. 数学定义

巴特沃斯高通滤波器的数学定义如下：

$$H(u,v) = \frac{1}{1 + \left(\dfrac{D_0}{D(u,v)}\right)^{2n}} \tag{5-5}$$

其中参数含义如下。

n：阶数。

D_0：截断频率，非负整数。

$D(u,v)$：频谱图上的点(u,v)到频谱中心的欧几里得距离。公式如下：

$$D(u,v) = \sqrt{\left(u - \frac{M}{2}\right)^2 + \left(v - \frac{N}{2}\right)^2}$$

其中，M、N 分别为频谱图的高、宽。

从图 5-22 可以看出，与巴特沃斯低通滤波器类似，巴特沃斯高通滤波器在 D_0 处，即通过频率与被滤除的频率之间没有尖锐的不连续，过渡平坦，因此在一定程度上减弱了"振铃"现象。

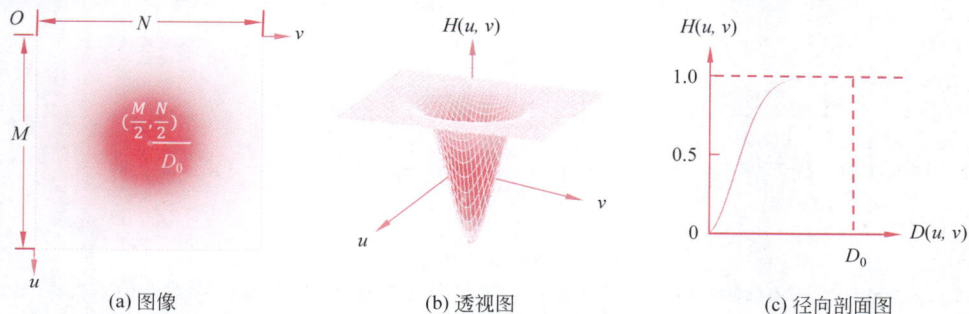

(a) 图像　　　　　(b) 透视图　　　　　(c) 径向剖面图

图 5-22　巴特沃斯高通滤波器示意图

2. 实现代码

巴特沃斯高通滤波器的实现代码如下：

```
clear all
[filename,pathname]=uigetfile('*.*','选择图像');
str=[pathname filename];
src=im2double(imread(str));
subplot(1,3,1),imshow(src),title('输入图像');
%设置巴特沃斯高通滤波器
M=size(src,1);N=size(src,2);
H=zeros(M,N);
n=str2double(inputdlg('请输入阶数:','巴特沃斯高通滤波'));
D0=str2double(inputdlg('请输入截断频率 D0:','巴特沃斯高通滤波'));
for u=1:M
    for v=1:N
        D=sqrt((u-fix(M/2))^2+(v-fix(N/2))^2);
        H(u,v)=1/(1+(D0/D)^(2*n));
    end
end
%频域滤波处理
if ismatrix(src)
    %灰度图像
    J=fft2(src);
    Z=fftshift(J);
    G=Z.*H;
    J=ifftshift(G);
    result=real(ifft2(J));
else
    %彩色图像
    r=src(:,:,1);g=src(:,:,2);b=src(:,:,3);
    %红色通道的频域滤波处理
    Jr=fft2(r);
    Zr=fftshift(Jr);
    Gr=Zr.*H;
    Jr=ifftshift(Gr);
    result_R=real(ifft2(Jr));
    %绿色通道的频域滤波处理
    Jg=fft2(g);
    Zg=fftshift(Jg);
    Gg=Zg.*H;
    Jg=ifftshift(Gg);
    result_G=real(ifft2(Jg));
    %蓝色通道的频域滤波处理
    Jb=fft2(b);
    Zb=fftshift(Jb);
    Gb=Zb.*H;
    Jb=ifftshift(Gb);
    result_B=real(ifft2(Jb));
    %合成滤波处理后的三通道
    result=cat(3,result_R,result_G,result_B);
end
subplot(1,3,2),imshow(result),title('巴特沃斯高通滤波图像');
subplot(1,3,3),imshow(src+result),title('巴特沃斯高通滤波叠加输入图像的结果');
```

3. 实现效果

相比同一截断频率 D_0 的理想高通滤波效果，巴特沃斯高通滤波的"振铃"现象得到了一定程度的减弱，如图 5-23 所示。但随着阶数 n 的增大，其"振铃"现象将会越明显。

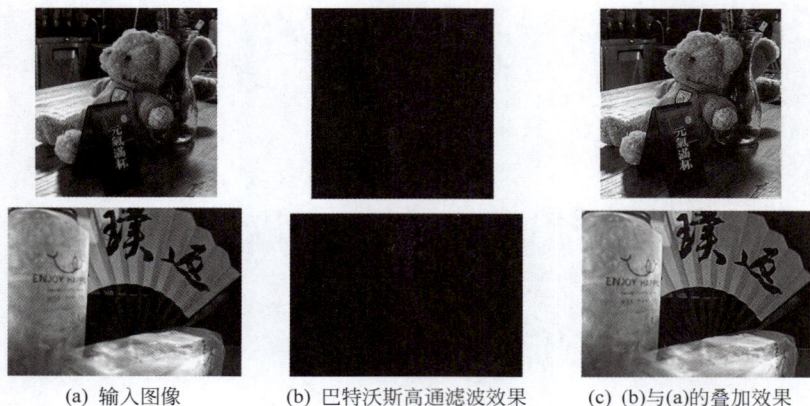

(a) 输入图像　　　　　(b) 巴特沃斯高通滤波效果　　　　　(c) (b)与(a)的叠加效果

图 5-23　$n=2$，$D_0=50$ 的巴特沃斯高通滤波效果

【贴士】 当阶数 n 为 1 时，巴特沃斯高通滤波是没有"振铃"现象的，而阶数 n 为 2 的巴特沃斯高通滤波器处于有效锐化和可接受的振铃特征之间。

5.4.3　高斯高通滤波器

1. 数学定义

高斯高通滤波器的数学定义如下：

$$H(u,v)=1-e^{-\frac{D^2(u,v)}{2D_0^2}} \tag{5-6}$$

其中参数含义如下。

$D(u,v)$：频谱图上的点 (u,v) 到频谱中心的欧几里得距离。公式如下：

$$D(u,v)=\sqrt{\left(u-\frac{M}{2}\right)^2+\left(v-\frac{N}{2}\right)^2}$$

其中，M、N 分别为频谱图的高、宽。

D_0：截断频率，非负整数。

高斯高通滤波器示意图如图 5-24 所示。

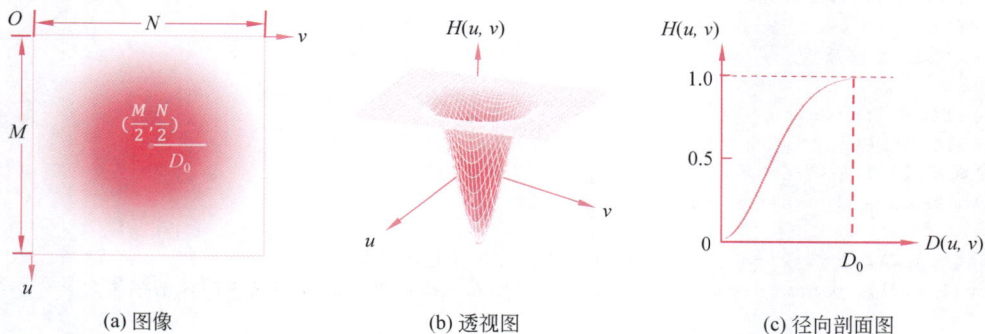

(a) 图像　　　　　　　(b) 透视图　　　　　　　(c) 径向剖面图

图 5-24　高斯高通滤波器示意图

2. 实现代码

高斯高通滤波器的实现代码如下：

```
clear all
[filename,pathname]=uigetfile('*.*','选择图像');
str=[pathname filename];
src=im2double(imread(str));
subplot(1,3,1),imshow(src),title('输入图像');
%设置高斯高通滤波器
M=size(src,1);N=size(src,2);
H=zeros(M,N);
D0=str2double(inputdlg('请输入截断频率 D0:','高斯高通滤波'));
for u=1:M
    for v=1:N
        D=sqrt((u-fix(M/2))^2+(v-fix(N/2))^2);
        H(u,v)=1-exp(-D^2/(2*D0^2));
    end
end
%频域滤波处理
if ismatrix(src)
    %灰度图像
    J=fft2(src);
    Z=fftshift(J);
    G=Z.*H;
    J=ifftshift(G);
    result=real(ifft2(J));
else
    %彩色图像
    r=src(:,:,1);g=src(:,:,2);b=src(:,:,3);
    %红色通道的频域滤波处理
    Jr=fft2(r);
    Zr=fftshift(Jr);
    Gr=Zr.*H;
    Jr=ifftshift(Gr);
    result_R=real(ifft2(Jr));
    %绿色通道的频域滤波处理
    Jg=fft2(g);
    Zg=fftshift(Jg);
    Gg=Zg.*H;
    Jg=ifftshift(Gg);
    result_G=real(ifft2(Jg));
    %蓝色通道的频域滤波处理
    Jb=fft2(b);
    Zb=fftshift(Jb);
    Gb=Zb.*H;
    Jb=ifftshift(Gb);
    result_B=real(ifft2(Jb));
    %三通道合成
    result=cat(3,result_R,result_G,result_B);
end
subplot(1,3,2),imshow(result),title('高斯高通滤波图像');
subplot(1,3,3),imshow(src+result),title('高斯高通滤波叠加输入图像的结果');
```

3. 实现效果

如图 5-25 所示，同高斯低通滤波一样，高斯高通滤波也是完全没有"振铃"现象的。

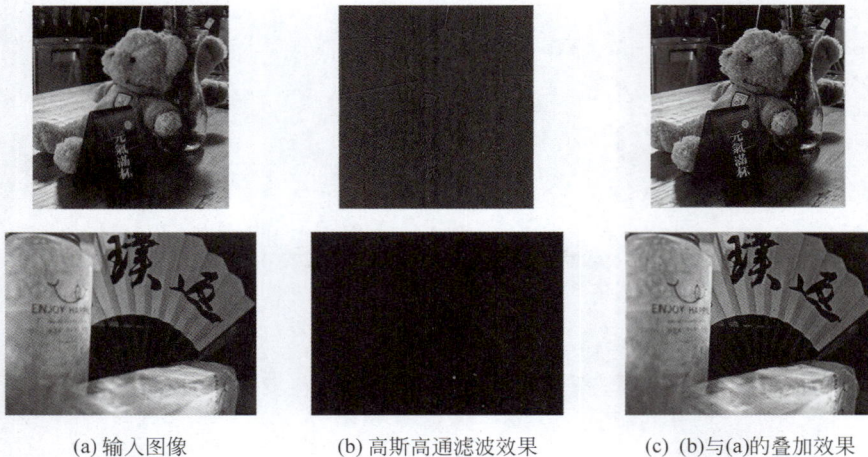

(a) 输入图像   (b) 高斯高通滤波效果   (c) (b)与(a)的叠加效果

图 5-25 $D_0 = 50$ 的高斯高通滤波效果

4. 应用场景

【案例 5-2】 模拟轻颜相机的锐化涂鸦功能。

轻颜相机是 2018 年 5 月上线的美颜拍照软件，由深圳市脸萌科技有限公司推出，拥有多种图片美化特效。用户可以通过轻颜相机上传自拍照，将其制作成具有各类风格的照片，也可以实时美颜拍摄。此外还支持各种智能剪辑、裁剪、调色、旋转等基础功能操作，数十种特效边框、多种滤镜和高品质个性素材可以随意使用。其中，锐化涂鸦风格效果如图 5-26 所示，本案例运用本节所学的高斯高通滤波方法对此特效进行模拟。

图 5-26   轻颜相机的锐化涂鸦效果

1）基本原理

首先，需要准备一幅美颜处理后的人像图像；其次，运用高斯高通滤波方法对该图像进行频域滤波处理，并与原图像叠加达到锐化效果；再次，用户通过拖曳鼠标在锐化图像上进行创意涂鸦；最后，将锐化涂鸦作品进行本地存储。

2）实现方法

步骤 1：新建 fig 文件。在命令行窗口中输入"guide"，在弹出的"GUIDE 快速入门"窗口中选中"新建 GUI"选项卡，在此选项卡的左侧区域中选中 Blank GUI(Default)，并选中"将新图形另存为"，再单击右侧的"浏览"按钮，在弹出的对话框中选取存储位置，将文件命名为 sharpenGraffiti.fig，最后单击"确定"按钮。

　　步骤 2：界面布局设计。在 sharpenGraffiti.fig 的设计窗口中，将左侧所需控件拖曳至右侧画布，并调整至合适大小，最终设计结果如图 5-27 所示。

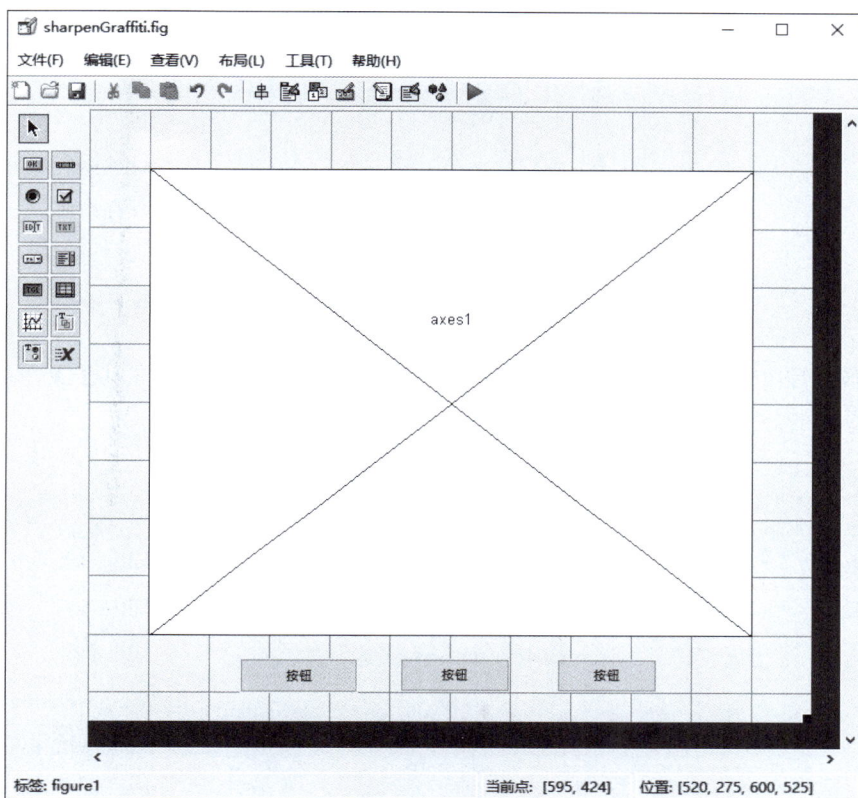

图 5-27　界面布局设计

　　步骤 3：控件属性设置。双击控件，在弹出的检查器中定位到需设置的属性名称，在其右侧输入属性值即可。所有控件需设置的属性值如表 5-1 所示。

表 5-1　控件属性值

控 件 名 称	属 性 名 称	属 性 值
figure	Name	锐化涂鸦风格
axes1	Tag	axesResult
	XTick	空值
	YTick	空值
	Box	on
pushbutton1	Tag	pushbuttonOpen
	String	打开图像
	FontSize	12
	FontWeight	bold

续表

控 件 名 称	属 性 名 称	属 性 值
pushbutton2	Tag	pushbuttonSharpening
	String	锐化
	FontSize	12
	FontWeight	bold
pushbutton3	Tag	pushbuttonSave
	String	保存图像
	FontSize	12
	FontWeight	bold

步骤 4：编写程序。在控件的右键快捷菜单中选中"查看回调"选项，并在其子菜单中选中对应的回调函数，如表 5-2 所示。

表 5-2 控件对应的回调函数名称

控 件 名 称	Tag 属性	回调函数名称
pushbutton1	pushbuttonOpen	Callback
pushbutton2	pushbuttonSharpening	Callback
pushbutton3	pushbuttonSave	Callback
figure	figure1	WindowButtonDownFcn
		WindowButtonMotionFcn
		WindowButtonUpFcn

3）实现代码

（1）回调函数。

① pushbuttonOpen 的回调函数 Callback()。单击"打开图像"按钮控件后，在弹出的"选取一幅待处理图像"对话框中选取一幅美颜图像。代码如下：

```
function pushbuttonOpen_Callback(hObject, eventdata, handles)
%hObject handle to pushbuttonOpen(see GCBO)
%eventdata reserved - to be defined in a future version of MATLAB
%handles structure with handles and user data(see GUIDATA)
[filename,pathname]=uigetfile('*.*','选取一幅美颜图像');   %调用"选取一幅待处理图像"对话框
str=[pathname filename];
src=im2double(imread(str));
axes(handles.axesResult);
imshow(src);
%存储全局的美颜图像
handles.src=src;
guidata(hObject,handles);
```

② pushbuttonSharpening 的回调函数 Callback()。当用户单击"锐化"按钮控件时，设置高斯高通滤波器对这幅美颜图像进行频域滤波处理，并将滤波结果与美颜图像进行叠加实现锐化效果，最后显示在坐标轴控件 axesResult 中。代码如下：

```
function pushbuttonSharpening_Callback(hObject, eventdata, handles)
%hObject handle to pushbuttonSharpening(see GCBO)
%eventdata reserved - to be defined in a future version of MATLAB
%handles structure with handles and user data(see GUIDATA)
%读取全局的美颜图像
src=handles.src;
%锐化处理
D0=str2double(inputdlg('请输入截断频率 D0:','高斯高通滤波'));
result=gaussianHighPass(src,D0);              %调用 gaussianHighPass.m 即高斯高通滤波
axes(handles.axesResult);
imshow(src+result);
```

③ 涂鸦操作。主要是由用户按下鼠标左键、拖曳、松开鼠标左键 3 个动作组成，因此相应的回调函数也包括 figure1 的 WindowButtonDownFcn()、WindowButtonMotionFcn() 和 WindowButtonUpFcn() 3 个。

- figure1 的回调函数 WindowButtonDownFcn()。当用户按下鼠标左键时，需要记录鼠标当前点的坐标位置，并将其传递给回调函数 WindowButtonMotionFcn()，同时设置"是否有键按下"标记变量为 true。代码如下：

```
function figure1_WindowButtonDownFcn(hObject, eventdata, handles)
%hObject handle to figure1(see GCBO)
%eventdata reserved - to be defined in a future version of MATLAB
%handles structure with handles and user data(see GUIDATA)
if strcmp(get(gcf,'selectiontype'),'alt')              %鼠标右击
    delete(findobj('type', 'line', 'parent', handles.axesResult));
elseif strcmp(get(gcf,'selectiontype'),'open')         %鼠标双击
    col=uisetcolor(get(handles.axesResult,'colororder'),'选择画笔颜色');
    set(handles.axesResult,'colororder',col);
elseif strcmp(get(gcf,'selectiontype'),'normal')       %鼠标左击
    pos=get(handles.axesResult,'currentpoint');
    setappdata(hObject, 'isPressed', true);
    set(hObject, 'UserData', pos(1,[1,2]));
end
```

【代码说明】　上述代码中除了考虑鼠标左击的功能外，还添加了鼠标右击和双击操作对应的相关处理。对于习惯鼠标操作的用户，代码中将鼠标右击的功能设定为擦除涂鸦进行重绘，双击还可以选取画笔的颜色。

- figure1 的回调函数 WindowButtonMotionFcn()。当用户在按住鼠标左键的同时有拖曳动作时，接收从回调函数 WindowButtonDownFcn() 传递过来的"是否有键按下"标记变量 isPressed 和鼠标当前点的坐标位置 pos；再次获取鼠标在拖曳过程中的当前点坐标位置 pos1，并将两点连成一条直线，重复绘制直线直至松开鼠标左键为止。代码如下：

```
function figure1_WindowButtonMotionFcn(hObject, eventdata, handles)
%hObject handle to figure1(see GCBO)
%eventdata reserved - to be defined in a future version of MATLAB
%handles structure with handles and user data(see GUIDATA)
isPressed=getappdata(hObject, 'isPressed');
pos=get(handles.axesResult, 'currentpoint');
if isPressed
    pos1=get(hObject, 'UserData');
    line([pos1(1); pos(1, 1)],[pos1(2); pos(1, 2)],'linewidth', 1);
    set(hObject, 'UserData', pos(1,[1,2]));
end
```

- figure1 的回调函数 WindowButtonUpFcn()。当用户松开鼠标左键时，将"是否有键按下"标记变量 isPressed 修改为 false，这样一条曲线就绘制完毕。重复这样的操作即可绘制出多条曲线。代码如下：

```
function figure1_WindowButtonUpFcn(hObject, eventdata, handles)
%hObject handle to figure1(see GCBO)
%eventdata reserved - to be defined in a future version of MATLAB
%handles structure with handles and user data(see GUIDATA)
setappdata(hObject, 'isPressed', false);
```

④ pushbuttonSave 的回调函数 Callback()。单击"保存图像"按钮控件时，获取坐标轴控件 axesResult 中的锐化图像及其涂鸦，并将其存储于本地当前文件夹中。代码如下：

```
function pushbuttonSave_Callback(hObject, eventdata, handles)
%hObject handle to pushbuttonSave(see GCBO)
%eventdata reserved - to be defined in a future version of MATLAB
%handles structure with handles and user data(see GUIDATA)
set(gcf,'PaperPositionMode','auto');
s=getframe(handles.axesResult);
imwrite(s.cdata, 'result.jpg');
msgbox('锐化涂鸦图像已保存!','提示');
```

（2）自定义函数 m 文件——gaussianHighPass.m。代码如下：

```
function result=gaussianHighPass(src,D0)
%高斯高通滤波算法
%参数 src 表示待处理图像,D0 表示截断频率
%高斯高通滤波器设计
M=size(src,1);N=size(src,2);
H=zeros(M,N);
for u=1:M
    for v=1:N
        D=sqrt((u-fix(M/2))^2+(v-fix(N/2))^2);
        H(u,v)=1-exp(-D^2/(2*D0^2));
    end
end
%频域滤波处理
if ismatrix(src)
    %灰度图像
```

```
        J=fft2(src);
        Z=fftshift(J);
        G=Z.* H;
        J=ifftshift(G);
        result=real(ifft2(J));
else
        %彩色图像
        r=src(:,:,1);g=src(:,:,2);b=src(:,:,3);
        %红色通道的频域滤波处理
        Jr=fft2(r);
        Zr=fftshift(Jr);
        Gr=Zr.* H;
        Jr=ifftshift(Gr);
        result_R=real(ifft2(Jr));
        %绿色通道的频域滤波处理
        Jg=fft2(g);
        Zg=fftshift(Jg);
        Gg=Zg.* H;
        Jg=ifftshift(Gg);
        result_G=real(ifft2(Jg));
        %蓝色通道的频域滤波处理
        Jb=fft2(b);
        Zb =fftshift(Jb);
        Gb=Zb.* H;
        Jb=ifftshift(Gb);
        result_B=real(ifft2(Jb));
        %合成频域滤波处理后的三通道
        result=cat(3,result_R,result_G,result_B);
end
```

4）实现效果

实现效果如图 5-28 所示。

图 5-28　本案例的锐化涂鸦效果

小试身手

运用高斯高通滤波算法实现手机"一秒变透明"的效果，具体要求详见习题 5 第 3 题。

5.5　同态滤波器

1. 图像成像模型

一幅图像 $f(x,y)$ 可以表示为入射-反射模型，该模型可作为频域中同时压缩图像的亮度范围和增强图像的对比度的基础。其关系式如下：

$$f(x,y)=i(x,y)r(x,y) \tag{5-7}$$

其中，$i(x,y)$ 表示光照的入射部分，$r(x,y)$ 表示物体的反射部分。

2. 同态滤波器原理

1) 实现方法

在图 5-6 的频域增强实现流程中，采用同态滤波器作为频域滤波器进行频域滤波处理，如图 5-29 所示。

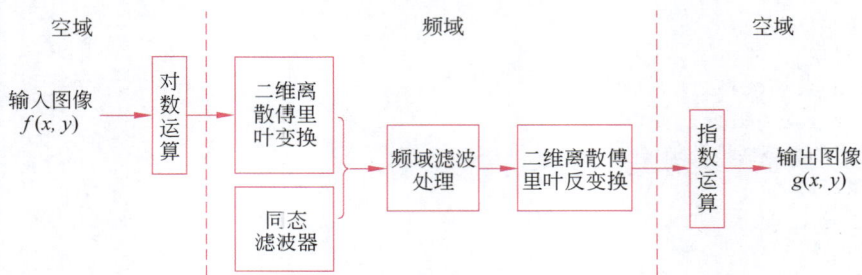

图 5-29　同态滤波基本流程

步骤 1：利用对数运算将相乘项转变为相加项。公式如下：

$$z(x,y)=\ln(f(x,y))=\ln(i(x,y)r(x,y))=\ln(i(x,y))+\ln(r(x,y))$$

步骤 2：对上式两边分别取二维离散傅里叶变换，得到

$$Z(u,v)=I(u,v)+R(u,v)$$

其中，$I(u,v)$、$R(u,v)$ 分别为 $\ln(i(x,y))$、$\ln(r(x,y))$ 的傅里叶变换频谱图。

步骤 3：将 $Z(u,v)$ 与同态滤波器 $H(u,v)$ 进行相乘，得到

$$S(u,v)=Z(u,v)H(u,v)=I(u,v)H(u,v)+R(u,v)H(u,v)$$

步骤 4：使用二维离散傅里叶反变换将滤波结果从频域转换回空域。公式如下：

$$s(x,y)=F^{-1}(S(u,v))=F^{-1}(I(u,v)H(u,v))+F^{-1}(R(u,v)H(u,v))$$

步骤 5：对 $s(x,y)$ 取指数运算得到输出图像。公式如下：

$$g(x,y)=e^{s(x,y)}=e^{F^{-1}(I(u,v)H(u,v))}e^{F^{-1}(R(u,v)H(u,v))}$$

2) 同态滤波器的数学定义

一般情况下，光照的入射变化比较缓慢，对应于频域中的低频部分；而物体反射变化比较剧烈，对应于频域中的高频部分。光照不均匀校正问题实质上就是要抑制低频的入射部分，增强高频的反射部分，显然使用高通滤波器是可以解决此类问题的。

作为高斯高通滤波器的变形，同态滤波器的数学定义形式如下：

$$H(u,v)=(\gamma_{\mathrm{H}}-\gamma_{\mathrm{L}})\left(1-e^{-c\frac{D^2(u,v)}{D_0^2}}\right)+\gamma_{\mathrm{L}} \tag{5-8}$$

其中参数含义如下。

γ_H、γ_L 用于控制同态滤波器幅度的范围。其中 $\gamma_H > 1, 0 < \gamma_L < 1$。

c 为常数,用于控制同态滤波器的形态,即从低频到高频过渡段的斜率,其值越大,斜坡带越陡峭。

$D(u,v)$:频谱图上的点 (u,v) 到频谱中心的欧几里得距离。公式如下:

$$D(u,v) = \sqrt{\left(u - \frac{M}{2}\right)^2 + \left(v - \frac{N}{2}\right)^2}$$

其中,M、N 分别为频谱图的高、宽。

D_0:截断频率,非负整数。

同态滤波器示意图如图 5-30 所示。

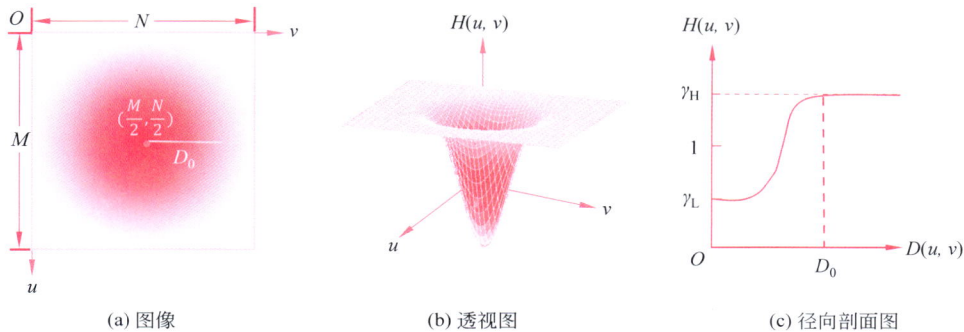

(a) 图像　　　　　　(b) 透视图　　　　　　(c) 径向剖面图

图 5-30　同态滤波器示意图

3) 实现代码

同态滤波器的实现代码如下:

```matlab
clear all
[filename,pathname]=uigetfile('* .* ','选择图像');
str=[pathname filename];
src=im2double(imread(str));
subplot(1,3,1),imshow(src),title('输入图像');
%设置同态滤波器
M=size(src,1);N=size(src,2);
H=zeros(M,N);
D0=str2double(inputdlg('请输入截断频率 D0:','同态滤波'));
gamaH=str2double(inputdlg('请输入 gamaH:','同态滤波'));
gamaL=str2double(inputdlg('请输入 gamaL:','同态滤波'));
c=str2double(inputdlg('请输入 c:','同态滤波'));
for u=1:M
    for v=1:N
        D=sqrt((u-fix(M/2))^2+(u-fix(N/2))^2);
        H(u,v)=(gamaH-gamaL) * (1-exp(-c * (D^2)/(2 * D0^2)))+gamaL;
    end
end
%频域滤波处理
if ismatrix(src)
    %灰度图像
    J=fft2(src);
    Z=fftshift(J);
    G=Z.* H;
    J=ifftshift(G);
    result=real(ifft2(J));
else
    %彩色图像
    r=src(:,:,1);g=src(:,:,2);b=src(:,:,3);
    %红色通道的频域滤波处理
```

```
        Jr=fft2(r);
        Zr=fftshift(Jr);
        Gr=Zr.*H;
        Jr=ifftshift(Gr);
        result_R=real(ifft2(Jr));
        %绿色通道的频域滤波处理
        Jg=fft2(g);
        Zg=fftshift(Jg);
        Gg=Zg.*H;
        Jg=ifftshift(Gg);
        result_G=real(ifft2(Jg));
        %蓝色通道的频域滤波处理
        Jb=fft2(b);
        Zb=fftshift(Jb);
        Gb=Zb.*H;
        Jb=ifftshift(Gb);
        result_B=real(ifft2(Jb));
        %三通道合成
        result=cat(3,result_R,result_G,result_B);
end
subplot(1,3,2),imshow(result),title('同态滤波图像');
subplot(1,3,3),imshow(src+result),title('同态滤波叠加输入图像的结果');
```

3. 应用场景

【案例 5-3】 光照不均匀校正。

在图像获取过程中，由于光照环境相对较差、被拍摄物体表面反光或其他的一些原因都会造成图像整体或者局部的光照不均匀问题。此问题一方面会造成图像主观效果不佳，难以满足人们视觉感官的需要；另一方面对于后续的图像处理如模式识别、目标跟踪都会造成较大影响。

1）实现方法

本案例运用同态滤波方法对这类光照不均匀的降质图像进行修正，通过合理设置各参数以增强图像暗部的细节信息，有效提升图像的整体质量。

2）实现代码

（1）主程序。代码如下：

```
clear all
[filename,pathname]=uigetfile('*.*','选择图像');
str=[pathname filename];
src=im2double(imread(str));
subplot(1,3,1),imshow(src),title('输入图像');
%同态滤波
D0=str2double(inputdlg('请输入截断频率 D0:','同态滤波'));
gamaH=str2double(inputdlg('请输入 gamaH:','同态滤波'));
gamaL=str2double(inputdlg('请输入 gamaL:','同态滤波'));
c=str2double(inputdlg('请输入 c:','同态滤波'));
result=homomorphicFilter(src,D0,gamaH,gamaL,c);           %调用 homomorphicFilter.m
subplot(1,3,2),imshow(result),title('同态滤波图像');
subplot(1,3,3),imshow(src+result),title('同态滤波叠加输入图像的结果');
```

（2）自定义函数 m 文件 homomorphicFilter.m。代码如下：

```
function result=homomorphicFilter(src,D0,gamaH,gamal,c)
%参数 src 表示待处理图像,D0 表示截断频率
```

```
%gamaH、gamaL 表示同态滤波器幅度的范围
%设置同态滤波器
M=size(src,1);N=size(src,2);
H=zeros(M,N);
for u=1:M
    for v=1:N
        D=sqrt((u-fix(M/2))^2+(v-fix(N/2))^2);
        H(u,v)=(gamaH-gamaL)*(1-exp(-c*(D^2)/(2*D0^2)))+gamaL;
    end
end
%频域滤波处理
if ismatrix(src)
%灰度图像
    J=fft2(src);
    Z=fftshift(J);
    G=Z*H;
    J=ifftshift(G);
    result=real(ifft2(J));
else
    %彩色图像
    r=src(:,:,1);g=src(:,:,2);b=src(:,:,3);
    %红色通道的频域滤波处理
    Jr=fft2(r);
    Zr=fftshift(Jr);
    Gr=Zr.*H;
    Jr=ifftshift(Gr);
    result_R=real(ifft2(Jr));
    %绿色通道的频域滤波处理
    Jg=fft2(g);
    Zg=fftshift(Jg);
    Gg=Zg.*H;
    Jg=ifftshift(Gg);
    result_G=real(ifft2(Jg));
    %蓝色通道的频域滤波处理
    Jb=fft2(b)
    Zb=fftshift(Jb);
    Gb=Zb.*H;
    Jb=ifftshift(Gb);
    result_B=real(ifft2(Jb));
    %三通道合成
    result=cat(3,result_R,result_G,result_B);
end
end
```

3）实现效果

同态滤波效果如图 5-31 所示。

(a) 输入图像   (b) 同态滤波效果   (c) (b)与(a)的叠加效果

图 5-31 $\gamma_H = 2$，$\gamma_L = 0.5$，$c = 1$，$D_0 = 50$ 的同态滤波效果

从图 5-31(c)的处理效果上看,同态滤波方法有效地消除了不均匀照度的影响,增强了图像的对比度,既增强了暗部的图像细节,又不损失亮部的图像细节。

知识拓展

频域滤波不仅可以通过或滤除低频和高频,还可以通过或滤除某个特定频率范围(频带)的频率。若某个频带中的频率被通过,则称该滤波器为带通滤波器;类似地,若某个频带中的频率被滤除,则称该滤波器为带阻滤波器。常用的带通(或带阻)滤波器包括理想带通(或带阻)滤波器、巴特沃斯带通(或带阻)滤波器以及高斯带通(或带阻)滤波器。

1)带通滤波器

由如图 5-32 所示的圆环式带通滤波器图像不难理解,带通滤波器允许以频谱中心为圆心的圆环带内频率通过,而滤除其他频率。

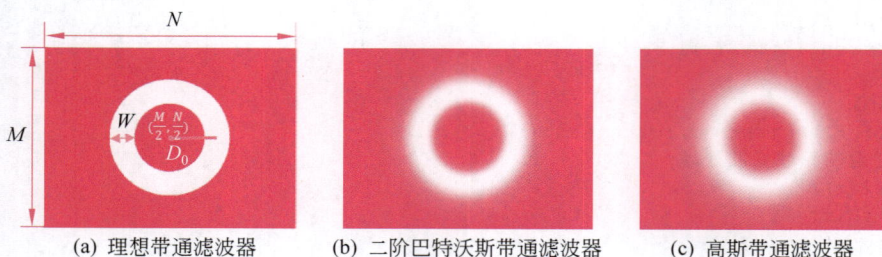

(a) 理想带通滤波器　　(b) 二阶巴特沃斯带通滤波器　　(c) 高斯带通滤波器

图 5-32　带通滤波器示意图

(1)理想带通滤波器:

$$H(u,v)=\begin{cases}1, & D_0-\dfrac{W}{2}\leqslant D(u,v)\leqslant D_0+\dfrac{W}{2}\\ 0, & \text{其他}\end{cases}\qquad(5\text{-}9)$$

其中参数说明如下。

D_0:圆环带的中心频率。

W:圆环带的宽度。

$D(u,v)$:频谱图上的点(u,v)到频谱中心的欧几里得距离。公式如下:

$$D(u,v)=\sqrt{\left(u-\frac{M}{2}\right)^2+\left(v-\frac{N}{2}\right)^2}$$

其中,M、N 分别为频谱的高、宽。

(2)巴特沃斯带通滤波器:

$$H(u,v)=1-\frac{1}{1+\left[\dfrac{D(u,v)W}{D^2(u,v)-D_0^2}\right]^{2n}}\qquad(5\text{-}10)$$

其中参数说明如下。

n:阶数。

其他参数同理想带通滤波器。

(3)高斯带通滤波器:

$$H(u,v)=\mathrm{e}^{-\frac{1}{2}\left[\frac{D^2(u,v)-D_0^2}{D(u,v)W}\right]^2}\qquad(5\text{-}11)$$

其中参数含义同理想带通滤波器。

2）带阻滤波器

带阻滤波器与带通滤波器是互补的，互为取反关系，如图 5-33 所示。

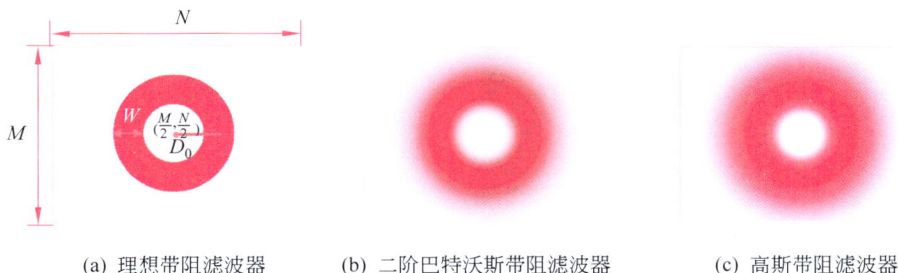

(a) 理想带阻滤波器　　　(b) 二阶巴特沃斯带阻滤波器　　　(c) 高斯带阻滤波器

图 5-33　带阻滤波器示意图

（1）理想带阻滤波器：

$$H(u,v)=\begin{cases}0, & D_0-\dfrac{W}{2}\leqslant D(u,v)\leqslant D_0+\dfrac{W}{2}\\ 1, & \text{其他}\end{cases} \tag{5-12}$$

（2）巴特沃斯带阻滤波器：

$$H(u,v)=\frac{1}{1+\left[\dfrac{D(u,v)W}{D^2(u,v)-D_0^2}\right]^{2n}} \tag{5-13}$$

（3）高斯带阻滤波器：

$$H(u,v)=1-e^{-\frac{1}{2}\left[\frac{D^2(u,v)-D_0^2}{D(u,v)W}\right]^2} \tag{5-14}$$

本 章 小 结

本章从傅里叶变换的物理意义入手，从频域增强效果倒推出频谱图中频率信息与空域中图像信息之间的关联，并进一步阐述了频域增强的基本原理。在此基础上，本章还详细介绍了常用的低通滤波器、高通滤波器、同态滤波器的数学定义以及实现方法。

低通滤波器可以用于图像平滑处理，常用算法有理想低通滤波器、巴特沃斯低通滤波器、高斯低通滤波器；高通滤波器可以用于图像锐化处理，常用算法有理想高通滤波器、巴特沃斯高通滤波器、高斯高通滤波器；作为高斯高通滤波器的变形，同态滤波器可以用于光照不均匀校正处理。每种算法都有其应用场景以及优缺点，在运用时要根据实际应用需求并结合预期要达到的效果来选择可用的算法。

习　题　5

1. 对案例 5-1 的实现代码进行完善优化以实现任意多个选区的打码效果，如图 5-34 所示。要求在每次打码处理后询问用户是否继续打码，若"是"，则重复以上打码处理操作；若"否"，则结束整个打码过程。

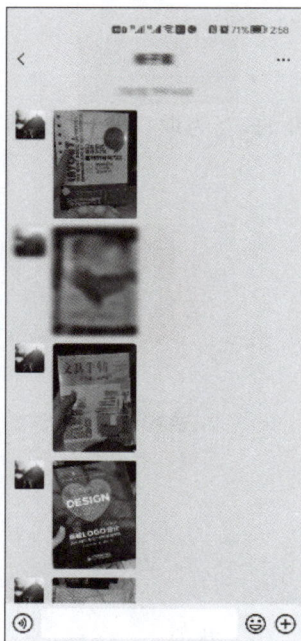

图 5-34　第 1 题图

2. 运用高斯低通滤波算法，结合平移仿射变换生成文字阴影特效，效果如图 5-35 所示。

3. 首先准备一张假装手拿手机的图片和一张手机截图（注意截图尺寸一定要小于手图片尺寸）；然后运用高斯高通滤波算法对截图图片进行锐化处理以保证较好的清晰度；最后按照"正片叠底"图层混合模式对手图片和清晰化的截图图片进行融合，即可达到"手机一秒变透明"的效果，如图 5-36 所示。

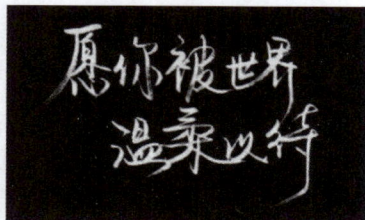

(a) 输入图像　　　　　　(b) 文字阴影效果

图 5-35　第 2 题图

图 5-36　第 3 题图

第6章 色彩增强技术

本章学习目标：

(1) 恰当选取色彩空间，并对彩色图像进行色调、饱和度和色温的调整。

(2) 利用假彩色增强方法对彩色图像进行色彩映射以增强图像的视觉效果。

(3) 在理解密度分割法和灰度级-彩色变换法的着色原理基础上，掌握算法各自的特点、实现方法以及应用场景。

一般情况下，人眼最多能分辨二十几种灰度，不过却能区分几千种不同色度和亮度的颜色。因此，在图像处理中常可借助色彩增强技术提高图像的可视性和辨识度。

色彩增强技术就是根据人眼的这种视觉特性将灰度图像转换为彩色图像，或改变已有色彩的分布以改善图像的可视性，是从可视角度实现图像增强的有效方法之一。常见的色彩增强方法可分为真彩色增强方法、假彩色增强方法和伪彩色增强方法。虽仅一字之差，但它们的实现原理却截然不同。

6.1 真彩色增强

真彩色增强的处理对象是具有 2^{24} 种颜色的彩色图像。一般情况下，真彩色增强方法是通过将 RGB 色彩空间转换到色度与亮度分离的色彩空间，并设计算法对特定通道进行单独调整。这种色彩增强技术在进行增强处理时既不会因为调整色彩而影响亮度，也不会因为调整亮度而造成色偏现象，可使画面色彩丰富和逼真，从而提升人的视觉主观感受。

以 HSV 色彩空间为例，具体处理流程如图 6-1 所示。

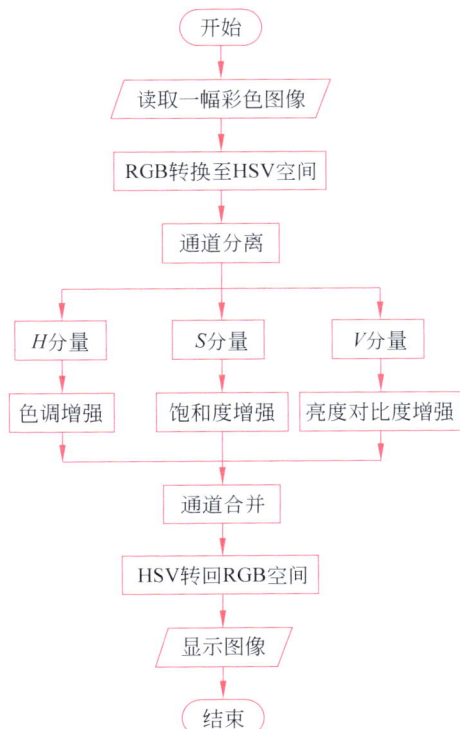

图 6-1　真彩色增强流程图

其中,彩色图像的亮度增强是仅对其亮度分量进行处理的增强方法,这部分内容已在4.1节进行了详尽介绍,在此不再赘述。

6.1.1 色调增强

1. 基本原理

从图6-2中可以看出,色调是用角度度量的,取值范围为 $0°\sim360°$,红色为 $0°$,绿色为 $120°$,蓝色为 $240°$。从红色开始按逆时针方向计算,它们的补色分别是黄色($60°$)、青色($180°$)、品红($300°$)。因此,可以采用对彩色图像中每个像素的色调值加上或减去一个角度常数的方法加以实现。

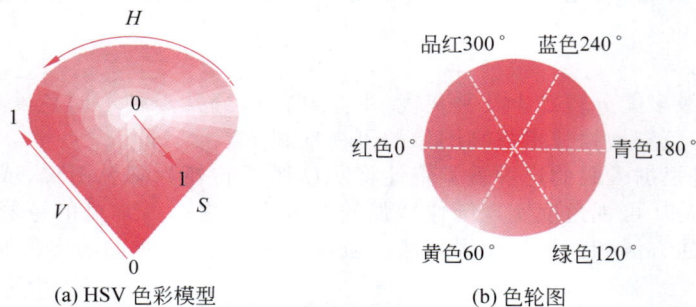

(a) HSV 色彩模型 (b) 色轮图

图 6-2   HSV 色彩空间

【贴士】 MATLAB 中的 HSV 色彩空间色调分量 H 的取值范围为 $0.0\sim1.0$,即红色为 0,绿色为 $1/3$,蓝色为 $2/3$。它们的补色是:黄色为 $1/6$,青色为 $1/2$,品红为 $5/6$。

2. 实现方法

色调增强的实现方法如下:

```
clear all
%在"选取一幅待处理图像"对话框中选取一幅待处理图像
[filename,pathname]=uigetfile('*.*','选取一幅待处理图像');
str=[pathname filename];
src=im2double(imread(str));
src_hsv=rgb2hsv(src);                        %RGB 转换至 HSV 色彩空间
%通道分离
H=src_hsv(:,:,1);S=src_hsv(:,:,2);V=src_hsv(:,:,3);
%方法1:色调加上角度常数
H_enhancing=H+1/3;
%色调值溢出处理
d=find(H_enhancing>1);
H_enhancing(d)=H_enhancing(d)-1;

%通道合并
enhancingImage=cat(3,H_enhancing,S,V);
result=hsv2rgb(enhancingImage);              %HSV 转回 RGB 色彩空间
subplot(1,2,1),imshow(src),title('输入图像');
subplot(1,2,2),imshow(result),title('色调增强效果');
```

【代码说明】 色调值具有"周期性",即对色调值加上 $1/3$ 和减去 $2/3$ 的增强效果是相同的。因此,矩形框所标注的代码也可改写为

```
%方法 2:色调减去角度常数
H_enhancing=H-2/3;                           %等价于 H_enhancing=H+1/3;
%色调值溢出处理
d=find(H_enhancing<0);
H_enhancing(d)=1+H_enhancing(d);
```

6.1.2　饱和度增强

1. 基本原理

饱和度是指色彩的纯度,或者说是色彩本身的鲜明程度。图像的饱和度越高,画面的视觉冲击力就越强,但过高的饱和度有时候也会让人产生反感的情绪;反之饱和度越低,图像就越接近灰色,合理运用饱和度能打造出一种复古、含蓄的画面感,但当饱和度降低到极致的时候,画面就变成了黑白,会影响色彩真实的表现。

这里采用对彩色图像中每个像素的饱和度值乘以一个大于 1 的常数来提高饱和度;反之,乘以一个小于 1 的常数则会降低饱和度。

【贴士】　MATLAB 中的 HSV 色彩空间饱和度分量 S 的取值范围为 0.0～1.0。

2. 实现方法

饱和度增强的实现方法如下:

```
clear all
%在"选取一幅待处理图像"对话框中选取一幅待处理图像
[filename,pathname]=uigetfile('*.*','选取一幅待处理图像');
str=[pathname filename];
src=im2double(imread(str));
src_hsv=rgb2hsv(src);                        %RGB 转换至 HSV 色彩空间
%通道分离
H=src_hsv(:,:,1);S=src_hsv(:,:,2);V=src_hsv(:,:,3);

%饱和度增强
S_enhancing=S*1.5;
%饱和度值溢出处理
d=find(S_enhancing>1.0);
S_enhancing(d)=1.0;

enhancingImage=cat(3,H,S_enhancing,V);        %通道合并
result=hsv2rgb(enhancingImage);               %HSV 转回 RGB 色彩空间
subplot(1,2,1),imshow(src),title('输入图像');
subplot(1,2,2),imshow(result),title('饱和度增强效果');
```

3. 应用场景

【案例 6-1】　模拟 Photoshop 中的"色相/饱和度调整"功能。

在 Photoshop 中打开待处理图像,选中"图像"|"调整"|"色相/饱和度"菜单选项,在弹出的"色相/饱和度"对话框中选中"全图",并设置色相和饱和度参数值,最后单击"确定"按钮,如图 6-3 所示。

1)实现方法

步骤 1:新建 fig 文件。在命令行窗口中输入"guide",在弹出的"GUIDE 快速入门"窗口中选中"新

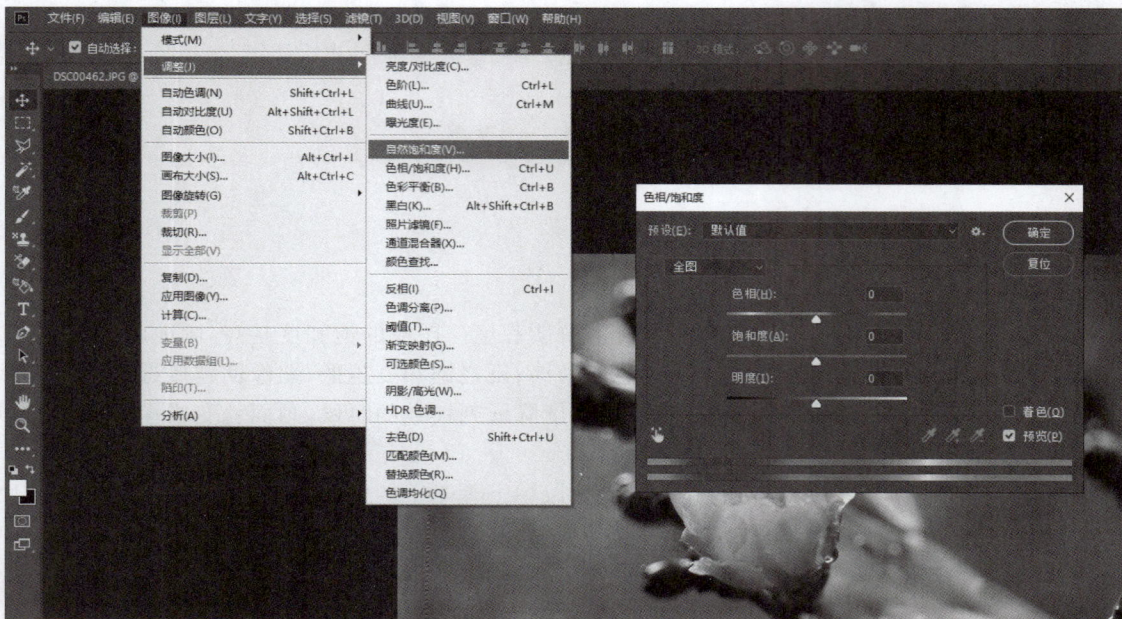

图 6-3　Photoshop 中的"图像"|"调整"|"色相/饱和度"菜单选项

建 GUI"选项卡,在此选项卡的左侧区域中选中 Blank GUI(Default),并选中"将新图形另存为",再单击右侧的"浏览"按钮,在弹出的对话框中选取存储位置,并将文件命名为 hueStaturationAdjustment.fig,最后单击"确定"按钮。

步骤 2：界面布局设计。在 hueStaturationAdjustment.fig 的设计窗口中,将左侧所需控件拖曳至右侧画布,并调整至合适大小,最终设计结果如图 6-4 所示。

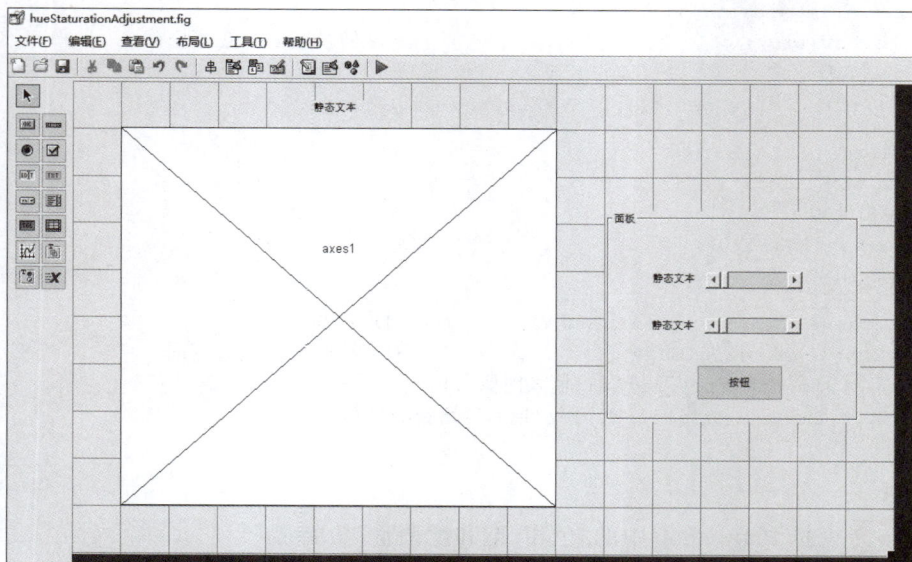

图 6-4　界面布局设计

步骤 3：控件属性设置。双击控件,在弹出的检查器中定位到需设置的属性名称,在其右侧输入属性值即可。所有控件需设置的属性值如表 6-1 所示。

表 6-1　控件属性值

控件名称	属性名称	属性值
figure	Name	色调/饱和度
axes1	Tag	axesResult
	XTick	空值
	YTick	空值
text1	String	调整效果预览
	FontSize	12
	FontWeight	bold
uipanel1	Title	操作面板
	FontSize	12
	FontWeight	bold
text2	String	色调：
	FontSize	12
	FontWeight	bold
text3	String	饱和度：
	FontSize	12
	FontWeight	bold
slider1	Tag	sliderHue
	Min	0
	Max	1
slider2	Tag	sliderSaturation
	Min	0
	Max	5
pushbutton1	Tag	pushbuttonApply
	String	确定
	FontSize	12
	FontWeight	bold

步骤 4：编写程序。在控件的右键快捷菜单中选中"查看回调"选项，并在其子菜单中选中对应的回调函数，如表 6-2 所示。

表 6-2　控件对应的回调函数名称

控件名称	Tag 属性	回调函数名称
axes1	axesResult	ButtonDownFcn
pushbutton1	pushbuttonApply	Callback

2）实现代码

（1）axesResult 的回调函数 ButtonDownFcn()。单击 axesResult 控件时，弹出"选取一幅待处理图像"对话框，选取待调整的图像。代码如下：

```
function axesResult_ButtonDownFcn(hObject, eventdata, handles)
%hObject handle to axesResult(see GCBO)
%eventdata reserved - to be defined in a future version of MATLAB
%handles structure with handles and user data(see GUIDATA)
axis off
%调用"选取一幅待处理图像"对话框，选取待处理图像
[filename,pathname]=uigetfile('*.*','打开图像');
str=[pathname filename];
src=im2double(imread(str));
%在axesResult 控件上显示图像
axes(handles.axesResult);
imshow(src);
%存储全局的待处理图像
handles.src=src;
guidata(hObject,handles);
```

（2）pushbuttonApply 的回调函数 Callback()。通过两个滑块控件设置色调值和饱和度值，单击 pushbuttonApply 控件，将调整后的图像显示在 axesResult 控件中。代码如下：

```
function pushbuttonApply_Callback(hObject, eventdata, handles)
%hObject handle to pushbuttonApply(see GCBO)
%eventdata reserved - to be defined in a future version of MATLAB
%handles structure with handles and user data(see GUIDATA)
%读取全局的待处理图像
src=handles.src;
axis off
hue=get(handles.sliderHue, 'value');                    %获取色调值
saturation=get(handles.sliderSaturation, 'value');      %获取饱和度值
src_hsv=rgb2hsv(src);
H=src_hsv(:,:,1);
S=src_hsv(:,:,2);
V=src_hsv(:,:,3);
%色调调整
H_enhancing=H+hue;
d1=find(H_enhancing>1);
H_enhancing(d1)=H_enhancing(d1)-1;
%饱和度调整
S_enhancing=S*saturation;
d2=find(S_enhancing>1.0);
S_enhancing(d2)=1.0;
%通道合成
enhancingImage=cat(3,H_enhancing,S_enhancing,V);
result=hsv2rgb(enhancingImage);
axes(handles.axesResult);
imshow(result);
```

3）实现效果

实现效果如图 6-5 所示。

图 6-5　本案例的实现效果

知识拓展

【案例 6-2】色温调整。

在美图秀秀等图像处理软件中，与色彩相关的增强处理除调整色调、饱和度外，还可以调整色温，如图 6-6 所示。

图 6-6　美图秀秀在线图片编辑

什么是色温？色温是对图像色调冷暖的一种描述。不同的色温能够给人不同的心理感受。例如，暖色能够给人一种温暖、温馨、和谐的感觉，适合表达热烈、明亮、柔和的场景氛围；而冷色则能够给人一种平静、阴凉、寒冷的感觉，适合表达清新、忧郁、宁静的场景氛围。

1. 基本思路

在暖色调整时，对红色和绿色通道进行增强，对蓝色通道进行减弱，这样就能让图像的黄色占比提高，进而达到暖黄色的效果；在冷色调整时，则只需增强蓝色通道，而减弱红色和绿色通道。

2. 实现方法

色温调整的实现方法如下：

```
clear all
%在"选取一幅待处理图像"对话框中选取一幅待处理图像
[filename,pathname]=uigetfile('*.*','选取一幅待处理图像');
str=[pathname filename];
src=imread(str);
R=src(:,:,1);
G=src(:,:,2);
B=src(:,:,3);
level=50;
%暖色
%R=R+level;G=G+level;B=B-level;
%冷色
R=R-level;G=G-level;B=B+level;
result=cat(3, R, G, B);
subplot(1,2,1),imshow(src),title('输入图像');
subplot(1,2,2),imshow(result),title('色温增强效果');
```

3. 实现效果

从图 6-7 的调整效果可以看出，当 R、G 分量增加调整值 level，而 B 分量减少调整值 level 时即可得到暖色效果；反之得到冷色效果。

(a) 输入图像   (b) 暖色效果   (c) 冷色效果

图 6-7　色温调整效果

小试身手

对图像依次进行亮度、对比度、色温和饱和度调整制作出一款适合于秋冬日的复古怀旧感胶片。具体要求详见习题 6 第 1 题。

6.2　假彩色增强

假彩色增强又称彩色合成，是图像增强的处理方法之一，其实质是从一幅彩色图像映射到另一幅彩色图像，由于得到的彩色图像不再能反映原图像的真实色彩，因此称为假彩色增强。利用假彩色图像可以突出相关专题信息，提高图像视觉效果，从图像中提取更有用的定量化信息。

1. 基本原理

假彩色图像增强是将一幅彩色图像的三基色分量通过映射函数变换成新的三基色分量,使感兴趣的目标呈现出与原图像不同的、奇异的彩色合成方法。公式如下:

$$\begin{bmatrix} G_R \\ G_G \\ G_B \end{bmatrix} = \begin{bmatrix} k_{11} & k_{12} & k_{13} \\ k_{21} & k_{22} & k_{23} \\ k_{31} & k_{32} & k_{33} \end{bmatrix} \begin{bmatrix} f_R \\ f_G \\ f_B \end{bmatrix} \tag{6-1}$$

其中,G_R、G_G、G_B 为映射后输出图像的三基色分量,f_R、f_G、f_B 为输入图像的三基色分量。例如,通过该映射函数

$$\begin{cases} G_R = 255 - f_R \\ G_G = 255 - f_G \\ G_B = 255 - f_B \end{cases}$$

可得到输入图像的彩色"底片"效果,这种映射等同于为图像添加了特效滤镜,如图 6-8 所示。

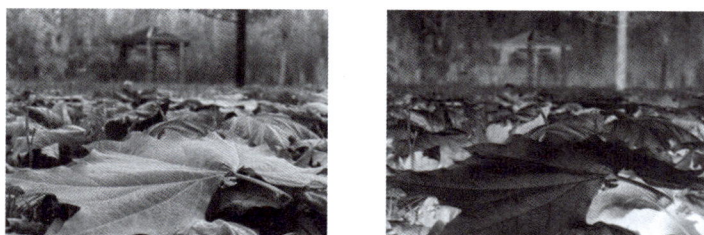

(a) 输入图像　　　　　(b) 输出图像

图 6-8　"底片"滤镜效果

2. 应用场景

【案例 6-3】怀旧颜色滤镜。

1) 映射函数的定义

公式如下:

$$\begin{cases} G_R = 0.393 f_R + 0.769 f_G + 0.198 f_B \\ G_G = 0.349 f_R + 0.686 f_G + 0.168 f_B \\ G_B = 0.272 f_R + 0.534 f_G + 0.131 f_B \end{cases} \tag{6-2}$$

2) 实现代码

怀旧颜色滤镜的实现代码如下:

```
clear all
% 在"选取一幅待处理图像"对话框中选取一幅待处理图像
[filename,pathname]=uigetfile('*.*','选取一幅待处理图像');
str=[pathname filename];
src=im2double(imread(str));
fR=src(:,:,1);
fG=src(:,:,2);
fB=src(:,:,3);
GR=0.393*fR+0.769*fG+0.198*fB;
GG=0.349*fR+0.686*fG+0.168*fB;
GB=0.272*fR+0.534*fG+0.131*fB;
result=cat(3,GR,GG,GB);
subplot(1,2,1),imshow(src),title('输入图像');
subplot(1,2,2),imshow(result),title('假彩色增强效果—怀旧滤镜');
```

3）实现效果

"怀旧"滤镜效果如图 6-9 所示。

(a) 输入图像　　　　　　　　　　　(b) 输出图像

图 6-9　"怀旧"滤镜效果

暗调、冰冻、连环画、熔铸、单色（红色、绿色、蓝色）、碧绿 8 种颜色滤镜的映射函数如表 6-3 所示。

表 6-3　颜色映射函数列表

滤 镜 名 称	映 射 函 数
暗调	$\begin{cases} G_R = f_R \,.\ast f_R \\ G_G = f_G \,.\ast f_G \\ G_B = f_B \,.\ast f_B \end{cases}$
冰冻	$\begin{cases} G_R = \dfrac{3}{2}\lvert f_R - f_G - f_B \rvert \\[2mm] G_G = \dfrac{3}{2}\lvert f_G - f_B - f_R \rvert \\[2mm] G_B = \dfrac{3}{2}\lvert f_B - f_R - f_G \rvert \end{cases}$
连环画	$\begin{cases} G_R = \lvert f_G - f_B + f_G + f_R \rvert \,.\ast f_R \\ G_G = \lvert f_B - f_G + f_B + f_R \rvert \,.\ast f_R \\ G_B = \lvert f_B - f_G + f_B + f_R \rvert \,.\ast f_G \end{cases}$
熔铸	$\begin{cases} G_R = \dfrac{1}{2}f_R \,./\left(f_G + f_B + \dfrac{1}{255}\right) \\[2mm] G_G = \dfrac{1}{2}f_G \,./\left(f_R + f_B + \dfrac{1}{255}\right) \\[2mm] G_B = \dfrac{1}{2}f_B \,./\left(f_G + f_R + \dfrac{1}{255}\right) \end{cases}$
单色—红色	$\begin{cases} G_R = f_R \\ G_G = 0 \\ G_B = 0 \end{cases}$
单色—绿色	$\begin{cases} G_R = 0 \\ G_G = f_G \\ G_B = 0 \end{cases}$
单色—蓝色	$\begin{cases} G_R = 0 \\ G_G = 0 \\ G_B = f_B \end{cases}$
碧绿	$\begin{cases} G_R = (f_G - f_B) \,.\ast (f_G - f_B)/128 \\ G_G = (f_R - f_B) \,.\ast (f_R - f_B)/128 \\ G_B = (f_R - f_G) \,.\ast (f_R - f_G)/128 \end{cases}$

小试身手

根据表 6-3 中所提供的映射函数制作颜色滤镜,详见习题 6 第 2 题。

知识拓展

【案例 6-4】 图像色彩迁移。

1. 基本思想

色彩迁移是指一幅参考图像的颜色特征传递给另一幅目标图像,使目标图像具有与参考图像相似的色彩。Reinhard 等曾经给出了一个非常经典的算法,其基本思想是根据 Lab 色彩空间中各通道互不关联的特点,利用着色图像的统计分析知识确定一个线性变换,使得目标图像和参考图像在 Lab 色彩空间中具有同样的均值和标准差。

2. 实现方法

假设 l、a、b 是目标图像 Lab 通道数据,l'、a'、b' 是参考图像 Lab 通道数据,result_l、result_a、result_b 是结果图像 Lab 通道数据,m_l、m_a、m_b 和 m_l'、m_a'、m_b'分别是目标图像和参考图像的 Lab 通道的均值,n_l、n_a、n_b 和 n_l'、n_a'、n_b'分别表示它们的标准差。可得结果图像的 Lab 通道数据的计算公式如下:

$$\begin{cases} \text{result\_l} = (\text{n\_l}'/\text{n\_l}) \times (l - \text{m\_l}) + \text{m\_l}' \\ \text{result\_a} = (\text{n\_a}'/\text{n\_a}) \times (a - \text{m\_a}) + \text{m\_a}' \\ \text{result\_b} = (\text{n\_b}'/\text{n\_b}) \times (b - \text{m\_b}) + \text{m\_b}' \end{cases} \quad (6\text{-}3)$$

事实上,此公式表示的就是一个线性方程,以参考图像和目标图像的标准方差的比值作为斜率,目标图像的均值作为截距。

3. 实现代码

图像色彩迁移的实现代码如下:

```
clear all
%参考图像
%在"选取一幅待处理图像"对话框中选取一幅参考图像
[filename,pathname]=uigetfile('＊.＊','选取一幅参考图像');
str=[pathname filename];
ref=im2double(imread(str));
%RGB 转换 Lab 色彩空间
cform=makecform('srgb2lab');
reflab=applycform(ref,cform);
%通道分离
l_ref=reflab(:,:,1);
a_ref=reflab(:,:,2);
b_ref=reflab(:,:,3);
%求 3 个通道的均值
m_l_ref=mean(mean(l_ref));
m_a_ref=mean(mean(a_ref));
m_b_ref=mean(mean(b_ref));
%求 3 个通道的标准差
n_l_ref=std2(l_ref);
```

```matlab
n_a_ref=std2(a_ref);
n_b_ref=std2(b_ref);
%目标图像
%在"选取一幅待处理图像"对话框中选取一幅待处理图像
[filename,pathname]=uigetfile('*.*','选取一幅待处理图像');
str=[pathname filename];
obj=im2double(imread(str));
%RGB转换 Lab 色彩空间
cform=makecform('srgb2lab');
objlab=applycform(obj,cform);
%通道分离
l_obj=objlab(:,:,1);
a_obj=objlab(:,:,2);
b_obj=objlab(:,:,3);
%求 3 个通道的均值
m_l_obj=mean(mean(l_obj));
m_a_obj=mean(mean(a_obj));
m_b_obj=mean(mean(b_obj));
%求标准差
n_l_obj=std2(l_obj);
n_a_obj=std2(a_obj);
n_b_obj=std2(b_obj);
%色彩迁移图像
m=size(reflab,1);
n=size(reflab,2);
result_l=zeros(m,n);
result_a=zeros(m,n);
result_b=zeros(m,n);
for i=1:m
    for j=1:n
        result_l(i,j)=(l_obj(i,j)-m_l_obj)*n_l_ref/n_l_obj+m_l_ref;
        result_a(i,j)=(a_obj(i,j)-m_a_obj)*n_a_ref/n_a_obj+m_a_ref;
        result_b(i,j)=(b_obj(i,j)-m_b_obj)*n_b_ref/n_b_obj+m_b_ref;
    end
end
%通道合并
result_lab=cat(3,result_l,result_a,result_b);
%Lab 转回 RGB 色彩空间
cform=makecform('lab2srgb');
result_rgb=applycform(result_lab,cform);
%显示
subplot(1,3,1),imshow(ref),title('参考图像');
subplot(1,3,2),imshow(obj),title('目标图像');
subplot(1,3,3),imshow(result_rgb),title('Reinhard色彩迁移效果');
```

4. 实现效果

该算法的色彩迁移效果如图 6-10 所示。

Reinhard 算法实现简单，且运行效率较高，但由于是全局色彩迁移，因此它对全局色彩基调单一的图像有着良好的迁移效果，而对于色彩内容丰富的图像，则效果并不是那么明显。如今随着深度学习技术的快速发展，将深度学习应用于色彩迁移领域从而提高着色效果已经成为热门研究。

(a) 参考图像　　　　　　　　(b) 目标图像　　　　　　　　(c) 色彩迁移效果

图 6-10　Reinhard 色彩迁移效果

拓展训练

设计一款头像生成器,只需上传个人照片即可一键生成专属头像,具体要求详见习题6第3题。

6.3　伪彩色增强

伪彩色增强是将灰度图像的各个不同灰度级按照线性或非线性的映射函数变换成不同的颜色,从而得到彩色图像的技术。通过伪彩色增强,可以把人眼不能区分的微小的灰度差异表示为明显的色彩差异,以增强对图像中细微变化的辨识力。

传统的伪彩色增强方法主要分为密度分割法和灰度级-彩色变换法。

6.3.1　密度分割法

1. 基本思想

把灰度图像的灰度级从 0(黑)到 255(白)分成 N 个区间 $L_i(i=1,2,\cdots,N)$,给每个区间 L_i 指定一种颜色 C_i,这样便可以把一幅灰度图像变成一幅伪彩色图像,如图 6-11 所示。

2. 实现方法

从图 6-12 的着色效果上来看,只要选取适当的灰度值区间进行密度分割即可将灰度图像映射为彩色图像,使得图像富有层次感。

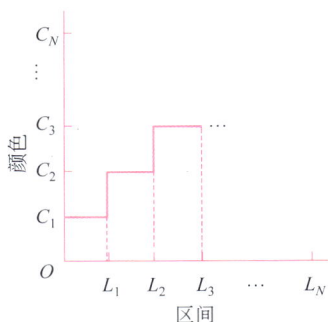

图 6-11　密度分割法

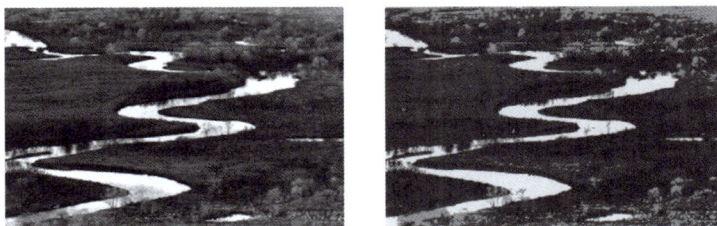

(a) 输入图像　　　　　　　　(b) 着色效果

图 6-12　密度分割法的着色效果

3. 实现代码

密度分割法的实现代码如下:

```
clear all
```

```
%在"选取一幅待处理图像"对话框中选取一幅灰度图像
[filename,pathname]=uigetfile('*.*','选取一幅灰度图像');
str=[pathname filename];
src=imread(str);
%灰度级分层
ind1=find(src<35);
ind2=find(src>=35&src<41);
ind3=find(src>=41&src<52);
ind4=find(src>=52&src<63);
ind5=find(src>=63&src<92);
ind6=find(src>=92&src<96);
ind7=find(src>=96&src<115);
ind8=find(src>=115&src<140);
ind9=find(src>=140&src<170);
ind10=find(src>=170);
%为每层赋予不同的颜色
result_R=src;result_G=src;result_B=src;
result_R(ind1)=22;result_G(ind1)=47;result_B(ind1)=18;
result_R(ind2)=17;result_G(ind2)=24;result_B(ind2)=53;
result_R(ind3)=16;result_G(ind3)=25;result_B(ind3)=64;
result_R(ind4)=19;result_G(ind4)=28;result_B(ind4)=83;
result_R(ind5)=27;result_G(ind5)=45;result_B(ind5)=125;
result_R(ind6)=81;result_G(ind6)=123;result_B(ind6)=60;
result_R(ind7)=101;result_G(ind7)=146;result_B(ind7)=79;
result_R(ind8)=113;result_G(ind8)=153;result_B(ind8)=100;
result_R(ind9)=115;result_G(ind9)=156;result_B(ind9)=142;
result_R(ind10)=213;result_G(ind10)=222;result_B(ind10)=159;
result(:,:,1)=result_R;result(:,:,2)=result_G;result(:,:,3)=result_B;
%显示伪彩色增强图像
subplot(1,2,1),imshow(src),title('输入图像');
subplot(1,2,2),imshow(result),title('密度分割法的伪彩色增强效果');
```

知识拓展

　　除了自行编码外，还可以利用 MATLAB 中提供的 18 种预定义的颜色映射函数来实现，如图 6-13 所示。

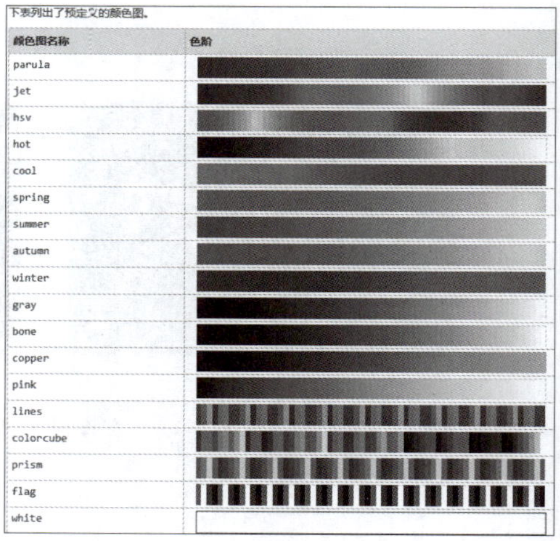

图 6-13　MATLAB 中预定义的颜色映射函数

1. 实现代码

以 summer()函数为例,实现代码如下:

```
clear all
%在"选取一幅待处理图像"对话框中选取一幅灰度图像
[filename,pathname]=uigetfile('*.*','选取一幅灰度图像');
str=[pathname filename];
src=imread(str);
%将灰度级范围[0 255]划分为16层
result=grayslice(src,16);
%利用颜色图数组赋予16种颜色
subplot(1,2,1),imshow(src),title('输入图像');
subplot(1,2,2),imshow(result,summer(16)),title('密度分割法的伪彩色增强效果');
```

【贴士】　密度分割法简单、直接,但是由于其变换出的色彩数目有限,因此仅适用于对图像包含色彩数目要求不高的场合。

2. 实现效果

着色效果如图 6-14 所示。

(a) 输入图像　　　　(b) 着色效果

图 6-14　颜色映射函数 summer()的着色效果

6.3.2　灰度级-彩色变换法

1. 基本原理

与密度分割法不同,灰度级-彩色变换法是一种更常用、更有效的伪彩色增强方法。该方法是根据色度学原理,将灰度图像的灰度范围分段,经过红、绿、蓝映射函数生成 RGB 色彩空间的 R、G、B 3 个分量,从而合成彩色图像。一组典型的灰度级-彩色变换法的传递函数如图 6-15 所示。

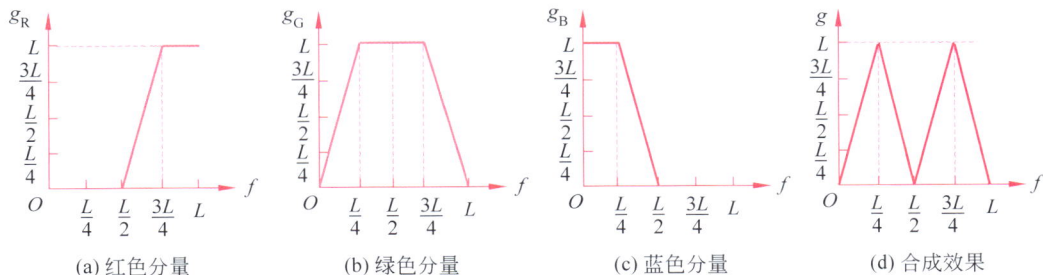

(a) 红色分量　　(b) 绿色分量　　(c) 蓝色分量　　(d) 合成效果

图 6-15　典型的灰度级-彩色变换映射函数图形

2. 实现代码

灰度级-彩色变换法的实现代码如下：

```
clear all
%在"选取一幅待处理图像"对话框中选取一幅灰度图像
[filename,pathname]=uigetfile('*.*','选取一幅灰度图像');
str=[pathname filename];
src=imread(str);
[m,n]=size(src);
L=256;
for i=1:m
    for j=1:n
        if src(i,j)<=L/4
            R(i,j)=0;G(i,j)=4*src(i,j);B(i,j)=L;
        elseif src(i,j)<=L/2
            R(i,j)=0;G(i,j)=L;B(i,j)=-4*src(i,j)+2*L;
        elseif src(i,j)<=3*L/4
            R(i,j)=4*src(i,j)-2*L;G(i,j)=L;B(i,j)=0;
        else
            R(i,j)=L;G(i,j)=-4*src(i,j)+4*L;B(i,j)=0;
        end
    end
end
rgbim=cat(3,R,G,B);
subplot(1,2,1),imshow(src),title('输入图像');
subplot(1,2,2),imshow(rgbim),title('灰度级-彩色变换法的伪彩色增强效果');
```

3. 实现效果

实现效果如图 6-16 所示。

(a) 输入图像　　　　　(b) 着色效果

图 6-16　灰度级-彩色变换法的着色效果

可见，只要为灰度图像的不同灰度级区间分别赋予红色、绿色和蓝色分量的映射函数，就可以生成不同的彩色图像，并且区间设置的不同、映射函数的不同最终所生成的彩色图像也会有所不同。因此，可以根据需要定义不同的变换函数，从而得到色彩丰富的彩色图像。

知识拓展

【案例 6-5】 黑白照片上色。

每个家庭或多或少都有珍贵的黑白照片，尽管别有一番风味，但是如果能让这些黑白照片富有鲜活明朗的色彩，使其重焕生机，也不失为一种好的选择。事实上，黑白照片上色早已应用到生活的方方面面，无需复杂的操作就可以完成。这无疑得益于强大的算法支撑。

在设计黑白照片上色算法时,最重要的一点就是不能破坏原照片的黑白灰关系,也就是亮度信息。基于此思路,本案例提供了一种新的伪彩色增强算法,其采用了以一幅彩色参考图像作为调色板,以亮度信息作为基准的着色策略。

1)基本思路

首先,通过复制通道的方法将灰度图像的单通道扩展到 R、G、B 三通道(注意此时并未实现上色);其次,将通道扩展后图像与彩色参考图像均从 RGB 转换到 YC_bC_r 色彩空间,并分别提取亮度分量;然后,寻找彩色参考图像与通道扩展后图像亮度最相近的像素,并将前者相对应的 C_b、C_r 分量值以及后者相对应的亮度值作为输出图像的 Y、C_b、C_r 分量值;最后,将输出图像从 YC_bC_r 转换回 RGB 色彩空间中显示。

2)实现代码

(1)自定义函数 m 文件 colorize.m。代码如下:

```
function result=colorize(gray,colorReference)
    %通过复制通道的方法将灰度图像扩展到三通道
    gray(:,:,2)=gray(:,:,1);
    gray(:,:,3)=gray(:,:,1);
    %RGB 转换到 YCbCr 色彩空间
    gray_ycbcr=rgb2ycbcr(gray);
    colorReference_ycbcr=rgb2ycbcr(colorReference);
    %提取亮度分量
    y_color=double(colorReference_ycbcr(:,:,1));
    y_gray=double(gray_ycbcr(:,:,1));
    %着色
    [rr,cc]=size(y_gray);
    for i=1:rr
        for j=1:cc
            %寻找两幅图像亮度最相近的像素,并将其色度作为着色图像的色度
            tmp=abs(y_color-y_gray(i,j));
            [r,c]=find(tmp==min(min(tmp)));
            if (~isempty(r))
                result_ycbcr(i,j,2)=colorReference_ycbcr(r(1),c(1),2);
                result_ycbcr(i,j,3)=colorReference_ycbcr(r(1),c(1),3);
                result_ycbcr(i,j,1)=gray_ycbcr(i,j,1);
            end
        end
    end
    result=ycbcr2rgb(result_ycbcr);
end
```

(2)主程序 main.m。代码如下:

```
clear all
%在"选取一幅待处理图像"对话框中选取一幅灰度图像
[filename,pathname]=uigetfile('*.*','选取一幅灰度图像');
str=[pathname filename];
gray=im2double(imread(str));
%在"选取一幅待处理图像"对话框中选取一幅彩色参考图像
[filename,pathname]=uigetfile('*.*','选取一幅彩色参考图像');
str=[pathname filename];
```

```
colorReference=im2double(imread(str));
result=colorize(gray,colorReference);
subplot(2,2,1),imshow(gray),title('原灰度图像');
subplot(2,2,2),imshow(colorReference),title('彩色参考图像');
colorReference_hsv=rgb2hsv(colorReference);
subplot(2,2,3),imshow(colorReference_hsv(:,:,3)),title('彩色参考图像的亮度分量');
subplot(2,2,4),imshow(result),title('着色效果');
```

3）实现效果

如图 6-17 所示，整个着色过程是以亮度信息为基准的。例如，灰度图像中亮度较高的大部分水面区域被着色为彩色参考图像中亮度相当的黄色，而其亮度较低的植被区域则被着色为蓝色，甚至黑色。

(a) 灰度图像　　　　　　　　　　　　(b) 彩色参考图像

(c) 彩色参考图像的亮度分量　　　　　(d) 着色效果

图 6-17　本案例算法的着色效果

本 章 小 结

通过色彩增强技术可以改变彩色图像已有色彩的分布以提升人的视觉主观感受或将灰度图像映射为彩色图像以改善图像的可分辨性。本章介绍了 3 种色彩增强技术：真彩色增强、假彩色增强和伪彩色增强。

真彩色增强技术是在亮度与色度相分离的色彩空间中通过对自然彩色图像的色调、饱和度、色温进行调整使得画质色彩更加丰富和逼真；假彩色增强技术是通过映射函数将一幅彩色图像映射为另一幅彩色图像以增强色彩对比；伪彩色增强技术是通过为灰度图像中不同灰度值区域赋予不同的颜色以改善图像的可分辨性。

习　题　6

1. 对输入图像依次进行亮度、对比度、色温、饱和度调整制作出一款适合于秋冬季的复古怀旧感胶片。具体调整方法是亮度增加，对比度降低，色温偏冷色调，饱和度增大，调整的参数值视实际图片为准，如图 6-18 所示。

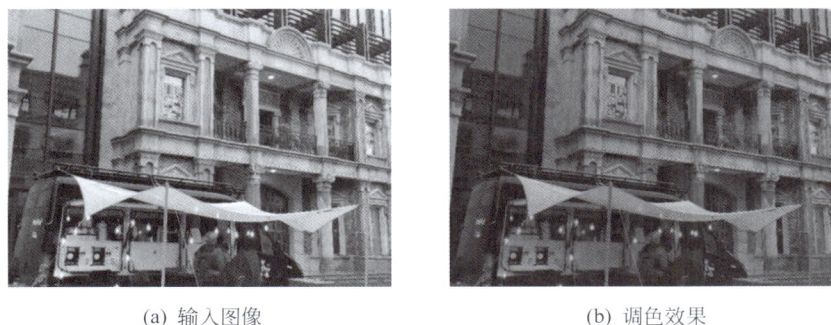

(a) 输入图像　　　　　　　　　　(b) 调色效果

图 6-18　第 1 题图

2. 根据表 6-3 中所提供的映射函数，按照案例 6-3 中假彩色增强的实现方法制作出暗调、冰冻、连环画、熔铸、单色、碧绿滤镜，如图 6-19 所示。

(a)暗调　　(b)冰冻　　(c)连环画　　(d)熔铸　　(e)单色(蓝色)　　(f)碧绿

图 6-19　第 2 题图

3. 在网络时代，每个人都可通过社交平台认识不同的人，而头像则是网络用户在网络上的象征，独一无二的头像能够展现出自己的与众不同。怎样制作自己的专属头像呢？除了选择自己喜欢的图片外，还可以对图片进行适当的调整，让头像更加富有个性。本题要求设计一款头像制作小工具，只需上传个人照片即可一键生成专属头像，其主要任务如下。

- 设计图形化用户界面。
- 支持拍摄和相册两种获取待处理图像的方式。
- 具有亮度、对比度、色调、饱和度调整等图像预处理功能。
- 提供方形、圆形、三角形、菱形、心形等多种头像样式。
- 提供多种滤镜效果。
- 具有本地存储图像的功能。

第 7 章　数学形态学

本章学习目标：

（1）掌握腐蚀、膨胀、开运算和闭运算的基本原理及实现方法。

（2）掌握细化与骨骼化、边界提取、区域填充、顶帽与底帽、形态学重构等常用形态学应用的基本原理及实现方法。

（3）了解形态学方法的应用场景，并能够根据实际分割任务加以灵活运用。

形态学通常指生物学中对动植物的形状和结构进行处理的一个分支。数学形态学是根据形态学概念发展而来具有严格数学理论基础的科学，是几何形态学分析和描述的有力工具，其历史可追溯到 20 世纪。1964 年，法国学者 G. Matheron 及其学生 J. Serra 在积分几何的研究成果上创立了数学形态学。1982 年，随着专著 *Image Analysis and Mathematical Morphology* 的问世，数学形态学在计算机视觉、图像处理与分析、模式识别等领域得到了广泛的重视和成功应用，此书的出版也被认为是数学形态学发展的重要里程碑。

在图像处理领域中，数学形态学是通过使用一定形态的结构元素去度量和提取图像中对表达和描绘区域形状有意义的图像分量以达到对图像分析识别的目的，使后续的识别工作能够抓住目标物体最为本质、最具区分能力的形状特征。同时也常用于图像的预处理和后处理中成为图像增强技术的有力补充。

7.1　数学形态学的基本运算

7.1.1　结构元素

结构元素是数学形态学运算中的基本元素，是为了探测待处理图像的某种结构信息而设计的特定形状和尺寸的小图像。它是仅包含 0 和 1 的二值矩阵，通常将其中心设为原点，即参与运算的参考点，并且其形状可以是任意的，常见的结构元素形状有正方形、矩形、菱形、线形、圆形、八边形及针对特殊要求而自定义的不规则图形等，如图 7-1 所示。

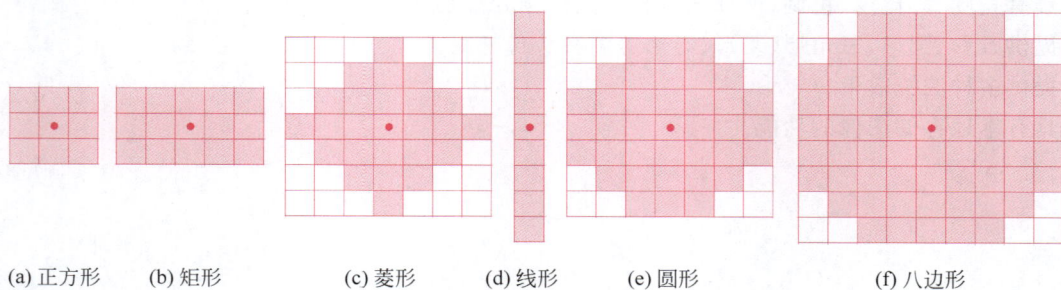

(a) 正方形　　(b) 矩形　　　　(c) 菱形　　(d) 线形　　(e) 圆形　　　　(f) 八边形

图 7-1　结构元素常见形状及原点示意图

在形态学算法设计中，结构元素的选取十分重要，其形状和尺寸是能否有效地提取信息的关键。通常，结构元素的形状与待处理目标物体形状应尽可能地相似，结构元素的尺寸应小于目标物体的尺寸，但应大于非目标物体的尺寸。对于几何形状复杂的图像应选择一些组合形式的结构元素以适应不同形状几何元素的提取,但在组合结构元素时要根据不同的图像特性和运算方式选取不同的组合顺序。

MATLAB 中提供了构建结构元素的内置函数 strel(),其语法格式如下:

```
se=strel(shape,parameters);
```

其中参数说明如下。

shape:形状参数。

parameters:控制形状参数 shape 大小和方向的参数。

具体取值及用法如表 7-1 所示。

表 7-1 参数取值及用法

shape	parameters	se
'square'	se=strel('square',3)	$se=\begin{bmatrix} 1 & 1 & 1 \\ 1 & 1 & 1 \\ 1 & 1 & 1 \end{bmatrix}$
'rectangle'	se=strel('rectangle',[2 5])	$se=\begin{bmatrix} 1 & 1 & 1 & 1 & 1 \\ 1 & 1 & 1 & 1 & 1 \end{bmatrix}$
'diamond'	se=strel('diamond',3)	$se=\begin{bmatrix} 0&0&0&1&0&0&0 \\ 0&0&1&1&1&0&0 \\ 0&1&1&1&1&1&0 \\ 1&1&1&1&1&1&1 \\ 0&1&1&1&1&1&0 \\ 0&0&1&1&1&0&0 \\ 0&0&0&1&0&0&0 \end{bmatrix}$
'line'	se=strel('line',7,45)	$se=\begin{bmatrix} 0&0&0&0&1 \\ 0&0&0&1&0 \\ 0&0&1&0&0 \\ 0&1&0&0&0 \\ 1&0&0&0&0 \end{bmatrix}$
'disk'	se=strel('disk',3)	$se=\begin{bmatrix} 0&0&0&1&0&0&0 \\ 0&1&1&1&1&1&0 \\ 0&1&1&1&1&1&0 \\ 1&1&1&1&1&1&1 \\ 0&1&1&1&1&1&0 \\ 0&1&1&1&1&1&0 \\ 0&0&0&1&0&0&0 \end{bmatrix}$
'octagon'	se=strel('octagon',3)	$se=\begin{bmatrix} 0&0&1&1&1&0&0 \\ 0&1&1&1&1&1&0 \\ 1&1&1&1&1&1&1 \\ 1&1&1&1&1&1&1 \\ 1&1&1&1&1&1&1 \\ 0&1&1&1&1&1&0 \\ 0&0&1&1&1&0&0 \end{bmatrix}$
'arbitrary'	se=strel('arbitrary',[0 1 0;1 1 1;0 1 0])	$se=\begin{bmatrix} 0&1&0 \\ 1&1&1 \\ 0&1&0 \end{bmatrix}$

7.1.2 腐蚀运算

1. 腐蚀原理

将结构元素的原点（参与运算的参考点）与输入图像中的像素逐一比对，若结构元素的所有点都落在输入图像中感兴趣区域（白色区域）内，则输入图像中与结构元素的原点所对应的像素得以保留，否则置为黑色。简言之，腐蚀运算的实质是在结构元素完全包含在输入图像中感兴趣区域内部时原点走过的所有位置。腐蚀运算结果如图 7-2 所示。

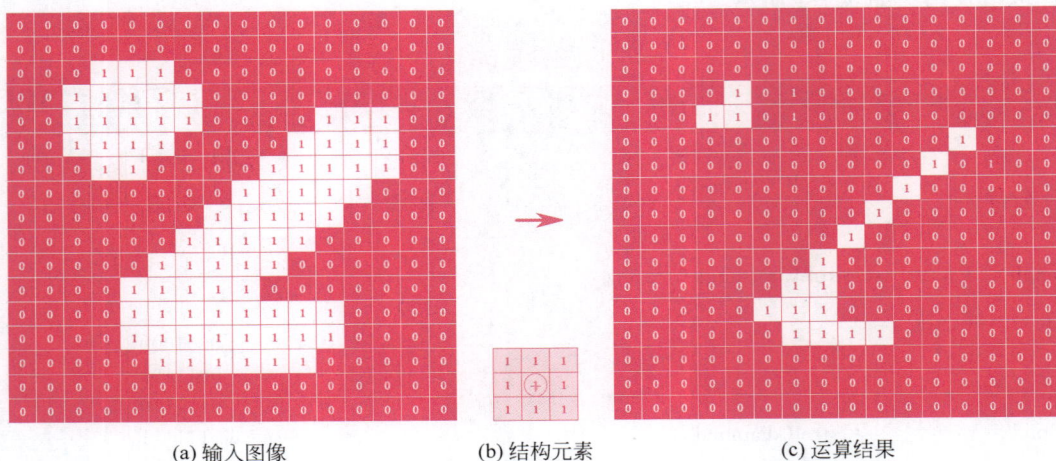

(a) 输入图像   (b) 结构元素   (c) 运算结果

图 7-2　腐蚀运算原理

腐蚀是一种消除边界点，使边界向内部收缩的过程。它可以将小于结构元素的目标物体去除；当结构元素足够大时它也可以将有细小连接的两个目标物体分开，如图 7-3 所示。

(a) 消除小而无意义的目标物体   (b) 分离细小连接处

图 7-3　腐蚀运算用途

2. 实现方法

腐蚀运算可以通过 MATLAB 中提供的内置函数 imerode() 加以实现，其语法格式如下：

```
bw=imerode(binaryImg,se);
```

其中参数说明如下。

bw：由结构元素 se 进行腐蚀运算后的二值图像。

binaryImg：待处理的二值图像。

se：由函数 strel() 创建的结构元素。

完整的实现代码如下：

```
clear all
```

```
[filename,pathname]=uigetfile('*.*','选择一幅二值输入图像');
str=[pathname filename];
src=im2double(imread(str));
%结构元素的设计
se=strel('disk',7);                                  %适用于 erode1.bmp
%se=strel('disk',15);                                %适用于 erode2.bmp
erodedBW=imerode(src,se);                            %腐蚀运算
subplot(1,2,1),imshow(src),title('二值输入图像');
subplot(1,2,2),imshow(erodedBW),title('腐蚀运算结果');
```

3. 应用场景

【案例 7-1】 简单图形统计。

1）基本思路

若输入图像存在多个连接在一起的目标物体,要统计其中目标物体的数量,首先需要采用腐蚀运算将它们进行分离,再通过连通域分析方法在输入图像中加以标注并统计其数量,如图 7-4 所示。

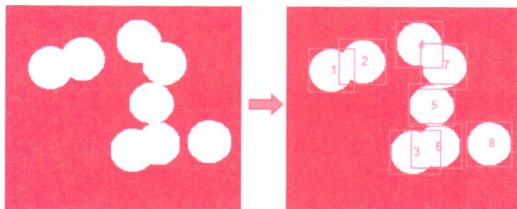

图 7-4　图形统计结果

2）实现代码

简单图形统计的实现代码如下:

```
clear all
[filename,pathname]=uigetfile('*.*','选择一幅二值输入图像');
str=[pathname filename];
src=im2double(imread(str));
%腐蚀运算
se=strel('disk',41);
erodedBW=imerode(src,se);
subplot(1,3,1),imshow(src),title('二值输入图像');
subplot(1,3,2),imshow(erodedBW),title('腐蚀运算结果');
subplot(1,3,3),imshow(src),title('标注结果');
%连通域分析及标注
[label,num]=bwlabel(erodedBW);
status=regionprops(label,'BoundingBox');
centroid=regionprops(label,'Centroid');
for n=1:num
    rectangle('position',[status(n).BoundingBox]+[-45 -45 90 90],'edgecolor','r');
    text(centroid(n,1).Centroid(1,1)-1,centroid(n,1).Centroid(1,2)-1,num2str(n),'Color','r');
end
```

【代码说明】

```
rectangle('position',[status(n).BoundingBox]+[-45 -45 90 90],'edgecolor','r');
```

中的[−45 −45 90 90]是由人工估算得到的。由于腐蚀运算后的每个连通域过小,直接标注无法让用

户清晰地看到结果,因此这里通过在每个小的连通域基础上加上向量[−45 −45 90 90]将其扩大为原始大小。

3）实现效果

简单图形统计结果如图 7-5 所示。

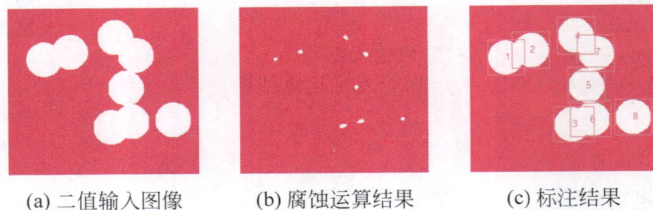

(a) 二值输入图像   (b) 腐蚀运算结果   (c) 标注结果

图 7-5　简单图形统计结果

知识拓展

　　除了应用于二值图像外,腐蚀运算还可以扩展到灰度图像和彩色图像中。其基本原理是使用结构元素的原点从左到右,从上到下依次扫描灰度图像/彩色图像中的像素,这些与结构元素原点所对应的像素的值取为结构元素所覆盖区域中所有像素的最小值。换言之,它实际上就是统计排序滤波器中的最小值滤波器。

　　从图 7-6 的腐蚀运算结果可以看出,输入图像中比结构元素面积小的高亮区域已被削弱,图像整体也已变暗。

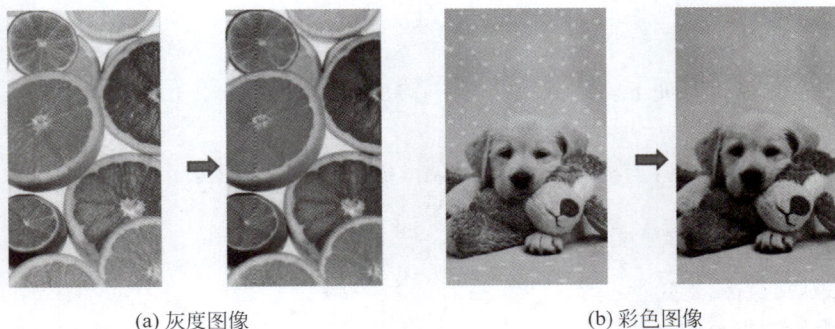

(a) 灰度图像   (b) 彩色图像

图 7-6　灰度图像/彩色图像的腐蚀运算结果

【案例 7-2】Photoshop 最小值滤镜模拟。

在 Photoshop 中选中"滤镜"|"其他"|"最小值"菜单选项,在弹出的"最小值"对话框中选中方形或圆度,设置半径值,即可看到滤镜处理效果,如图 7-7 所示。Photoshop 中的最小值滤镜实质上就是形态学中的腐蚀运算,保留和半径即为结构元素的形状和尺寸。

1. 实现方法

本案例的任务在于模拟 Photoshop 中最小值滤镜的实现,具体实现步骤如下。

步骤 1: 新建 fig 文件。在命令行窗口中输入"guide",在弹出的"GUIDE 快速入门"窗口中选中"新建 GUI"选项卡,在此选项卡的左侧区域中选中 Blank GUI(Default),并选中"将新图形另存为",再单击右侧的"浏览"按钮,在弹出的对话框中选取存储位置,将文件命名为 minFiltering.fig,最后单击"确定"按钮。

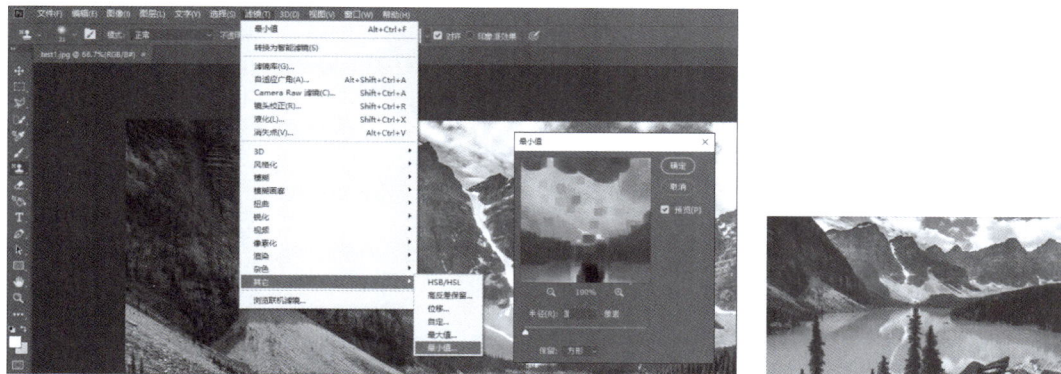

(a) Photoshop 最小值滤镜　　　　　　　　　　(b) 滤镜效果

图 7-7　Photoshop 最小值滤镜及效果

步骤 2：界面布局设计。在 minFiltering.fig 的设计窗口中，将左侧所需控件拖曳至右侧画布，并调整至合适大小，最终设计结果如图 7-8 所示。

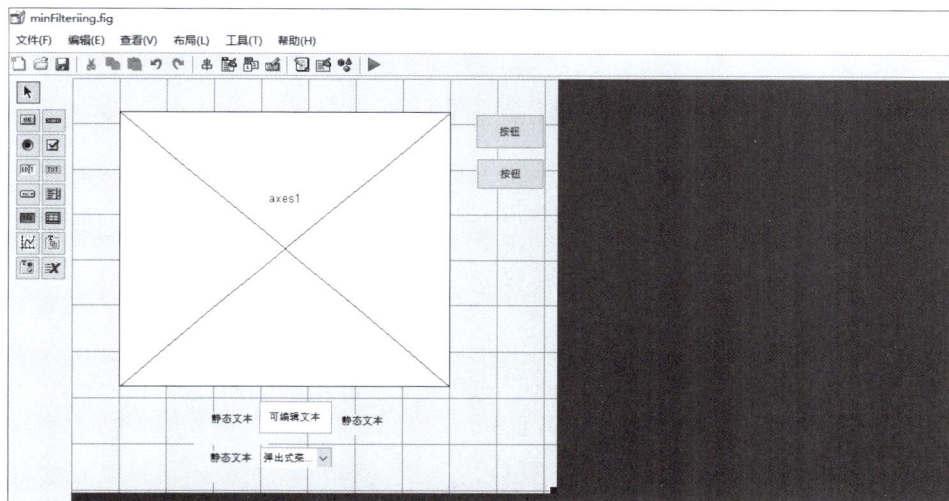

图 7-8　界面布局设计

步骤 3：控件属性设置。双击控件，在弹出的检查器中定位到需设置的属性名称，在其右侧输入属性值即可。所有控件需设置的属性值如表 7-2 所示。

表 7-2　控件属性值

控 件 名 称	属 性 名 称	属 性 值
figure	Name	最小值滤镜
axes1	Tag	axesResult
	XTick	空值
	YTick	空值
pushbutton1	Tag	pushbuttonOpen
	String	选取图像

续表

控 件 名 称	属 性 名 称	属 性 值
pushbutton2	Tag	pushbuttonMinfilter
	String	最小值滤镜
text1	String	半径：
text2	String	像素
text3	String	形状：
edit1	Tag	editRadius
	String	空值
popupmenu1	Tag	popupmenuShape
	String	方形 圆形

步骤 4：编写程序。在控件的右键快捷菜单中选中"查看回调"选项，并在其子菜单中选中对应的回调函数，如表 7-3 所示。

表 7-3 控件对应的回调函数名称

控 件 名 称	Tag 属性	回调函数名称
pushbutton1	pushbuttonOpen	Callback
pushbutton2	pushbuttonMinfilter	Callback

2. 实现代码

各回调函数的实现代码如下。

（1）pushbuttonOpen 的回调函数 Callback()。单击 pushbuttonOpen 控件时，弹出"选取一幅待处理图像"对话框，选取一幅待处理的图像。代码如下：

```
function pushbuttonOpen_Callback(hObject, eventdata, handles)
%hObject handle to pushbuttonCpen(see GCBO)
%eventdata reserved - to be defined in a future version of MATLAB
%handles structure with handles and user data(see GUIDATA)
axis off
%在"选取一幅待处理图像"对话框中选取一幅彩色图像
[filename,pathname]=uigetfile('*.*','选取一幅彩色图像');
str=[pathname filename];
src=im2double(imread(str));
%在 axesResult 控件上显示图像
axes(handles.axesResult);
imshow(src);
%存储全局的待处理图像
handles.src=src;
guidata(hObject,handles);
```

（2）pushbuttonMinfilter 的回调函数 Callback()。当用户通过可编辑文本控件 editRadius 和弹出式菜单控件 popupmenuShape 分别设置半径值和形状，并单击 pushbuttonMinfilter 控件时，在

axesResult 控件上就会呈现最小值滤镜效果。代码如下：

```matlab
function pushbuttonMinfilter_Callback(hObject, eventdata, handles)
%hObject handle to pushbuttonMinfilter(see GCBO)
%eventdata reserved - to be defined in a future version of MATLAB
%handles structure with handles and user data(see GUIDATA)
%读取全局的待处理图像
src=handles.src;
radius=str2num(get(handles.editRadius,'string'));     %获取结构元素半径
val=get(handles.popupmenuShape,'value');              %获取结构元素形状编号
%根据弹出式菜单中所选形状编号,设置对应的形状字符串
switch val
    case 1
        shape='square';
    case 2
        shape='disk';
end
se=strel(shape,radius);
erodedBW=imerode(src,se);                              %腐蚀运算
%在 axesResult 控件上显示图像
axes(handles.axesResult);
imshow(erodedBW);
```

3. 实现效果

最小值滤镜效果如图 7-9 所示。

图 7-9　本案例的最小值滤镜效果

7.1.3 膨胀运算

1. 膨胀原理

将结构元素的原点与输入图像中的像素及周围的像素逐一比对,只要结构元素上有一个点落在输入图像中感兴趣区域内,则输入图像中该像素得以保留,否则去除。膨胀运算结果如图 7-10 所示。

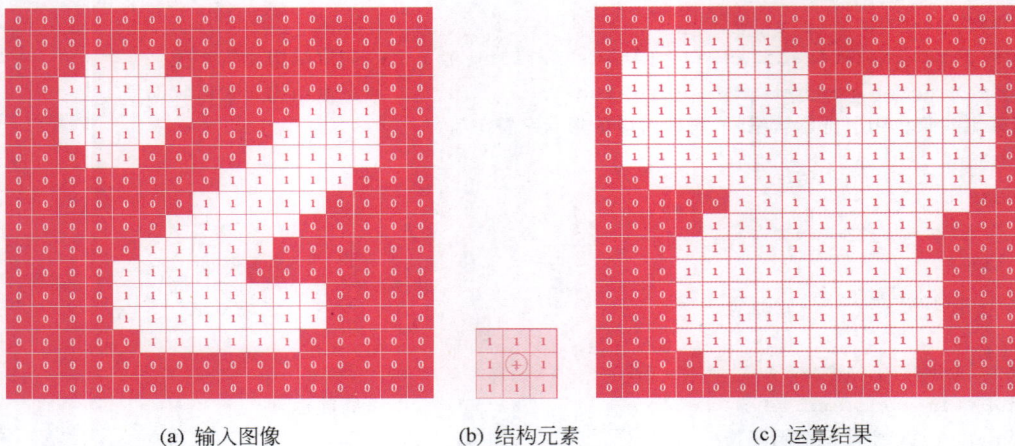

(a) 输入图像 (b) 结构元素 (c) 运算结果

图 7-10 膨胀运算原理

膨胀是对边界点进行扩充,使边界向外部扩张的过程,它可以用于填补目标物体中的空洞、桥接被误分为许多小块的目标物体,如图 7-11 所示。

(a) 填补空洞 (b) 桥接

图 7-11 膨胀运算用途

2. 实现方法

膨胀运算可以通过 MATLAB 中提供的内置函数 imdilate()加以实现,其语法格式如下:

```
bw=imdilate(binaryImg,se);
```

其中参数说明如下。

bw：由结构元素 se 进行膨胀运算后的二值图像。

binaryImg：待处理的二值图像。

se：由 strel()函数创建的结构元素。

3. 实现代码

完整的实现代码如下:

```
clear all
```

```
[filename,pathname]=uigetfile('*.*','选择一幅二值输入图像');
str=[pathname filename];
src=im2double(imread(str));
%膨胀运算
se=strel('disk',43);                    %适用于test1.bmp
%se=strel('line',10,0);                 %适用于test2.bmp
dilatedBW=imdilate(src,se);
subplot(1,2,1),imshow(src),title('二值输入图像');
subplot(1,2,2),imshow(dilatedBW),title('膨胀运算结果');
```

4. 应用场景

【案例 7-3】水果检测。

1) 实现方法

如图 7-12 所示，对二值图像进行连通域分析可知，除了西瓜区域外，西瓜区域的内部还存在大量的干扰区域，显然这样是无法满足检测需求的。本案例在连通域分析之前引入膨胀运算，使得这些干扰（可看作孔洞）得以填补。当然，运用时需要根据实际图像选取合适形状和尺寸的结构元素。

(a) 二值图像　　　　　　　　(b) 检测结果

图 7-12　直接连通域分析的检测结果

2) 实现代码

水果检测的实现代码如下：

```
clear all
[filename,pathname]=uigetfile('*.*','选择一幅待处理彩色图像');
str=[pathname filename];
src=im2double(imread(str));
src_bw=~im2bw(src);
subplot(1,3,2),imshow(src_bw),title('二值图像');
%膨胀运算
se=strel('disk',19);
dilatedBW=imdilate(src_bw,se);
subplot(1,3,3),imshow(dilatedBW),title('膨胀运算结果');
subplot(1,3,1),imshow(src),title('检测结果');
%连通域分析及标注
[label,num]=bwlabel(dilatedBW);
status=regionprops(label,'BoundingBox');
for n=1:num
    rectangle('position',status(n).BoundingBox,'edgecolor','r');
end
```

3）实现效果

水果检测结果如图 7-13 所示。

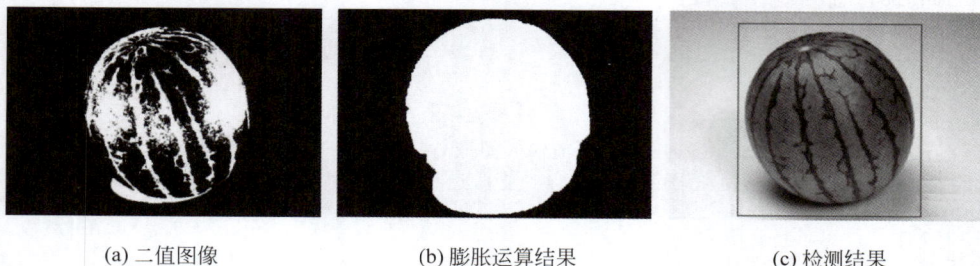

(a) 二值图像　　　　　　　(b) 膨胀运算结果　　　　　　(c) 检测结果

图 7-13　基于膨胀运算的水果检测结果

知识拓展

　　与腐蚀运算类似，灰度图像/彩色图像膨胀运算的基本原理是使用结构元素的原点从左到右，从上到下依次扫描灰度图像/彩色图像中的像素，这些与结构元素原点所对应像素的值取为结构元素所覆盖区域中所有像素的最大值。换言之，它实际上就是统计排序滤波器中的最大值滤波器。

　　从图 7-14 的膨胀运算结果可以看出，输入图像中比结构元素面积小的暗区域被削弱，整体变亮。

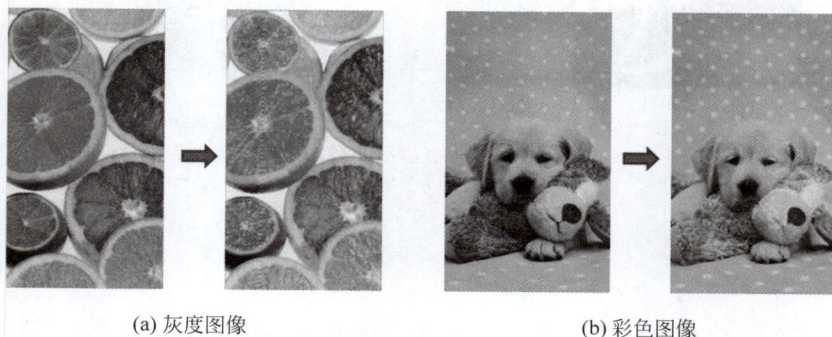

(a) 灰度图像　　　　　　　　　(b) 彩色图像

图 7-14　灰度图像/彩色图像的膨胀运算结果

【案例 7-4】 模拟 Photoshop 最大值滤镜。

1）实现方法

　　同最小值滤镜，Photoshop 中的"滤镜"|"其他"|"最大值"滤镜实质上就是形态学中的膨胀运算，保留和半径即为结构元素的形状和尺寸。本案例在案例 7-2 界面布局中添加"最大值滤镜"按钮 pushbuttonMaxfilter，并编写该按钮控件的回调函数。

2）实现代码

　　模拟 Photoshop 最大值滤镜的实现代码如下：

```
function pushbuttonMaxfilter_Callback(hObject, eventdata, handles)
%hObject handle to pushbuttonMaxfilter(see GCBO)
%eventdata reserved - to be defined in a future version of MATLAB
%handles structure with handles and user data(see GUIDATA)
```

```
src=handles.src;
radius=str2num(get(handles.editRadius,'string'));    %获取结构元素半径
val=get(handles.popupmenuShape,'value');             %获取结构元素形状编号
%根据弹出式菜单中所选形状编号,设置对应的形状字符串
switch val
    case 1
        shape='square';
    case 2
        shape='disk';
end
%膨胀运算
se=strel(shape,radius);
dilatedBW=imdilate(src,se);
%在 axesResult 控件上显示图像
axes(handles.axesResult);
imshow(dilatedBW);
```

3）实现效果

最大值滤镜效果如图 7-15 所示。

图 7-15　本案例的最大值滤镜效果

小试身手

运用腐蚀运算与膨胀运算的级联操作去除文档阴影,具体要求详见习题 7 第 1 题。

7.1.4　开运算与闭运算

腐蚀与膨胀运算对目标物体具有较好的处理效果,但同时却改变了原目标物体的面积。若想在不改变目标物体面积的前提下实现准确定位,则可以级联组合使用腐蚀和膨胀运算加以解决。其中,开运算和闭运算是两个最为重要的级联组合。

1. 开运算

1）基本原理

先腐蚀后膨胀的级联组合称为开运算，其用途与腐蚀运算类似，可以消除小而无意义的目标物、分离有细小连接的目标物体，但在平滑较大目标物体的边界的同时不明显改变其面积。开运算原理如图 7-16 所示。

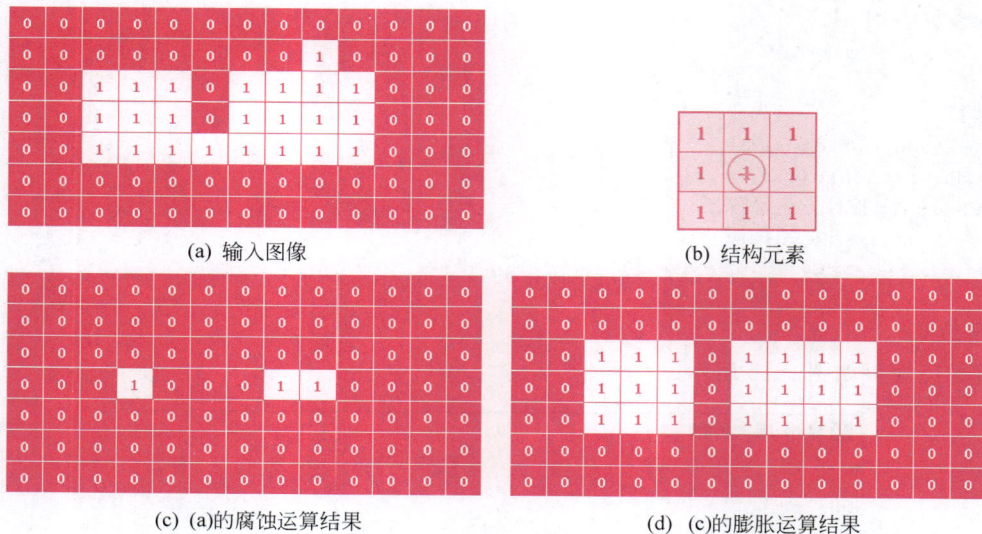

(a) 输入图像 (b) 结构元素

(c) (a)的腐蚀运算结果 (d) (c)的膨胀运算结果

图 7-16　开运算原理示意图

2）实现方法

（1）方法 1：用 imerode() 与 imdilate() 函数级联实现。代码如下：

```
clear all
[filename,pathname]=uigetfile('*.*','选择一幅二值输入图像');
str=[pathname filename];
src=im2double(imread(str));
%方法1:同一结构元素的"腐蚀+膨胀"运算
se=strel('disk',5);                          %适用于 test1.bmp
%se=strel('disk',13);                         %适用于 test2.bmp
erodeBW=imerode(src,se);
dilateBW=imdilate(erodeBW,se);
subplot(1,2,1),imshow(src),title('二值输入图像');
subplot(1,2,2),imshow(dilateBW),title('开运算结果');
```

（2）方法 2：用 imopen() 函数实现。

imopen() 函数的语法格式如下：

```
bw=imopen(binaryImg,se);
```

其中参数说明如下。

bw：由结构元素 se 进行开运算后的二值图像。

binaryImg：待处理的二值图像。

se：由函数 strel() 创建的结构元素。

3）实现代码

完整的实现代码如下：

```
clear all
[filename,pathname]=uigetfile('*.*','选择一幅二值输入图像');
str=[pathname filename];
src=im2double(imread(str));
%方法2：开运算
se=strel('disk',5);                          %适用于test1.bmp
%se=strel('disk',13);                        %适用于test2.bmp
BW=imopen(src,se);
subplot(1,2,1),imshow(src),title('二值输入图像');
subplot(1,2,2),imshow(BW),title('开运算结果');
```

4）实现效果

开运算结果如图7-17所示。

(a) 半径为5像素的圆形结构元素　　　　　　(b) 半径为13像素的圆形结构元素

图 7-17　开运算结果

5）应用场景

【案例7-5】 大目标检测。

（1）实现方法。在如图7-18（a）所示的输入图像中包含边长为1px、3px、5px、7px、9px、15px的多个正方形目标物体，若要检测到所有边长为15px的目标物体，并且保持其面积不变，则需选取合适形状和尺寸的结构元素将边长小于15px的小目标物体"腐蚀"掉，但同时会造成所保留的大目标物体的面积变小，如图7-18（b）所示。为了准确地检测到大目标物体，开运算要明显优于腐蚀运算，如图7-18（c）所示。

（2）实现代码。大目标检测的实现代码如下：

```
clear all
[filename,pathname]=uigetfile('*.*','选择一幅二值输入图像');
str=[pathname filename];
src=im2double(imread(str));
subplot(1,3,1),imshow(src),title('二值输入图像');
se=strel('square',13);
BW=imopen(src,se);
subplot(1,3,2),imshow(BW),title('开运算结果');
subplot(1,3,3),imshow(src),title('连通域分析及标注结果');
%连通域分析及标注
[lable,num]=bwlabel(BW);
status=regionprops(lable,'BoundingBox');
for n=1:num
    rectangle('position',status(n).BoundingBox,'edgecolor','r','linewidth',3);
end
```

（3）实现效果。大目标检测结果如图 7-18 所示。

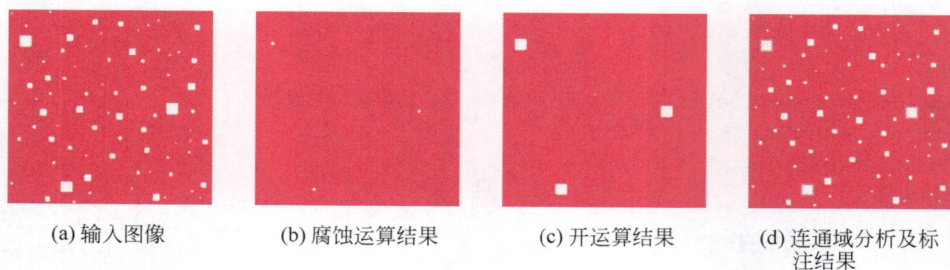

(a) 输入图像　　　　(b) 腐蚀运算结果　　　　(c) 开运算结果　　　　(d) 连通域分析及标注结果

图 7-18　边长为 13px 的正方形结构元素的大目标检测结果

知识拓展

与腐蚀运算类似，灰度图像/彩色图像经过开运算后，一些小的高亮孔洞被其周围的灰度/颜色所填补，图像整体色调变暗，但是阴影和明亮处的界限并未改变，每部分的亮部和暗部都会变得更加平滑，如图 7-19 所示。

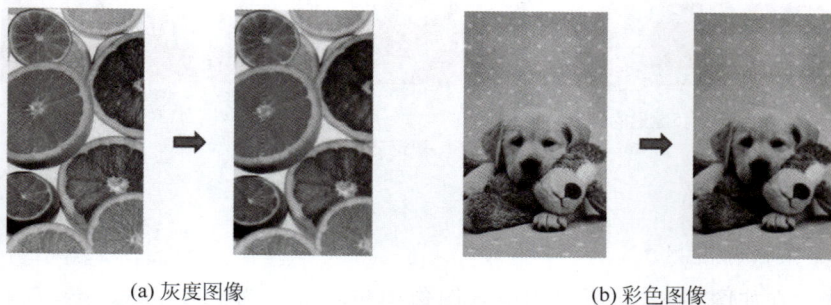

(a) 灰度图像　　　　　　　　　　　(b) 彩色图像

图 7-19　灰度图像/彩色图像的开运算结果

2. 闭运算

1）基本原理

先膨胀后腐蚀的级联组合称为闭运算，其用途与膨胀运算类似，可以用于填补孔洞、连接相近目标物体，但在平滑较大目标物体的边界的同时不明显改变其面积，如图 7-20 所示。

2）实现方法

方法 1：用 imdilate() 与 imerode() 函数级联实现。代码如下：

```
clear all
[filename,pathname]=uigetfile('*.*','选择一幅二值输入图像');
str=[pathname filename];
src=im2double(imread(str));
%方法1:同一结构元素的"膨胀+腐蚀"运算
se=strel('disk',9);
dilateBW=imdilate(src,se);
erodeBW=imerode(dilateBW,se);
subplot(1,2,1),imshow(src),title('二值输入图像');
subplot(1,2,2),imshow(erodeBW),title('闭运算结果');
```

(a) 输入图像　　　　　　　　　　　　　(b) 结构元素

(c) (a)的膨胀运算结果　　　　　　　　(d) (c)的腐蚀运算结果

图 7-20　闭运算原理示意图

方法 2：调用 imclose()函数实现。

imclose()函数的语法格式如下：

```
bw=imclose(binaryImg,se);
```

其中参数说明如下。

bw：由结构元素 se 进行闭运算后的二值图像。

binaryImg：待处理的二值图像。

se：由函数 strel()创建的结构元素。

3）实现代码

完整的实现代码如下：

```
clear all
[filename,pathname]=uigetfile('*.*','选择一幅二值输入图像');
str=[pathname filename];
src=im2double(imread(str));
%闭运算
se=strel('disk',9);
BW=imclose(src,se);
subplot(1,2,1),imshow(src),title('二值输入图像');
subplot(1,2,2),imshow(BW),title('闭运算结果');
```

4）实现效果

闭运算结果如图 7-21 所示。

5）应用场景

【案例 7-6】车牌区域定位。

(1) 实现方法。对于如图 7-22(a)所示内部有孔洞的车牌区域，若直接对其进行连通域分析，车牌区域则被分为多个连通域，如图 7-22(b)所示。显然，这样的结果不是预期的。因此，需要将这些孔洞进

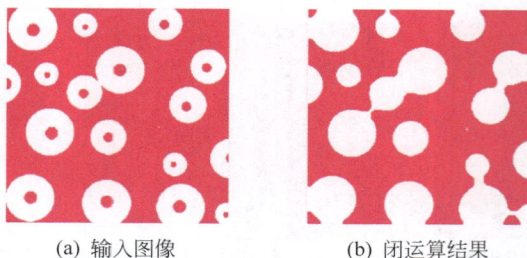

(a) 输入图像   (b) 闭运算结果

图 7-21　半径为 9px 圆形结构元素的闭运算结果

行填补,最终使得车牌区域成为一个完整的连通域同时其面积不能有明显的变化,以便于能够准确定位。

(a) 输入图像   (b) 连通域分析及标注结果

图 7-22　直接连通域分析结果

（2）实现代码。完整的实现代码如下：

```
clear all
[filename,pathname]=uigetfile('*.*','选择一幅二值输入图像');
str=[pathname filename];
src=im2double(imread(str));
subplot(1,3,1),imshow(src),title('二值输入图像');
%闭运算
se=strel('square',5);
closedBW=imclose(src,se);
subplot(1,3,3),imshow(src),title('定位结果');
%连通域分析及标注
[label,num]=bwlabel(closedBW);
status=regionprops(label,'BoundingBox');
for n=1:num
    rectangle('position',status(n).BoundingBox,'edgecolor','r','linewidth',2);
end
subplot(1,3,2),imshow(closedBW),title('闭运算结果');
```

（3）实现效果。车牌定位结果如图 7-23 所示。

(a) 输入图像   (b) 闭运算结果   (c) 定位结果

图 7-23　车牌区域定位结果

知识拓展

与膨胀运算类似,灰度图像/彩色图像经过闭运算后,整体色调变亮,但是阴影和明亮处的界限并未改变,每部分的亮部和暗部都更加平滑了,如图 7-24 所示。

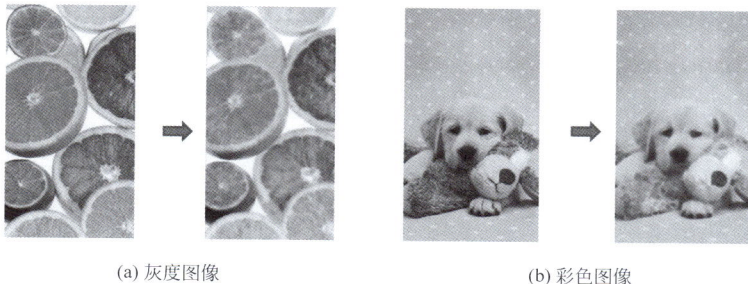

(a) 灰度图像　　　　　　　　　　　(b) 彩色图像

图 7-24　灰度图像/彩色图像的闭运算结果

【案例 7-7】 水彩画滤镜。

(1) 基本思路。本案例在理解开运算和闭运算的基本原理的基础上,依次应用开运算和闭运算实现水彩画滤镜效果。其中,开运算在消除一些小物体的同时具有一定的平滑功能,这样可以去除画面中大量细小的细节,再结合闭运算进行孔洞的填补和二次平滑处理,真实地模拟出画笔涂抹的效果。

(2) 实现代码。水彩画滤镜的实现代码如下:

```
clear all
[filename,pathname]=uigetfile('*.*','选择一幅彩色图像');
str=[pathname filename];
src=im2double(imread(str));
%同一结构元素的"开+闭"运算
se=strel('disk',5);
openedBW=imopen(src,se);
closedBW=imclose(openedBW,se);
subplot(1,3,1),imshow(src),title('输入图像');
subplot(1,3,2),imshow(openedBW),title('开运算结果');
subplot(1,3,3),imshow(closedBW),title('水彩画滤镜效果');
```

(3) 实现效果。水彩画滤镜效果如图 7-25 所示。

(a) 输入图像　　　　　(b) 开运算结果　　　　　(c) 水彩画滤镜效果

图 7-25　"开运算+闭运算"级联运算结果

小试身手

运用开运算和闭运算的级联操作对图像进行降噪处理，具体要求详见习题7第2题。

7.2 数学形态学的应用

7.2.1 细化与骨骼化

骨架是指一幅图像的骨骼部分，用于描述物体的几何形状和拓扑结构，是重要的图像描绘子之一。计算骨架的过程称为细化或骨骼化，是在不改变图像像素的拓扑连接性关系的前提下，层层剥落图像的外层像素，使之最终成为单像素宽的图像，如图7-26所示。特别是在文字识别、地质识别、工业零件识别和图像理解等应用中，图像骨架有助于突出目标的形状特点和拓扑结构，并且减少冗余的信息。

1. 细化

1）基本原理

现有的细化算法有 Hilditch 细化算法、Pavlidis 算法、基于 Voronoi 图的构造模型细化算法、基于索引表的细化算法、基于轮廓筛减的细化算法、Zhang-Suen 并行细化迭代算法等。其中，Zhang-Suen 并行细化迭代算法尤为典型，具有迭代少、速度快、能精确地保持原图像直线、T 形交叉和拐角的特点。

Zhang-Suen 并行细化迭代算法根据如图7-27所示的8邻域情况重复执行逻辑运算，当符合非骨架点的删除条件时，对像素进行标记，在遍历完图像中的所有像素之后统一执行删除操作。算法分为两个子过程。

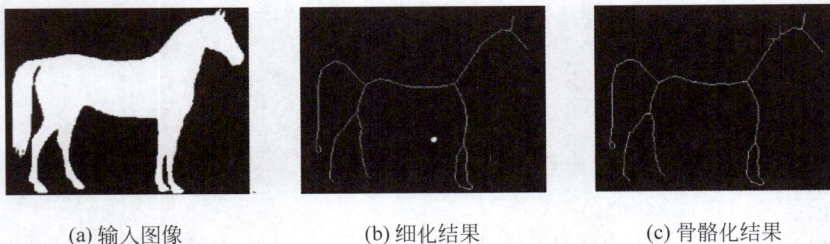

(a) 输入图像	(b) 细化结果	(c) 骨骼化结果

图 7-26　细化与骨骼化处理结果

P_8	P_1	P_2
P_7	P_0	P_3
P_6	P_5	P_4

图 7-27　P_0 的 8 邻域

（1）子过程1。假设一目标像素为 P_0，当其为边界点时，依次判断 P_0 是否满足以下条件，若满足则标记 P_0 为可删除的像素。

条件1：$2 \leqslant N(P_0) \leqslant 6$，即当前像素 P_0 的8邻域内非零像素数目 $N(P_0)$，若小于2，则表示当前像素 P_0 或是孤立点或是端点；若大于6，则表示当前像素 P_0 是内部点。

条件2：$S(P_0)=1$，检测当前像素 P_0 的8邻域按顺时针顺序为 $P_1 \rightarrow P_8 \rightarrow P_1$，这些像素值由 0 跳变到1的次数。当 $S(P_0)=0$ 时，当前像素 P_0 要么是内部点，要么是孤立点。当 $S(P_0) \geqslant 2$ 时，当前像素 P_0 要么是内部点，要么会断开。

条件3：$P_1 \times P_3 \times P_5 = 0$。

条件4：$P_3 \times P_5 \times P_7 = 0$。

条件3、条件4在 P_3 或 P_5 为0时，删除当前像素 P_0 右方或下方的像素；在 P_3、P_5 均为1时，只有 P_1、P_7 都为0方可满足条件，此时删除当前像素 P_0 左方和上方的像素。

（2）子过程 2。

条件 1：$2 \leqslant N(P_0) \leqslant 6$。

条件 2：$S(P_0)=1$。

条件 3：$P_1 \times P_5 \times P_7 = 0$。

条件 4：$P_1 \times P_3 \times P_7 = 0$。

条件 1、条件 2 与子过程 1 的条件 1、条件 2 相同，条件 3、条件 4 用于删除当前像素 P_0 的左方或上方像素和右方、下方像素。

两个子过程中的条件 1 和条件 2 是为了保证当前像素 P_0 的 8 邻域中存在连通的像素，在删除 P_0 后仍然构成骨架。条件 3 和条件 4 是为了标记 8 邻域的上下左右 4 个非骨架像素。

经典的 Zhang-Suen 并行细化迭代算法就是通过不断迭代这两个子过程，标记满足条件的像素，在目标图像所有像素都被遍历后统一将其去除，由剩下的像素构成骨架图像，从而达到细化的目的。但是该算法存在骨架毛刺，骨架斜线区域易出现像素冗余现象。

2）实现方法

MATLAB 中并没有提供专门的函数来实现细化操作，而是通过一个通用的形态学函数 bwmorph() 来完成，其语法格式如下：

```
bw1=bwmorph(bw,operation,n);
```

其中参数说明如下。

bw1：形态学处理结果。

bw：二值图像。

operation：形态学运算，其取值情况如表 7-4 所示。

n：迭代次数，当 $n=\inf$ 时运算到图像不再发生变化为止。

表 7-4　参数 operation 取值及描述

operation	描　　述
'erode'	利用结构元素 ones(3) 执行腐蚀运算
'dilate'	利用结构元素 ones(3) 执行膨胀运算
'open'	开运算
'close'	闭运算
'thin'	细化
'thicken'	加粗轮廓
'skel'	骨骼化
'spur'	去除毛刺
'tophat'	顶帽运算
'bothat'	底帽运算
'fill'	填补孔洞
'shrink'	当 $n=\inf$ 时，将目标缩成一个点。没有孔洞的目标缩成一个点，有孔洞的目标缩成一个连通环
'remove'	移除内部像素
'clean'	移除孤立像素
'bridge'	连接断开像素

3）实现代码

细化操作的实现代码如下：

```
clear all
[filename,pathname]=uigetfile('*.*','选择一幅二值输入图像');
str=[pathname filename];
src=im2double(imread(str));
thinBW=bwmorph(src,'thin',Inf);                %细化运算
subplot(1,2,1), imshow(src),title('二值输入图像');
subplot(1,2,2), imshow(thinBW), title('细化运算结果');
```

2. 骨骼化

1）基本原理

骨骼化是与细化有关的一种运算，有时又称中轴变换或焚烧草技术。正如有一片与图 7-28 所示目标图像形状相同的草，沿其外围点同时点火，火势向内蔓延，向前推进的火线相遇处点的轨迹就是中轴。

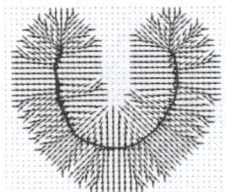

图 7-28　骨骼化运算示意图

2）实现方法

与细化操作一样，骨骼化操作也可以通过 bwmorph() 函数完成，只是参数 operation 的值要取为 'skel'。

3）实现代码

骨骼化的实现代码如下：

```
clear all
[filename,pathname]=uigetfile('*.*','选择一幅二值图像');
str=[pathname filename];
src=im2double(imread(str));
skelBW=bwmorph(src,'skel',Inf);                %骨骼化运算
subplot(1,2,1),imshow(src),title('二值输入图像');
subplot(1,2,2),imshow(skelBW),title('骨骼化运算结果');
```

知识拓展

细化和骨骼化运算经常会产生短的无关的"毛刺"，可以使用参数 operation 为 'spur' 的 bwmorph() 函数进行修剪，即在细化或骨骼化运算后添加以下语句：

```
bw1=bwmorph(bw,'spur',n);
```

其中参数说明如下。

bw1：去除毛刺后的细化或骨骼化图像。

bw：细化或骨骼化图像。

n：迭代次数。

毛刺去除效果如图 7-29 所示。

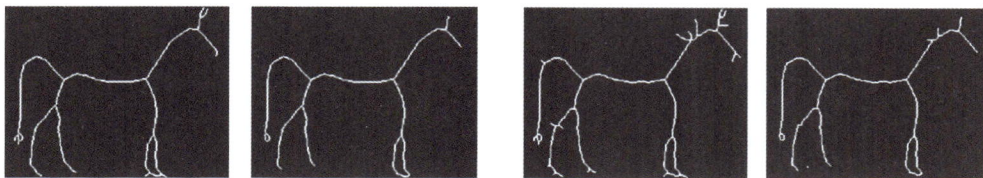

(a)　"细化+去毛刺"结果　　　　　　　　(b)　"骨骼化+去毛刺"结果

图 7-29　"去毛刺"结果

3. 应用场景

【案例 7-8】手写体汉字骨架提取。

手写体汉字识别中,汉字的结构信息集中体现在汉字骨架中,对手写体汉字细化,有利于突出字体形态特征,减少汉字图像的数据存储空间,进而提高识别效率。

本案例以王羲之的"天下第一行书"《兰亭序》图片为例,采用二值化、闭运算、膨胀运算、连通域分析以及细化等一系列预处理实现手写体汉字的骨架提取,如图 7-30 所示。

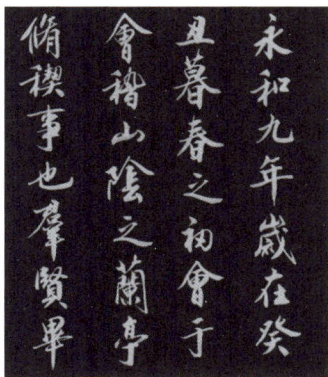

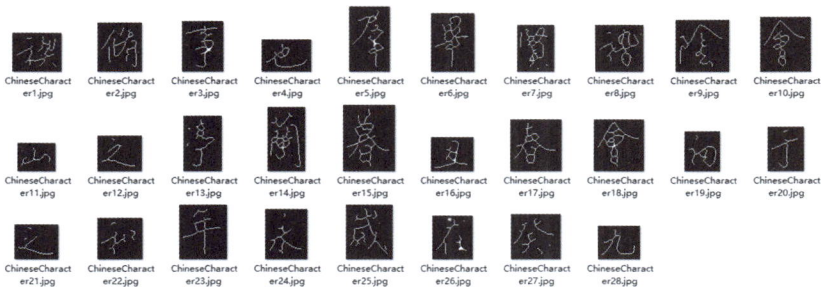

(a)　输入图像　　　　　　　　　　　　(b)　骨架提取结果

图 7-30　手写体汉字骨架提取结果

(1) 实现方法。

步骤 1：读入输入图像,并将其转换为二值图像。

步骤 2：对二值图像执行水平线形结构元素的闭运算,实现水平方向上的等面积扩张。

步骤 3：由于执行闭运算后,一些汉字没有形成完整连通域,因此还需对其执行一次正方形结构元素的膨胀运算。

步骤 4：对膨胀运算结果图像进行连通域分析,将每个汉字从图像中分离出来,并执行细化和去毛刺操作,最终得到骨架图像。

（2）实现代码。提取手写体汉字骨架的实现代码如下：

```
clear all
[filename,pathname]=uigetfile('*.*','选择一幅字画图像');
str=[pathname filename];
src=im2double(imread(str));
subplot(2,3,1),imshow(src),title('输入图像');
BW=im2bw(src);                              %二值化
subplot(2,3,2),imshow(BW),title('二值图像');
%采用"闭+膨胀"运算,使得字画中的每个字均成为独立的连通域
se=strel('line',25,0);
closedBW=imclose(BW,se);
subplot(2,3,3),imshow(closedBW),title('闭运算结果');
se=strel('square',6);
openedBW=imdilate(closedBW,se);
subplot(2,3,4),imshow(openedBW),title('膨胀运算结果');
%连通域分析
subplot(2,3,5),imshow(src),title('汉字定位结果');
[label,num]=bwlabel(openedBW);
status=regionprops(label,'BoundingBox');
for n=1:num
    [r,c]=find(label==n);
    minr=min(r);minc=min(c);maxr=max(r);maxc=max(c);
    rectangle('position',status(n).BoundingBox,'edgecolor','r','linewidth',2);
    BW_crop=imcrop(BW,[minc minr maxc-minc+1 maxr-minr+1]);
    %细化+去毛刺
    BW2=bwmorph(BW_crop,'thin',5);
    BW3=bwmorph(BW2,'spur',3);
    imwrite(BW3,strcat('ChineseCharacter',num2str(n),'.jpg'));
end
```

（3）实现效果。手写体汉字骨架提取过程及结果如图 7-31 所示。

7.2.2 边界提取

边界提取是计算机视觉和图像处理领域中重要的研究课题之一，是对物体形状的有力描述。依据所用形态学运算的不同，可以得到二值图像的内边界、外边界和形态学梯度边界 3 种边界。

1. 内边界

（1）实现方法。选取合适的结构元素对输入图像执行腐蚀运算，再用输入图像减去腐蚀运算结果即为内边界，并且边界的粗细取决于所选取结构元素的尺寸。

（2）实现代码。内边界提取的实现代码如下：

```
clear all
[filename,pathname]=uigetfile('*.*','选择一幅二值输入图像');
str=[pathname filename];
```

```
src=im2double(imread(str));
se=strel('square',3);
erodedBW=imerode(src,se);                    %腐蚀运算
innerBorder=src-erodedBW;                     %内边界=输入图像-腐蚀运算结果
subplot(1,3,1),imshow(src),title('二值输入图像');
subplot(1,3,2),imshow(erodedBW),title('腐蚀运算结果');
subplot(1,3,3),imshow(innerBorder),title('内边界');
```

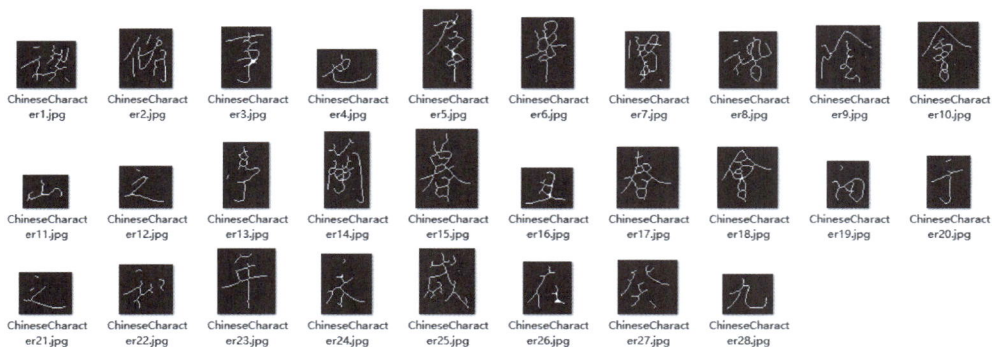

(a) 输入图像　　　　　(b) 二值图像　　　　　(c) 闭运算结果

(d) 膨胀运算结果　　　　　(e) 汉字标注结果

(f) 骨架提取结果

图 7-31　手写体汉字骨架提取过程

（3）实现效果。内边界提取结果如图 7-32 所示。

2. 外边界

（1）实现方法。选取合适的结构元素对输入图像执行膨胀运算，再用膨胀运算结果减去输入图像即为外边界，并且边界的粗细也取决于所选取结构元素的尺寸。

(a) 输入图像　　(b) 边长为3像素的正方形结构元素　(c) 边长为7像素的正方形结构元素

图 7-32　内边界提取结果

（2）实现代码。外边界提取的实现代码如下：

```
clear all
[filename,pathname]=uigetfile('*.*','选择一幅二值输入图像');
str=[pathname filename];
src=im2double(imread(str));
se=strel('square',3);
dilatedBW=imdilate(src,se);                    %膨胀运算
outerBorder=dilatedBW-src;                     %外边界=膨胀运算结果-输入图像
subplot(1,3,1),imshow(src),title('二值输入图像');
subplot(1,3,2),imshow(dilatedBW),title('膨胀运算结果');
subplot(1,3,3),imshow(outerBorder),title('外边界');
```

（3）实现效果。外边界提取结果如图 7-33 所示。

(a) 输入图像　　(b) 边长为3像素的正方形结构元素　(c) 边长为7像素的正方形结构元素

图 7-33　外边界提取结果

3. 形态学梯度边界

（1）实现方法。选取合适的结构元素对输入图像分别执行腐蚀和膨胀运算，再用膨胀运算结果减去腐蚀运算结果即为形态学梯度边界，并且边界的粗细也取决于结构元素的尺寸。

（2）实现代码。形态学梯度边界的实现代码如下：

```
clear all
[filename,pathname]=uigetfile('*.*','选择一幅二值输入图像');
str=[pathname filename];
src=im2double(imread(str));
se=strel('square',7);
%se=strel('disk',3);
dilatedBW=imdilate(src,se);                    %膨胀运算
erodedBW=imerode(src,se);                      %腐蚀运算
gradientBorder=dilatedBW-erodedBW;             %形态学梯度边界=膨胀运算结果-腐蚀运算结果
subplot(2,2,1),imshow(src),title('二值输入图像');
```

```
subplot(2,2,2),imshow(dilatedBW),title('膨胀运算结果');
subplot(2,2,3),imshow(erodedBW),title('腐蚀运算结果');
subplot(2,2,4),imshow(gradientBorder),title('形态学梯度边界');
```

（3）实现效果。实现效果如图 7-34 和图 7-35 所示。

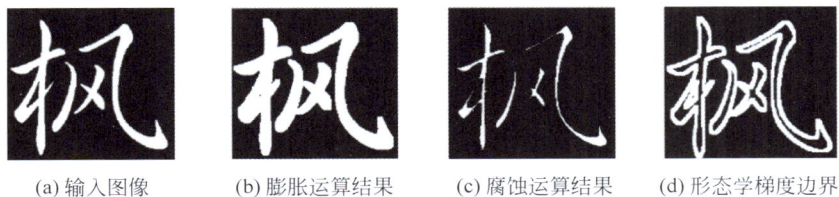

(a) 输入图像　　(b) 膨胀运算结果　　(c) 腐蚀运算结果　　(d) 形态学梯度边界

图 7-34　边长为 7 像素的正方形结构元素的形态学梯度边界提取结果

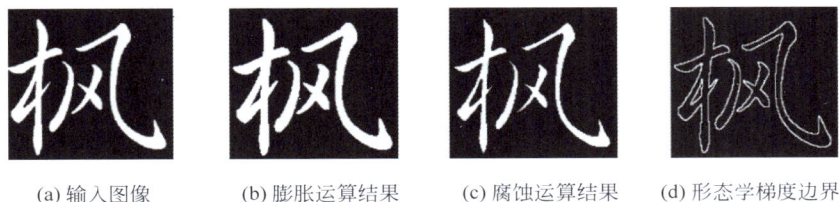

(a) 输入图像　　(b) 膨胀运算结果　　(c) 腐蚀运算结果　　(d) 形态学梯度边界

图 7-35　边长为 3 像素的正方形结构元素的形态学梯度边界提取结果

知识拓展

除上述 3 种边界提取方法外，还可以采用以下方法加以实现。

方法 1：bwperim()函数。

语法格式如下：

```
bw1=bwperim(bw,conn);
```

其中参数说明如下。

　　bw1：边界二值图像。

　　bw：二值输入图像。

　　conn：邻域大小，可取 4 或 8，默认值为 8。

　　方法 2：bwmorph()函数。

　　语法格式如下：

```
bw1=bwmorph(bw,'remove');
```

其中参数说明如下。

　　bw1：边界二值图像。

　　bw：二值输入图像。

　　'remove'：operation 参数取值，表示移除内部像素，仅保留边界像素。

4. 应用场景

【案例 7-9】空心字特效。

1）实现方法

步骤 1：读入文字二值图像，运用形态学边界提取方法提取文字轮廓。

步骤 2：读入背景图像，调整其大小与文字图像相同。

步骤 3：将步骤 2 调整尺寸后的背景图像与文字边界图像进行融合处理。

2）实现代码

空心字特效的实现代码如下：

```
clear all
[filename,pathname]=uigetfile('*.*','选择一幅文字二值图像');
str=[pathname filename];
textImg=im2double(imread(str));
%提取边界
se=strel('rectangle',[3 3]);
dilatedBW=imdilate(textImg,se);
erodedBW=imerode(textImg,se);
gradientBorder=dilatedBW-erodedBW;                          %形态学梯度边界
subplot(1,3,1),imshow(gradientBorder),title('空心字图像');
%读入背景图像
[filename,pathname]=uigetfile('*.*','选择一幅背景图像');
str=[pathname filename];
background=im2double(imread(str));
background=imresize(background,size(gradientBorder));
subplot(1,3,2),imshow(background),title('背景图像');
%空心字图像与背景图像进行融合
blendingResult(:,:,1)=imadd(background(:,:,1),gradientBorder);
blendingResult(:,:,2)=imadd(background(:,:,2),gradientBorder);
blendingResult(:,:,3)=imadd(background(:,:,3),gradientBorder);
subplot(1,3,3),imshow(blendingResult),title('空心字特效效果');
```

3）实现效果

空心字特效效果如图 7-36 所示。

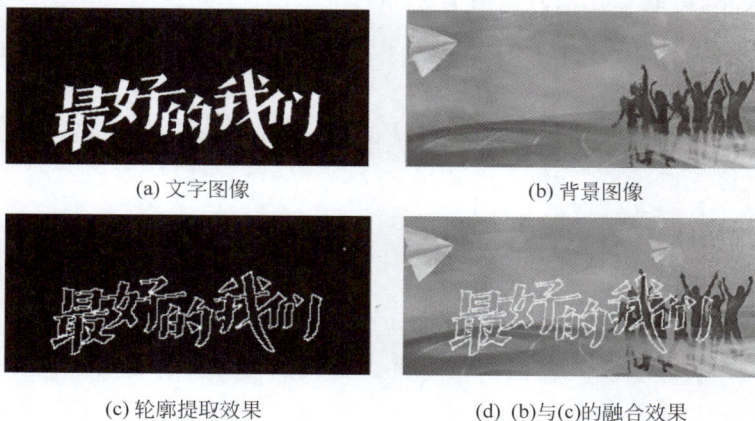

(a) 文字图像   (b) 背景图像

(c) 轮廓提取效果   (d) (b)与(c)的融合效果

图 7-36　空心字特效效果

![小试身手]

运用边界提取操作,并结合交互式选取人物区域、抠图和融合处理制作描边特效,具体要求详见习题 7 第 3 题。

7.2.3 区域填充

1. 基本原理

在某区域内部手动或自动选取一个种子像素,以此像素为基准循环膨胀,若膨胀结果超出了区域边界,则与该区域的补集做逻辑"与"运算,求解它们的交集,将膨胀结果限制在该区域边界内。随着种子像素的膨胀,种子像素所在的区域不断增长,但是每次增长后的区域都被限制在该区域边界内,因此最终必定填满该区域,此时停止膨胀。

2. 实现方法

MATLAB 中,区域填充可以通过调用 bwfill() 函数加以实现。常用的语法格式主要有以下两种。

格式 1:

```
bw1=bwfill(bw,n);
```

其中参数说明如下。

bw1:区域填充结果。

bw:二值输入图像。

n:邻域大小,可取 4 或 8。

格式 1 要求用户交互式选取种子像素即填充的起始点。选取不同的种子像素会有不同的填充结果。

格式 2:

```
bw1=bwfill(bw,'holes',n);
```

其中,bw1、bw 和 n 的参数含义与格式 1 相同,只是多增加了一个参数'holes'. 这种格式无需用户参与,它可以自动检测到需要填充的所有区域并逐一进行填充。

3. 实现代码

格式 1 完整的实现代码如下:

```
clear all
[filename,pathname]=uigetfile('*.*','选择一幅二值输入图像');
str=[pathname filename];
src=im2double(imread(str));
subplot(1,2,1),imshow(src),title('二值输入图像');
%格式 1
filledBW=bwfill(src,8);                              %交互式选取起始点
subplot(1,2,2),imshow(filledBW),title('区域填充结果');
```

格式 2 完整的实现代码如下:

```
clear all
[filename,pathname]=uigetfile('*.*','选择一幅二值输入图像');
str=[pathname filename];
```

```
src=im2double(imread(str));
subplot(1,2,1),imshow(src),title('二值输入图像');
%格式2
filledBW=bwfill(src,'holes',8);                              %自动填充
subplot(1,2,2),imshow(filledBW),title('区域填充结果');
```

4. 实现效果

格式 1 的实现效果如图 7-37 所示，格式 2 的实现效果如图 7-38 所示。

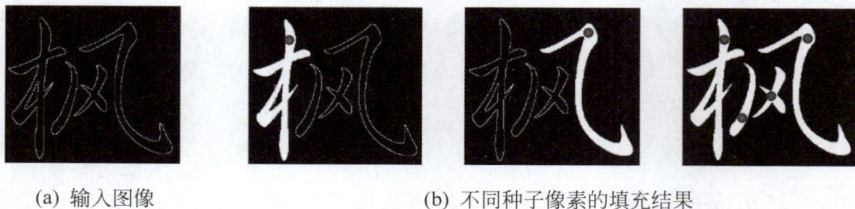

(a) 输入图像   (b) 不同种子像素的填充结果

图 7-37　格式 1 的区域填充结果

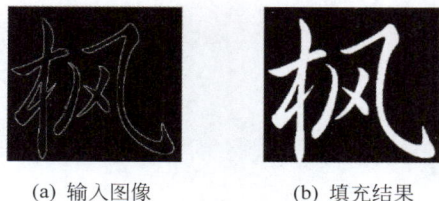

(a) 输入图像   (b) 填充结果

图 7-38　格式 2 的区域填充结果

知识拓展

与膨胀运算、闭运算所不同的是，区域填充是以求补集、交集为理论基础的"条件膨胀"运算，其膨胀运算结果被限制在了区域内部，因此并不会出现像膨胀运算、闭运算那样将原本分离的目标物体进行桥连的现象，如图 7-39 所示。

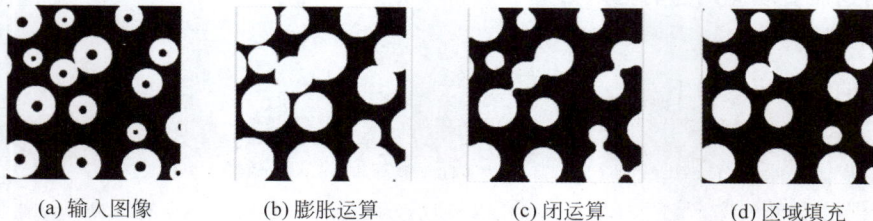

(a) 输入图像   (b) 膨胀运算   (c) 闭运算   (d) 区域填充

图 7-39　区域填充结果比较

5. 应用场景

【案例 7-10】硬币面额识别系统之硬币分割 V1.0。

硬币面额识别技术普遍运用在日常生活中，如无人售票公交车、游戏机、自动售货机、地铁售票等典型应用场合。作为硬币面额识别系统的重要一环，硬币分割效果的优劣会直接影响到后续特征提取、识别的有效性和准确性，具有极其重要的意义。本案例运用区域填充操作对图像中因硬币反光造成的空洞进行填补，再以硬币区域的最小外接矩形作为研究区域从图像中提取出来。

1）实现方法

步骤 1：读入硬币图像 coins.png，并将其转换为二值图像。

步骤 2：对二值图像进行区域填充操作以填补孔洞。

步骤 3：对区域填充后的二值图像进行连通域分析，在原图像上标记出所有的硬币区域。

步骤 4：将所标记的硬币区域从原图像中逐一进行裁剪存储。

2）实现代码

硬币面额识别系统之硬币分割 V1.0 的实现代码如下：

```
clear all
src=im2double(imread('coins.png'));
subplot(2,2,1),imshow(src),title('输入图像');
%二值化处理
src_bw=im2bw(src);
subplot(2,2,2),imshow(src_bw),title('二值图像');
%区域填充
filledBW=bwfill(src_bw,'holes',8);
subplot(2,2,3),imshow(filledBW),title('区域填充结果');
%连通域分析及硬币区域提取
subplot(2,2,4),imshow(src),title('标记结果');
[label,num]=bwlabel(filledBW);
status=regionprops(label,'BoundingBox');
for n=1:num
    [r,c]=find(label==n);
    minr=min(r);minc=min(c);maxr=max(r);maxc=max(c);
    rectangle('position',status(n).BoundingBox,'edgecolor','r','linewidth',2);
    coinImg=imcrop(src,[minc minr maxc-minc+1 maxr-minr+1]);
    imwrite(coinImg,strcat('coins',num2str(n),'.jpg'));
end
```

3）实现效果

硬币分割结果如图 7-40 所示。

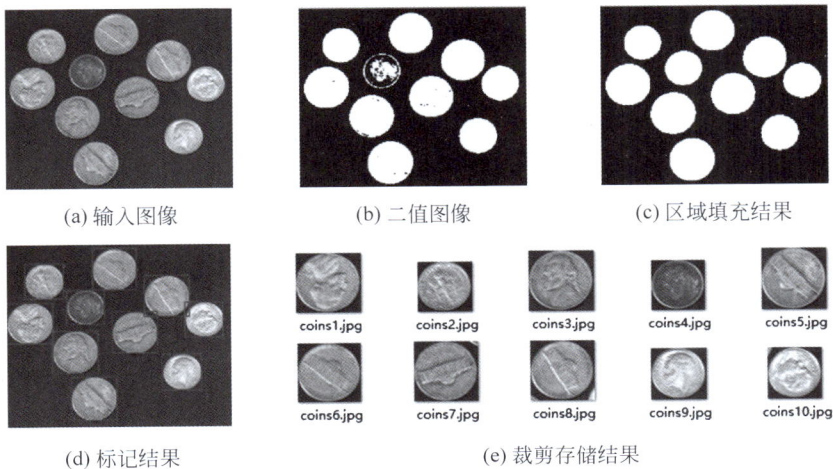

(a) 输入图像　　(b) 二值图像　　(c) 区域填充结果

(d) 标记结果　　(e) 裁剪存储结果

图 7-40　硬币分割结果

小试身手

运用区域填充操作将笛卡儿心形曲线内部填满生成心形蒙版，具体要求详见习题7第4题。

7.2.4 顶帽与底帽

图像的开运算、闭运算与减法运算结合，可以得到图像的顶帽变换和底帽变换。这两种变换的基本原理是用一个特定大小的结构元素对输入图像进行闭运算或开运算以删除特定形状的物体，再通过与输入图像的减法运算获得删除的特定形状物体。顶帽变换主要用于凸显暗背景上的亮物体，而底帽变换主要用于凸显亮背景上的暗物体。因此这两种变换也被称为白帽变换和黑帽变换。

1. 顶帽变换

简单地说，顶帽变换就是将输入图像减去开运算后的图像。由于开运算可以删除暗背景上的较亮区域，因此顶帽变换获得的是输入图像中的较亮区域，通常用于解决由于光照不均匀图像分割出错的问题。

【案例 7-11】 基于顶帽变换的光照不均匀校正。

如图 7-41 所示，如果期望将输入图像中的米粒一一分离出来，那么通常会采用"二值化＋连通域分析"的方法来实现。但是从二值化处理结果看，由于不均匀光照的影响使得分割出现错误，表现为右下角的米粒没有提取出来而且部分背景被错误分类为目标。

(a) 输入图像　　(b) 二值化处理结果
图 7-41　暗背景下的光照不均匀现象

1) 实现方法

本案例首先运用顶帽变换对输入图像进行光照不均匀校正，之后再做二值化处理，这样输入图像中所有的米粒都能够被提取出来。

2) 实现代码

基于顶帽变换的光照不均匀校正的实现代码如下：

```
clear all
[filename,pathname]=uigetfile('*.*','选择一幅灰度图像');
str=[pathname filename];
src=im2double(imread(str));
subplot(2,3,1),imshow(src),title('灰度图像');
src_bw=im2bw(src);                              %直接二值化处理以便与顶帽变换结果做比较
subplot(2,3,2),imshow(src_bw),title('二值图像');
se=strel('disk',11);
%顶帽=输入图像-开运算结果
openedImg=imopen(src,se);
subplot(2,3,3),imshow(openedImg),title('开运算结果');
topImg=src-openedImg+0.3;
subplot(2,3,4),imshow(topImg),title('顶帽变换结果');
topImg=im2bw(topImg,0.2);
subplot(2,3,5),imshow(topImg_bw),title('顶帽变换后的二值图像');
```

3) 实现效果

光照不均匀校正效果如图 7-42 所示。

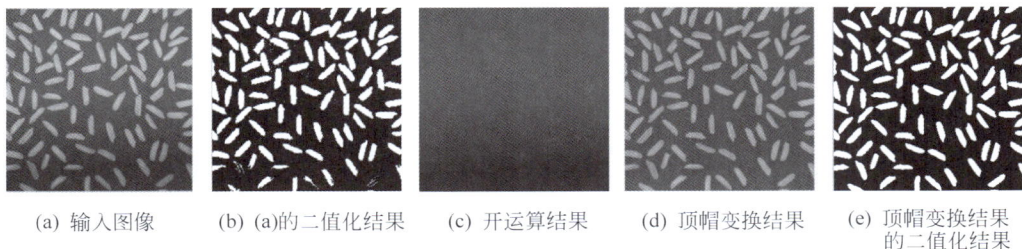

(a) 输入图像　　(b) (a)的二值化结果　　(c) 开运算结果　　(d) 顶帽变换结果　　(e) 顶帽变换结果的二值化结果

图 7-42　基于顶帽变换的光照不均匀校正效果

知识拓展

除上述方法外，MATLAB 中顶帽变换还可以调用 imtophat( )函数加以实现，其语法格式如下：

```
J=imtophat(I,se);
```

其中，J 表示顶帽变换结果图像，I 表示输入图像，se 表示结构元素。

2. 底帽变换

与顶帽变换相反，底帽变换是开运算减去输入图像后的图像。由于闭运算可以删除亮背景上的较暗区域，因此底帽变换获得的是输入图像中的较暗区域，也常用于解决由于光照不均匀图像分割出错的问题。

【案例 7-12】基于底帽变换的光照不均匀校正。

（1）实现方法。如图 7-43(a)所示，对于亮背景下的光照不均匀图像，若直接对其进行二值化处理，同样也会导致分割错误，如图 7-43 所示，此时可以采用底帽变换进行校正。

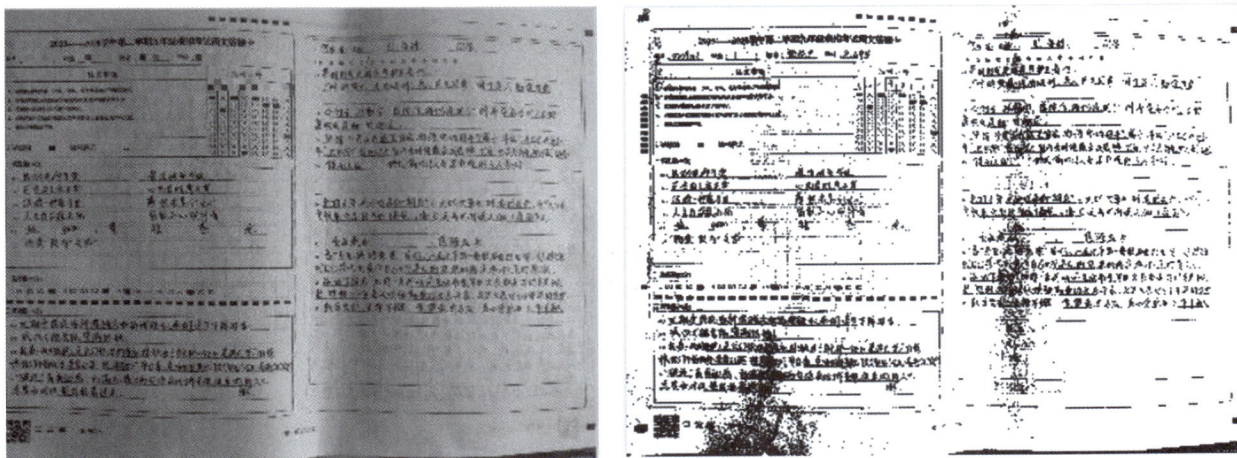

(a) 输入图像　　　　　　　　　　　　　　　(b) 直接二值化处理结果

图 7-43　亮背景下的光照不均匀图像

（2）实现代码。基于底帽变换的光照不均匀校正的实现代码如下：

```
clear all
[filename,pathname]=uigetfile('*.*','选择一幅二值图像');
```

```
str=[pathname filename];
src=im2double(imread(str));
subplot(2,3,1),imshow(src),title('输入图像');
src_bw=im2bw(src);                                    %直接二值化处理以便与底帽变换结果做比较
subplot(2,3,2),imshow(src_bw),title('二值图像');
se=strel('square',21);
closedBW=imclose(src,se);
subplot(2,3,3),imshow(closedBW),title('闭运算结果');
botImg=closedBW-src;                                  %底帽=闭运算结果-输入图像
subplot(2,3,4),imshow(botImg),title('底帽变换结果');
result=1-botImg;
subplot(2,3,5),imshow(result),title('底帽变换取反结果');
```

（3）实现效果。光照不均匀校正效果如图 7-44 所示。

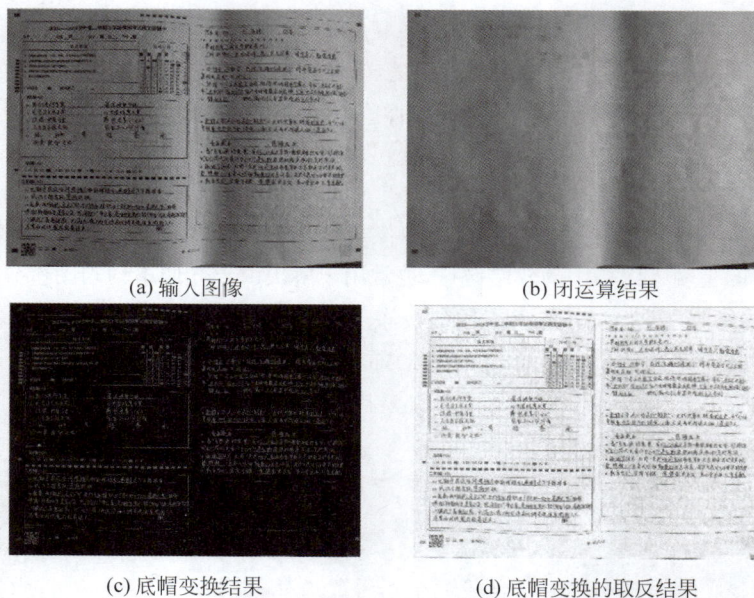

(a) 输入图像   (b) 闭运算结果

(c) 底帽变换结果   (d) 底帽变换的取反结果

图 7-44   基于底帽变换的光照不均匀校正效果

知识拓展

除上述方法外，MATLAB 中底帽变换还可以调用 imbothat() 函数加以实现，其语法格式如下：

```
J=imbothat(I,se);
```

其中，J 表示底帽变换结果图像，I 表示输入图像，se 表示结构元素。

小试身手

运用顶帽变换与底帽变换的级联操作实现图像的对比度增强，具体要求详见习题 7 第 5 题。

7.2.5　形态学重构

重构是涉及两幅图像和一个结构元素的形态学变换,其中一幅图像称为标记图像,作为变换的起始点;另一幅图像称为掩膜图像,用于约束变换过程。形态学重构并不是从一幅缺失的图像中重新构建完整图像,而是提取输入图像中的含有某些特征的连通区域来构建新的图像。简单地说,就是寻找掩膜图像中与标记图像连接的部分,如图7-45所示。

(a) 掩膜图像

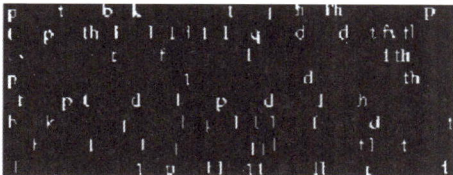

(b) 标记图像

(c) 重构结果

图 7-45　形态学重构结果

1. 开运算重构

虽然开运算是使用同一个结构元素对图像进行先腐蚀后膨胀的处理,但是对于结构复杂的图像,开运算对腐蚀运算之后保留的图像内容的恢复效果往往存在较大误差,如图7-46(a)所示。而开运算重构方法可以精确地恢复腐蚀运算之后保留的图像内容的整体形状,是一种"保护性"腐蚀运算,如图7-46(b)所示。

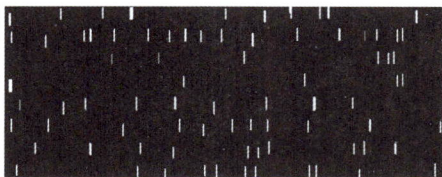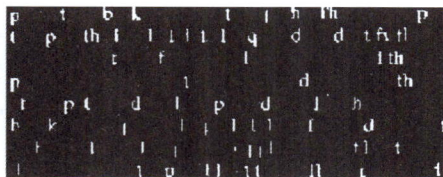

(a) 开运算结果　　　　　　　　(b) 开运算重构结果

图 7-46　开运算与开运算重构结果比较

实现代码如下:

```
clear all
[filename,pathname]=uigetfile('*.*','选择一幅掩膜图像');
str=[pathname filename];
```

```
src=im2double(imread(str));
subplot(2,2,1),imshow(src),title('掩膜图像');
se=strel('line',14,90);
openedResult=imopen(src,se);
subplot(2,2,2),imshow(openedResult),title('开运算结果');
marker=imerode(src,se);                                    %标记图像
subplot(2,2,3),imshow(marker),title('标记图像');
reconstructResult=imreconstruct(marker,src);              %开运算重构
subplot(2,2,4),imshow(reconstructResult),title('开运算重构结果');
```

【代码说明】

在 MATLAB 中可以调用内置函数 imreconstruct()实现形态学重构操作，其语法格式如下：

```
IM=imreconstruct(marker,mask,conn);
```

其中，IM 表示重构图像，marker 表示标记图像，mask 表示掩膜图像，conn 表示邻域大小，可取 4 或 8。

2. 闭运算重构

运用闭运算重构方法可以精确地恢复膨胀运算之后保留的图像内容的整体形状，如图 7-47 所示。

(a) 输入图像　　　　(b) 闭运算结果　　　　(c) 闭运算重构结果

图 7-47　闭运算与闭运算重构结果比较

实现代码如下：

```
clear all
[filename,pathname]=uigetfile('*.*','选择一幅掩膜图像');
str=[pathname filename];
src=im2bw(im2double(imread(str)));
subplot(2,2,1),imshow(src),title('掩膜图像');
se=strel('disk',9);
closeResult=imclose(src,se);
subplot(2,2,2),imshow(closeResult),title('闭运算结果');
marker=imdilate(src,se);                                   %标记图像
subplot(2,2,3),imshow(marker),title('标记图像');
reconstructResult=imreconstruct(marker,src);             %闭运算重构
subplot(2,2,4),imshow(reconstructResult),title('闭运算重构结果');
```

3. 应用场景

【案例 7-13】 计算器文字提取。

1）实现方法

整个处理流程如图 7-48 所示。

步骤 1：读入输入图像，并将其转换为灰度图像。

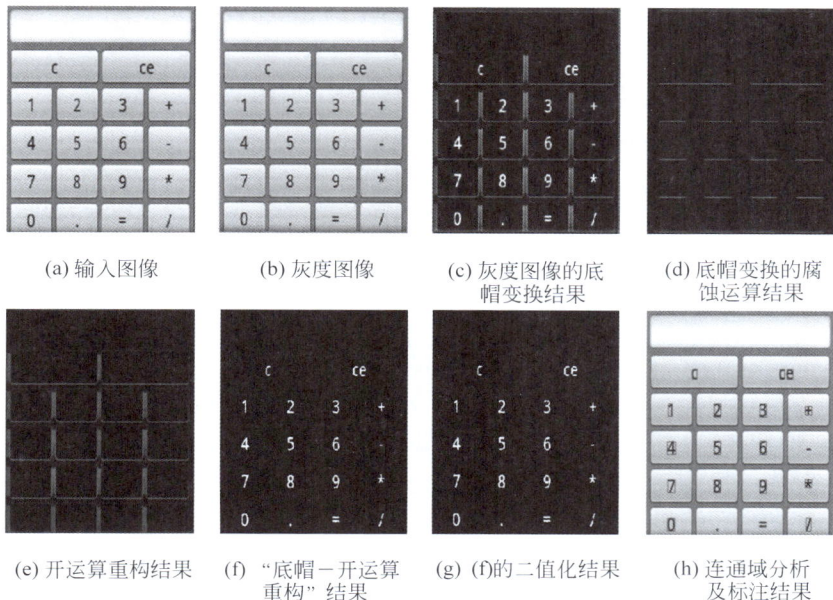

(a) 输入图像　　(b) 灰度图像　　(c) 灰度图像的底帽变换结果　　(d) 底帽变换的腐蚀运算结果

(e) 开运算重构结果　　(f) "底帽－开运算重构" 结果　　(g) (f)的二值化结果　　(h) 连通域分析及标注结果

图 7-48　计算器文字提取流程

步骤 2：采用底帽变换凸显灰度图像亮背景上的暗物体，此时的暗物体包括文字和按钮边框。

步骤 3：选取水平线形结构元素对底帽变换结果进行开运算重构变换以获取按钮边框图像。

步骤 4：将底帽变换结果图像减去按钮边框图像仅保留文字信息。

步骤 5：将步骤 4 所获得的图像进行二值化处理及连通域分析，并在输入图像上标注出所有的文字信息。

2）实现代码

计算器文字提取的实现代码如下：

```
clear all
%步骤 1:读入输入图像,并将其转换为灰度图像
src=imread('calculator.jpg');
subplot(2,4,1),imshow(src),title('输入图像');
src_gray=rgb2gray(src);
subplot(2,4,2),imshow(src_gray),title('灰度图像');
%步骤 2:底帽变换
se=strel('disk',5);
botImg=imbothat(src_gray,se);
subplot(2,4,3),imshow(botImg),title('底帽变换结果');
%步骤 3:开运算重构变换
se_l=strel('line',20,0);
botEroded=imerode(botImg,se_l);
subplot(2,4,4),imshow(botEroded),title('底帽变换的腐蚀运算结果');
reImg=imreconstruct(botEroded,botImg);
subplot(2,4,5),imshow(reImg),title('开运算重构结果');
%步骤 4:底帽变换结果减去开运算重构结果以去除按钮边框
result=botImg-reImg;
subplot(2,4,6),imshow(im2bw(result)),title('"底帽-开运算重构"结果');
%步骤 5:二值化处理及连通域分析
BW=im2bw(result);
subplot(2,4,7),imshow(BW),title('底帽-开运算重构结果的二值化结果');
```

```
subplot(2,4,8),imshow(src),title('连通域分析及标注结果');
[label,num]=bwlabel(BW);
status=regionprops(label,'BoundingBox');
for n=1:num
    [r,c]=find(label==n);
    minr=min(r);minc=min(c);maxr=max(r);maxc=max(c);
    rectangle('position',status(n).BoundingBox,'edgecolor','r','linewidth',1);
end
```

本 章 小 结

本章主要介绍了以数学形态学为理论基础，借助数学对图像进行形态图像处理的技术。最基本的形态学运算包括腐蚀、膨胀、开运算和闭运算，通过组合运用这些基本运算还可以完成细化与骨骼化、边界提取、区域填充、顶帽与底帽变换、形态学重构等形态学应用。

本章从应用场景的视角详尽阐述了每种形态学运算的典型应用及其优缺点，在实际运用时要根据应用需求并结合预期要达到的效果来选择恰当的形态学操作。

习 题 7

1. 当拍摄纸质文档时，由于光线遮挡，照片上难免会存在一些阴影，试运用腐蚀运算与膨胀运算的级联操作实现阴影的自动去除，使得文档照片像自然光下那样画面整体更清晰，如图 7-49 所示。具体实现思路是，选取合适的结构元素，输入图像进行先膨胀后腐蚀的级联操作，并将结果图像与输入图像相减后取反即可。

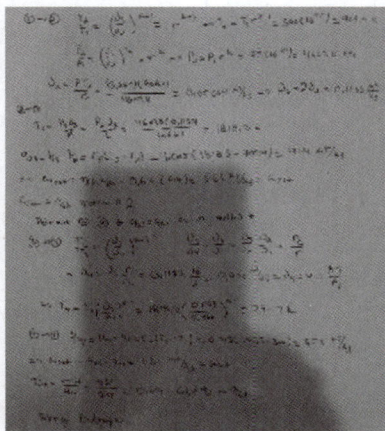

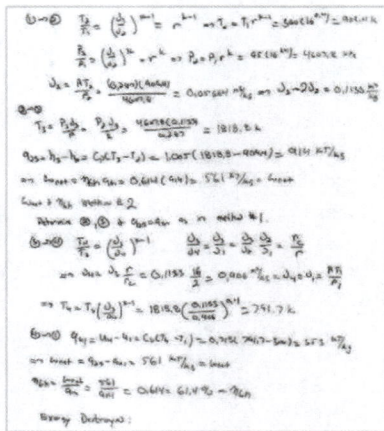

(a) 输入图像   (b) 去除阴影效果

图 7-49　第 1 题图

2. 运用开运算和闭运算的级联操作对图像进行降噪处理，如图 7-50 所示。

3. 运用边界提取操作，并结合交互式选取人物区域、抠图和融合处理，制作如图 7-51 所示的描边特效。若学有余力，可以在此基础上实现描边的粗细和颜色的设置。

4. 使用 MATLAB 的图形绘制方法在全零矩阵的中心绘制一条心形曲线，再运用区域填充操作将曲线内部填满生成心形蒙版，如图 7-52 所示。

(a) 输入图像 (b) 降噪效果

图 7-50 第 2 题图

图 7-51 第 3 题图

(a) 全零矩阵 (b) 心形绘制 (c) 区域填充结果

图 7-52 第 4 题图

5. 将顶帽变换与底帽变换结合使用可以应用于图像的对比度增强处理,常用做法是"输入图像＋顶帽变换－底帽变换"。自行编程实现,如图 7-53 所示。

(a) 输入图像 (b) 对比度增强结果

图 7-53 第 5 题图

第8章 图像分割

本章学习目标：

（1）理解阈值分割的依据及确定阈值的方法。

（2）掌握常用的边缘检测算子的使用方法，加深对不同算子优缺点的理解。

（3）掌握区域生长法、区域分裂合并法、分水岭分割法和 K-means 聚类算法的基本原理及实现方法。

（4）了解阈值分割法、边缘检测法、区域分割法各自的应用场景，并根据实际分割任务加以灵活运用。

8.1 概 述

人类在观察和分析一幅图像时，总是首先将注意力集中在图像中感兴趣的物体或区域，将其与其他区域分离开来，然后对其进行特征提取，再根据这些提取的特征与大脑中对其的先验认知进行识别和理解。计算机进行图像处理、识别的过程也是类似的过程，如图 8-1 所示。

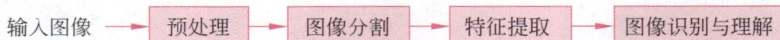

输入图像 → 预处理 → 图像分割 → 特征提取 → 图像识别与理解

图 8-1 图像处理和识别过程

在图 8-1 中，图像分割是根据灰度、颜色、纹理、几何形状等特征把图像划分成若干互不交叠的区域，使得这些特征在同一区域内表现出一致性或相似性，而在不同区域间表现出明显的不同，即为图像中的每个像素打上标签，具有相同标签的像素具有相同的特征，如图 8-2 所示。

(a) 输入图像　　　　　　　　　　　(b) 分割结果

图 8-2 图像分割效果示意图

图像分割是计算机进行图像处理与分析中的一个重要环节，图像分割质量的好坏直接影响整个图像处理与分析系统的结果，关系到目标识别与理解的成败。由于图像分割问题本身的重要性和困难性，从 20 世纪 70 年代起一直备受研究人员的关注和重视，至今已提出了上千种不同类型的图像分割算法，而且新的图像分割算法也层出不穷。从广义讲，它们大致可以分为两类：传统图像分割方法和基于深度学习的图像分割方法，如图 8-3 所示。

1. 传统图像分割方法

在传统图像分割方法中，常用方法主要包括基于阈值的分割法、基于边缘的分割法、基于区域的分割法、基于数学形态学的分割法。由于这类方法利用了图像的灰度、颜色、纹理以及形状等低级语义信

图像分割算法

- 传统图像分割算法
  - 基于阈值的分割法 —— 直方图双峰法、迭代法、OTSU 法、局部阈值法
  - 基于边缘的分割法 —— Roberts、Prewitt、Sobel、LOG、Canny 算子Hough 变换
  - 基于区域的分割法 —— 区域生长法、区域分裂合并法、分水岭算法、K-means 算法
  - 基于数学形态学的分割法
- 基于深度学习的图像分割算法
  - 语义分割法
  - 实例分割法
  - 全景分割法

图 8-3　图像分割算法分类

息进行分割,虽然计算复杂度不高,但仅适用于一些简单场景图像的分割,对场景较为复杂的图像,分割性能的提升空间有限。

(1) 基于阈值的分割法。阈值分割是一种广泛应用的图像分割技术,其分割依据是区域内部的相似性,也就是把图像看作特征反差较强的两类区域(目标区域和背景区域)的组合,利用图像中要提取的目标区域与其背景在特性上的反差,选取一个比较合理的阈值,以确定图像中每个像素应该归属于目标区域还是背景区域,最终分割产生相应的二值图像。因此,此类方法最为关键的一步就是根据具体问题按照某种准则求解出最佳分割阈值。

(2) 基于边缘的分割法。基于边缘的分割法的分割依据是区域之间的不连续性,即通过检测包含不同区域的边缘来解决分割问题。但是这类方法只能产生边缘点,不能保证边缘的连续性和封闭性,并且在高细节区域存在大量的碎边缘,难以形成一个完整的大区域,不是完整意义上的分割过程。因此,在获取到边缘点信息之后还需要进行边缘修正的后续处理或者与其他算法相结合才能完成分割任务。

(3) 基于区域的分割法。同基于阈值的分割法,基于区域的分割法的分割依据也是区域内部的相似性。这类方法有两种基本形式:一种是区域生长,从单个像素出发,逐步合并以形成所需的分割区域;另一种是从全局出发,逐步切割至所需的分割区域。由于同时考虑像素特征的相似性和空间的邻接性,因此此类方法更适用于自然景物的分割任务。

(4) 基于数学形态学的分割法。数学形态学是使用具有一定形态的结构元素去度量和提取图像中的对应形状的数学工具。相比于其他图像分割方法,由于在图像分割时充分考虑了图像的结构特征,因此此类方法可以在简化图像数据的同时,保持它们基本的形状特征,并去除不相干的结构,为基于形状细节的图像分割提供了强有力的手段(详见第 7 章)。

2. 基于深度学习的图像分割法

随着深度学习的兴起,基于深度学习的图像分割技术在近些年也得到了飞速发展,已成为图像分割领域的主流方法。与传统的图像分割方法相比,基于深度学习的图像分割法是从数据中自动学习特征,利用深度卷积神经网络实现图像的高级语义分割,分割结果更精准且高效,使得图像分割的应用范围得到了进一步的推广。

(1) 语义分割法。语义分割是对图像中的每个像素进行分类,从而将图像分割成几个含有不同类

别信息的区域（包括背景），但会将同一类别的多个对象视为一个实体，无法区别不同个体。

（2）实例分割法。实例分割是在语义分割的基础上将图像中除背景之外的所有目标分割出来，并且可以区分同一类别下的不同个体。

（3）全景分割法。全景分割则是语义分割和实例分割结合的产物，可以将图像中包括背景在内的所有目标分割出来，同时还可以区分同一类别下的不同个体。

传统图像分割算法的研究过程和思路是非常有用的，因为这些方法具有较强的可解释性，只有真正把握其本质，才能对设计深度学习方法解决此类分割问题提供启发和类比。因此，本章主要围绕传统图像分割算法的基本原理及其应用场景展开讨论。

8.2 阈值分割法

阈值分割也称为二值化处理，是一种传统的图像分割方法，因其实现简单、计算量小、性能较稳定而成为图像分割中最基本和应用最广泛的分割技术，仅适用于分割目标与背景有较大反差的情况。阈值分割法的结果很大程度上依赖于阈值的选取，因此此类方法的关键在于如何选取合适的阈值。

8.2.1 阈值类型

设输入图像 $f(x,y)$，按一定准则在 $f(x,y)$ 中找到一个合适的特征值作为阈值 T，分割后的输出图像 $g(x,y)$ 有以下几种形式。

形式 1：单阈值

$$g(x,y)=\begin{cases}1, & f(x,y)\geqslant T\\0, & f(x,y)<T\end{cases}$$ (8-1)

或

$$g(x,y)=\begin{cases}0, & f(x,y)\geqslant T\\1, & f(x,y)<T\end{cases}$$ (8-2)

形式 2：双阈值

$$g(x,y)=\begin{cases}1, & T_1\leqslant f(x,y)\leqslant T_2\\0, & 其他\end{cases}$$ (8-3)

或

$$g(x,y)=\begin{cases}0, & T_1\leqslant f(x,y)\leqslant T_2\\1, & 其他\end{cases}$$ (8-4)

形式 3：半阈值

$$g(x,y)=\begin{cases}f(x,y), & f(x,y)\geqslant T\\0, & f(x,y)<T\end{cases}$$ (8-5)

或

$$g(x,y)=\begin{cases}0, & f(x,y)\geqslant T\\f(x,y), & f(x,y)<T\end{cases}$$ (8-6)

根据阈值选取方式，阈值分割法可分为全局阈值法和局部阈值法。全局阈值法指的是对整幅图像中的每个像素都选用相同的阈值；局部阈值法则是将图像分块，对于每一子块应用全局阈值进行分割的方法。阈值分割方法分类如图 8-4 所示。

图 8-4 阈值分割法分类

8.2.2 基于灰度特征的阈值选取方法

1. 直方图双峰法

目标和背景内部的像素灰度值高度相似,而它们交界处两边的像素灰度值则差别很大,图像的直方图基本上可看作由目标和背景两个单峰直方图叠加而成,如图 8-5 所示。

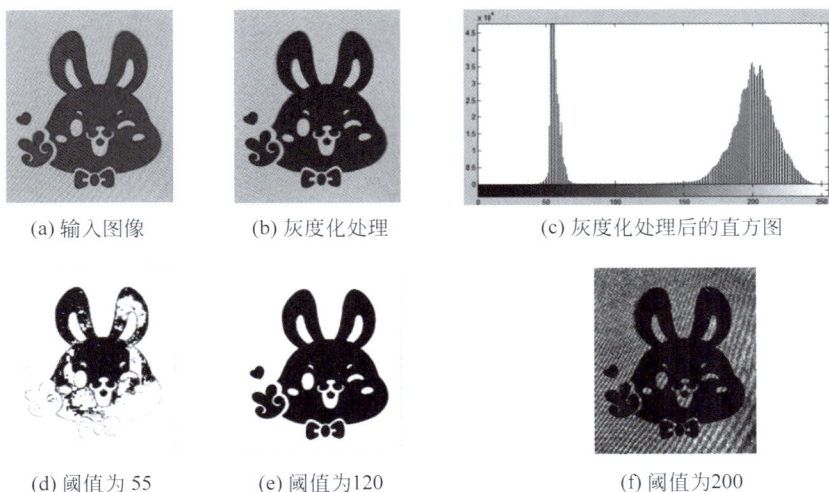

| (a) 输入图像 | (b) 灰度化处理 | (c) 灰度化处理后的直方图 |

| (d) 阈值为 55 | (e) 阈值为120 | (f) 阈值为200 |

图 8-5 人工选取阈值的分割效果

1) 人工选取法

观察如图 8-5 所示的双峰直方图可知,左侧峰值对应于目标(兔子),右侧峰值对应于背景,并且阈值取为 120 时的分割效果较为理想。由此可见,阈值选取在两峰之间的谷底位置最为恰当,具体取值要通过大量实验反复测试从中选取出最佳阈值。

实现代码如下:

```
clear all
[filename,pathname]=uigetfile('*.*','选择图像');
str=[pathname filename];
src=imread(str);
subplot(1,2,1),imshow(src),title('输入图像');
if ~ismatrix(src)
    src=rgb2gray(src);
end
[height,width]=size(src);
%逐像素处理
```

```
T=120;
result=zeros(height,width);
for i=1:height
  for j=1:width
    if (src(i,j)>=T)
       result(i,j)=1;
    end
   end
end
subplot(1,2,2),imshow(result),title('分割结果');
```

【代码说明】 阈值大小取决于图像的存储类型。

对于[0,255]数据范围的 uint8 类型图像，阈值取为 120；但对于[0,1]数据范围的 double 类型图像，阈值则应取为 120/255。即若代码第 4 行改写为 src＝im2double(imread(str))；第 11 行则相应地改为 T＝120/255。

知识拓展

以上代码也可通过调用 MATLAB 的内置函数 im2bw( )加以实现，其语法格式如下：

```
g=im2bw(f,T);
```

其中参数说明如下。

g 表示输出图像。

f 表示输入图像。

T 表示阈值，取值范围为[0,1]。

完整的实现代码如下：

```
clear all
[filename,pathname]=uigetfile('*.*','选择图像');
str=[pathname filename];
src=imread(str);
subplot(1,2,1),imshow(src),title('输入图像');
result=im2bw(src,120/255);          %彩色图像灰度化已封装其中
subplot(1,2,2),imshow(result),title('分割结果');
```

2）自动选取法

从数学角度分析，将直方图看作连续光滑曲线 $p(r)$，双峰之间的谷值点可以借助导数求解 $p(r)$ 的极小值来获得，即

$$\frac{\partial p(r)}{\partial r}=0, \quad \frac{\partial^2 p(r)}{\partial^2 r}>0$$

但是此方法计算过于复杂，且因易受噪声干扰，获得的极小值也并不一定是所期望的阈值。通常选择两个峰值对应灰度级 T_1 和 T_2 的中点 T 作为最佳阈值，如图 8-6 所示。

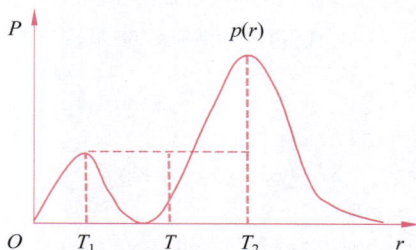

图 8-6　谷值点求解示意图

实现代码如下：

```
clear all
[filename,pathname]=uigetfile('*.*','选择图像');
str=[pathname filename];
src=imread(str);
subplot(1,3,1),imshow(src),title('输入图像');
if ~ismatrix(src)
    src=rgb2gray(src);
end
subplot(1,3,2),imhist(src),title('直方图');
%寻找直方图的所有峰值及对应灰度值
[pks,locs]=findpeaks(imhist(src), 'MinPeakDistance',100);
[max_1,a]=max(pks);                      %找到最大值
pks(a)=0;
[max_2,b]=max(pks);                      %找到次最大值
T=ceil(0.5*(locs(a)+locs(b)));           %取双峰的平均灰度值作为阈值
result=im2bw(src,T/255);                 %阈值分割
subplot(1,3,3),imshow(result),title('分割结果');
```

【代码说明】

- findpeaks()函数用于求解数据序列中的局部极大值,其语法格式如下：

```
[pks,locs]=findpeaks(data, 'MinPeakDistance',mpd);
```

其中,pks 表示计算得到的峰值向量,可以理解为纵坐标;locs 表示与 pks 对应的灰度级向量,可以理解为横坐标;data 表示数据系列;mpd 表示两峰值之间的最小间隔。

- 在所有峰值中找到最大值 max_1、次最大值 max_2 及其在 pks 向量中的索引 a、b：

```
[max_1,a]=max(pks);
pks(a)=0;
[max_2,b]=max(pks);
```

- 在语句

```
T=ceil(0.5*(locs(a)+locs(b)));
```

中,ceil()函数用于取整处理,即不小于输入参数的最小整数;locs(a)、locs(b)分别表示直方图中最大峰值、次最大峰值所对应的灰度级。

从如图 8-7 所示的分割结果来看,基于直方图的自动选取阈值法对于目标与背景有较大反差的图像分割效果极佳,此时选取的最佳阈值为 129。

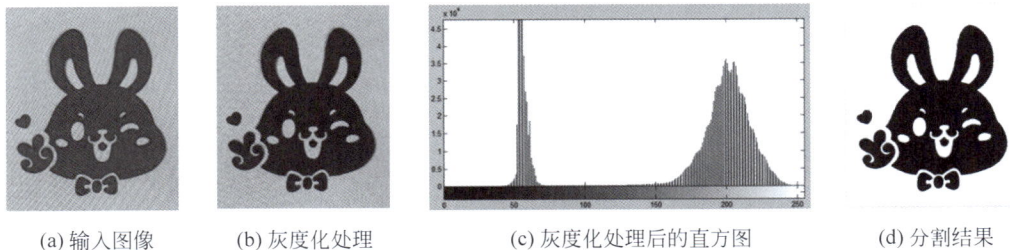

(a) 输入图像   (b) 灰度化处理   (c) 灰度化处理后的直方图   (d) 分割结果

图 8-7　自动选取阈值的分割效果

【贴士】 直方图阈值选取方法的应用前提是"双峰"直方图，但具有"双峰"特征的图像是一种比较理想的情况，而一幅图像通常是由多个目标和背景组成的，其直方图有可能呈现多峰值，此时仍可取两峰值间谷值点作为阈值，进行多阈值分割处理。

2. 迭代法

1）实现方法

迭代法是指选取初始分割阈值，并按照某种策略通过迭代不断更新这一阈值，直到满足给定的约束条件为止，取最终的收敛值作为最佳阈值。其具体步骤如下。

步骤1：选取初始分割阈值，通常可选图像灰度平均值 T。

步骤2：根据阈值 T 将图像像素分割为目标和背景，分别求出二者的平均灰度 T_0 和 T_1。

步骤3：计算新的阈值 $T' = \dfrac{T_0 + T_1}{2}$。

步骤4：若 $T == T'$，即相邻两次计算的阈值相等，则迭代结束，T 即为最终阈值；否则令 $T = T'$，转至步骤2。

2）实现代码

基于迭代法的阈值选取方法的实现代码如下：

```
clear all
[filename,pathname]=uigetfile('*.*','选择图像');
str=[pathname filename];
src=im2double(imread(str));
subplot(1,3,1),imshow(src),title('输入图像');
if ~ismatrix(src)
    src=rgb2gray(src);
end
subplot(1,3,2),imshow(src),title('灰度图像');
T=mean(mean(src));                          %初始阈值
while true
    T0=mean(mean(src(src<T)));
    T1=mean(mean(src(src>=T)));
    Tt=(T0+T1)/2;
    if (Tt==T)
        break;
    end
    T=Tt;
end
result=im2bw(src,Tt);
subplot(1,3,3),imshow(result),title('分割结果');
```

3）实现效果

运行以上代码，在初始阈值为 0.5855 的情况下，迭代 5 次后所获得的最终阈值为 0.5043。分割效果如图 8-8 所示。

3. 最大类间方差法

1）实现方法

最大类间方差法是 1979 年由日本学者大津提出的，是具有统计意义上的最佳分割方法。该方法又

(a) 输入图像 (b) 灰度化处理 (c) 分割结果

图 8-8　迭代法的分割效果

称大津法（OTSU），其主要思想是所选阈值使目标和背景区域之间的总体差别最大，在某种程度上可认为分割结果已达到了最优。而区域间的这种差别常用方差来描述（方差是阈值 k 的函数），若选择使方差达到最大的阈值 k，则分割结果可达到最优，而阈值 k 也被称为最大类间方差阈值。

假设 T 为初始阈值，具体步骤如下。

步骤 1：经阈值 T 分割后的目标和背景，目标的像素数占图像总像素数的比例为 w_0，平均灰度为 u_0；目标的像素数占图像总像素数的比例为 w_1，平均灰度为 u_1，且 $w_0 + w_1 = 1$。

步骤 2：计算图像的总平均灰度 $u = w_0 u_0 + w_1 u_1$。

步骤 3：计算类间方差 $\delta^2 = w_0 (u_0 - u)^2 + w_1 (u_1 - u)^2$。

步骤 4：将 $w_0 + w_1 = 1$ 和 u 代入上式，化简得 $\delta^2 = w_0 w_1 (u_0 - u_1)^2$，$T$ 从最小灰度值到最大灰度值进行遍历，当 T 使得 δ^2 达到最大时即为最佳阈值。

2）实现代码

基于最大类间方差法的阈值选取方法的实现代码如下：

```
clear all
[filename,pathname]=uigetfile('＊.＊','选择一幅待处理图像');
str=[pathname filename];
src=im2double(imread(str));
subplot(1,2,1),imshow(src),title('输入图像');
if ~ismatrix(src)
    src=rgb2gray(src);
end
%最大类间方差法的阈值选取
maxGrayValue=max(max(src));                    %最大灰度值
minGrayValue=min(min(src));                    %最小灰度值
T=minGrayValue:1/255:maxGrayValue;             %阈值向量
totalPixelNum=size(src,1)＊size(src,2);        %图像总像素数
sigma2=zeros(size(T));                         %类间方差向量
%阈值从最小灰度值到最大灰度值进行遍历
for i=1:length(T)
    Ti=T(i);                                   %当前阈值
    foregroundPixelNum=0;                      %目标像素数
    backgroundPixelNum=0;                      %背景像素数
    foregroundSumGray=0;                       %目标总灰度
    backgroundSumGray=0;                       %背景总灰度
    %阈值分割
    for j=1:size(src,1)
        for k=1:size(src,2)
            if (src(j,k)>=Ti)
```

```
                foregroundPixelNum=foregroundPixelNum+1;
                foregroundSumGray=foregroundSumGray+src(j,k);
            else
                backgroundPixelNum=backgroundPixelNum+1;
                backgroundSumGray=backgroundSumGray+src(j,k);
            end
        end
    end
    %计算 w0、w1、u0、u1 及类间方差 sigma2
    w0=foregroundPixelNum/totalPixelNum;
    w1=backgroundPixelNum/totalPixelNum;
    u0=foregroundSumGray/foregroundPixelNum;
    u1=backgroundSumGray/backgroundPixelNum;
    sigma2(i)=w0 * w1 * (u0-u1) * (u0-u1);
end
%寻找类间方差 sigma2 最大时的最佳阈值 T_best
[m,index]=max(sigma2);
T_best=T(index);
%最佳阈值分割
result=im2bw(src,T_best);
subplot(1,2,2),imshow(result),title('分割结果');
```

【代码说明】

- 通过循环结构实现阈值 T，按升序遍历图像的所有灰度值，循环次数为灰度值的个数：

```
T=minGrayValue:1/255:maxGrayValue;
for i=1:length(T)
    ...
end
```

- 最佳阈值的求解：

```
[m,index]=max(sigma2);
T_best=T(index);
```

首先求解类间方差向量 sigma2 的最大值及索引，然后读取阈值向量 T 同一索引下的数据，即最大类间方差对应的最佳阈值，最后将其存储于变量 T_best 中。

3）实现效果

运行以上代码，自动计算获得的最佳阈值 T_best 为 0.5031。分割效果如图 8-9 所示。

(a) 输入图像　　　(b) 灰度化处理　　　(c) 分割结果

图 8-9　OTSU 法的分割效果

> **知识拓展**
>
> 在 MATLAB 中,最大类间方差阈值方法已被定义到内置函数 graythresh()中,其语法格式如下:
>
> ```
> T=graythresh(f);
> ```
>
> 例如:
>
> ```
> clear all
> [filename,pathname]=uigetfile('*.*','选择图像');
> str=[pathname filename];
> src=im2double(imread(str));
> subplot(1,2,1),imshow(src),title('输入图像');
> if ~ismatrix(src)
>     src=rgb2gray(src);
> end
> T=graythresh(src);              %最大类间方差的阈值选取方法
> result=im2bw(src,T);            %阈值分割
> subplot(1,2,2),imshow(result),title('分割结果');
> ```

【贴士】 最大类间方差法计算简单快速,且不受图像亮度/对比度的影响,被认为是阈值分割的最佳算法。但该方法对噪声敏感,仅适用于单一目标分割或者同一个灰度范围的多个目标分割。

4. 应用场景

【案例 8-1】 黑白头像制作。

运用基于灰度信息的阈值分割方法,并结合指定椭圆蒙版的抠图处理,制作出黑白头像,如图 8-10 所示。

(a) 输入图像　　　　　(b) 椭圆蒙版　　　　　(c) 黑白头像

图 8-10　黑白头像效果

1)实现方法

选取合适的阈值选取方法对输入图像进行分割得到二值图像;根据输入图像的尺寸调整标准椭圆蒙版尺寸;将二值图像与调整尺寸后的椭圆蒙版进行点乘运算,实现抠图处理;最后将抠图结果与纯白色背景相融合即可制作出黑白头像。

2)实现代码

黑白头像制作的实现代码如下:

```
clear all
[filename,pathname]=uigetfile('*.*','选择一幅待处理图像');
```

```matlab
str=[pathname filename];
src=im2double(imread(str));
subplot(2,3,1),imshow(src),title('输入图像');
if ~ismatrix(src)
    src=rgb2gray(src);
end
%最大类间方差的阈值分割
T=graythresh(src);
result=im2bw(src,T);
subplot(2,3,2),imshow(result),title('OTSU 法的分割效果');
%基于椭圆蒙版的抠图处理
[filename,pathname]=uigetfile('*.*','选取椭圆蒙版图像');
str=[pathname filename];
mask=imread(str);
subplot(2,3,3),imshow(mask),title('原始椭圆蒙版图像');
%原始蒙版变形以适应待处理图像
mask_deformed=fillmask(src,mask);                    %调用自定义函数 m 文件 fillmask.m
subplot(2,3,4),imshow(mask_deformed),title('调整尺寸后的椭圆蒙版图像');
%抠图处理
foreground=immultiply(result,mask_deformed);
subplot(2,3,5),imshow(foreground),title('抠图结果');
%抠图结果与纯白色背景的融合
result_blending=foreground;
for i=1:size(src,1)
    for j=1:size(src,2)
        if (mask_deformed(i,j)==0)
            result_blending(i,j)=1;
        end
    end
end
subplot(2,3,6),imshow(result_blending),title('融合结果');


function deformedMask=fillmask(foreground,sourceMask)
%对原蒙版四周零填充,使其与前景图像同尺寸
%参数 foreground 表示前景图像,sourceMask 表示原蒙版
height_img=size(foreground,1);                       %获取图像高度
width_img=size(foreground,2);                         %获取图像宽度
deformedMask=imresize(sourceMask,[min(height_img,width_img),min(height_img,...
    width_img)]);                                     %缩放
diff=max(height_img,width_img)-min(height_img,width_img);    %除去居中部分后所剩部分
%判断所剩部分是否能被均分为二
if (mod(diff,2)==0)
    if (height_img>width_img)
        %竖版图像
        matrix_fill=zeros(diff/2,width_img);
        deformedMask=[matrix_fill;deformedMask;matrix_fill];    %上下两侧零填充
    else
        %横版图像
        matrix_fill=zeros(height_img,diff/2);
        deformedMask=[matrix_fill,deformedMask,matrix_fill];    %左右两侧零填充
    end
else
    if (height_img>width_img)
        %竖版图像
        matrix_fillup=zeros(floor(diff/2),width_img);
        matrix_filldown=zeros(floor(diff/2)+1,width_img);
        %上下两侧零填充
```

```
        deformedMask=[matrix_fillup;deformedMask;matrix_filldown];
    else
        %横版图像
        matrix_fillleft=zeros(height_img,floor(diff/2));
        matrix_fillright=zeros(height_img,floor(diff/2)+1);
        %左右两侧零填充
        deformedMask=[matrix_fillleft,deformedMask,matrix_fillright];
    end
end
```

3）实现效果

黑白头像效果如图 8-11 所示。

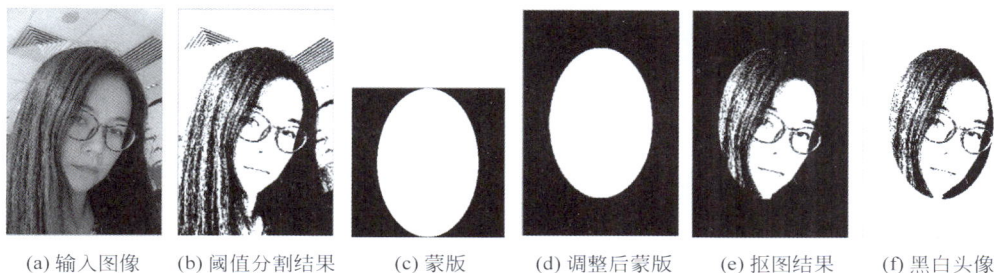

(a) 输入图像　(b) 阈值分割结果　(c) 蒙版　(d) 调整后蒙版　(e) 抠图结果　(f) 黑白头像

图 8-11　黑白头像制作流程

小试身手

分别运用直方图双峰法、迭代法和最大类间方差法去除图像水印，具体要求详见习题 8 第 1 题。

知识拓展

【案例 8-2】 光照不均匀图像分割。

直方图双峰法、迭代法和最大类间方差法选取的是全局阈值，全局阈值指的是对整幅图像中的每个像素都选用相同的阈值，对于光照均匀、非模糊和直方图呈现双峰形态的图像有很好的分割效果，但是对于目标与背景反差不大或光照不均匀的图像处理效果差，如图 8-12 所示。

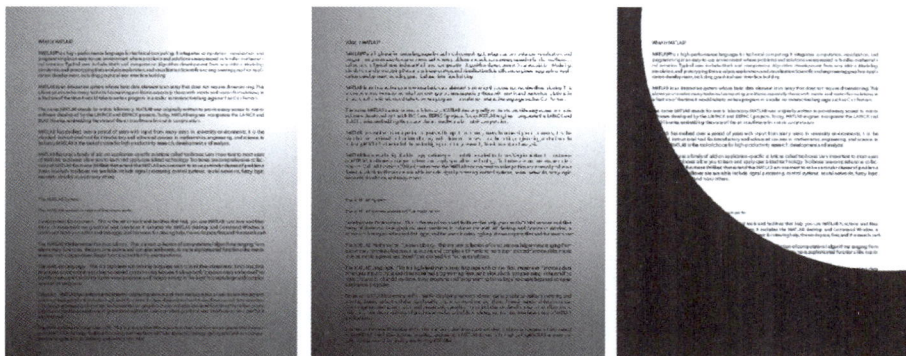

(a) 输入图像　　　　　(b) 灰度化处理效果　　　　　(c) 分割效果

图 8-12　基于最大类间方差法的光照不均匀图像分割效果

这种情况就需要用到局部阈值法进行处理。顾名思义，局部阈值法就是将图像分块，对于不同的子块应用不同的全局阈值进行分割的方法，其应用非常广泛，特别是对白纸黑字的处理非常有效。例如，OCR（optical character reader，光学字符阅读器）算法中就用到了局部阈值法。

1）实现方法

使用局部阈值法时，首先假定图像在一定区域内受到的光照是比较均匀的，它将图像分成若干大小相同的子块，取每个子块的中心像素值与该子块中所有像素的均值进行比较，若中心像素值大于均值，则将中心像素标记为白色，否则标记为黑色。

这样一来，会产生一部分低于均值阈值的像素（黑点），如图 8-13 所示。要解决这一问题，需加入容错机制，即通过调小均值阈值以减少黑点。

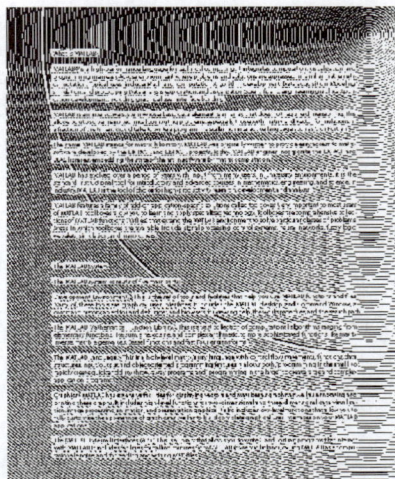

图 8-13　大量黑点的引入

2）实现代码

光照不均匀图像分割的实现代码如下：

```
clear all
[filename,pathname]=uigetfile('*.*','选择一幅光照不均匀图像');
str=[pathname filename];
src=im2double(imread(str));
subplot(1,3,1),imshow(src),title('输入图像');
if ~ismatrix(src)
    src=rgb2gray(src);
end
subplot(1,3,2),imshow(src),title('灰度化处理效果');
%局部阈值法
n=7;                                        %子块大小
scaling=0.8;                                %缩放比例
result=zeros(size(src));                    %用于存储分割结果
subImg=zeros(n,n);                          %用于存储子块
for i=1:size(src,1)
    for j=1:size(src,2)
        if (i<(n-1)/2+1||i>size(src,1)-(n-1)/2||j<(n-1)/2+1||j>size(src,2)-(n-1)/2)
            %边缘像素不参加计算,直接将其标记为白色
            result(i,j)=1;
        else
            subImg=src(i-(n-1)/2:i+(n-1)/2,j-(n-1)/2:j+(n-1)/2);
            T=mean(mean(subImg)) * scaling;  %调小均值阈值
            if (subImg((n-1)/2,(n-1)/2)>T)
                result(i,j)=1;               %标记为白色
            else
                result(i,j)=0;               %标记为黑色
            end
        end
    end
end
subplot(1,3,3),imshow(result),title('分割结果');
```

【代码说明】

子块阈值的选取除了计算子块均值的方法,还可以采用最大类间方差法进行自动计算。只需将代码第 22 行的语句 T＝mean(mean(subImg)) * scaling;替换为 T＝graythresh(subImg) * scaling;即可。但是相比均值方法,最大类间方差法计算量较大,非常耗时。

3）实现效果

光照不均匀校正效果如图 8-14 所示。

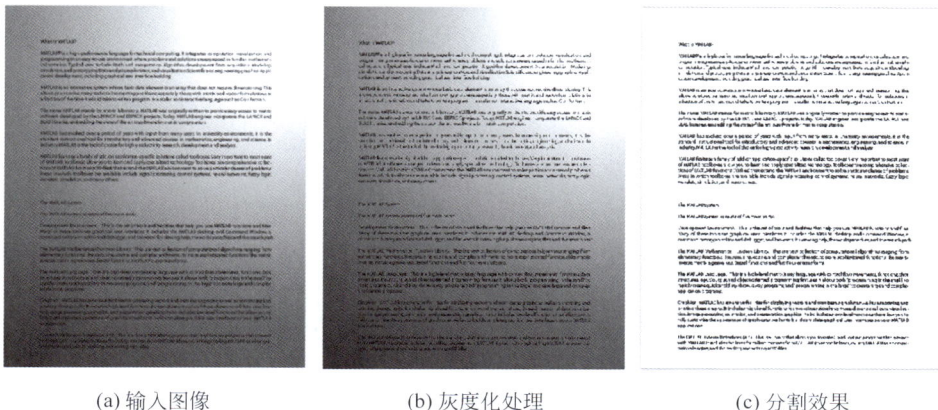

(a) 输入图像　　　　　(b) 灰度化处理　　　　　(c) 分割效果

图 8-14　基于局部阈值法的图像分割效果

8.2.3　基于色彩特征的阈值选取方法

在很多情况下,单纯利用灰度信息无法提取出符合人们要求的目标,这时则需要借助于色彩信息,即根据不同的色彩空间对各颜色通道设置阈值实现彩色图像多阈值分割。在实际的工程应用中,需要根据问题需求选取恰当的色彩空间并设置合理的阈值加以实现。

【案例 8-3】绿幕抠图换背景。

（1）实现方法。

步骤 1：RGB 空间转换到 HSV 空间。

步骤 2：找到满足条件 $35 \leqslant H \leqslant 155, 43 \leqslant S \leqslant 255, 46 \leqslant V \leqslant 255$ 的像素。

步骤 3：将这些像素设置为 0,其他为 1,生成二值分割图像。

步骤 4：运用数学形态学对二值分割图像做闭运算,并运用高斯滤波对其边缘进行柔化处理。

步骤 5：将步骤 3 得到的二值分割图像作为蒙版,对绿幕图像进行抠图,再将逻辑非运算后的二值分割图像作为蒙版,对背景图像进行反抠图,最后将两幅抠图结果图像进行相加实现融合效果。

（2）实现代码。绿幕抠图换背景的实现代码如下:

```
clear all
src=im2double(imread('greenCurtain.jpg'));          %读入绿幕图像
subplot(2,3,1),imshow(src),title('输入图像');
%彩色图像的阈值分割法
src_hsv=rgb2hsv(src);
H=src_hsv(:,:,1);S=src_hsv(:,:,2);V=src_hsv(:,:,3);
```

```matlab
[m,n]=size(H);
mask=zeros(m,n);
for i=1:m
    for j=1:n
        if ((H(i,j)>=35/255&&H(i,j)<=155/255) &&(S(i,j)>=43/255&&S(i,j)<=1) ...
            &&(V(i,j)>=46/255&&V(i,j)<=1))
            mask(i,j)=1;
        end
    end
end
subplot(2,3,2),imshow(mask),title('阈值分割结果');
%闭运算构成连通区
se=strel('disk',2);
mask=imclose(mask,se);
%高斯模糊——边缘柔化
sigma=2;
hsize=round(3 * sigma) * 2+1;
H=fspecial('gaussian',hsize,sigma);
maskblur=imfilter(mask,H);
subplot(2,3,3),imshow(maskblur),title('闭运算+边缘柔化结果');
%背景图像抠图
background=im2double(imread('background.jpg'));
background(:,:,1)=immultiply(background(:,:,1),maskblur);
background(:,:,2)=immultiply(background(:,:,2),maskblur);
background(:,:,3)=immultiply(background(:,:,3),maskblur);
subplot(2,3,4),imshow(background),title('背景图像抠图结果');
%绿幕图像反抠图
foreground(:,:,1)=immultiply(src(:,:,1),~maskblur);
foreground(:,:,2)=immultiply(src(:,:,2),~maskblur);
foreground(:,:,3)=immultiply(src(:,:,3),~maskblur);
subplot(2,3,5),imshow(foreground),title('绿幕图像反抠图结果');
%融合
result=background+foreground;
subplot(2,3,6),imshow(result),title('融合效果');
```

（3）实现效果。"分割＋融合"效果如图 8-15 所示。

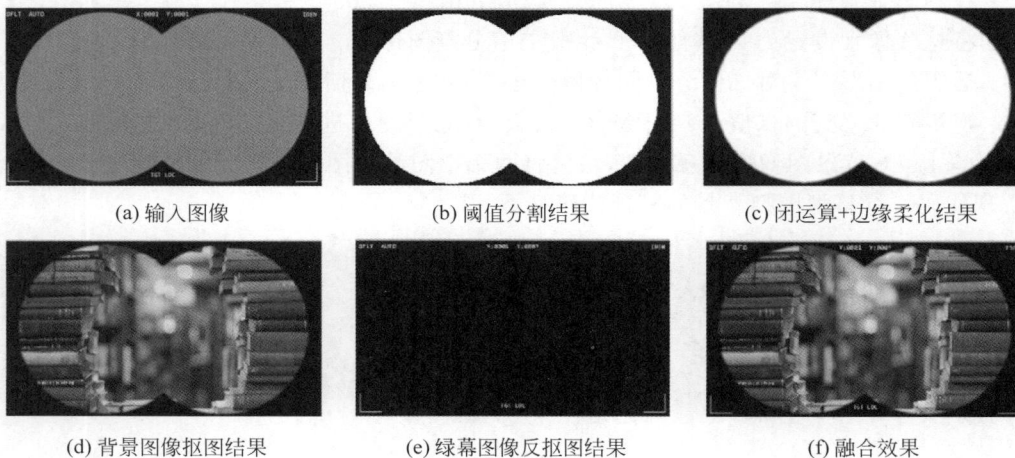

| (a) 输入图像 | (b) 阈值分割结果 | (c) 闭运算+边缘柔化结果 |
| (d) 背景图像抠图结果 | (e) 绿幕图像反抠图结果 | (f) 融合效果 |

图 8-15　绿幕抠图换背景效果

拓展训练

在 YIQ 色彩空间中,运用基于色彩信息的阈值分割法实现唇彩试妆。具体要求详见习题 8 第 2 题。

8.3　边缘检测法

边缘是图像局部强度变化最显著的部分,主要存在于目标与目标、目标与背景、区域与区域之间,是图像分割、特征提取和形状分析等图像分析的重要基础。边缘检测结果的优劣会直接影响后续图像压缩、图像检索、计算机视觉、模式识别的有效性和准确性。本节着重介绍传统边缘检测算法在图像分割中的应用。其基本思想是先通过边缘检测确定图像中的边缘像素,然后再将这些边缘像素连接在一起构成感兴趣目标的边界,进而将其从图像中分离提取出来。

8.3.1　前情回顾

作为图像锐化算法之一,微分算法是通过计算图像的梯度信息并叠加在原图像中,使原图像得到了锐化。结合梯度的物理意义可知,梯度大小与图像中区域强度变化程度有直接的关联,最大梯度对应的是变化最大的地方,即边缘轮廓部分。但是梯度究竟达到多少才是真正"有用"的边缘,这就需要设定一个阈值来确定。因此,微分算法与边缘检测算法虽然底层都是基于梯度,但二者却有着本质的区别,前者侧重于边缘增强的主观视觉效果,而后者则需提取"有用"的边缘信息以便获得精准的分割结果。

8.3.2　基于灰度特征的边缘检测方法

1. 一阶微分算子

1）Roberts 算子

基于 Roberts 算子的边缘检测法的实现代码如下:

```
clear all
%在"选取一幅待处理图像"文件对话框中选取一幅待处理图像
[filename,pathname]=uigetfile('*.*','选取一幅待处理图像');
str=[pathname filename];
src=im2double(imread(str));
subplot(2,2,1),imshow(src),title('输入图像');
if ~ismatrix(src)
    src=rgb2gray(src);
end
%生成梯度图像
h_minus45=[-1 0;0 1];                    %-45°方向模板
h_45=[0 -1;1 0];                         %45°方向模板
g_minus45=imfilter(src,h_minus45);       %-45°方向的邻域运算
g_45=imfilter(src,h_45);                 %45°方向的邻域运算
g=abs(g_minus45)+abs(g_45);              %梯度图像
%给定阈值,选取"有用"的边缘
T=0.1;
```

```
edge_result=zeros(size(g));
for i=1:size(g,1)
    for j=1:size(g,2)
        if (g(i,j)>T)
            %将高于阈值的像素标记为边缘
            edge_result(i,j)=1;
        end
    end
end
subplot(2,2,2),imshow(src),title('灰度图像');
subplot(2,2,3),imshow(g),title('梯度图像');
subplot(2,2,4),imshow(edge_result),title('Roberts算子的边缘检测结果');
```

实现效果如图 8-16 所示。

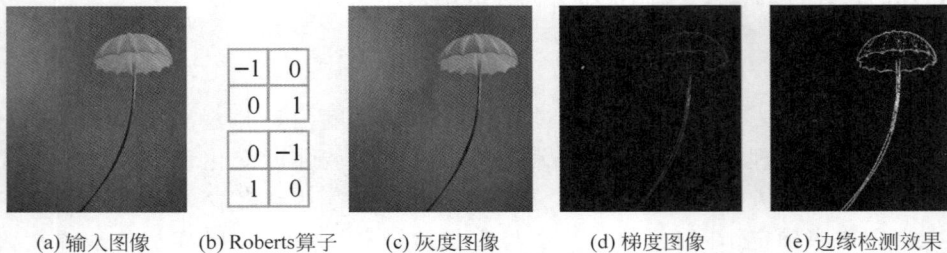

(a) 输入图像　　(b) Roberts算子　　(c) 灰度图像　　(d) 梯度图像　　(e) 边缘检测效果

图 8-16　Roberts 算子的边缘检测效果

2) Prewitt 算子

基于 Prewitt 算子的边缘检测法的实现代码如下：

```
clear all
%在"选取一幅待处理图像"对话框中选取一幅待处理图像
[filename,pathname]=uigetfile('*.*','选取一幅待处理图像');
str=[pathname filename];
src=im2double(imread(str));
subplot(2,2,1),imshow(src),title('输入图像');
if ~ismatrix(src)
    src=rgb2gray(src);
end
%生成梯度图像
h_x=[-1 0 1;-1 0 1;-1 0 1];               %x 方向模板
h_y=[-1 -1 -1;0 0 0;1 1 1];               %y 方向模板
g_x=imfilter(src,h_x);                    %x 方向的邻域运算
g_y=imfilter(src,h_y);                    %y 方向的邻域运算
g=abs(g_x)+abs(g_y);                      %梯度图像
%给定阈值,选取"有用"的边缘
T=0.1;
edge_result=zeros(size(g));
for i=1:size(g,1)
    for j=1:size(g,2)
        if (g(i,j)>T)
            %将高于阈值的像素标记为边缘
            edge_result(i,j)=1;
```

```
        end
    end
end
subplot(2,2,2),imshow(src),title('灰度图像');
subplot(2,2,3),imshow(g),title('梯度图像');
subplot(2,2,4),imshow(edge_result),title('Prewitt算子的边缘检测效果');
```

实现效果如图 8-17 所示。

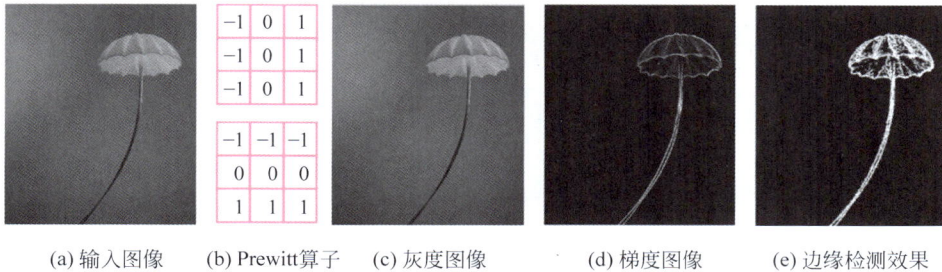

(a) 输入图像　　(b) Prewitt算子　(c) 灰度图像　　　　(d) 梯度图像　　　(e) 边缘检测效果

图 8-17　Prewitt 算子的边缘检测效果

3）Sobel 算子

基于 Sobel 算子的边缘检测法的实现代码如下：

```
clear all
%在"选取一幅待处理图像"对话框中选取一幅待处理图像
[filename,pathname]=uigetfile('*.*','选取一幅待处理图像');
str=[pathname filename];
src=im2double(imread(str));
subplot(2,2,1),imshow(src),title('输入图像');
if ~ismatrix(src)
    src=rgb2gray(src);
end
%生成梯度图像
h_x=[-1 0 1;-2 0 2;-1 0 1];                    %x方向模板
h_y=[-1 -2 -1;0 0 0;1 2 1];                    %y方向模板
g_x=imfilter(src,h_x);                         %x方向的邻域运算
g_y=imfilter(src,h_y);                         %y方向的邻域运算
g=abs(g_x)+abs(g_y);                           %梯度图像
%给定阈值,选取"有用"的边缘
T=0.1;
edge_result=zeros(size(g));
for i=1:size(g,1)
    for j=1:size(g,2)
        if (g(i,j)>T)                          %将高于阈值的像素标记为边缘
            edge_result(i,j)=1;
        end
    end
end
subplot(2,2,2),imshow(src),title('灰度图像');
subplot(2,2,3),imshow(g),title('梯度图像');
subplot(2,2,4),imshow(edge_result),title('Sobel算子的边缘检测效果');
```

实现效果如图 8-18 所示。

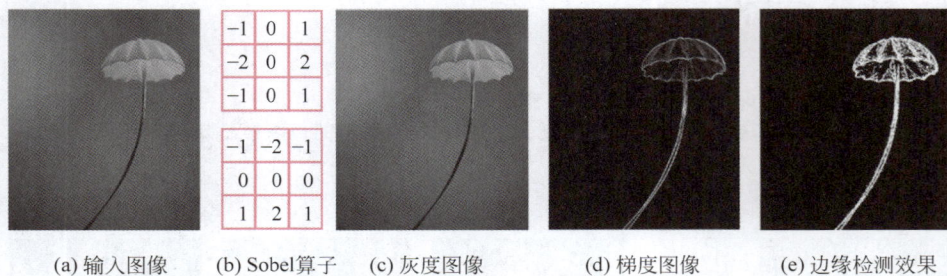

(a) 输入图像　　(b) Sobel算子　　(c) 灰度图像　　(d) 梯度图像　　(e) 边缘检测效果

图 8-18　Sobel 算子的边缘检测效果

知识拓展

以上代码也可通过调用 MATLAB 的内置函数 edge() 加以实现，其语法格式如下：

```
bw=edge(f,method,thresh,direction);
```

其中参数说明如下。

f 表示输入图像。

method 表示边缘检测算子，可取'roberts'、'prewitt'、'sobel'。

thresh 表示阈值，若该参数未指定时，则由 MATLAB 自行计算最佳阈值。

direction 表示检测方向，可取'horizontal'、'vertical'、'both'（默认）。

2. 二阶微分算子

1）Laplacian 算子

基于 Laplacian 算子的边缘检测法的实现代码如下：

```
clear all
%在"选取一幅待处理图像"对话框中选取一幅待处理图像
[filename,pathname]=uigetfile('＊.＊','选取一幅待处理图像');
str=[pathname filename];
src=im2double(imread(str));
subplot(2,2,1),imshow(src),title('输入图像');
if ~ismatrix(src)
    src=rgb2gray(src);
end
%生成边缘图像
h=[0 1 0;1 -4 1;0 1 0];
g=imfilter(src,h);
%给定阈值,选取"有用"的边缘
T=0.15;
edge_result=zeros(size(g));
for i=1:size(g,1)
    for j=1:size(g,2)
        if (g(i,j)>T)
```

```
            %将高于阈值的像素标记为边缘
            edge_result(i,j)=1;
        end
    end
end
subplot(2,2,2),imshow(src),title('灰度图像');
subplot(2,2,3),imshow(g),title('边缘图像');
subplot(2,2,4),imshow(edge_result),title('Laplacian算子的边缘检测结果');
```

实现效果如图 8-19 所示。

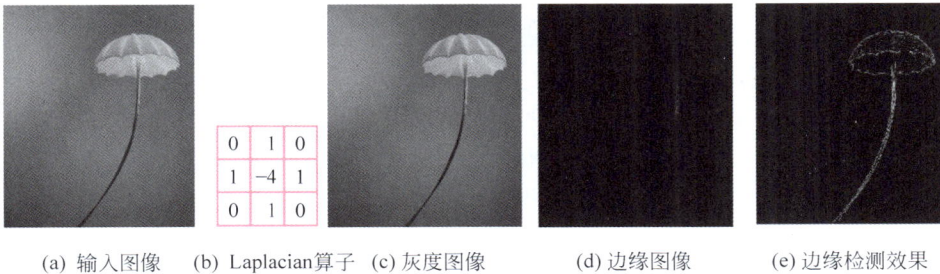

(a) 输入图像　(b) Laplacian算子　(c) 灰度图像　　　(d) 边缘图像　　　(e) 边缘检测效果

图 8-19　Laplacian 算子的边缘检测效果

2）LOG 算子

基于 LOG 算子的边缘检测法的实现代码如下：

```
clear all
%在"选取一幅待处理图像"对话框中选取一幅待处理图像
[filename,pathname]=uigetfile('*.*','选取一幅待处理图像');
str=[pathname filename];
src=im2double(imread(str));
subplot(2,2,1),imshow(src),title('输入图像');
if ~ismatrix(src)
    src=rgb2gray(src);
end
%生成边缘图像
h=[0 0 -1 0 0;0 -1 -2 -1 0;-1 -2 16 -2 -1;0 -1 -2 -1 0;0 0 -1 0 0];
g=imfilter(src,h);
%给定阈值,选取"有用"的边缘
T=0.1;
edge_result=zeros(size(g));
for i=1:size(g,1)
    for j=1:size(g,2)
        if (g(i,j)>T)
            %将高于阈值的像素标记为边缘
            edge_result(i,j)=1;
        end
    end
end
subplot(2,2,2),imshow(src),title('灰度图像');
```

```
subplot(2,2,3),imshow(g),title('边缘图像');
subplot(2,2,4),imshow(edge_result),title('LOG算子的边缘检测结果');
```

实现效果如图 8-20 所示。

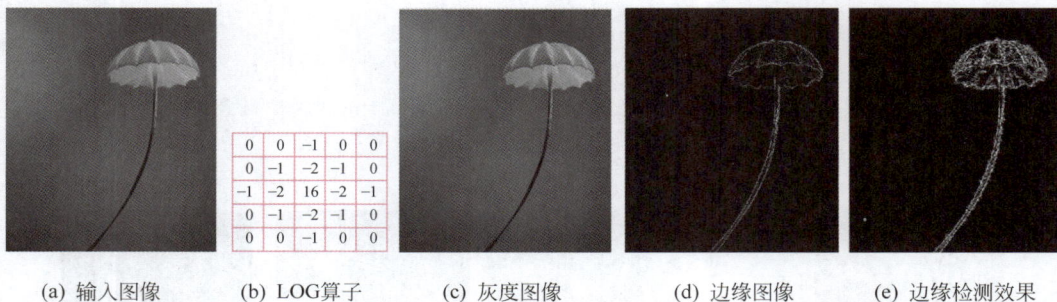

| (a) 输入图像 | (b) LOG算子 | (c) 灰度图像 | (d) 边缘图像 | (e) 边缘检测效果 |

图 8-20　LOG 算子的边缘检测效果

知识拓展

　　基于 LOG 算子的边缘检测也可通过调用 MATLAB 的内置函数 edge() 加以实现，其语法格式如下：

```
bw=edge(f,method,thresh,sigma);
```

其中参数说明如下。

　　f 表示输入图像。

　　method 表示边缘检测算子，可取 'log'。

　　thresh 表示阈值，若该参数未指定，则由 MATLAB 自行计算之后取最佳阈值。

　　sigma 表示高斯滤波器的标准差，默认值为 2，滤波器大小为 $n \times n$，$n = \lfloor 3 \times sigma \rfloor \times 2 + 1$。

【贴士】　edge() 函数没有提供 Laplacian 算子的边缘检测方法，可采用自编代码实现。

3. 边缘连接算法

　　传统基于微分算子的边缘检测算法边缘定位准确，执行速度快，但是在实际应用中由于噪声和光照不均匀等因素，使得很多情况下获得的边缘点不连续，必须通过边缘连接将它们转换为有意义的边缘。因此后续还需对边缘检测的图像进一步进行边缘连接处理才能完成真正意义上的分割任务。下面就目前常用的 Canny 算子和 Hough 变换这两种边缘连接算法展开详述。

　　1）Canny 算子

　　Canny 算子是由 John F. Canny 于 1986 年在论文 *A Computational Approach to Edge Detection* 中提出的一种多级边缘检测算法。更为重要的是，John F. Canny 研究最优边缘检测方法所需的特性，创立了评价边缘检测性能优劣的 3 个指标。

　　① 低错误率：标识出尽可能多的实际边缘，同时尽可能地减少噪声产生的误报。

　　② 高定位性：标识出的边缘要与图像中的实际边缘尽可能接近。

　　③ 最小响应：图像的边缘只能标识一次。

　　Canny 算子是在经典的一阶微分算子边缘检测算法的基础上，同时继承了二阶 LOG 算子高斯平滑滤波的思想,并提出自己独特的根据梯度方向对梯度幅值进行非极大值抑制的核心思路,集成以往边缘检测的优点,使得边缘检测效果迈上新的台阶。Canny 算子虽然于 20 世纪提出,但它仍然在当前的数字图像处理中得到了广泛应用,是公认的最优秀的边缘检测算法之一。

(1) 实现方法。

步骤 1:彩色图像灰度化。

鉴于 Canny 算子只能对单通道灰度图像进行处理,因此在进行边缘检测之前需要将彩色图像灰度化。

步骤 2:高斯滤波降噪处理。

由于采集设备、环境干扰等多方面的原因导致采集到的图像中包含大量的噪声信息,而噪声和边缘都属于图像的高频信息,极易被误识别为边缘,因此,在边缘检测之前需要通过高斯滤波滤除图像中的噪声。另外,高斯模板的尺寸不能选取得过大,否则可能会错误地将弱边缘滤除。

步骤 3:计算图像的梯度幅值和方向。

使用 4.4 节中介绍的计算方法求得图像的梯度幅值和方向。

步骤 4:非极大值抑制。

将每个像素与沿梯度方向上相邻的两个像素进行比较,若此像素是 3 个像素中梯度值最大的,则保留,否则剔除。这个过程被称为非极大值抑制,保留局部最大梯度值的像素而抑制其他梯度值的像素。

步骤 5:双阈值检测与边缘连接。

应用双阈值,即一个高阈值和一个低阈值来区分边缘像素。若像素的梯度值大于高阈值,则标记为强边缘;若像素的梯度值介于低阈值和高阈值之间,则标记为弱边缘;若像素的梯度值小于低阈值,则被抑制掉。但是对于弱边缘像素,它有可能是真的边缘,也有可能是伪边缘,因此还需要进一步判断此像素与其 8 邻域像素中是否存在强边缘像素。若存在,保留此像素,否则剔除。

强边缘图像是由高阈值得到的,因而包含很少的伪边缘,但有间断。双阈值法要在强边缘图像中把边缘连接成轮廓,当到达轮廓的端点时,该算法就在弱边缘图像对应位置的 8 邻域中寻找可以连接到轮廓上的边缘像素,这样不断地在弱边缘图像中收集边缘,直到将所有的强边缘连接起来为止。

(2) 实现代码。

基于 Canny 算子的边缘连接算法实现代码如下:

```
clear all
%在"选取一幅待处理图像"对话框中选取一幅待处理图像
[filename,pathname]=uigetfile('*.*','选取一幅待处理图像');
str=[pathname filename];
src=im2double(imread(str));
subplot(2,3,1),imshow(src),title('输入图像');
%步骤 1:彩色图像灰度化
if ~ismatrix(src)
    src=rgb2gray(src);
end
[height,width]=size(src);
%步骤 2:高斯滤波
sigma=0.6;
hsize=round(3 * sigma) * 2+1;
h=fspecial('gaussian',hsize,sigma);
src_gaussian=imfilter(src,h,'replicate');
%步骤 3:计算图像的梯度幅值和方向(这里选用 Sobel 算子)
```

```matlab
h_x=[-1 0 1;-2 0 2;-1 0 1];
h_y=[-1 -2 -1;0 0 0;1 2 1];
g_x=imfilter(src_gaussian,h_x);
g_y=imfilter(src_gaussian,h_y);
g=abs(g_x)+abs(g_y);                               %梯度幅值
theta=atan2(g_y,g_x) * 180/pi;                     %梯度方向
%步骤4:非极大值抑制
g_nms=zeros(height,width);
for i=2:height-1
    for j=2:width-1
        if ((theta(i,j)<=22.5) && (theta(i,j)>-22.5) || (theta(i,j)<=-157.5) && ...
            (theta(i,j)>157.5))
            %比较中心像素点和左右两像素点的梯度幅值
            if g(i,j)==max([g(i,j-1),g(i,j),g(i,j+1)])
                g_nms(i,j)=g(i,j);
            end
        elseif ((theta(i,j)>22.5) && (theta(i,j)<=67.5) || (theta(i,j)<=-112.5) && ...
            (theta(i,j)>-157.5))
            %比较中心像素点和主对角线两像素点的梯度幅值
            if g(i,j)==max([g(i-1,j-1),g(i,j),g(i+1,j+1)])
                g_nms(i,j)=g(i,j);
            end
        elseif ((theta(i,j)>67.5) && (theta(i,j)<=112.5) || (theta(i,j)<=-67.5) && ...
            (theta(i,j)>-112.5))
            %比较中心像素点和主对角线两像素点的梯度幅值
            if g(i,j)==max([g(i-1,j),g(i,j),g(i+1,j)])
                g_nms(i,j)=g(i,j);
            end
        elseif ((theta(i,j)>112.5) && (theta(i,j)<=157.5) || (theta(i,j)<=-22.5) && ...
            (theta(i,j)>-67.5))
            %比较中心像素点和主对角线两像素点的梯度幅值
            if g(i,j)==max([g(i-1,j+1),g(i,j),g(i+1,j-1)])
                g_nms(i,j)=g(i,j);
            end
        end
    end
end
%步骤5:双阈值检测和边缘连接
result=zeros(height,width);
highThreshold=0.1;
lowThreshold=0.4 * highThreshold;
for i=2:height-1
    for j=2:width-1
        if g_nms(i,j)>highThreshold
            %若大于高阈值,则标记为强边缘
            result(i,j)=1;
        elseif g_nms(i,j)<lowThreshold
            %若小于低阈值,则标记为非边缘
            result(i,j)=0;
        else
            if max(max(g_nms(i-1:i+1,j-1:j+1)))>highThreshold
```

```
            %若介于高阈值和低阈值之间(弱边缘),则进一步检测其8
            %邻域内是否存在强边缘,若存在,则标记为边缘
            result(i,j)=1;
        end
    end
    end
end
subplot(2,3,2),imshow(src),title('灰度图像');
subplot(2,3,3),imshow(src_gaussian),title('高斯滤波结果');
subplot(2,3,4),imshow(g),title('梯度幅值图像');
subplot(2,3,5),imshow(g_nms),title('非极大值抑制结果');
subplot(2,3,6),imshow(result),title('"双阈值+边缘连接"结果');
```

(3) 实现效果。实现效果如图 8-21 所示。

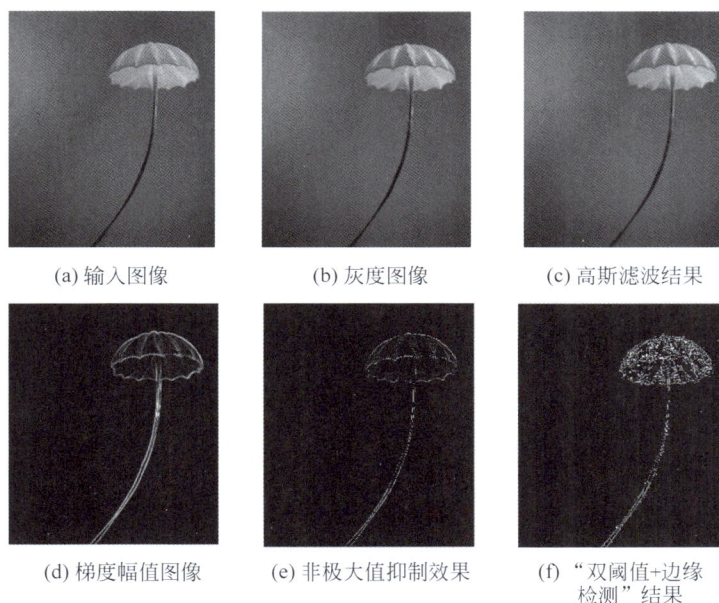

(a) 输入图像   (b) 灰度图像   (c) 高斯滤波结果

(d) 梯度幅值图像   (e) 非极大值抑制效果   (f) "双阈值+边缘检测"结果

图 8-21　Canny 算子的边缘检测效果

知识拓展

　　基于 Canny 算子的边缘检测也可通过调用 MATLAB 的内置函数 edge()加以实现,其语法格式如下:

```
bw=edge(f,method,thresh,sigma);
```

其中参数说明如下。

　　f 表示输入图像。

　　method 表示边缘检测算子,可取'canny'.

　　thresh 表示阈值,取值范围为[0,1],是一个包含两个或一个元素或空的矩阵。

　　当包含两个元素时,分别对应于高阈值和低阈值。

当包含一个元素时，该元素即为高阈值，低阈值为高阈值的 0.4 倍。

当为空矩阵（默认）时，edge() 函数会按照非边缘像素数不超过总像素数的 70% 自动计算出高阈值，同时指定低阈值为高阈值的 0.4 倍。

sigma 表示高斯滤波器的标准差，默认值为 $\sqrt{2}$，滤波器大小为 $n \times n$，其中 $n = \lfloor 3 \times sigma \rfloor \times 2+1$。

（4）应用场景。

【案例 8-4】邮票分割。

① 实现方法。

步骤 1：彩色图像灰度化，选取 Canny 算子对其进行边缘检测。

步骤 2：利用数学形态学对二值边缘图像进行加粗和填补空洞处理。

步骤 3：在彩色图像上标记出所有的连通区域，并逐一裁剪存储。

分割效果如图 8-22 所示。

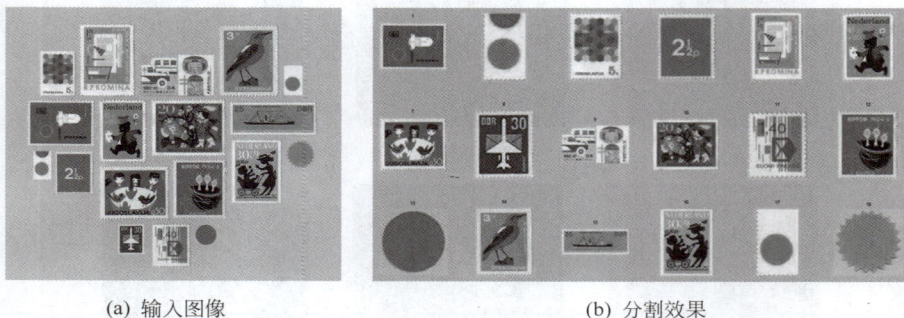

(a) 输入图像　　　　　　　　　　　(b) 分割效果

图 8-22　邮票分割效果预览

② 实现代码。邮票分割的实现代码如下：

```
clear all
%在"选取一幅待处理图像"对话框中选取一幅待处理图像
[filename,pathname]=uigetfile('*.*','选取一幅待处理图像');
str=[pathname filename];
src=im2double(imread(str));
if ~ismatrix(src)
    src_gray=rgb2gray(src);
end
%边缘检测
bw=edge(src_gray,'canny',[0.05 0.15]);
subplot(2,2,2),imshow(bw),title('边缘检测结果');
%加粗边缘
se=strel('disk',2);
bw=imdilate(bw,se);
subplot(2,2,3),imshow(bw),title('边缘加粗结果');
bw=imfill(bw'holes');                          %填补孔洞
subplot(2,2,4),imshow(bw),title('填补孔洞结果');
%标记连通区域
```

```
[label,num]=bwlabel(bw,8);
%将邮票的位置标注在输入图像上
subplot(2,2,1),imshow(src),title('输入图像');
for i=1:num
    [r,c]=find(label==i);
    minr=min(r);
    minc=min(c);
    maxr=max(r);
    maxc=max(c);
    rectangle('Position',[minc minr maxc-minc+1 maxr-minr+1], ...
        'LineWidth',1,'EdgeColor','r');
    text(minc,minr,num2str(i),'Color','red');
    %裁剪
    result=imcrop(src,[minc minr maxc-minc+1 maxr-minr+1]);
    %保存裁剪的每个邮票图像
    imwrite(result,strcat('stamp',num2str(i),'.jpg'));
end
```

③ 实现效果。邮票分割效果如图 8-23 所示。

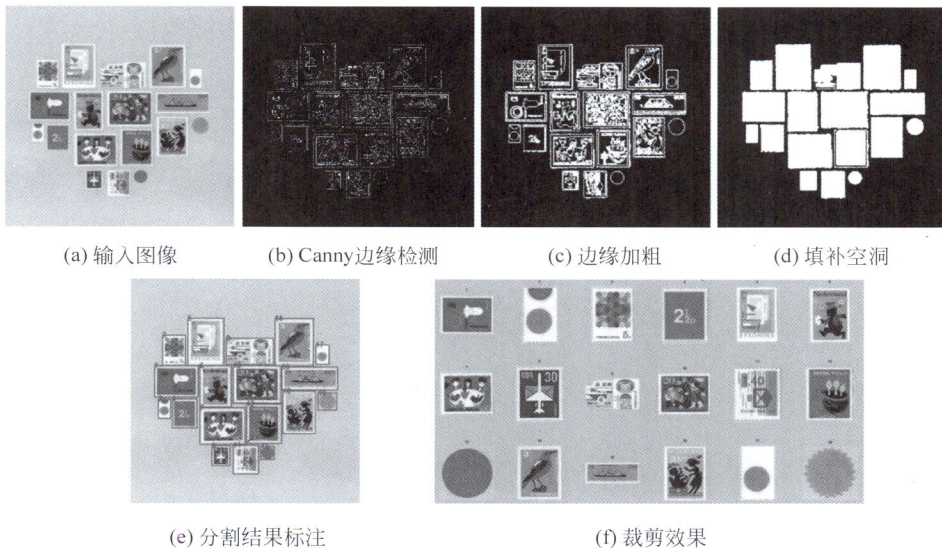

(a) 输入图像　　　　(b) Canny 边缘检测　　　　(c) 边缘加粗　　　　(d) 填补空洞

(e) 分割结果标注　　　　　　　　(f) 裁剪效果

图 8-23　邮票分割的实现流程及效果

小试身手

运用 Canny 算子，将边缘信息与原图像进行错位融合实现自动涂鸦风海报效果，具体要求详见习题 8 第 3 题。

2）Hough 变换

Hough 变换采用类似于投票的方式来获取图像中的形状集合，该变换是由 Paul Hough 于 1962 年首次提出，之后于 1972 年由 Richard Duda 和 Peter Hart 推广使用，是从图像中检测几何形状的基本方法之一。经典 Hough 变换最初被设计用于检测图像中的直线，经过扩展后也可用于任意形状物体的检测。

Hough 变换运用两个坐标空间之间的变换将在一个空间中具有相同形状的直线或曲线映射到另一个坐标空间的一个点上形成峰值，从而将检测任意形状的问题转换为峰值统计问题。

（1）直线检测的基本原理。Hough 直线检测的基本原理在于利用"点与线的对偶性"，即图像空间的直线与参数空间中的点是一一对应的，参数空间中的直线与图像空间中的点也是一一对应的。由此可得到以下结论。

① 图像空间中的点(x_0, y_0)对应于参数空间中的一条直线，其斜率为$-x_0$，截距为y_0，如图 8-24 所示。

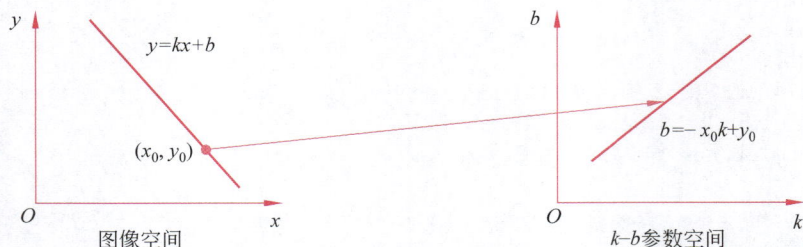

图 8-24　点对线

② 图像空间中的一条直线 $y = k_0 x + b_0$，对应参数空间中的点(k_0, b_0)，如图 8-25 所示。

图 8-25　线对点

③ 图像空间中一条直线 $y = k'x + b'$ 上的若干点，对应于参数空间中就是相交于(k', b')的一组直线，如图 8-26 所示。

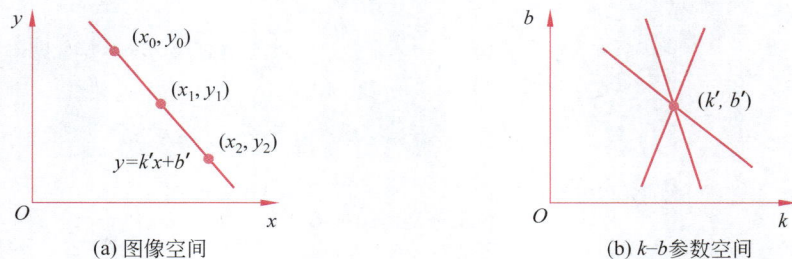

(a) 图像空间　　　　　(b) k-b参数空间

图 8-26　多点对多线

④ 若在图像空间有多条直线，对应于参数空间中就有多个点，如图 8-27 所示。

因此，Hough 直线检测算法就是把图像空间中的直线检测问题转换到参数空间中对点的检测问题，通过在参数空间里寻找峰值来完成直线检测任务。

（2）实现方法。

步骤 1：设置累加器数组并初始化为零矩阵。将参数空间离散化为二维的累加器数组（每个单元都是一个累加器），同时设$[k_{\min}, k_{\max}]$，$[b_{\min}, b_{\max}]$分别为斜率和截距的取值范围，如图 8-28 所示。

步骤 2：对于图像空间中的每一点，在其所满足的参数方程所对应的累加器上加 1。

步骤 3：累加器数组中最大值所对应的 k 和 b 值，即为图像空间中对应直线的斜率和截距，从而检

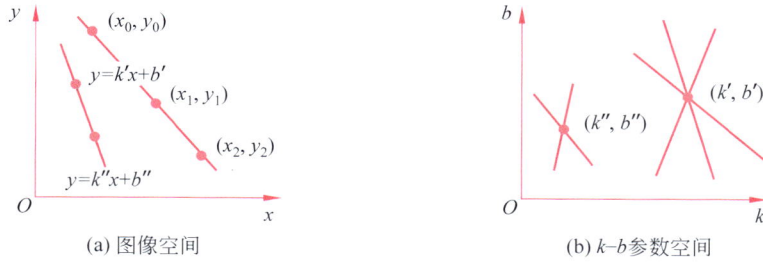

图 8-27 多线对多点

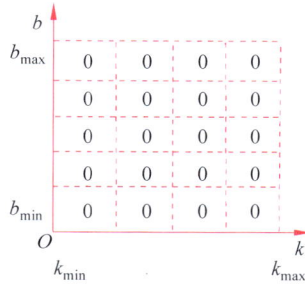

图 8-28 累加器数组初始化

测得到对应直线,如图 8-29 所示。

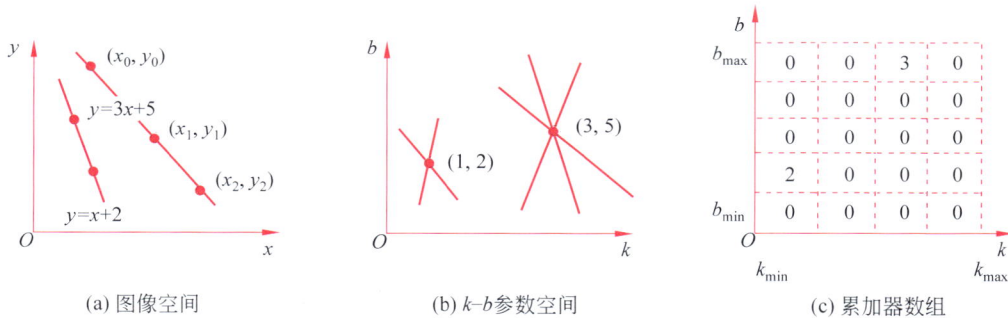

(a) 图像空间   (b) k-b 参数空间   (c) 累加器数组

图 8-29 累加器数组取值示意图

注意:图像直角坐标空间中的特殊直线 $x=a$(垂直于 x 轴,直线的斜率为无穷大),是无法在基于直角坐标系的参数空间中表示的。因此,在实际应用中,参数空间采用的是极坐标 ρ-θ,ρ 是直线到原点的垂直距离,θ 是 x 轴到直线垂线的角度。此时图像空间的点在参数空间中对应一条正弦曲线,参数空间的点对应图像空间的一条直线,如图 8-30 所示。

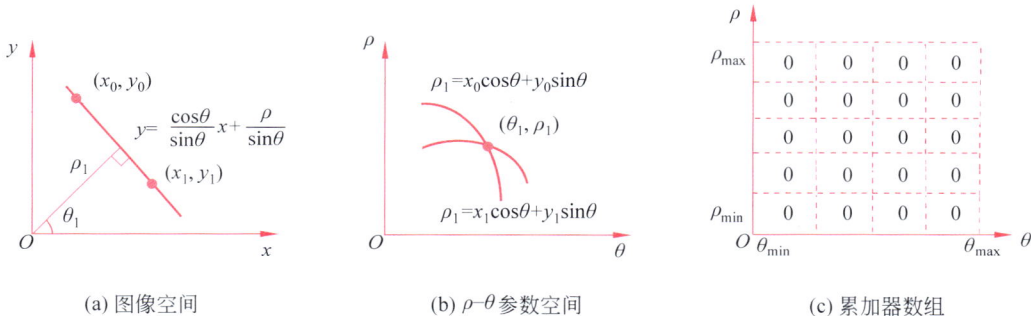

(a) 图像空间   (b) ρ-θ 参数空间   (c) 累加器数组

图 8-30 Hough 变换改进方法示意图

（3）实现代码。Hough 变换的实现代码如下：

```
clear all
%在"选取一幅待处理图像"对话框中选取一幅待处理图像
[filename,pathname]=uigetfile(' * . * ','选取一幅待处理图像');
str=[pathname filename];
src=im2double(imread(str));
subplot(2,2,1), imshow(src),title('输入图像');
if ~ismatrix(src)
    src_gray=rgb2gray(src);
else
    src_gray=src
end
BW=edge(src_gray,'roberts');                    %采用 Roberts 算子进行边缘检测
subplot(2,2,2), imshow(src_gray),title('灰度图像');
subplot(2,2,3), imshow(BW),title('Roberts 边缘检测效果');
[H,theta,rho]=hough(BW);                          %Hough 变换
peaks=houghpeaks(H,5);                            %寻找 Hough 变换的 5 个最大值
%根据以上信息提取图像中的直线
lines=houghlines(BW,theta,rho,peaks);
subplot(2,2,4),imshow(src),title('直线检测效果');
%将检测到的直线绘制在输入图像上
hold on
for k=1:length(lines)
    xy=[lines(k).point1;lines(k).point2];
    plot(xy(:,1),xy(:,2),'LineWidth',2,'Color',[0 1 0]);
end
```

【代码说明】

MATLAB 提供了 Hough 变换的实现函数，具体如下。

① hough()函数。

函数格式如下：

```
[H,theta,rho]=hough(BW);
```

其中参数说明如下。

H 表示累加器数组。

theta 表示[θ_{min},θ_{max}]内的 θ 值向量。

rho 表示[ρ_{min},ρ_{max}]内的 ρ 值向量。

BW 表示由边缘检测算子初步检测到的边缘图像。

② houghpeaks()函数。

函数格式如下：

```
peaks = houghpeaks(H, NumPeaks);
```

其中参数说明如下。

peaks 表示计算得到的与累加器数组最大值所对应的坐标向量,且该向量长度等于 NumPeaks。

H 表示累加器数组。

NumPeaks 用于指定需要检测的最大值的个数。

③ houghlines( )函数。

函数格式如下：

```
lines=houghlines(BW,theta,rho,peaks);
```

其中参数说明如下。

lines 表示最终检测到的直线向量,该向量包括每条直线的端点坐标、theta 和 rho。

BW 表示由边缘检测算子初步检测到的边缘图像。

theta 表示 $[\theta_{min}, \theta_{max}]$ 内的 θ 值向量。

rho 表示 $[\rho_{min}, \rho_{max}]$ 内的 ρ 值向量。

peaks 表示计算得到的与累加器数组最大值所对应的坐标向量,且该向量长度等于 NumPeaks。

（4）应用场景。

【案例 8-5】 车道线检测。

安全在行车驾驶中是永恒不变的话题,安全偏离预警辅助驾驶与无人驾驶越来越受到关注。而偏离预警辅助驾驶与无人驾驶的前提是能够准确识别车道。目前车道线检测算法大致可以分为两类：传统的检测算法和深度学习算法。传统车道线检测算法又分为基于特征的检测算法和基于模型的检测算法：前者主要是通过提取车道线的颜色、纹理、边缘、方向和形状等特征的方式来达到对车道线检测的目的；后者通常是构建车道线曲线模型,将车道线近似地看作直线模型、高阶曲线模型等。而深度学习算法是通过深度卷积神经网络自学习目标特征,因此相对传统算法准确性更高,且稳健性较强。

本案例采用基于模型的传统检测算法之一：Hough 变换,同时结合预处理、感兴趣区域选取实现车道线检测和标注。

① 实现方法。

步骤 1：采用高斯滤波对输入彩色图像进行降噪处理。

步骤 2：将降噪后的彩色图像转换为灰度图像。

步骤 3：由于车载摄像头相对于车辆是固定的,车道在采集的图像中基本保持在一个固定的区域内,因此只选取图像中感兴趣的区域,而滤除不必要的区域。

步骤 4：选择合适的边缘检测算子对感兴趣区域进行边缘检测,并运用 Hough 变换进一步检测车道线。

步骤 5：根据检测到的车道线最后将其标注在输入图像上。

② 实现代码。车道线检测的实现代码如下：

```
clear all
% 在"选取一幅待处理图像"对话框中选取一幅待处理图像
[filename,pathname]=uigetfile('*.*','选取一幅待处理图像');
str=[pathname filename];
src=im2double(imread(str));
subplot(2,3,1),imshow(src),title('输入图像');
% 高斯滤波
sigma=0.7;
```

```
hsize=round(3*sigma)*2+1;
h=fspecial('gaussian',hsize,sigma);
src_gaussian=imfilter(src,h);
subplot(2,3,2),imshow(src_gaussian),title('高斯滤波结果');
%灰度化处理
if ~ismatrix(src_gaussian)
    src_gray=rgb2gray(src_gaussian);
end
subplot(2,3,3),imshow(src_gray),title('灰度化处理效果');
%选取图像的下半部分作为检测区域
src_crop=src_gray(round(size(src_gray,1)/2):end,:);
subplot(2,3,4),imshow(src_crop),title('检测区域');
%边缘检测
bw=edge(src_crop,'roberts');
subplot(2,3,5),imshow(bw),title('Roberts 边缘检测结果');
%Hough 直线检测
[H,theta,rho]=hough(bw);
peaks=houghpeaks(H,5);
lines=houghlines(bw,theta,rho,peaks);
subplot(2,3,6),imshow(src),title('车道线检测结果');
%在输入图像上标注车道线
hold on
for k=1:length(lines)
    xy=[lines(k).point1;lines(k).point2];
    plot(xy(:,1),round(size(src_gray,1)/2)+xy(:,2),'LineWidth',2,'Color',[0 1 0]);
end
```

③ 实现效果。车道线检测效果如图 8-31 所示。

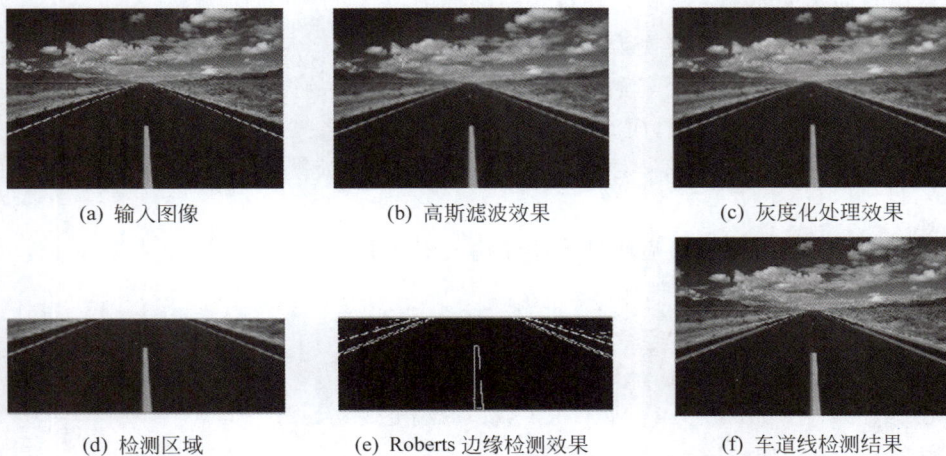

(a) 输入图像　　　　　(b) 高斯滤波效果　　　　　(c) 灰度化处理效果

(d) 检测区域　　　(e) Roberts 边缘检测效果　　　(f) 车道线检测结果

图 8-31　基于 Hough 变换的车道线检测效果

Hough 圆变换的基本原理与 Hough 直线变换类似,图像空间的一个点在参数空间中对应一个圆锥,而图像空间的若干共圆的点就对应若干相交的圆锥面。同理,相交次数最多的点就是所要求得的在图像空间中的圆,如图 8-32 所示。

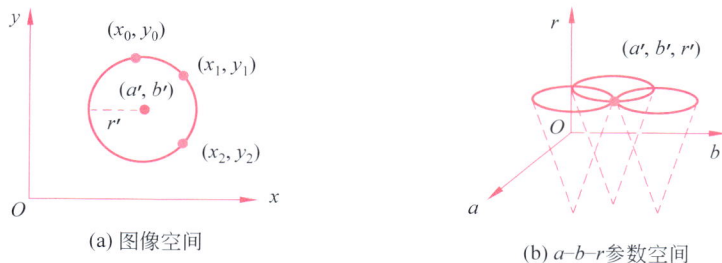

(a) 图像空间　　　　　　　　　　(b) a–b–r 参数空间

图 8-32　Hough 圆变换原理

Hough 圆变换算法在 MATLAB 中已被封装在 imfindcircles() 函数中,其语法格式如下:

```
centers=imfindcircles(A,radius);
[centers,radii]=imfindcircles(A,radiusRange);
[centers,radii,metric]=imfindcircles(A,radiusRange);
[centers,radii,metric]=imfindcircles(_,name,value);
```

其中参数说明如下。

centers:圆心坐标,以 $P \times 2$ 的矩阵形式返回。该矩阵的第一列是圆心的横坐标,第二列是圆心的纵坐标,行数 P 是检测到的圆数量。

A:输入图像矩阵,可表示真彩色图像、灰度图像或二值图像。

radius:圆半径值。

radii:圆的半径作为列向量返回。其第 i 行的半径值对应于 center 矩阵第 i 行坐标为圆心的圆。

radiusRange:圆半径的查找范围,表示为由两个元素组成的向量[min_radius max_radius]。

metric:以列向量形式返回圆心强度(累加器数组中峰值大小)。其第 i 行的值对应于以 radii 向量第 i 行的值为半径,以 center 矩阵第 i 行坐标为圆心的圆。

name,value:参数对组,如表 8-1 所示。

表 8-1　name-value 参数对组表

name	value	描　　述
'ObjectPolarity'	'dark'或'bright'(默认)	搜索比背景更亮或更暗的圆形对象
'Sensitivity'	[0,1]的数值,默认值为 0.85	检测敏感度,较高的敏感度可以检测到弱圆和被遮挡的圆,但也会增加误检测的风险
'EdgeThreshold'	[0,1]的数值,默认情况下使用 graythresh 自动选取边缘梯度阈值	边缘梯度阈值
'Method'	'PhaseCode'(默认)或'TwoStage'	检测算法

【贴士】　在实际应用中，要根据图像中圆形的检测结果为 imfindcircles() 函数设置合适的参数值以达到最佳分割效果。

【案例 8-6】 交通标志牌分割。

① 实现方法。

步骤 1：运用 Hough 圆变换对自然图像中存在的圆形交通标志进行检测并标记在输入图像上。

步骤 2：根据所获取圆的圆心坐标和半径，使用案例 2-10 圆形蒙版的生成方法，并运用"逻辑或"运算将多个圆形蒙版并为一个总蒙版。

步骤 3：将总蒙版中的每个圆形部分看作连通域，使用连通域检测方法将它们逐一进行提取并标记。

步骤 4：根据每个连通域的位置和大小进行裁剪并存储以便后续处理。

② 实现代码。交通标志牌分割的实现代码如下：

```matlab
clear all
%在"选取一幅待处理图像"对话框中选取一幅待处理图像
[filename,pathname]=uigetfile('*.*','选取一幅待处理图像');
str=[pathname filename];
src=im2double(imread(str));
subplot(1,3,1),imshow(src),title('输入图像');
if ~ismatrix(src)
    src_gray=rgb2gray(src);
else
    src_gray=src;
end
%Hough 圆变换
[centers,radii,metric]=imfindcircles(src_gray,[30 60]);
%获取峰值居于前10的圆的圆心、半径和峰值
centerStrong=centers(1:size(metric),:);
radiiStrong=radii(1:size(metric),:);
metricStrong=metric(1:size(metric),:);
%将圆绘制在输入图像上
subplot(1,3,2),imshow(src),title('圆检测结果');
viscircles(centerStrong,radiiStrong,'EdgeColor','b');
%生成总蒙版
[height,width,~]=size(src);
[x,y]=meshgrid(1:width,1:height);
mask=zeros(height,width);
for i=1:size(metric)
    mask1=((x-centers(i,1)).^2+(y-centers(i,2)).^2<=radii(i).^2);
    mask=mask|mask1;
end
subplot(1,3,3),imshow(mask),title('连通域标记结果');
%总蒙版的连通域标记
[label,num]=bwlabel(mask,8);
for i=1:num
    [r,c]=find(label==i);                          %查找所有标签为 i 的像素
    %计算该连通域的左上角和右下角坐标以便于裁剪
    minr=min(r); minc=min(c);
    maxr=max(r); maxc=max(c);
    %为每个连通域绘制其外切矩形,并显示对应标签
```

```
rectangle('Position',[minc minr maxc-minc+1 maxr-minr+1],'EdgeColor','r');
text(minc,minr,num2str(i),'Color','red');
%裁剪
result=imcrop(src,[minc minr maxc-minc+1 maxr-minr+1]);
%保存裁剪的每个交通标志牌图像
imwrite(result,strcat('trafficSign',num2str(i),'.jpg'));
end
```

【代码说明】

- imfindcircles()函数中第二个参数 radiusRange,即[min_radius max_radius]的确定方法。一般应尽量选取较小的半径查找范围,过大会导致算法精度降低、计算时间增加,即满足 max_radius<3min_radius 且 max_radius-min_radius<100。借助交互式工具 imdistline()函数快速确定图像中每个圆对象半径的近似估计,并在满足 max_radius<3min_radius 且 max_radius-min_radius<100 条件的基础上进一步确定 min_radius 和 max_radius 的值。

```
h=imdistline;                          %显示图像距离工具,测量半径
delete(h);                             %删除图像距离工具
```

- viscircles()函数用于绘制具有指定圆心和半径的圆,其语法格式如下:

```
viscircles(centers,radii);
```

- bwlabel()函数用于二值图像的连通域标记,其语法格式如下:

```
[label,num]= bwlabel(bw,n);
```

其中,label 是连通域类别标签,其大小与 bw 相同;num 是连通域数量;n 是邻域类型,可取 4 或 8,默认为 8。

③ 实现效果。交通标志牌检测结果如图 8-33 所示。

(a) 输入图像　　　　　　　(b) 圆形检测结果　　　　　　　(c) 连通域标记结果

(d) 分割结果

图 8-33　基于 Hough 圆变换的交通标志牌检测结果

【贴士】 Hough 变换同样适用于解析方程已知的高阶曲线,但随着参数个数的增加,参数空间的大小呈指数增长,算法时间和空间复杂度急剧增加,难以满足实际应用中对检测实时性的要求。

小试身手

运用 Hough 圆变换方法，并设置合适的参数值实现虹膜分割，具体要求详见习题 8 第 4 题。

8.3.3　基于色彩特征的边缘检测方法

在灰度图像中，边缘是指灰度的不连续处，但对彩色图像的边缘并没有明确的定义。研究表明，彩色图像边缘中大约 90% 与灰度图像边缘相同，但是还有 10% 的边缘来自颜色的变化，因此将彩色图像灰度化后检测到的边缘是存在缺失的。因此，寻求一种稳健性强，又能得到完整性、连续性好的彩色图像边缘检测算法是目前计算机视觉领域一个亟待解决的难题之一。

本节将要介绍的是应用较为广泛的一种彩色图像梯度算法，该算法来自 Silvano Di Zenzo 于 1986 年发表的论文 *A Note on the Gradient of a Multi-image*。

1. 实现方法

步骤 1：使用 Sobel 算子分别计算彩色图像 R、G、B 通道的 x 和 y 方向上的梯度，即 $\frac{\partial R}{\partial x}$、$\frac{\partial R}{\partial y}$、$\frac{\partial G}{\partial x}$、$\frac{\partial G}{\partial y}$、$\frac{\partial B}{\partial x}$、$\frac{\partial B}{\partial y}$。

步骤 2：计算彩色图像中每个像素的梯度方向及其梯度幅值，计算方法如下：

$$\theta = \frac{1}{2}\arctan\left(\frac{2g_{xy}}{g_{xx} - g_{yy}}\right) \tag{8-7}$$

$$F(\theta) = \left(\frac{(g_{xx} + g_{yy}) + (g_{xx} - g_{yy})\cos 2\theta + 2g_{xy}\sin 2\theta}{2}\right)^{\frac{1}{2}} \tag{8-8}$$

其中

$$g_{xx} = \left|\frac{\partial R}{\partial x}\right|^2 + \left|\frac{\partial G}{\partial x}\right|^2 + \left|\frac{\partial B}{\partial x}\right|^2 \tag{8-9}$$

$$g_{yy} = \left|\frac{\partial R}{\partial y}\right|^2 + \left|\frac{\partial G}{\partial y}\right|^2 + \left|\frac{\partial B}{\partial y}\right|^2 \tag{8-10}$$

$$g_{xy} = \frac{\partial R}{\partial x} \times \frac{\partial R}{\partial y} + \frac{\partial G}{\partial x} \times \frac{\partial G}{\partial y} + \frac{\partial B}{\partial x} \times \frac{\partial B}{\partial y} \tag{8-11}$$

步骤 3：设置阈值 T，大于该阈值的 $F(\theta)$ 的像素即为边缘像素。

2. 实现代码

基于色彩特征的边缘检测方法的实现代码如下：

```
clear all
%在打开文件对话框中选取一幅待处理图像
[filename,pathname]=uigetfile('*.*','选取一幅待处理图像');
str=[pathname filename];
src=im2double(imread(str));
%使用Sobel算子计算R、G、B通道的梯变
R=src(:,:,1);G=src(:,:,2);B=src(:,:,3);
h_x=[-1 0 1;-2 0 2;-1 0 1];
h_y=[-1 -2 -1;0 0 0;1 2 1];
gR_x=imfilter(R,h_x);
gR_y=imfilter(R,h_y);
gG_x=imfilter(G,h_x);
```

```
gG_y=imfilter(G,h_y);
gB_x=imfilter(B,h_x);
gB_y=imfilter(B,h_y);
%计算彩色图像的梯度方向及其梯度幅值
gxx=gR_x.^2+gG_x.^2+gB_x.^2;
gyy=gR_y.^2+gG_y.^2+gB_y.^2;
gxy=gR_x.*gR_y+gG_x.*gG_y+gB_x.*gB_y;          %点乘运算
theta=0.5*(atan(2*gxy./(gxx-gyy+eps)));
src_theta1=(0.5*((gxx+gyy)+(gxx-gyy).*cos(2*theta)+2*gxy.*sin(2*theta))).^0.5;
theta=theta+pi/2;
src_theta2=(0.5*((gxx+gyy)+(gxx-gyy).*cos(2*theta)+2*gxy.*sin(2*theta))).^0.5;
g=mat2gray(max(src_theta1,src_theta2));
%设置阈值T,大于T的src_theta的像素即为边缘像素
T=0.08;
bw=g>T;
subplot(1,3,1),imshow(src),title('输入图像');
subplot(1,3,2),imshow(g),title('梯度图像');
subplot(1,3,3),imshow(bw),title('边缘图像');
```

【代码说明】

代码中对图像每个像素的梯度幅值求解了两次,分别为 f_theta1、f_theta2,取它们的最大值作为最终结果会更为精准。

3. 实现效果

边缘检测效果如图 8-34 所示。

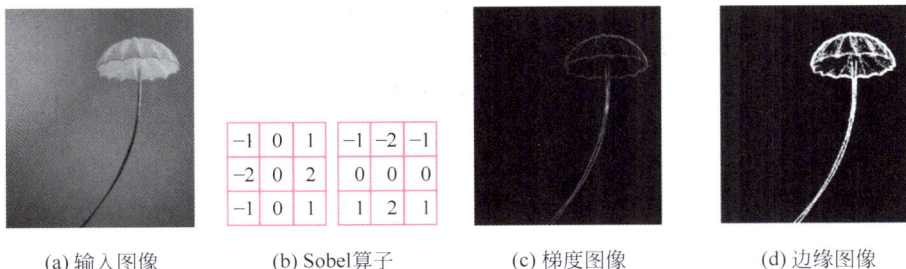

(a) 输入图像　　(b) Sobel算子　　(c) 梯度图像　　(d) 边缘图像

图 8-34　基于色彩特征的边缘检测结果

知识拓展

彩色图像边缘包含图像中的重要结构信息,自 20 世纪 70 年代以来,彩色图像边缘检测理论及算法一直是计算机视觉和图像处理领域经久不衰的研究热点。针对不同的应用场景,传统的彩色边缘检测算法可以大致分为以下两类。

(1) 单色调法。本质上,单色调法沿用了传统的灰度边缘检测算法,是在其基础上扩展而来的。其主要思想是将原本相关的各颜色通道单独分开处理,再将所得结果进行融合。

① 输出融合法。输出融合法是在彩色图像边缘检测算法中最早出现的一类方法,其核心是将灰度图像的边缘检测算法分别应用于彩色图像的各通道中,然后对各通道的结果进行加权合成

进而获得最终的边缘，如图 8-35 所示（以 RGB 色彩空间为例）。此类方法基本上都是对灰度图像边缘检测、色彩空间和各通道权重进行重新选择和组合而已。

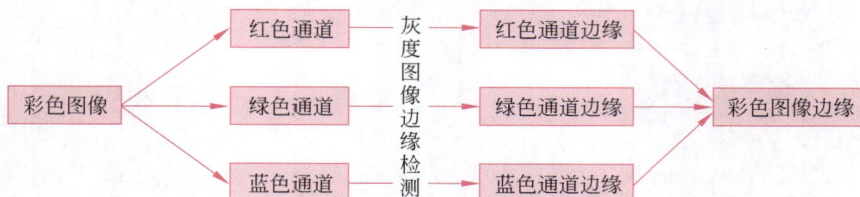

图 8-35　输出融合法示意图

② 多维梯度法。仍以 RGB 色彩空间为例，与输出融合法不同的是，多维梯度法重新合成的是各通道的梯度，之后再应用灰度图像边缘检测方法获得最终的边缘，如图 8-36 所示。

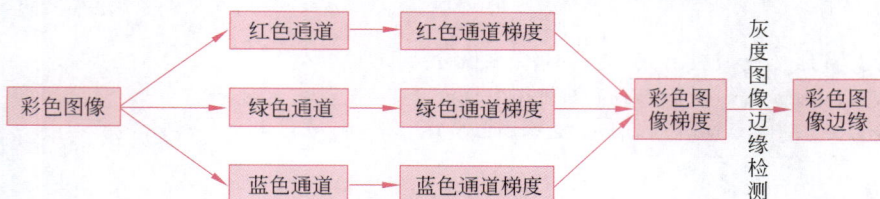

图 8-36　多维梯度法示意图

单色调法结构较为简单，易于实现，具有较好的实时性，但并未考虑颜色通道之间的相关性，使得边缘检测性能有所降低。

（2）向量法。向量法是将彩色图像视为二维三通道的向量场，图像中的像素视为向量场中的三维向量，在向量空间中进行边缘检测的过程。此类方法不存在输出融合法和多维梯度法中通道分解和合成的过程，这就使得彩色图像的向量特性得到了较好的保留，使颜色信息得到更有效地使用，但容易造成边缘方向的模糊性，从而导致边缘定位不精确，而且算法计算较为复杂，难以适应大范围的实时性图像处理需求。

8.4　区域分割法

同阈值分割法，基于区域的分割法也是以区域内部的相似性作为分割依据，即利用同一区域内特征的相似性，将相似的区域合并，把不相似区域分开，最终形成不同的分割区域。常用的区域分割方法有区域生长法、区域分裂合并法、分水岭法及 K-means 聚类算法。

8.4.1　基于灰度特征的区域分割方法

1. 区域生长法

1）基本原理

对每个待分割区域手动选定或者自动选择一个种子像素作为生长起点，然后根据某种事先设定的相似性准则将邻域中与种子像素有相同或相似性质的像素加入同一分割区域，并将这些像素作为新的种子继续计算直至没有满足条件的像素可被包括进来，这样一个区域生长完成。重复以上过程直至所有像素都被分割到某一区域为止。

假定相似性准则是种子像素与其 8 邻域像素的灰度差的绝对值小于或等于阈值 $T(T=1)$，则区域生长过程如图 8-37 所示。

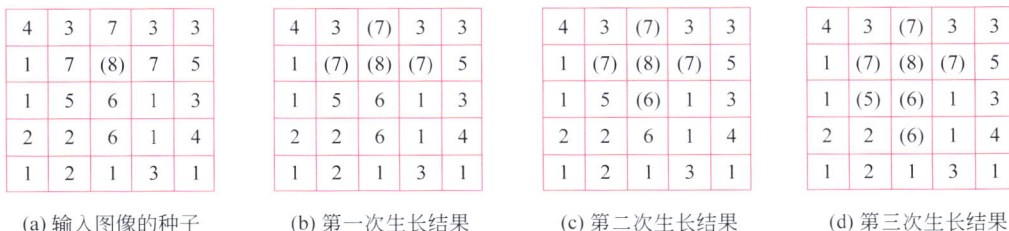

4	3	7	3	3
1	7	(8)	7	5
1	5	6	1	3
2	2	6	1	4
1	2	1	3	1

(a) 输入图像的种子

4	3	(7)	3	3
1	(7)	(8)	(7)	5
1	5	6	1	3
2	2	6	1	4
1	2	1	3	1

(b) 第一次生长结果

4	3	(7)	3	3
1	(7)	(8)	(7)	5
1	5	(6)	1	3
2	2	6	1	4
1	2	1	3	1

(c) 第二次生长结果

4	3	(7)	3	3
1	(7)	(8)	(7)	5
1	(5)	(6)	1	3
2	2	(6)	1	4
1	2	1	3	1

(d) 第三次生长结果

图 8-37　区域生长法原理示意图

区域生长法的关键在于选取合适的种子像素、相似性准则和生长停止条件。

（1）种子像素的选取。种子像素应该具有代表性，即能够代表整幅图像中的某一类别或特征。通常可以通过手动选择或自动选择的方式来确定，手动选择需要具有一定的领域知识和经验，而自动选择则需要使用一些聚类或分类算法来识别图像中不同区域的特征。

（2）相似性准则的确定。通常可以使用灰度值、颜色、纹理等特性来衡量。需根据具体的应用场景选择适合的相似性计算方法，常见的方法包括欧几里得距离、曼哈顿距离、相关系数、余弦相似度等。

（3）生长停止条件的确定。基本上，在没有像素满足加入某个区域的条件的时候，区域生长就会停止。

2）实现代码

（1）用单种子生长法进行区域分割的实现代码如下：

```
clear all
%在"选取一幅待处理图像"对话框中选取一幅待处理图像
[filename,pathname]=uigetfile('*.*','选取一幅待处理图像');
str=[pathname filename];
src=im2double(imread(str));
%灰度化处理
if ~ismatrix(src)
    src=rgb2gray(src);
end
%交互式选取种子像素
figure,imshow(src);title('输入图像');
[height,width]=size(src);
[x,y]=getpts;                           %单击取点后，按 Enter 键结束
x1=round(x);y1=round(y);
seed=src(y1,x1);                        %获取种子像素的灰度值
result=zeros(height,width);             %用于存储分割结果矩阵
result(y1,x1)=1;                        %将种子像素存储在分割结果矩阵中
count=1;                                %待处理像素的个数
T=0.025;                                %相似性准则
%区域生长法分割
while count>0
    count=0;
```

```
        %遍历整幅图像
        for i=1:height
            for j=1:width
                if result(i,j)==1
                    %若是种子像素,则生长
                    seed=src(i,j);
                    if (i-1)>1&&(i+1)<height&&(j-1)>1&&(j+1)<width %8邻域在图像范围内
                        %对种子像素的8邻域像素进行相似性准则判断,纳入新的种子像素
                        for u=-1:1
                            for v=-1:1
                                if result(i+u,j+v)==0&&abs(src(i+u,j+v)-seed)<=T
                                    %若是非种子像素,则判断是否满足相似性准则
                                    result(i+u,j+v)=1;          %标记新的种子
                                    count=count+1;              %计数
                                end
                            end
                        end
                    end
                end
            end
        end
end
subplot(1,2,1),imshow(src),title('输入图像');
subplot(1,2,2),imshow(result),title('单种子区域生长法的分割效果');
```

【代码说明】

```
[x,y]=getpts;
```

中,getpts()函数在用户交互式选取种子像素时,会返回该种子像素在内部坐标系中的坐标(x,y)。

count 是用于统计满足相似性准则像素的个数。当 count 为 0 时,意味着再没有满足相似性准则的像素,即生长停止。

result 是用于存储分割结果的二值图像。当灰度图像中某像素满足相似性准则时,就将其在 result 矩阵中对应位置的像素值置为 1,代表已归入分割区域内。

（2）多种子生长法进行区域分割的代码如下：

```
clear all
%在"选取一幅待处理图像"对话框中选取一幅待处理图像
[filename,pathname]=uigetfile('*.*','选取一幅待处理图像');
str=[pathname filename];
src=im2double(imread(str));
if ~ismatrix(src)
    src=rgb2gray(src);
end
%交互式选取种子像素
figure,imshow(src),title('输入图像');
```

```
[height,width]=size(src);
[x,y]=getpts;                                          %单击取点后,按 Enter 键结束
x1=round(x);
y1=round(y);
result=zeros(height,width);                            %用于存储分割结果矩阵
T=0.025;                                               %相似性准则
seedNum=length(x1);                                    %获取种子个数
%区域生长法分割(逐种子进行生长)
for num=1:seedNum
    seed=src(y1(num),x1(num));                         %获取种子像素的灰度值
    result(y1(num),x1(num))=1;                         %将种子像素存储在分割结果矩阵中
    count=1;                                           %待处理像素的个数
    while count>0
        count=0;                                       %遍历整幅图像
        for i=1:height
            for j=1:width
                if result(i,j)==1
                    %若是种子像素,则生长
                    seed=src(i,j);
                    if (i-1)>1&&(i+1)<height&&(j-1)>1&&(j+1)<width %8邻域在图像范围内
                        %对种子像素的 8 邻域像素进行相似性准则判断,纳入新的种子像素
                        for u=-1:1
                            for v=-1:1
                                if result(i+u,j+v)==0&&abs(src(i+u,j+v)-seed)<=T
                                    %若是非种子像素,则判断是否满足相似性准则
                                    %若满足,则将其置为新的种子,并计数
                                    result(i+u,j+v)=1;          %新的种子
                                    count=count+1;              %记录此次新生长的像素个数
                                end
                            end
                        end
                    end
                end
            end
        end
    end
end
subplot(1,2,1),imshow(src),title('输入图像');
subplot(1,2,2),imshow(result),title('多种子区域生长法的分割效果');
```

【代码说明】

在单种子生长法基础上,通过外置循环结构(循环次数为种子个数),重复执行单种子生长代码即可实现多种子生长。当然,这段代码对于 length(x1)=1 即单种子的情况同样适用。

若选取了多个种子,则

```
[x,y]=getpts;
```

可返回多个种子像素的横纵坐标，分别存储于 x 和 y 向量中。

3）实现效果

用单种子生长法进行区域分割的效果如图 8-38 所示。

(a) 输入图像　　　　　　(b) 灰度图像及种子像素进行选取　　　(c) 区域生长结果

图 8-38　用单种子生长法进行区域分割的效果

用多种子生长法进行区域分割的效果如图 8-39 所示。

(a) 输入图像　　　　　　(b) 灰度图像及种子像素选取　　　(c) 区域生长结果

图 8-39　用多种子生长法进行区域分割的效果

比对单种子和多种子生长的分割结果可以看出，同一阈值下只要种子的位置和个数选取得当就可以获得较好的分割效果。

知识拓展

相似性准则除了灰度差，有时也采用 8 邻域像素与已生长区域的平均灰度值之差作为相似性准则。

实现代码如下：

```
clear all
%在"选取一幅待处理图像"对话框中选取一幅待处理图像
[filename,pathname]=uigetfile('*.*','选取一幅待处理图像');
str=[pathname filename];
src=im2double(imread(str));
if ~ismatrix(src)
    src=rgb2gray(src);
end
%交互式选取种子像素
figure,imshow(src),title('输入图像');
[height,width]=size(src);
[x,y]=getpts;                                    %单击取点后,按 Enter 键结束
x1=round(x);
```

```
y1=round(y);
result=zeros(height,width);                    %用于存储分割结果矩阵
T=0.15;                                         %相似性准则
%区域生长法分割
seedNum=length(x1);                             %获取种子个数
%逐种子进行生长
for num=1:seedNum
    seed=src(y1(num),x1(num));                  %获取种子像素的灰度值
    result(y1(num),x1(num))=1;                  %将种子像素存储在分割结果矩阵中
    count=1;                                    %待处理像素的个数
    average=seed;                               %用于存储已生长区域的平均灰度值
    totalCount=count;                           %用于存储已生长区域的像素个数
    totalGray=seed;                             %用于存储已生长区域的总灰度值
    while count>0
        count=0;
        %遍历整幅图像
        for i=1:height
            for j=1:width
                if result(i,j)==1
                    %若是种子像素,则生长
                    if (i-1)>1&&(i+1)<height&&(j-1)>1&&(j+1)<width %8邻域在图像范围内
                    %对种子像素的8邻域像素进行相似性准则判断,纳入新的种子像素
                        for u=-1:1
                            for v=-1:1
                                if result(i+u,j+v)==0&&abs(src(i+u,j+v)-average)<=T
                                    %若是非种子像素,则判断是否满足相似性准则
                                    %若满足,则将其置为新的种子,并计数
                                    result(i+u,j+v)=1;      %新的种子
                                    count=count+1;          %记录此次新生长的像素个数
                                    %将纳入区域的像素灰度值计入累加器
                                    totalGray=totalGray+src(i,j);
                                end
                            end
                        end
                    end
                end
            end
        end
        totalCount=totalCount+count;            %将纳入区域的像素个数计入计数器
    end
    average=totalGray/totalCount;               %计算已生长区域的平均灰度值
end
subplot(1,2,1),imshow(src),title('输入图像');
subplot(1,2,2),imshow(result),title('平均灰度差相似性准则的区域生长法分割效果');
```

【代码说明】　引入3个变量average、totalCount、totalGray分别记录已生长区域的平均灰度值、像素个数和灰度值之和。

实现效果如图8-40所示。

(a) 输入图像　　　　　　(b) 灰度图像及种子像素选取　　　　　(c) 区域生长结果

图 8-40　平均灰度差相似性准则的分割效果

4）应用场景

【案例 8-7】虚拟染发。

市面上有一些专为想要染发的用户打造的测发色的染发试色软件，如试发型相机、一键换发型等，只需上传手机拍摄或者相册照片，即可在众多发色之间进行测试，在真实染发前选择适合自己的发色。而改变发色的前提是能够准确地将人像照片中的头发区域分割出来，本案例运用区域生长法分割头发区域，并在此基础上实现头发区域的染色。

（1）实现方法。

步骤 1：运用区域生长法将人像图像中的头发区域进行分离出来，得到二值分割图像。

步骤 2：输入图像与二值分割图像相乘抠出彩色头发区域。

步骤 3：生成与输入图像同尺寸的纯色彩色图像，并与二值分割图像相乘抠出相应的头发区域。

步骤 4：将步骤 2 的头发区域图像与步骤 3 的发色图像进行"颜色"图层混合。

步骤 5：输入图像与图层混合图像进行融合实现染发效果。

（2）实现代码。

① 自定义函数 m 文件 regionGrowing.m。代码如下：

```
function result=regionGrowing( f,x1,y1,T)
%区域生长法分割
[height,width]=size(f);
result=zeros(height,width);
seedNum=length(x1);                       %获取种子个数
%逐种子进行生长
for num=1:seedNum
    seed=src(y1(num),x1(num));            %获取种子像素的灰度值
    result(y1(num),x1(num))=1;           %将种子像素存储在分割结果矩阵中
    count=1;                              %待处理像素的个数
    average=seed;                         %用于存储已生长区域的平均灰度值
    totalCount=count;                     %用于存储已生长区域的像素个数
    totalGray=seed;                       %用于存储已生长区域的总灰度值
    while count>0
        count=0;
        %遍历整幅图像
        for i=1:height
            for j=1:width
                if result(i,j)==1
                    %若是种子像素,则生长
```

```
                    if (i-1)>1&&(i+1)<height&&(j-1)>1&&(j+1)<width  %8邻域在图像范围内
                    %对种子像素的8邻域像素进行相似性准则判断,纳入新的种子像素
                        for u=-1:1
                            for v=-1:1
                                if result(i+u,j+v)==0&&abs(f(i+u,j+v)-average)<=T
                                    %若是非种子像素,则判断是否满足相似性准则
                                    %若满足,则将其置为新的种子,并计数
                                    result(i+u,j+v)=1;          %新的种子
                                    count=count+1;              %记录此次新生长的像素个数
                                    %将纳入区域的像素灰度值计入累加器
                                    totalGray=totalGray+f(i,j);
                                end
                            end
                        end
                    end
                end
                totalCount=totalCount+count;                    %将纳入区域的像素个数计入计数器
            end
        end
    end
    average=totalGray/totalCount;                               %计算已生长区域的平均灰度值
end
end
```

② 主程序的代码如下:

```
clear all
%在"选取一幅待处理图像"对话框中选取一幅待处理图像
[filename,pathname]=uigetfile('*.*','选取一幅待处理图像');
str=[pathname filename];
src=im2double(imread(str));
src_rgb=src;                                        %备份彩色图像以便后续处理
if ~ismatrix(src)
    src=rgb2gray(src);
end
[M,N]=size(src);
%步骤1:区域生长法分割头发区域
figure,imshow(src);title('输入图像');
[x,y]=getpts;
x1=round(x);y1=round(y);
T=0.18;
mask=regionGrowing(src,x1,y1,T);
mask=imfill(mask,'holes');                          %填补分割图像中的孔洞
subplot(2,3,2),imshow(src),title('灰度图像');
subplot(2,3,3),imshow(mask),title('分割结果');
%步骤2:将输入图像与二值分割图像相乘,抠取头发区域
subplot(2,3,1),imshow(src_rgb),title('输入图像');
hair(:,:,1)=src_rgb(:,:,1).*mask;
hair(:,:,2)=src_rgb(:,:,2).*mask;
hair(:,:,3)=src_rgb(:,:,3).*mask;
subplot(2,3,4),imshow(hair),title('头发区域');
```

```
%步骤3:将纯色彩色图像与二值分割图像相乘,抠取相应的头发区域
hair_color(:,:,1)=123/255*ones(M,N).*mask;
hair_color(:,:,2)=59/255*ones(M,N).*mask;
hair_color(:,:,3)=24/255*ones(M,N).*mask;
subplot(2,3,5),imshow(hair_color),title('新发色');
%步骤4:将头发区域与新发色进行"颜色"图层混合实现染发效果
hair_hsv=rgb2hsv(hair);
hair_H=hair_hsv(:,:,1);
hair_S=hair_hsv(:,:,2);
hair_V=hair_hsv(:,:,3);
hair_color_hsv=rgb2hsv(hair_color);
hair_color_H=hair_color_hsv(:,:,1);
hair_color_S=hair_color_hsv(:,:,2);
hair_color_V=hair_color_hsv(:,:,3);
hair_blending(:,:,1)=hair_color_H;
hair_blending(:,:,2)=hair_color_S;
hair_blending(:,:,3)=hair_V;
hair_blending_rgb=hsv2rgb(hair_blending);
%步骤5:将染发图像与输入图像进行融合
blendingResult=src_rgb;
for i=1:size(src,1)
    for j=1:size(src,2)
        if (mask(i,j)==1)
            blendingResult(i,j,:)=hair_blending_rgb(i,j,:);
        end
    end
end
subplot(2,3,6),imshow(blendingResult),title('染发效果');
```

【贴士】 区域生长法简单易实现,不需要先验知识就可以准确地自动分割出具有相似特性的图像区域,稳健性和可控性较高。但是由于它是一种迭代算法,因此空间和时间开销都比较大;对于选取种子像素的数量和位置也比较敏感,不同的选择可能会导致不同的分割结果;在处理大规模图像、复杂纹理或物体间相互遮挡的图像时,可能存在欠分割和过分割的情况;难以处理不规则物体。

（3）实现效果。虚拟染发效果如图 8-41 所示。

▶ 小试身手

运用区域生长法为证件照更换底色,具体要求详见习题 8 第 5 题。

2. 区域分裂合并法

区域生长法是从某个或者某些像素出发,不断向外生长,最后扩充到整个区域,进而实现目标分割。区域分裂合并法是区域生长法的逆过程,它是从整幅图像出发,不断分裂得到各个子区域,然后再将子区域进行合并后得到目标分割区域。通过分裂,可以将不同特征的区域分离开,而通过合并,可以将相同特征的区域合并起来。

1）基本原理

四叉树分解法是一种常见的区域分裂合并算法,下面以此为例详述区域分裂合并法的分割原理。

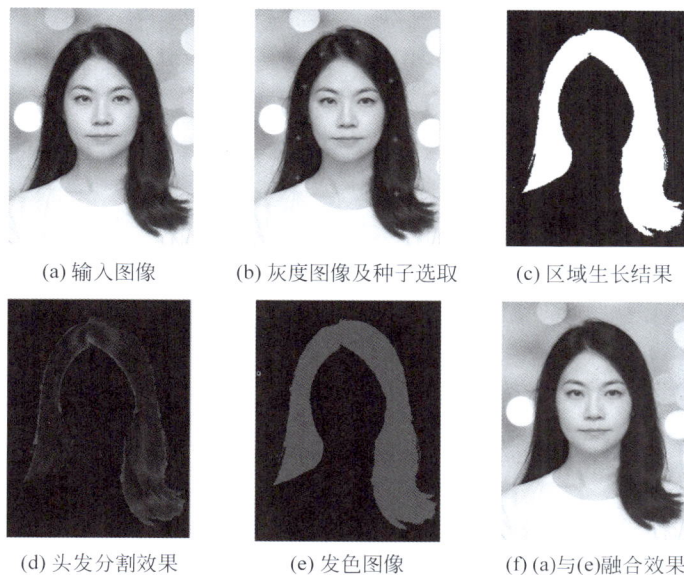

(a) 输入图像　　　　(b) 灰度图像及种子选取　　　　(c) 区域生长结果

(d) 头发分割效果　　　　(e) 发色图像　　　　(f) (a)与(e)融合效果

图 8-41　基于区域生长法的虚拟染发效果

（1）分裂过程。假设 R 为整幅图像，P 代表某种相似性准则。首先将图像等分为 4 个区域，然后反复将分裂得到的子图像再次分为 4 个区域，直到对任意 R_i，$P(R_i)=\text{TRUE}$（区域 R_i 已满足相似性准则），此时不再进行分裂操作。

（2）合并过程。分裂操作完成之后，结果中一般会包含具有满足相似性的相邻区域，这时就需要将满足相似性准则的相邻区域进行合并，即在 $P(R_j\bigcup R_k)=\text{TRUE}$ 时，合并 R_j 和 R_k。

【贴士】　合并可以在分裂完成后进行，也可以在分裂的同时进行。合并的两个区域可以大小不同。

当图像无法继续分裂或合并时，整个过程结束，如图 8-42 所示。

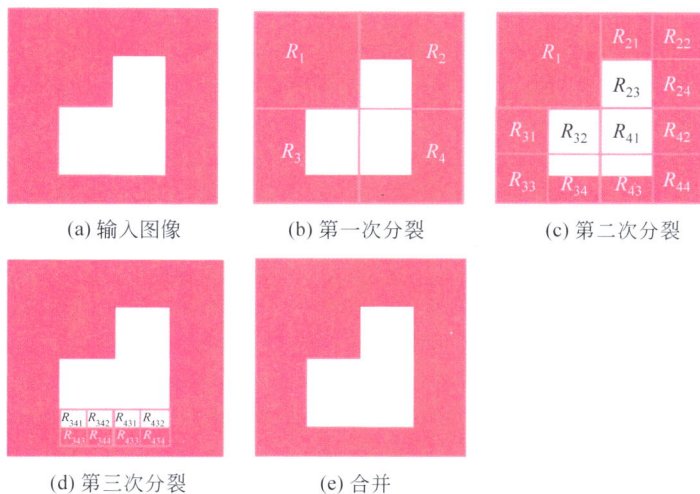

(a) 输入图像　　　　(b) 第一次分裂　　　　(c) 第二次分裂

(d) 第三次分裂　　　　(e) 合并

图 8-42　区域分裂合并法原理示意图

2）实现方法

在 MATLAB 中，qtdecomp()函数可实现图像的四叉树分解，其语法格式如下：

```
s=qtdecomp(I,Threshold,[MinDim MaxDim]);
```

其中参数含义如下。

s 是稀疏矩阵，其非零元素的位置在块的左上角，每个非零元素值代表块的大小。

I 是输入图像。

Threshold 是[0,1]范围的阈值，用于判断是否进行分裂。如果某子区域中最大灰度值与最小灰度值之差大于该阈值，那么继续进行分裂，否则停止并返回。

[MinDim MaxDim]是尺度阈值，用于指定最终分解得到的子区域大小，MinDim 和 MaxDim 必须是 2 的整数次幂。

完整的实现代码如下：

```
clear all
%在"选取一幅待处理图像"对话框中选取一幅待处理图像
[filename,pathname]=uigetfile('*.*','选取一幅待处理图像');
str=[pathname filename];
src_rgb=im2double(imread(str));
subplot(2,2,1),imshow(src_rgb),title('输入图像');
if ~ismatrix(src_rgb)
    src=rgb2gray(src_rgb);
end
subplot(2,2,2),imshow(src),title('灰度图像');
s=qtdecomp(src,0.2);                            %四叉树分解
s_result=full(s);
subplot(2,2,3),imshow(s_result),title('四叉树分解效果');
%绘制分区线
blocks=repmat(uint8(0),size(s));               %得到一个与灰度图像 src 同尺寸的黑色背景 blocks
for dim=[512 256 128 64 32 16 8 4 2 1]         %分块均为 2 的整数次幂
    numblocks = length(find(s==dim));          %有 numblocks 个尺寸为 dim 的分块
    if (numblocks>0)
        %产生一个 dimxdimxnumblocks 的三维 1 值矩阵
        values=repmat(uint8(1),[dim dim numblocks]);
        values(2:dim,2:dim,:)=0;               %挖空每个块的内部区域
        %将稀疏矩阵 s 中的每个块替换为 values 中的相应块
        blocks=qtsetblk(blocks,s,dim,values);
    end
end
blocks(end,1:end)=1;                           %将最后一行置为白色
blocks(1:end,end)=1;                           %将最后一列置为白色
subplot(2,2,4),imshow(blocks,[]),title('分区绘制效果');
```

【代码说明】

• 仅适用于行列数均为 2 的整数次幂图像的分割。

这是由于四叉树分解法是将图像分解为等大小的子区域，只有行列数均为 2 的整数次幂的矩阵才能够进行分解。

• 将分割结果的稀疏矩阵 s 转换为满矩阵以便正确显示。

当矩阵较为庞大且非零元素较少时，为了提高存储和运算效率，一般情况下，采用稀疏矩阵的方式来存储，即仅存储非零元素及其坐标。但是稀疏矩阵 s 是无法直接显示的，需调用 full()函数将其转换

为满矩阵方可正确显示。

例如：

```
I=[1 1 1 1 2 3 6 6;1 1 2 1 4 5 6 8;1 1 1 1 10 15 7 7;1 1 1 1 20 25 7 7;20 22 20 22 1 2 3 4; ...
    20 22 22 20 5 6 7 8;20 22 20 20 9 10 11 12;22 22 20 20 13 14 15 16];
s=qtdecomp(I,5)
s=
    (1,1)        4
    (5,1)        4
    (1,5)        2
    (3,5)        1
    (4,5)        1
    (5,5)        2
    (7,5)        2
    (3,6)        1
    (4,6)        1
    (1,7)        2
    (3,7)        2
    (5,7)        2
    (7,7)        2
result=full(s);
result=
    4  0  0  0  2  0  2  0
    0  0  0  0  0  0  0  0
    0  0  0  0  1  1  2  0
    0  0  0  0  1  1  0  0
    4  0  0  0  2  0  2  0
    0  0  0  0  0  0  0  0
    0  0  0  0  2  0  2  0
    0  0  0  0  0  0  0  0
```

3）实现效果

实现效果如图 8-43 所示。

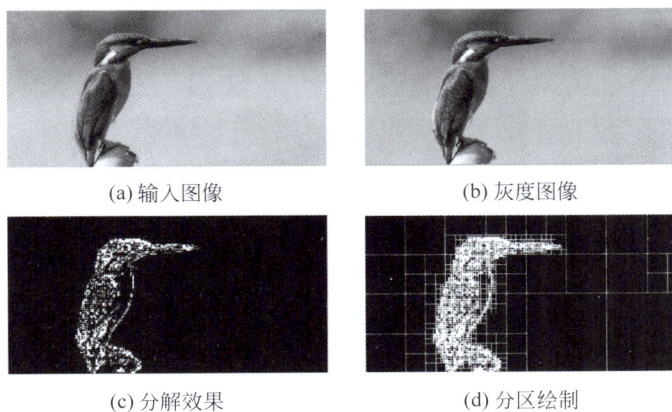

(a) 输入图像　　　　　　　　(b) 灰度图像

(c) 分解效果　　　　　　　　(d) 分区绘制

图 8-43　四叉树分解法的分割效果

4）应用场景

【案例 8-8】 基于四叉树分解法的马赛克滤镜制作。

四叉树分解法的特点是图像的特征变化越大，子区域的面积越小，分割结果就越精确。鉴于此，本案例在四叉树分解法的分割结果基础上，将每个子区域内所有像素的值替换为该区域内像素的均值，进而实现马赛克滤镜效果。相比等大小马赛克滤镜，此款滤镜能够更好地保留输入图像的细节和清晰度，同时也能够减小图像的尺寸和体积。

（1）实现方法。

步骤 1：将输入图像的尺寸调整为 2 的整数次幂。

步骤 2：在灰度化处理后的输入图像上运用四叉树分解法进行区域分割。

步骤 3：从分割结果中获取每个子区域的位置和大小，分通道计算输入图像中所对应子区域像素的均值并填充。

（2）实现代码。基于四叉树分解法的马赛克滤镜制作的实现代码如下：

```matlab
clear all
%在"选取一幅待处理图像"对话框中选取一幅待处理图像
[filename,pathname]=uigetfile('*.*','选取一幅待处理图像');
str=[pathname filename];
src=im2double(imread(str));
subplot(2,2,1),imshow(src),title('输入图像');
src_gray=rgb2gray(src);                    %灰度化处理
subplot(2,2,2),imshow(src_gray),title('灰度图像');
threshold=0.2;                             %设置阈值
%使用四叉树分解法将图像划分为多个子块
s=qtdecomp(src_gray,threshold);
s1=full(s);
subplot(2,3,3),imshow(s1),title('四叉树分解效果');
%将每个块所有像素的值设置为该块的均值，即可得到马赛克滤镜效果
[M,N]=size(src_gray);
for i=1:M
    for j=1:N
        if (s1(i,j)~=0)
            i1=i;j1=j;                     %子区域左上角像素的行、列下标
            blk_size=s1(i,j);              %子区域大小
            i2=i1+blk_size-1;j2=j1+blk_size-1;   %子区域右下角像素的行、列下标
            %计算子区域的均值
            avg1=mean(mean(src(i1:i2,j1:j2,1)));
            avg2=mean(mean(src(i1:i2,j1:j2,2)));
            avg3=mean(mean(src(i1:i2,j1:j2,3)));
            %均值替换子区域所有像素的值
            result(i1:i2,j1:j2,1)=avg1;
            result(i1:i2,j1:j2,2)=avg2;
            result(i1:i2,j1:j2,3)=avg3;
        end
    end
```

```
end
subplot(2,2,4),imshow(result),title('马赛克滤镜效果');
```

（3）实现效果。马赛克滤镜效果如图 8-44 所示。

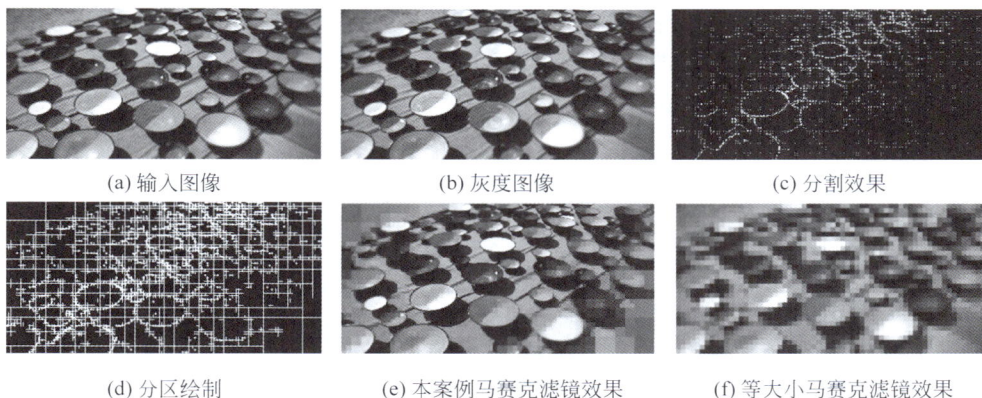

| (a) 输入图像 | (b) 灰度图像 | (c) 分割效果 |
| (d) 分区绘制 | (e) 本案例马赛克滤镜效果 | (f) 等大小马赛克滤镜效果 |

图 8-44 基于四叉树分解法的马赛克滤镜实现流程

【贴士】 区域分裂合并法对复杂场景和自然景物等缺乏先验知识的图像分割结果较为准确，对噪声具有较好的稳健性，对不规则物体的处理能力强。但算法计算复杂度高，对参数设置较为敏感，可能会产生欠分割和过分割现象。

知识拓展

四叉树分解法能够在保持图像细节的同时减少图像的尺寸，从而实现高效的图像压缩和传输。在压缩过程中，可以使用不同的编码技术对四叉树节点进行编码以进一步减小图像的尺寸。解压缩时，只需要对编码后的数据进行解码，并将四叉树节点重新组合成图像即可。

在运用四叉树分解法时，需要选择合适的分解阈值和终止条件以平衡图像质量和压缩效率。较小的阈值和终止条件可以提高图像质量，但也会增加压缩后的数据量。相反，较大的阈值和终止条件可以提高压缩效率，但可能会导致图像质量的损失。因此需要根据具体应用场景进行调整。

3. 分水岭算法

1）传统的分水岭算法

分水岭分割算法最初是由 H. Digabel 和 C. Lantuejoul 引入图像处理领域，后来由 C. Lantuejoul 和 S. beucher 对其做进一步研究，进而得到在灰度图像上进行分水岭分割算法的结论。由于分水岭算法具有简单易实现，可以提取出图像中目标区域封闭、连通的边界的优点，越来越受到研究者的关注，使得它在医学影像分析、地貌分析、自然资源管理、计算机视觉、农业等领域获得了极其广泛的应用。

（1）基本原理。分水岭算法的基本思想是将图像看作测地学上的拓扑地貌，图像中每个像素的灰度值表示该点的海拔高度，灰度值高的区域被看作山峰，灰度值低的区域被看作山谷。分水岭的概念和形成可以通过模拟浸入过程来说明，将水注入地貌中，随着浸入的加深，它们会汇聚在局部低洼处形成集水盆地，集水盆地之间的边界则形成分水岭，通过寻找集水盆地和分水岭对图像进行分割。

（2）实现方法。在实际使用传统分水岭算法分割图像时,通常将梯度图像作为分水岭变换的对象,这是由于梯度图像中像素的灰度值反映了原图像中该像素与其邻域像素的灰度值变化程度。其主要步骤如下。

步骤1：将彩色图像转换为灰度图像。

步骤2：运用梯度算子计算灰度图像的梯度幅值,得到一幅梯度图像。

步骤3：将梯度图像作为地形图进行分水岭变换进而分割图像的不同区域。

（3）实现代码。下面以Sobel算子为例,完整的实现代码如下:

```
clear all
%在"选取一幅待处理图像"对话框中选取一幅待处理图像
[filename,pathname]=uigetfile('*.*','选取一幅待处理图像');
str=[pathname filename];
src_rgb=im2double(imread(str));
src=src_rgb;
subplot(2,3,1),imshow(src_rgb),title('输入图像');
%灰度化处理
if ~ismatrix(src)
    src=rgb2gray(src);
end
subplot(2,3,2),imshow(src),title('灰度图像');
%运用Sobel算子求解梯度图像
h_y=fspecial('sobel');
h_x=h_y';
g_y=imfilter(src,h_y,'replicate');
g_x=imfilter(src,h_x,'replicate');
grad_img=abs(g_x)+abs(g_y);
subplot(2,3,3),imshow(grad_img,[]),title('梯度图像');
L=watershed(grad_img);                          %分水岭变换
L_rgb=label2rgb(L);                             %分割结果彩色化
subplot(2,3,4),imshow(L),title('分割结果');
subplot(2,3,5),imshow(L_rgb),title('分割结果彩色化');
segmentResult=0.7*src_rgb+0.3*im2double(L_rgb);
subplot(2,3,6),imshow(segmentResult),title('叠加输入图像的结果');
```

（4）实现效果。基于梯度的分水岭算法分割效果如图8-45所示。

分水岭算法容易导致出现图像的"过分割"现象,即一个实际上属于同一目标的区域分成了多个子区域。产生这一现象的原因主要是梯度图像中存在噪声和过多的细密纹理,均匀目标内部会产生许多局部"山峰"和"山谷",结果会在目标内部出现很多"伪"边界,使得正确边界被大量不相关的边界淹没。

2）改进型分水岭算法

直接运用分水岭算法会出现非常严重的"过分割"现象,这样的分割结果是没有任何意义的,根本无法满足实际应用需求。针对这个问题很多学者进行了相关研究,提出了一些改进型分水岭算法,并成功应用到相关领域。

（1）基本原理。基于标记的分水岭算法是一种改进型分水岭算法,它以预先指定的标记点而不是极小值作为注水点,从标记点处开始进行淹没,这样很多小的区域都会被合并为一个区域,从而限制允

(a) 输入图像   (b) 灰度图像   (c) 梯度图像

(d) 分割效果   (e) 分割效果彩色化   (f) 叠加输入图像的结果

图 8-45   基于梯度的直接分水岭算法分割效果

许存在的区域数目。标记是指一幅图像中的一个连通分量,可以手动定义,也可以借助其他算法自动定义,包括与感兴趣物体相联系的内部标记和与背景相关联的外部标记。

(2)实现方法。下面以形态学自动标记方法为例,详述该改进算法的基本实现过程。

步骤1:彩色图像灰度化处理。

步骤2:计算灰度图像的梯度幅值。

步骤3:运用开运算重构和闭运算重构的形态学处理方法创建最大值平面,并计算局部极大值以获得较好的前景标记。

步骤4:对步骤3中形态学处理后的图像进行二值化,执行一次分水岭变换获取分水岭脊线,将其值为0的像素标记为背景。

步骤5:修正梯度幅值图像,使其局部极小值只出现在前景和背景标记像素上,并在此基础进行分水岭变换。

步骤6:将分割结果进行可视化显示,并叠加在输入图像上。

(3)实现代码。改进型水岭算法的实现代码如下:

```
clear all
%在"选取一幅待处理图像"对话框中选取一幅待处理图像
[filename,pathname]=uigetfile('*.*','选取一幅待处理图像');
str=[pathname filename];
src_rgb=im2double(imread(str));
subplot(2,5,1),imshow(src_rgb),title('输入图像');
%步骤1:彩色图像灰度化处理
if ~ismatrix(src_rgb)
    src=rgb2gray(src_rgb);
end
subplot(2,5,2),imshow(src),title('灰度图像');
%步骤2:计算梯度幅值
h_y=fspecial('sobel');
h_x=h_y';
g_y=imfilter(src,h_y,'replicate');
g_x=imfilter(src,h_x,'replicate');
```

```matlab
gradmag=abs(g_x)+abs(g_y);
subplot(2,5,3),imshow(gradmag),title('梯度图像');
%步骤3:标记前景对象
se=strel('disk',20);
%开运算重构
fe=imerode(src,se);
fobr=imreconstruct(fe,src);
subplot(2,5,4),imshow(fobr),title('开运算重构结果');
%闭运算重构
fobrd=imdilate(fobr,se);
fobrcbr=imreconstruct(imcomplement(fobrd),imcomplement(fobr));
fobrcbr=imcomplement(fobrcbr);
subplot(2,5,5),imshow(fobrcbr),title('闭运算重构结果');
%计算局部极大值
fgm=imregionalmax(fobrcbr);
%清理标记斑点的边缘+缩小
se2=strel(ones(5,5));
fgm2=imclose(fgm,se2);
fgm3=imerode(fgm2,se2);
%去除孤立像素
fgm4=bwareaopen(fgm3,20);
subplot(2,5,6),imshow(fgm4),title('前景标记图像');
%步骤4:背景标记
bw=im2bw(fobrcbr);
D=bwdist(bw);
DL=watershed(D);
bgm=DL==0;
subplot(2,5,7),imshow(bgm),title('背景标记图像');
%步骤5:计算分割函数的分水岭变换
gmag2=imimposemin(gradmag,bgm|fgm4);
L=watershed(gmag2);
labels=imdilate(L==0,ones(3,3))+2*bgm+3*fgm4;
subplot(2,5,8),imshow(labels),title('分水岭变换结果');
%步骤6:可视化结果
L_rgb=label2rgb(L,'jet','w','shuffle');
subplot(2,5,9),imshow(L_rgb),title('可视化结果');
segmentResult=0.7*src_rgb+0.3*im2double(L_rgb);
subplot(2,5,10),imshow(segmentResult),title('叠加输入图像的分割结果');
```

（4）实现效果。基于标记的分水岭算法的分割效果如图8-46所示。

从图8-46(j)所示的分割结果可见，基于标记的分水岭算法较好地实现了复杂背景下的目标分割，该算法应用的关键在于标记的提取，然而目前对标记提取并没有一致的方法，一般需要事先具有足够关于图像目标物的先验知识，这也是该算法的重点和难点所在。

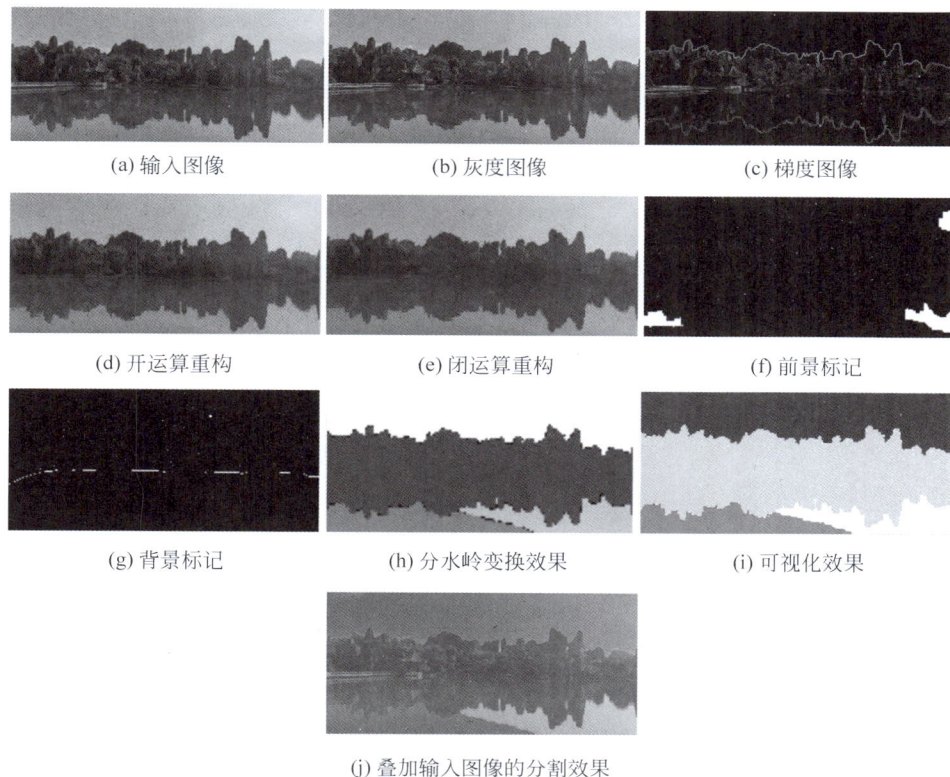

(a) 输入图像　　　　　(b) 灰度图像　　　　　(c) 梯度图像

(d) 开运算重构　　　　(e) 闭运算重构　　　　(f) 前景标记

(g) 背景标记　　　(h) 分水岭变换效果　　　(i) 可视化效果

(j) 叠加输入图像的分割效果

图 8-46　基于标记的分水岭算法分割效果

3）应用场景

【案例 8-9】 硬币面额识别系统之硬币分割 V2.0。

对于硬币分割这一应用,在案例 7-10 中介绍过一种基于数学形态学的分割方法。本案例给出的解决方案是运用基于标记的分水岭算法对图像中不同大小和形状的硬币进行粗定位,再以硬币区域的最小外接矩形作为研究区域从图像中提取出来。

（1）实现方法。

步骤 1：读入一幅彩色的硬币图像,并转换为灰度图像。

步骤 2：运用基于标记的分水岭算法对灰度图像进行分割,并将分割结果可视化显示。

步骤 3：将分割结果转换为二值图像,进行连通域分析,在彩色图像上标记出所有的连通区域,并逐一裁剪存储。

（2）实现代码。

① 将基于标记的分水岭算法封装于自定义函数 m 文件 tagBasedWatershed.m 中。代码如下：

```
function L=tagBasedWatershed(src_rgb)
    %步骤1:彩色图像灰度化处理
    if ~ismatrix(src_rgb)
        src=rgb2gray(src_rgb);
    end
    %步骤2:计算梯度幅值
    h_y=fspecial('sobel');h_x=h_y';
    g_y=imfilter(src,h_y,'replicate');
```

```matlab
    g_x=imfilter(src,h_x,'replicate');
    gradmag=sqrt(g_x.^2+g_y.^2);
    %步骤3:标记前景对象
    se=strel('disk',20);
    %开运算重构
    fe=imerode(f,se);
    fobr=imreconstruct(fe,src);
    %闭运算重构
    fobrd=imdilate(fobr,se);
    fobrcbr=imreconstruct(imcomplement(fobrd),imcomplement(fobr));
    fobrcbr=imcomplement(fobrcbr);
    %计算局部极大值
    fgm=imregionalmax(fobrcbr);
    %清理标记斑点的边缘+缩小
    se2=strel(ones(5,5));
    fgm2=imclose(fgm,se2);
    fgm3=imerode(fgm2,se2);
    %去除孤立像素
    fgm4=bwareaopen(fgm3,20);
    %步骤4:背景标记
    bw=im2bw(fobrcbr);
    D=bwdist(bw);
    DL=watershed(D);
    bgm=DL==0;
    %步骤5:分水岭变换
    gmag2=imimposemin(gradmag,bgm|fgm4);
    L=watershed(gmag2);
end
```

② 新建脚本 m 文件 main.m，调用 tagBasedWatershed()函数实现硬币分割返回分割结果；对分割结果进行连通域分析将所有硬币进行裁剪存储。代码如下：

```matlab
clear all
%在"选取一幅待处理图像"对话框中选取一幅待处理图像
[filename,pathname]=uigetfile('*.*','选取一幅待处理图像');
str=[pathname filename];
src_rgb=im2double(imread(str));
subplot(2,2,1),imshow(src_rgb),title('输入图像');
%基于标记的分水岭算法
L=tagBasedWatershed(src_rgb);
%可视化分割结果
L_rgb=label2rgb(L,'jet','w','shuffle');
subplot(2,2,2),imshow(L_rgb),title('分水岭分割可视化结果');
segmentResult=0.7*src_rgb+0.3*im2double(L_rgb);
subplot(2,2,3),imshow(segmentResult),title('叠加输入图像的分割结果');
%连通域分析
bw=(L==1);
```

```
[label,num]=bwlabel(~bw,8);
subplot(2,2,4),imshow(src_rgb),title('输入图像');
for i=1:num
    [r,c]=find(label==i);
    minr=min(r);minc=min(c);maxr=max(r);maxc=max(c);
    rectangle('Position',[minc minr maxc-minc+1 maxr-minr+1],'LineWidth',1,...
        'EdgeColor','r');
    text(minc,minr,num2str(i),'Color','red');
    %裁剪
    result=imcrop(src_rgb,[minc minr maxc-minc+1 maxr-minr+1]);
    %保存裁剪的每个硬币图像
    imwrite(result,strcat('coin',num2str(i),'.jpg'));
end
```

（3）实现效果。基于标记的分水岭算法的硬币分割效果如图 8-47 所示。

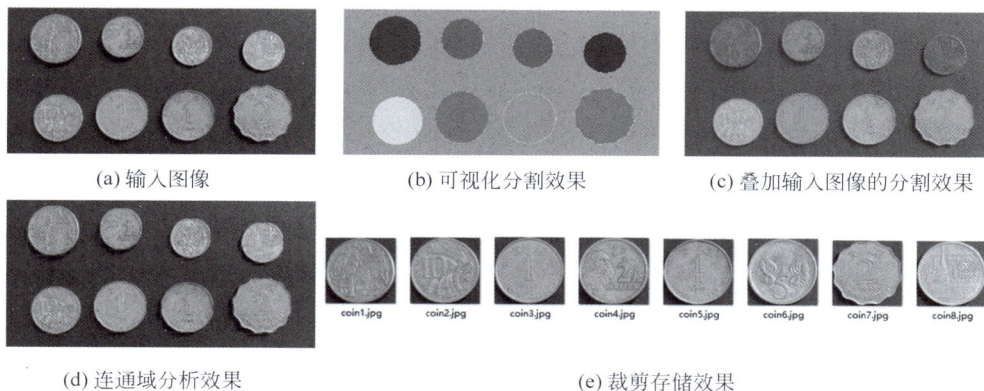

(a) 输入图像   (b) 可视化分割效果   (c) 叠加输入图像的分割效果

(d) 连通域分析效果   (e) 裁剪存储效果

图 8-47 基于标记的分水岭算法的硬币分割效果

8.4.2 基于色彩特征的区域分割方法

灰度图像的区域分割方法发展已经趋于成熟,但是彩色图像在很多情况下单纯利用灰度信息无法提取出符合人们要求的目标。数据聚类是发现事物自然分类的一种方法,聚类的思想使得类内保持最大的相似性,类间保持最大的距离,通过迭代优化获得最佳的图像分割阈值。对于彩色图像,可以利用聚类的思想根据颜色视觉上的不同将其划分为一系列相似的区域,进而实现了彩色图像分割。

K-means 聚类算法由 Mac Queen 于 1967 年提出,是聚类分析中一种基本的划分方法,其算法简单、收敛速度快、具有很强的局部搜索力,能有效地处理大数据集,是目前应用最广泛的聚类算法之一。研究者将该算法引入图像分割领域,成为彩色图像分割中的一种常用方法,在实际应用中也获得了良好的分割效果。

1. 实现方法

K-means 聚类算法的关键在于需要事先确定类的数目,并且根据选定的类随机确定各类的初始聚类中心。假设聚类数目为 k,该算法描述如下。

步骤 1:随机选取 k 个像素作为聚类中心。

步骤 2:计算每个像素分别到 k 个聚类中心的距离,然后将该像素划分到距其最近的聚类中心的集合中,这样就形成了 k 个簇。

步骤 3：重新计算每个簇的聚类中心。

步骤 4：重复步骤 2 和步骤 3，循环迭代直到聚类中心的位置不再发生变化或者达到设定的迭代次数为止。

可使用 MATLAB 提供的内置函数 kmeans() 实现上述聚类过程，其语法格式如下：

```
Idx=kmeans(X,K);
[Idx,C]=kmeans(X,K);
[Idx,C,sumD]=kmeans(X,K);
[Idx,C,sumD,D]=kmeans(X,K);
[…]=kmeans(…,'param1',val1,'param2',val2,…);
```

其中参数说明如下。

Idx 表示返回每个像素的聚类标号的 $N \times 1$ 矩阵。

X 是 $N \times P$ 数据矩阵，N 表示像素数目，P 表示每个像素的特征向量（如颜色、纹理、位置等）。

K 是聚类的数目。

C 表示返回 K 个聚类中心位置的 $K \times P$ 矩阵。

sumD 表示返回类间所有点与该类的聚类中心距离之和的 $1 \times K$ 矩阵。

D 表示返回每个点与所有聚类中心的距离的 $N \times K$ 矩阵。

可选参数 param/val 对组的设置方法如表 8-2 所示。

表 8-2　可选参数对组的取值及描述

param	val	描　　述
'distance'	'sqEuclidean'	欧几里得距离（默认值）
	'cityblock'	绝对误差和
	'cosine'	1 减去点之间夹角的余弦（视为向量）
	'correlation'	1 减去点之间的样本相关性（视为值序列）
	'hamming'	不同位的百分比（仅适用于二进制数据）
'start'	'sample'	从 x 中随机选择 k 个观测值（默认值）
	'uniform'	从 x 范围内随机均匀选择 k 个点。对于汉明距离（Hamming distance）无效
	'cluster'	对 x 的随机 10% 子样本执行初步聚类阶段。此初步阶段本身使用"样本"初始化
	matrix	起始位置矩阵
'Replicates'	正整数	迭代次数（默认值为 1）

2. 实现代码

基于 K-means 聚类算法的区域分割方法的实现代码如下：

```
clear all
%在"选取一幅待处理图像"对话框中选取一幅待处理图像
[filename,pathname]=uigetfile('*.*','选取一幅待处理图像');
str=[pathname filename];
src=im2double(imread(str));
subplot(1,2,1),imshow(src),title('输入图像');
%RGB色彩空间转换到 Lab 色彩空间,并获取 ab 通道
```

```
cform=makecform('srgb2lab');
lab_img=applycform(src,cform);
ab=lab_img(:,:,2:3);
nrows=size(ab,1);
ncols=size(ab,2);
ab=reshape(ab,nrows * ncols,2);               %将双通道 ab 转换为单通道二维矩阵
%基于 K-means 聚类的彩色图像分割
nColors=3;                                     %聚类数目
iterations=3;                                  %迭代次数
[idx,c]=kmeans(ab,nColors,'distance','sqEuclidean', 'Replicates',iterations);
pixel_labels=reshape(idx,nrows,ncols);         %将 idx 列向量转换为二维矩阵
subplot(1,2,2),imshow(pixel_labels,[]),title('聚类图像');
%将每个分割区域进行可视化显示
for k=1:nColors
    color=src;                                 %初始化为输入图像
    %逐像素判断聚类标号是否为 k,若是,则保留,否则置为黑色
    for i=1:nrows
        for j=1:ncols
            if(pixel_labels(i,j)~=k)
                color(i,j,:)=0;
            end
        end
    end
    figure,imshow(color),title(strcat('区域分割',num2str(k)));
end
```

【代码说明】

- 选取 Lab 色彩空间。

选取恰当的色彩空间是进行有效分割的基础。直接采用 RGB 色彩空间进行图像分割时,对设备色彩的特性依赖过多,从而带来分割结果稳健性不佳、处理速度慢的问题。这里采用与设备无关、均匀的色彩空间 Lab 作为分割空间的选择。在 MATLAB 中,RGB 色彩空间转换到 Lab 色彩空间可以使用 makecform()函数和 applycform()函数实现。

- reshape()函数用法。

$$B = \text{reshape}(A, m, n)$$

该函数用于返回一个 $m \times n$ 的矩阵 B,B 中的元素可按列从 A 中得到。

3. 实现效果

如图 8-48 所示,对于输入图像,彩色图像分割的目的是提取其中的黄色花朵。从分割效果上来看,基于 Lab 色彩空间的 K-means 聚类算法比较准确地将黄色花朵从复杂背景中分割出来,图像边缘清晰,分割结果既突出了目标,又保留了局部细节,获得了较理想的分割效果。后续可结合形态学相关处理进一步对黄色花朵进行精细提取。

4. 应用场景

【案例 8-10】 停车场智能门禁系统之车牌分割。

对于一些固定场所、商业中心大型停车场来说,通常在入口和出口均设置了闸机,结合车牌自动识别功能,可以在车辆入场时自动识别车牌,并记录该车辆的入场时间。在车辆离场时,同样通过车牌自

(a) 输入图像 (b) 聚类结果

(c) 区域分割1 (d) 区域分割2 (e) 区域分割3

图 8-48 基于 K-means 聚类的彩色图像分割结果

动识别功能识别出车辆，并根据其停留时间自动计算停车费，实现无人值守的智能门禁系统。

作为车牌自动识别的前处理，车牌分割的任务是将车牌区域从车辆图像或视频中提取出来，本案例运用基于 K-means 的彩色图像分割方法对车辆图像进行聚类分析进而分割和提取车牌区域。

1）实现方法

步骤 1：设置聚类数目为 2，迭代次数为 3，执行 K-means 聚类算法，获得聚类图像。

步骤 2：对聚类图像进行形态学处理，使得车牌区域形成连通域。

步骤 3：对连通域进行分析精准提取出车牌区域。

2）实现代码

停车场智能门禁系统之车牌分割的实现代码如下：

```
clear all
rng(1);                                    %克服 K-means 算法的随机性以保证每次的聚类结果都相同
%在"选取一幅待处理图像"对话框中选取一幅待处理图像
[filename,pathname]=uigetfile('*.*','选取一幅待处理图像');
str=[pathname filename];
src=im2double(imread(str));
subplot(1,3,1),imshow(src),title('输入图像');
%RGB 色彩空间转换到 Lab 色彩空间，并获取 ab 通道
cform=makecform('srgb2lab');
lab_img=applycform(src,cform);
ab=lab_img(:,:,2:3);
%将双通道 ab 转换为单通道二维矩阵
nrows=size(ab,1);
ncols=size(ab,2);
ab=reshape(ab,nrows*ncols,2);
%基于 K-means 聚类的彩色图像分割
nColors=2;                                 %聚类数目
iterations=10;                             %迭代次数
[idx,c]=kmeans(ab,nColors,'distance','sqEuclidean', 'Replicates',iterations);
pixel_labels=reshape(idx,nrows,ncols);    %将 idx 列向量转换为二维矩阵
```

```
subplot(1,3,2),imshow(pixel_labels,[]),title('聚类图像');
%对聚类图像进行形态学处理,使得车牌区域形成连通域
pixel_labels=imopen(pixel_labels,strel('disk',1));
pixel_labels=imclose(pixel_labels,strel('disk',8));
subplot(1,3,3),imshow(pixel_labels,[]),title('车牌连通域');
%连通域分析,精确提取车牌区域
bw=(pixel_labels==2);
[label,num]=bwlabel(bw,8);
subplot(1,3,1),imshow(src),title('输入图像');
for i=1:num
    [r,c]=find(label==i);
    minr=min(r);minc=min(c);maxr=max(r);maxc=max(c);
    rectangle('Position',[mincminrmaxc-minc+1maxr-minr+1], ...
        'LineWidth',1,'EdgeColor','r');
    text(minc,minr,num2str(i),'Color','red');
    %裁剪
    result=imcrop(src,[minc minr maxc-minc+1 maxr-minr+1]);
    figure,imshow(result),title('车牌图像');
end
```

【代码说明】

- 由于 K-means 算法的初始聚类中心选取的随机性导致聚类结果的随机性,因此为了保证每次聚类结果都相同,可以在代码中加入以下语句解决:

```
rng(1);
```

- 由于连通域分析是对于二值图像而言的,而聚类结果 pixel_labels 中记录的是每个像素的聚类标号。对于本案例来说,pixel_labels 矩阵元素可以是 1 或 2,也就是说 pixel_labels 并不是二值图像,因此需要先将其转换为二值图像才能进行连通域分析。这里采用 bw=(pixel_labels==2);将聚类标号为 2 的像素置为 1,其他像素置为 0,得到二值图像 bw。

3）实现效果

车牌分割效果如图 8-49 所示。

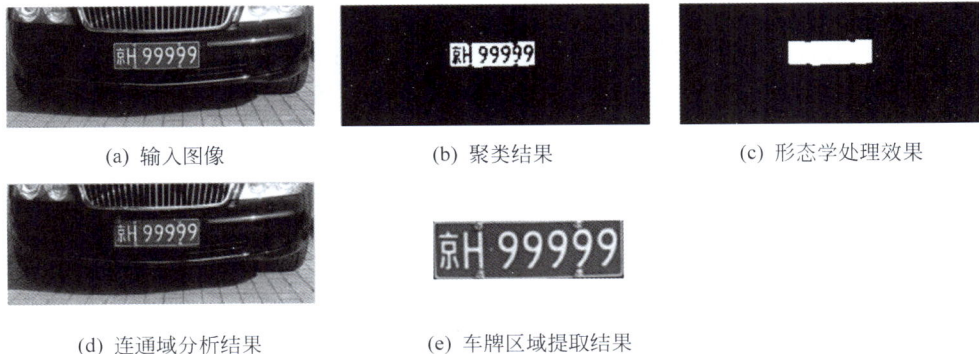

(a) 输入图像　　　　　　　(b) 聚类结果　　　　　　　(c) 形态学处理效果

(d) 连通域分析结果　　　　　(e) 车牌区域提取结果

图 8-49　基于 K-means 聚类的车牌分割效果

知识拓展

对于初始聚类中心敏感和需要用户事先给定聚类数目是 K-means 聚类算法与生俱来的缺陷，国内外专家学者针对这两方面的问题做了大量研究，提出了很多建设性的改进方法。

1. 初始聚类中心优化方法

（1）基于多次实验取最优解的方法。通过多次选择初始聚类中心并比较聚类结果，从而得到最优聚类结果。该方法极为简单，但效率很低。

（2）基于距离的改进方法。这类改进方法很多，一种相对简单高效的方法是最大最小距离法，其主要思想是尽量选取相距较远的点作为初始聚类中心。但是这种方法易受噪声的干扰。

（3）基于密度的改进方法。该方法的主要思想是计算在以数据集中的每个样本点为球心，以 r 为半径的球体空间中包含的其他样本点的个数，如果大于某阈值 T，那么就将该样本点归入初始聚类中心的候选集合中，最后从候选集合中选取彼此相距较远的 k 个点作为初始聚类中心。但初始聚类中心的优劣往往取决于半径 r 和阈值 T，而对各种不同的数据集确定合适的半径 r 和阈值 T 是比较困难的。

（4）基于数据采样的改进方法。该方法首先从数据集中随机选取部分数据作为子集数据；然后在子集数据中选择不同的初始聚类中心多次执行 K-means 算法；接着在这些聚类结果中选择最优的作为初始聚类中心；最后在对整个数据集上执行 K-means 算法。但是子集数据的选择是不确定的。

（5）基于递归的改进方法。该方法首先将整个数据集看作一个聚类，那么所有数据样本的均值就是该聚类的中心；然后选取距现有中心最远的一个样本点作为第二个初始聚类中心；以此递归直到得到所需数目的初始聚类中心。

（6）基于优化算法的改进方法。运用模拟退火算法、遗传算法等优化算法选取初始聚类中心可以提高聚类质量，得到很好的聚类结果。但是算法增加了计算复杂度，效率非常低。

2. 聚类数目 k 的确定方法

（1）肘方法。首先给定聚类数 k，使用 K-means 算法对数据集进行聚类，并计算簇内方差和；然后绘制簇内方差和关于 k 的曲线，选取曲线的第一个拐点作为最佳聚类数目。但这种方法对于曲线拐点不明显或最佳聚类数目并没有对应拐点的情况不适用。

（2）基于聚类有效性内部评价指标的方法。这种方法是给定一个聚类数目 k 的搜索范围 $2 \leqslant k \leqslant \mathrm{int}\sqrt{N}$（$N$ 为数据集样本点数量），采用聚类有效性内部评价指标评价每个 k 的聚类效果，其最优结果对应的 k 即为最佳聚类数目。该方法的关键在于提出优秀的聚类有效性内部评价指标。

（3）基于优化算法的最佳聚类数目确定方法。优化算法同样适用于 K-means 算法的最佳聚类数目确定问题，其中以遗传算法为主。但同样存在计算复杂度，效率非常低的问题。

小试身手

运用 K-means 聚类算法实现花朵的颜色替换，具体详见习题 8 第 6 题。

本 章 小 结

本章从应用场景的视角详尽阐述了基于阈值的图像分割法、基于边缘的图像分割法和基于区域的图像分割法三类传统图像分割算法的基本原理、实现方法、典型应用及其优缺点。

基于阈值的图像分割法实现简单、计算量小、性能较稳定,但是因只考虑像素点灰度值本身的特征而不考虑空间特征,因此对噪声比较敏感。基于边缘的图像分割法边缘定位准确、运算速度快,但是存在两大难点:一是不能保证边缘的连续性和封闭性;二是在高细节区存在大量的碎边缘,难以形成一个大区域。基于区域的图像分割法对先验知识不足的图像分割,效果较为理想,如复杂场景分割、自然景物分割等。在实际运用时要根据应用需求并结合预期要达到的效果来选择恰当的图像分割算法或者多种图像分割算法的结合。

习 题 8

1. 分别运用直方图双峰法、迭代法和最大类间方差法对图像进行分割以去除其中的水印,效果如图 8-50 所示。

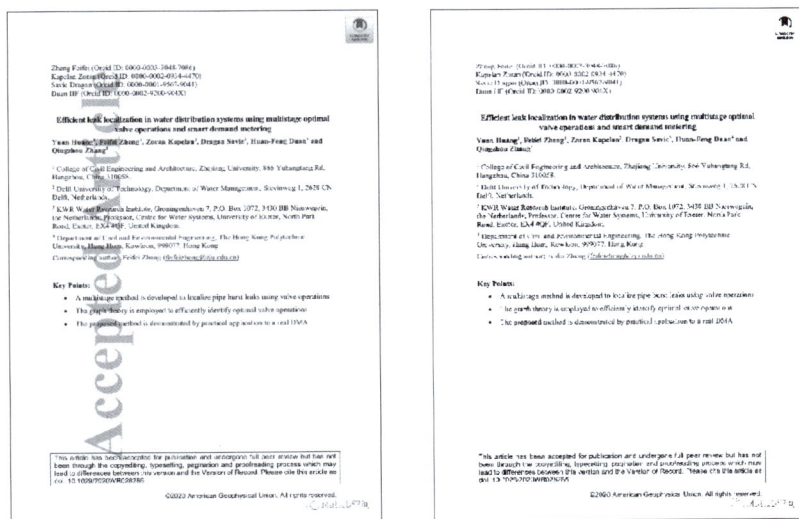

(a) 输入图像 (b) 水印去除效果

图 8-50 第 1 题图

2. 试设计一个图形化用户界面,运用基于色彩信息的阈值分割法自动分割出图像中的唇部区域,用户可通过画笔对唇部区域进行涂抹(参见 5.6 节)调整欠分割部分,调整完成后再选取喜欢的色号即可"一秒上唇彩",效果如图 8-51 所示。

提示:YIQ 色彩空间中未上妆唇色各分量的取值范围是 $80 \leqslant Y \leqslant 220, 12 \leqslant I \leqslant 78, 7 \leqslant Q \leqslant 25$。

3. 运用 Canny 算子,并结合平移变换,将检测到的边缘信息与输入图像进行错位融合实现自动涂鸦风海报效果,如图 8-52 所示。

4. 相比于其他生物特征,虹膜包含丰富而独特的纹理,具有唯一性、稳定性、易于采集等诸多优点,这使得虹膜在生物认证系统中发挥着重要作用。而虹膜分割是将虹膜区域从整个虹膜图像中分离出来,其分割结果的好坏将直接影响虹膜识别的精度。试运用 Hough 圆变换方法,并设置合适的参数值

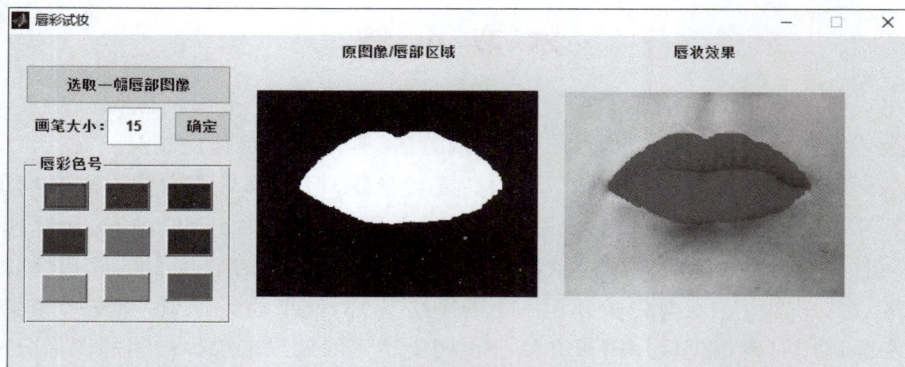

图 8-51　第 2 题图

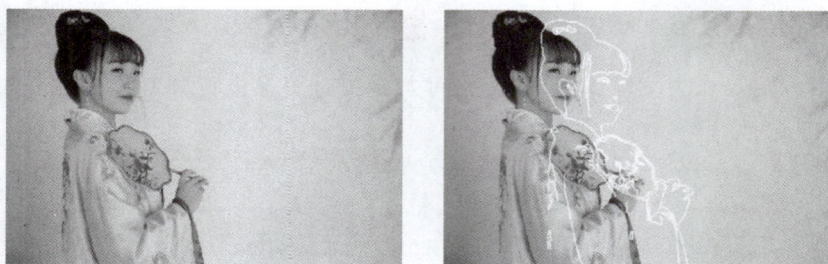

(a) 输入图像　　　　　　　　　　　　　(b) 融合效果

图 8-52　第 3 题图

实现虹膜分割,如图 8-53 所示。

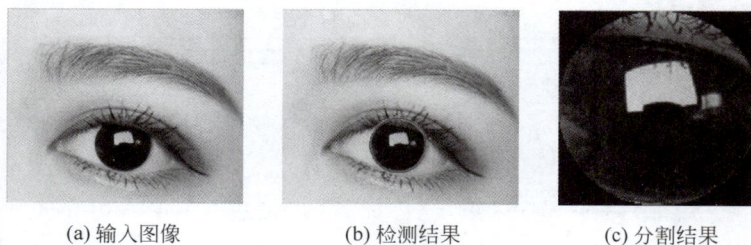

(a) 输入图像　　　　　(b) 检测结果　　　　　(c) 分割结果

图 8-53　第 4 题图

选做:若对人像美颜技术感兴趣,可以在此基础上实现美瞳效果,其基本思路是,首先将事先准备的美瞳模板的中心定位于虹膜图像的圆心位置,然后运用"颜色"图层混合模式实现调整后美瞳模板和虹膜图像的融合,最后再将融合图像覆盖于输入图像之上。

5.不管是在生活中还是在工作中,经常需要各种各样的证件照,而且不同用途的证件照对底色也有不同的要求。运用区域生长法为证件照更换底色,要求适用于白色背景、蓝色背景和红色背景的证件照,效果如图 8-54 所示。

6.试运用 K-means 聚类算法分割输入图像中的郁金香花朵区域,并调整其色调/饱和度实现颜色替换,替换效果如图 8-55 所示。

(a) 输入图像 (b) 红底色更换效果 (c) 白底色更换效果

图 8-54　第 5 题图

(a) 输入图像 (b) 花朵换色效果

图 8-55　第 6 题图